21世纪高等学校计算机应用型本科规划教材精选

操作系统原理与应用教程

张红光　李福才　主编
朱耀庭　主审

清华大学出版社
北京

内容简介

本教材以操作系统原理为主线，结合当今主流操作系统设计方法，用11章的内容主要介绍了计算机系统知识、操作系统基本理论、并行处理技术、存储管理技术、I/O管理技术、操作系统安全知识等内容。为了兼顾偏重于应用类学生和读者的需要，在本书的每个主要知识点上都给出了应用实践说明或编程范例的描述，这些内容将会有效地化解读者对操作系统抽象理论理解的难度，加深对操作系统知识的认识，并会协助读者将操作系统的基本概念和原理应用在自己的系统设计与编程实践中。

本书可作为高等院校计算机专业及相关专业操作系统课程教材，也可供广大计算机科学工作者和从事相关领域工程技术人员参考。

图书在版编目(CIP)数据

操作系统原理与应用教程/张红光，李福才主编. —北京：清华大学出版社，2010.7(2018.3重印)
(21世纪高等学校计算机应用型本科规划教材精选)
ISBN 978-7-302-22799-1

Ⅰ. ①操…　Ⅱ. ①张…　②李…　Ⅲ. ①操作系统—高等学校—教材　Ⅳ. ①TP316

中国版本图书馆CIP数据核字(2010)第095892号

责任编辑：索　梅
责任校对：梁　毅
责任印制：杨　艳

出版发行：清华大学出版社
网　　址：http://www.tup.com.cn，http://www.wqbook.com
地　　址：北京清华大学学研大厦A座　　**邮　　编**：100084
社 总 机：010-62770175　　**邮　　购**：010-62786544
投稿与读者服务：010-62776969，c-service@tup.tsinghua.edu.cn
质量反馈：010-62772015，zhiliang@tup.tsinghua.edu.cn
印 装 者：北京中献拓方科技发展有限公司
经　　销：全国新华书店
开　　本：185mm×260mm　　**印　　张**：23.25　　**字　　数**：565千字
版　　次：2010年7月第1版　　**印　　次**：2018年3月第3次印刷
印　　数：3501～4000
定　　价：32.00元

产品编号：032924-01

21世纪高等学校计算机应用型本科规划教材精选

编写委员会成员

（按姓氏笔画）

序

PREFACE

“教育部财政部关于实施高等学校本科教学质量与教学改革工程的意见”(教高[2007]1号)指出:“提高高等教育质量,既是高等教育自身发展规律的需要,也是办好让人民满意的高等教育、提高学生就业能力和创业能力的需要”,特别强调“学生的实践能力和创新精神亟待加强”。同时要求将教材建设作为质量工程的重要建设内容之一,加强新教材和立体化教材的建设;鼓励教师编写新教材,为广大教师和学生提供优质教育资源。

《21世纪高等学校计算机应用型本科规划教材精选》就是在实施教育部质量工程的背景下,在清华大学出版社的大力支持下,面向应用型本科的教学需要,建设一套突出应用能力培养的系列化、立体化教材。该系列教材包括各专业计算机公共基础课教材;包括计算机类专业,如计算机应用、软件工程、网络工程、数字媒体、数字影视动画、电子商务、信息管理等专业方向的计算机基础课、专业核心课、专业方向课和实践教学的教材。

应用型本科人才教育重点面向应用,兼顾继续深造,力求将学生培养成为既具有较全面的理论基础和专业基础,同时也熟练掌握专业技能的人才。因此,本系列教材吸纳了多所院校应用型本科的丰富办学实践经验,依托母体校的强大教师资源,根据毕业生的社会需求、职业岗位需求,适当精选理论内容,强化专业基础、技术和技能训练,力求满足师生对教材的需求。

本丛书在遴选和组织教材内容时,围绕专业培养目标,从需求逆推内容,体现分阶段、按梯度进行基本能力→核心能力→职业技能的培养;力求突出实践性,实现教材和课程系列化、立体化的特色。

突出实践性。丛书编写以能力培养为导向,突出专业实践教学内容,为有关专业实习、课程设计、专业实践、毕业实践和毕业设计教学提供具体、翔实的实验设计,提供可操作性强的实验指导,完全适合“从实践到理论再到应用”、“任务驱动”的教学模式。

教材立体化。丛书提供配套的纸质教材、电子教案、习题、实验指导和案例,并且在清华大学出版社网站(http://www.tup.com.cn)提供及时更新的数字化教学资源,供师生学习与参考。

课程系列化。实验类课程均由“教程+实验指导+课程设计”三本教材构成一门课程的“课程包”，为教师教学、指导实验，学生完成课程设计提供翔实、具体的指导和技术支持。

希望本丛书的出版能够满足国内对应用型本科学生的教学要求，并在大家的努力下，在使用中逐渐完善和发展，从而不断提高我国应用型本科人才的培养质量。

丛书编委会

2009年6月

前言

FOREWORD

如今，在我们周围充斥着各种各样的智能化电子设备，我们的生活、工作、学习和娱乐无时无刻地需要与这些带有“计算机”的智能化设备打交道，掌握计算机的基本知识和基本操作技能已成为融入现代生活的基本要求。操作系统是计算机中最具特色的一类软件，它是计算机系统面对用户时的第一张面孔，承担着与用户交互及系统资源管理的双重任务，更像一个配有各种操作按钮的平台，在平台下安装着保障操作能够得以顺利运转的各种装置。因此，人们常常将操作系统作为平台技术来研究。研究中不但包括各种软、硬件调度策略和实现机制，还包括屏幕上更为友好的用户交互方式以及为系统功能的扩展而研发的各种可扩展部件的功能与设计。

近年来，国内外有大量的操作系统教材和书籍面世，它们或是以讲述操作系统的设计原理和实现技术为主，或是以典型操作系统为背景介绍使用方法和操作过程，但很少有既兼顾讲述操作系统原理又能以锻炼学生实际使用操作系统的教材。为了适应偏重应用类学生和读者的需要，我们新编了这本《操作系统原理与应用教程》教材，试图在原理和应用两个方面有所兼顾和交融。为使读者能够有效地掌握基本的操作系统知识，并能够在实际中加以应用，我们适量地减少了原操作系统教学和教材中那些比较抽象的原理和论证公式的推理过程，将重点放在基本概念和常用实现技术的描述上。为了加强学生和读者对这些基本概念和常用技术的理解，还专门针对目前流行的操作系统设计技术和应用方法作了应用实践、编程练习内容的加强和扩充。在第 3 章中给出了较为详细的实验环境的建设方法、系统配置步骤以及 Linux 环境使用入门说明，使大家有可能通过具体的实验练习掌握和领会各章节中的知识要点，从而克服操作系统教学中过于抽象、过于理论化、过于枯燥、过于空泛的现象。我们设计在每个知识点介绍之后都用一定数量的编程练习或操作实践来补充对知识的理解和对实现技术的掌握。希望这样的教学方法和教学内容可以使读者更加容易地接近和熟悉操作系统内核知识，克服对操作系统内核知识的神秘感和畏难情绪。我们衷心地希望大家能够喜欢本书的设计风格。

随着计算机技术的高速发展，现代操作系统无论从内涵还是外部界面上与早期操作系统相比都发生了巨大的变化。这些变化正朝着两个不同的方向发展，一个是以微软等大型系统软件公司为代表设计的通用操作系统。这些系统的用户界面更加友好，系统的功能更加强大。但同时也使操作系统更加繁复和庞大，系统内部结构更加复杂，加上专业化大公司的垄断行为，人们已经很难对它的内核实现技术有比较全面的了解。而另一个方向是随着手机等便携嵌入式系统的蓬勃发展，操作系统向着可剪裁、浓缩化和小型化发展。尤其是开源操作系统技术的出现，给沉闷的操作系统技术研究和开发注入了新的活力，使更多的人有机会、有环境、有能力来学习、研究操作系统的核心技术和精湛的内部管理方法。

本教材的主要特点是以操作系统理论为依据，以当今主流操作系统实现技术为内容，全面介绍操作系统的基本理论和内核实现技术。另外，本书屏蔽了那些令人费解的抽象理论推演，采用理论讲解与实现技术相结合的方式，对重点知识和原理进行描述。为了有效地将枯燥的操作系统理论用实际系统的实现技术进行解释和分析，我们在每章的最后都设计了一些实用技术应用实践介绍，或者给出一些编程范例。在本教材中重点描述了现代操作系统中使用的技术和知识，简略了传统操作系统原理教材中大量的基本原理介绍和算法推导过程，将重点放在理解现行操作系统解决问题的方法，以及操作系统结构变革、实现技术改进的描述上。这些也是根据多年教学经验总结、分析实际应用对操作系统理论知识的需求以及征求学生对系统编程知识的需要而提出的。

本书基本涵盖了操作系统设计原理中的大部分知识点，主要包括计算机系统知识、操作系统基本理论、并行处理技术、存储管理技术、I/O 管理技术、操作系统安全知识等内容的介绍。全书共分 11 章，每章开始部分都给出本章重点提示，在每章内容结束后都有小结以指出本章的学习要点和对知识掌握的要求。在大部分的章节中都包含一定的实践内容，指导读者掌握一定的实用技术，而在每章的最后还附有适量的练习题供读者练习。

为了使读者更好地了解操作系统与计算机的有关知识，本书第 1 章阐述了计算机系统知识。而第 2 章则是对操作系统知识的一个总体概述。希望同学们在学习中将这两章作为知识入门来学习，这样可以对操作系统知识有一个比较全面的入门级理解和认识。第 3 章介绍了一些进行课程设计需要的知识，以帮助读者建立必要的实验环境，为完成后续各章中的实验例子作准备。后面的 8 章内容都是针对操作系统原理的各个分题由浅至深地进行介绍的，其中的进程概念及进程通信、存储管理、I/O 技术、文件管理等是本书介绍的核心内容，应作为重点内容来学习和领会。另外，关于线程技术、操作系统安全知识这些在现代操作系统中比较重要的内容，可以根据学生的学习需求情况，适当地进行教学安排。本书的授课可安排 40～60 学时，另外还应安排 20～30 学时的实验课时，这样既有助于完成课程中的实验，又能使学生加深对所学知识的理解。

本书适合作为各高等院校的计算机专业或相关专业的本科教材或参考教材，也可以作为从事操作系统设计与系统内核开发人员的参考书籍。阅读本书的读者，最好已经具备了一定的计算机原理和 C 语言编程的基础知识。另外，由于在本书中大部分的例子都是以 Linux 和 Windows 环境为例说明的，所以读者应对 Windows 2000/XP 及 Linux 环境的使用有所了解。

本书的第 1 章、第 2 章和第 10 章由李福才编写，其他章节由张红光编写，张红光还对全书进行了编辑和统稿。在各章的编写中曾多次征求南开大学本科生的意见，他们以自己学习操作系统的心得、体会为本书提出了许多好的建议，其中有许多被我们采纳。直接参与本书资料收集、实例编写验证及文本编写、编辑工作的有潘岳、闫国光、齐国梁、兰旭泽、张勇、林进挚等，在此一并对他们表示感谢。

由于书中涉及许多作者对核心技术的理解和体会，有些与传统教材的写作风格不同，所以难免会有不妥和谬误之处，诚恳希望专家和读者给予指正，我们将不胜感谢并安排在今后的版本中加以修改。

作　者
2010 年 6 月
于南开园

教学指导建议

本书是普通大学信息技术相关专业本科操作系统原理教程，书中涵盖了操作系统设计原理和实现技术的大部分知识点，按照知识点分类包含了计算机系统知识、操作系统基本理论、课程实验基础、并行处理技术、存储管理技术、I/O管理技术、文件管理技术、操作系统安全知识。全书共分11章，在每一章的知识点介绍完毕后都附有知识重点总结和本章应掌握的主要内容与要求，还附有适量的习题供读者练习。

建议在采用本书进行授课时，可安排40～60学时的课堂教学和20～30学时的实验课程。实验的内容可参照每章给出的实践内容和练习题进行，也可以另行安排具有多方面知识要求的综合实验作业。

本书的第1章和第2章包含的是两部分概述内容，第1章介绍了计算机系统的基本知识，第2章介绍了操作系统的基本概念。在教学中可将这两章内容作为操作系统知识学习的基本入门，每章大约需要2～3学时，重点讲述计算机系统的组成结构、处理器及各种硬件资源的特征、各类计算机软件的功能与作用、操作系统的基本分类以及计算机硬件与系统软件之间的关联关系。还可以结合实际使用系统中的硬件环境和操作系统情况加以具体说明，使学生对计算机硬件平台和操作系统设计建立起一个比较全面的认知体系，并有助于提高学生对学习操作系统知识的兴趣。

第3章用于帮助读者完成课程设计的基础知识，主要介绍了Linux环境的构建步骤、Linux环境的基本使用方法、Linux编辑工具的使用，以及Linux环境的编程基本知识、库函数及系统调用的基本使用方法等。可安排2学时教学或安排2～3学时的实验教学，让学生熟悉这些实验环境和实验工具的使用方法，为完成后续各章中的实验打下基础。

第4章主要介绍并行管理单元“进程”的概念，本章应从进程的基本概念讲起，然后介绍进程的派生机制、进程的状态、进程描述和进程控制等问题，可安排3～4学时教学。通过这一章的内容主要使学生能够理解：操作系统如何以进程为基础建立并行管理机制，如何将进程作为资源分配和处理器调度单位。这一章有几个知识难点，一个是进程定义和进程描述，另外就是对原语和临界区的理解。为了保证教学效果，授课时除了进行课堂教学外，还应该安排学生完成适量的进程生成和进程控制编程练习，使学生可以亲身感受到进程的存在，并深入地理解并发环境对进程调度管理的必要性。

第5章介绍了另一个并发调度单元“线程”，这一章的重点是在理解多进程的基础上学习多线程的基本概念，搞清楚使用线程可以解决哪些特殊问题，可安排3～4学时教学。学习这一章的难点在于对线程概念和线程管理机制的理解，另外就是掌握多线程编程方法，以及如何在实际中用多线程设计方法解决实际应用问题。书中的例题和实验举例可以作为教学讲解的重点。

第6章主要介绍进程通信技术，授课时应注意从进程的同步与互斥机制中引出进程通信的现实意义，重点介绍基本进程通信机制和典型的IPC问题。除了概念介绍以外，还应要求学生通过进程通信编程实践，真正掌握进程通信的实用技术和方法。本章可安排4学时课堂教学，4 学时实验教学。

第 7 章是对处理器调度管理问题的描述。这一章的重点内容是处理器分级调度的思想和常用调度算法理解，应注意使学生理解各种调度算法的不同适应性和特点，包括对调度算法的评价指标和基本评价指标的计算方法等问题。本章可安排 2～3 学时教学。

第 8 章是存储管理技术介绍。这一章的内容较多，应本着由简到繁的思想展开教学。首先使大家理解存储管理中的重定位意义和主要的工作内容，然后重点说明操作系统中经常采用的基本存储管理技术，包括分区、分页、分段存储管理的实现方法以及它们的主要优、缺点。最后要重点阐述虚拟存储技术，描述如何利用动态分配思想和主、辅存之间的交换技术来实现虚拟存储管理。本章可安排 6～8 学时教学，教学中要考虑到如何使学生建立起对存储管理的整体认识，把握各种分配与释放算法的特点。同时，要求学生对置换算法中存在的弊端也能有比较清楚的认识。

第 9 章是对文件管理技术的阐述。对这一章教学，建议从文件的使用方法和使用特点入手，展开对文件管理技术的深入描述。这里，文件的概念、文件的存储结构、目录管理等问题会比较容易理解，介绍时除了一般概念外，还可以结合一些系统实例进行描述，使教学内容更加生动。关于磁盘文件系统的建立和文件并发访问控制问题是本章中的技术难点，可根据学生掌握情况进行适量的扩展或删减。对于文件管理的实现方法，可以结合 UNIX 的有关系统调用的使用和实现分析加以阐述。本章可安排 6～8 学时教学。

第 10 章是关于 I/O 管理的问题，教学中应结合 I/O 管理技术的一些特点，从概念和实践两方面展开教学任务。在概念方面应阐明 I/O 管理的基本概念，重点说明操作系统为了能够管理复杂的 I/O 设备，会采用各种分类方法来简化 I/O 管理问题，同时还会尽量采用统一的方式实现 I/O 控制。这样做的目的一方面可以使 I/O 管理比较规范，另一方面也可以降低 I/O 管理子系统本身的设计难度。在实践方面，应鼓励学生针对一种常见操作系统平台中的 I/O 管理模块进行解剖分析，对 1～2 个典型的 I/O 管理问题进行一次有益的设计尝试，能够设计出一个有一定特色的 I/O 管理程序，使教学与解决实际问题形成较好的结合点。本章可安排 6 学时的教学。

第 11 章是关于操作系统安全知识的介绍，这些知识对于保证系统平台的安全性很重要，尤其是现代操作系统所面临的运行环境比较复杂，如何将系统安全意识植入学生的思想理念中是很重要的问题。在教学中可以采用一些比较灵活的方法，让大家认识到操作系统安全的重要性，并能够有意识地主动防范各种不安全因素的侵扰。

归纳起来，在本书中除了前 3 章的概述内容外，后面的 8 章内容是对操作系统原理知识的分题讲述，其中进程概念及进程通信、存储管理、I/O 技术、文件管理等是需要重点介绍的核心内容，第 11 章介绍的操作系统安全知识，在现代操作系统中也较为重要，可作为一个 2～3 学时的教学内容进行。另外，各章中的内容除了基本知识外，有些内容由于需要的知识层次不同，针对不同的教学对象，可根据具体情况对内容作适量的删减或扩展，这样才能使教学产生良好的效果，使学生有较大收获。

目录

CONTENTS

CHAPTER 1

第1章

计算机组成概述

本章要点

计算机系统包含计算机硬件和计算机软件两大部分内容，计算机硬件是整个系统的基本平台，是计算机的躯体；计算机软件是运行在计算机躯体上的程序和数据，是计算机的灵魂。操作系统是一种特殊的软件，它是所有应用软件的运行平台，操作系统的设计与计算机的组成和结构有着密不可分的联系。在开始学习操作系统知识之前，首先需要了解计算机组成原理和计算机硬件的有关知识。本章是对计算机系统硬件和计算机体系结构有关知识的概述，重点描述计算机的基本组成原理、计算机指令的执行、中断机制、缓存机制以及计算机软件的分类和特点。这些内容是操作系统知识学习的基础，读者应根据自己的实际情况掌握这些基础知识，若感觉知识面有较大缺失，还应参考有关计算机组成原理和计算机系统结构的专门教程加以学习。

1.1 计算机功能部件

经典的计算机系统中包含5个功能相对独立的部件，它们是运算器、控制器、存储器、输入设备及输出设备。这些功能部件各有分工，完成计算机运行中的各项工作，它们再通过合理的系统构建，最终形成了软件运行和数据存储的硬件平台。在计算机硬件的基本概念中包含处理器、存储器、地址空间、指令结构、程序控制、指令周期以及寄存器使用方法、I/O访问技术等内容。下面分别介绍这些知识中的主要内容。

1.1.1 处理器

处理器在许多时候被称为CPU(central processing unit，中央处理器)，这种叫法的主要含义是该部件是整个计算机系统的中央控制机，计算机所完成的各种操作都需要CPU进行控制、调度和管理。在早期的计算机系统中，通常只包含一个处理器，它无疑是计算机系统中的核心部件。

但是随着现代计算机技术的发展，当今的计算机组成结构已发生了很大的改变，特别是在追求更高、更快计算处理技术的今天，并行处理、超前处理、流水线技术等层出不穷，已经完全打破了单一中央处理器控制所有计算机操作的局面。今天的计算机系统中可能包含多个处理器，它们之间有的存在着主从关系，有的完全是平等关系，计算机所完成的操作并不完全依靠一个处理器的控制，它的指令执行和数据存储可能是由多个处理器分工合作而完成。比如在具有并行处理能力的系统中，可以将计算机的操作分成指令的预处理、数据的后处理、I/O 操作等专门处理步骤，而且这些不同的处理步骤可以由不同的处理器分别完成。这些内容不同的操作和它们之间的相关操作，在时间上可以通过严格和精细的管理实现并行。严格地说，在今天的计算机系统中，已经不存在可以控制所有操作的中央处理器了，因此 CPU 在今天计算机系统中的叫法已经不够准确，称其为“处理器”会更合适一些。

处理器的主要功能是完成指令所要求的数字运算、逻辑运算和各种数据处理。在处理器内部又可分为控制单元、算术逻辑单元和存储单元等几大主要部件，一个处理器所包含的主要部件如图 1.1 所示。一个处理器按照其可处理信息的字长度可分为不同类型，如 8 位处理器、16 位处理器、32 位处理器以及 64 位处理器等；还可以按照它所完成的特殊控制分为运算处理器、图像/图形处理器、数据管理处理器、I/O 处理器、网络管理处理器等等。无论怎样划分，处理器中各主体部件所完成的功能是相似的，下面说明它所包含的主体部件的主要功能。

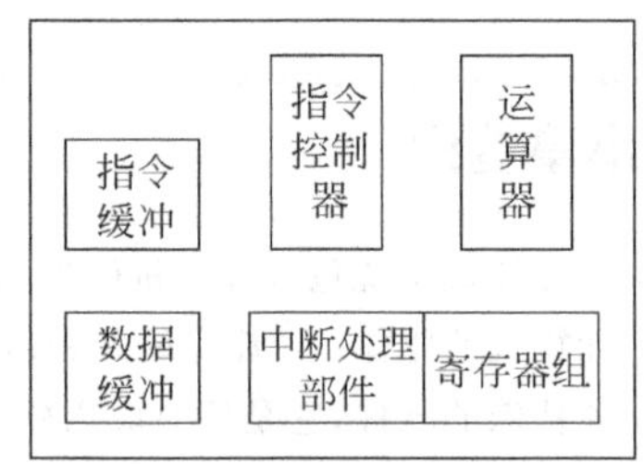

图 1.1　处理器中的主要部件

1. 运算器

运算器是处理器中的一个主要功能部件，通常也叫做算术逻辑单元（ALU），它的主要任务是完成程序指令提出的各种运算操作。在程序运行时，大多数的操作都是进行各种数据的读写和运算。但是不同类型的数据操作会有一些特殊要求，有些甚至是非常独特的，因此，为了适应这些特殊数据的操作，如今市面上流行着很多种类的处理器，如图像处理器、I/O 处理器、网络处理器等。这些具有特殊运算能力的处理器，丰富了处理器的市场，也为实际应用提供了便利。

对运算器来说，考核它的最重要的指标就是其运算速度，其次是它在单位时间里处理指令条数的能力，针对处理器所说的 300MHz，500MHz，所指的就是处理器中运算器的速度和单位时间内完成指令的效率。运算器的基本结构如图 1.2 所示。

从图 1.2 可以看出，运算器是由运算命令控制逻辑、算术运算单元、运算数据传输通道、数据寄存器组、特殊寄存器、外部存储部件接口（图中的指存接口、数存接口）及 I/O 接口组成的，这些部件组合成了一个功能独立、可完成各种运算操作及数据处理的功能部件——ALU。

2. 控制器

传统意义上，控制器就是处理器中的控制单元，它是处理器中的控制中枢。该部件完成的主要工作是协调和管理处理器中各大部件间的工作过程。控制器就像是一个企业的总经理或一支部队的指挥官，它接收来自上级的命令（这里指程序中的指令），然后指挥各下属共同完成任务（指程序要求的各种操作）。在计算机中，所执行的动作是靠软件和硬件的共同协作来实现的。在协作过程中，控制器接收来自软件程序的指令，在内部对这些指令进行分

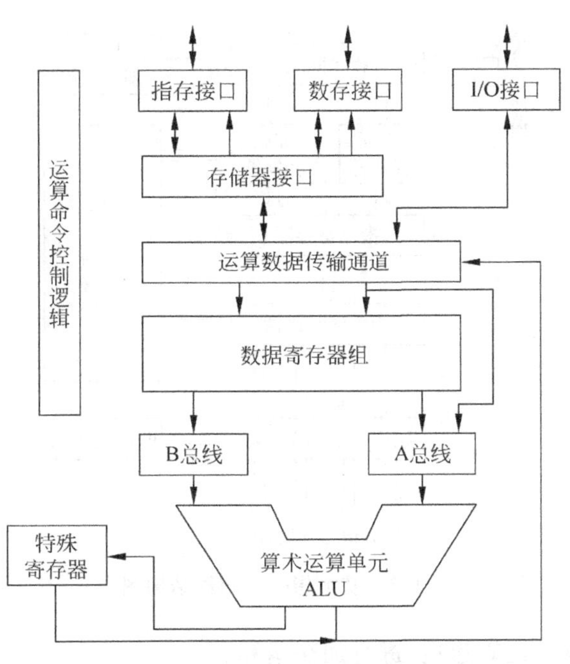

图 1.2 运算器基本结构图

解、译码并进行一系列的命令排序，然后下发给处理器的各个执行部件，指挥它们完成此条指令所要求的具体动作。下面以一个指令实例来说明控制器的工作过程：

(1) 假如控制器接收到一条指令：ADD DR，SR。

(2) 经过译码分析得知该指令是要求两个寄存器内容相加的指令，其中 ADD 是算术加法指令助记符，DR 是目的寄存器编号，SR 是数源寄存器编号。

(3) 根据指令要求需要完成的操作是：将 DR 中存的数取到运算器中，再将 SR 中的数也取到运算器中，命令运算器对这两个数做算术加法操作，然后将结果存到 DR 中，并保持 SR 中的内容不变。这时将按顺序完成这些操作步骤。

(4) 该运算的结果会改变系统状态字 CF，ZF，SF，OVF(分别表示进位标志、结果为全 0 标志、结果为负数标志和结果有溢出标志)。

一个控制器的基本结构如图 1.3 所示，其中包括了存放接收指令的指令队列、指令译码控制状态机以及时序发生器和其他控制逻辑。比如控制器为了执行 ADD DR，SR 这样一条指令，需要经过的步骤如下：

(1) 取指令控制状态机发出取指命令，从指令队列中取出这条 ADD DR，SR 指令。

(2) 指令译码控制状态机发出命令，将这条指令的不同字段分别打入特征译码器和指令编码转换器中。

(3) 指令译码逻辑器分析和译出该指令的意义。

(4) 指令译码状态机发出一系列的命令与时序，与译出的指令编码组合成一系列的控制命令，并将这些命令发送到运算器中。

(5) 这些命令指挥运算器首先从 DR 寄存器中取出目的操作数(常称为操作数 AX)，从 SR 寄存器中取出源操作数(常称为操作数 BX)，将两数送到运算器的数据输入端。

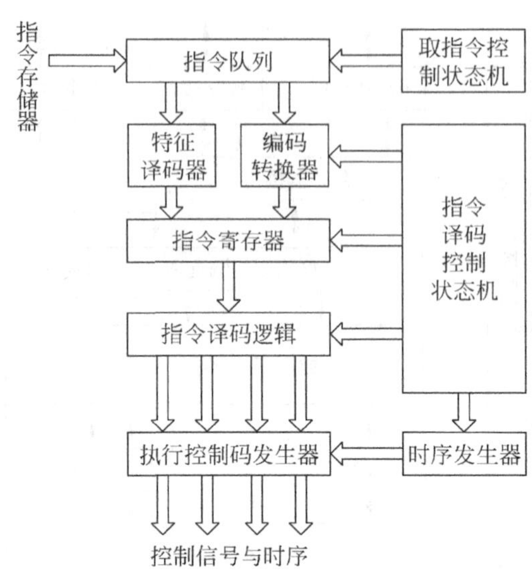

图 1.3 基本指令控制器结构图

(6) 打开运算器算术运算通道,进行加法运算。

(7) 再将运算结果送到 DR 中,同时根据运算结果,设置状态字 FLAG。

至此完成了此条指令要求的所有操作。从上述指令的操作中可以看出,指令的解译和指令的执行是由两个部件完成的。指令的解译部分通常叫做指令控制器,指令的执行部分通常叫做指令运算器。

3. 处理器运行模式

随着系统软件设计复杂度的增加,对处理器的设计也提出了一些新的性能要求指标。其中一个重要的指标是,需要为处理器运行设定不同的模式(比如核心模式和用户模式)。给处理器运行增设不同的运行模式,可以为操作系统的管理提供有利的安全保障。

对微处理器系统来说,自 Intel 386 以后就实现了 4 个特权级运行模式,其中特权级 0 (Ring0)是留给操作系统、设备驱动程序运行使用的。因为在操作系统和驱动程序的代码中要使用到一些系统内部的指令子集,而这些指令子集会对系统产生很大的影响,所以不允许一般用户访问,只允许有特殊需要的程序执行。为了解决这个问题,就使用处理器的运行模式来控制,将执行这些指令的程序定义为系统核心态下运行的程序。而 Intel 386 中的最低特权级 3(Ring3),一般是留给普通用户程序使用的,即系统中规定用户程序只允许在这个级别上运行。采用这种不同程序在不同级别上运行的机制,可以从硬件级别上有效地保护系统程序的正常运行,提高计算机系统的可靠性和安全性。

处理器的不同特权运行模式将如何在系统中应用,是由操作系统控制的。比如在 Windows 系统和 Linux 系统中,就只控制了两级特权模式,也就是说,在系统中运行的程序只可能是两种模式,即用户模式及核心模式,处理器中所具备的其他特权模式没有被利用。在具有特权级别管理的处理器中,运行于核心态的代码基本上不会受到系统的任何限制,它们会被允许访问任何有效地址、对端口的直接读写操作等; 而运行于用户态的代码则需要受到处理器内部的多项检查,比如规定用户态程序只能访问映射到其地址空间的指定地址内容，而且对于I/O端口的访问也非常有限，如只能对任务状态段(TSS)中I/O许可位图(I/O permission bitmap)中规定的可访问端口进行直接访问，其他端口是不允许访问的。为了实现这些规定，可以用处理器的状态和控制标志寄存器EFLAGS中的IOPL位来标记，当有该标志时，说明当前指令可以直接进行I/O访问，其特权级别是Ring0，否则就不允许直接进行I/O访问，特权级别是Ring3。

需要指出的是，以上所说明的这些功能都只限于保护模式的操作系统控制，对于实模式的操作系统(如DOS系统)是无效的。因为在实模式操作系统中没有实现对系统进行保护的机制，系统中的所有代码都被看作是运行在一种状态下的，这种状态既是核心态也是用户态。所以实模式操作系统管理下的系统，其系统安全性将大打折扣。

保护模式下的处理器模式转换(比如从Ring3向Ring0的切换)机制，需要在操作系统中给出明确规定，通常模式转换会在控制权转移时进行，比如可以规定处理器模式会在以下两种情况发生转换：

- 当调用长转移指令CALL时；
- 当碰到了中断指令或是碰到了自陷指令INT时。

也可以规定只在遇到中断指令时转换处理器运行模式，而在执行自陷指令时不进行模式转换等等。具体的处理器模式转换实现细节包含复杂的处理器安全保护检查和堆栈切换机制，是处理器设计技术中的专项内容。由于这些内容已超出本书的描述范畴，在此不作详细描述。

在现代操作系统中，通常使用中断来提供系统服务，因此可以通过执行一条陷入指令来完成处理器模式的切换。在Intel X86处理器上，这种指令是INT，该指令在WIN9X系统下是INT30(称为保护模式回调)，在Linux下是INT80，在WINNT/2000下是INT2E。所有用户模式下的服务程序(比如系统中的动态链接库DLL)，都是通过执行一个INTXX指令来请求系统服务的。系统接收到这类请求后，处理器模式将切换到核心态下工作，这时工作于核心态的对应系统代码才能完成本次的系统请求服务，执行完毕后再将执行结果传递给用户程序。

4. 处理器中的寄存器

寄存器是处理器内部的存储功能部件，不同的处理器提供的寄存器个数会有很大差异。寄存器主要用来暂存指令在处理器执行过程中的临时数据、访问地址以及指令信息本身。在系统程序设计中有可能需要访问寄存器，通过访问寄存器可以达到以下两种效果：

(1) 提高指令执行的速度和效率。通过对用户可见寄存器的合理使用，可以使指令减少对主存储器的访问次数，从而加快指令的执行速度。在编译程序的优化代码部分包含许多对寄存器分配使用的技术，在有些高级语言中(例如C语言)，还可能允许程序员对寄存器的使用提出自己特殊的方案。

(2) 控制处理器的操作和状态。系统中大部分的寄存器是归处理器使用的，它们由控制器自动传递、自动判别，以实现对处理器的控制。同时有些寄存器也可以通过特权指令访问到，比如通过操作系统中的某些程序可以控制用户程序的执行过程。

寄存器按照完成的功能不同，也可以分为多种类型。计算机系统中常见的各种寄存器有：

- 数据寄存器(data register)。这些寄存器可以由程序员指派其中内容。

- 地址寄存器(address register)。这类寄存器可以是指向数据或指令的地址,也可以是指向一个地址的指针,包括变址寄存器(index register)、段指针(segment pointer)、栈指针(stack pointer)等。
- 条件码或标志位寄存器。这类寄存器一般允许程序访问,但不允许程序对其修改,它所包含的内容通常是根据操作结果由处理器硬件完成设置。
- 程序计数器 PC(program counter)。用来存储处理器下一条将要执行指令的地址。
- 指令寄存器 IR(instruction register)。用来存储处理器将要执行的下一条指令的内容。
- 程序状态字 PSW(program status word)。存储指令执行结果表现的各种状态。
- 中断寄存器 IR(interrupt register)。保存与中断管理有关的信息和状态字。
- 用于存储管理的寄存器。这是指处理器与存储器交互中用到的寄存器。
- 用于 I/O 控制的寄存器。这是指处理器与 I/O 控制模块交互中使用到的寄存器。

1.1.2 存储器

存储器(memory)是计算机中的记忆设备,主要用来存放程序和数据。能够在计算机中使用的所有信息,包括原始数据、计算机程序、中间运行结果和最终运行结果、图形图像等都被保存在计算机的存储器中。

1. 存储器的分类

计算机中的存储器有多种,对存储器进行分类的方法也有很多种,常见的分类方法有以下几种。

(1) 按存储介质分类

- 半导体存储器。用半导体器件组成的存储器。
- 磁介质存储器。用磁性材料做成的存储器。
- 光存储器。比如常见的 VCD,DVD 等都属于光存储器。

(2) 按存储方式分类

- 随机存储器。这是指存储器中的任何存储单元的内容都可以被随机存取,而且存取时间与存储单元的物理位置无关。
- 顺序存储器。只能按某种顺序访问存储器,存取时间与存储单元的物理位置有关。

(3) 按存储器的读写功能分类

- 只读存储器(ROM)。这是指存储器中的存储内容是固定不变的,对存储器只能做读操作而不能做写操作的半导体存储器。
- 随机读写存储器(RAM)。这是指那些既能做读操作又能做写操作的半导体存储器。

(4) 按信息的可保存性分类

- 非永久记忆的存储器。这是指断电后信息即消失的存储器。
- 永久记忆性存储器。这是指断电后仍能保存信息的存储器。

(5) 按存储器功能分类

- 主存储器(也称为主存或内存)。主存储器指可以实现以电子速度运行的高速内存,它是以半导体单元构成的存储介质，因此习惯上也将其称为“半导体存储器”。主存储器中的每个存储单元可以存储一个二进制信息，计算机中所有需要运行的程序和指令都必须首先装入主存储器中，然后才可以运行。主存储器中的各个单元内容很少被单独地读取或直接用来编辑，它们一般是按照固定大小的单元组进行操作的，因此系统需要对内存单元组进行约定和定义，目前流行的单元组定义单位就是我们常说的“字”或“字节”。主存储器中的每个字都被分配了一个特定地址与之对应，通过该地址可以访问到内存该地址中保存的内容。

- 辅助存储器。辅助存储器是指除了主存储器以外的多种存储介质，它们通常由磁性介质或光材料构成，其主要特点是可以存储大批量的程序和数据信息。虽然主存储器的访问效率很高，但半导体存储器的造价也非常昂贵，同时，主存储器在掉电后，其中的信息将会丢失，因此在系统中只有主存储器是不够的。存放在计算机系统中的大批量信息，包括数据和程序，并不是总在被处理器使用着（实际情况是，系统运行中正在使用的信息是非常有限的），这些未被使用的信息没有必要占用主存储器，它们可以存放在比较便宜的辅助存储介质中。目前使用的辅助存储器种类很多，比如磁盘、磁带、CD-ROM、U盘等都属于辅助存储器。
- 高速缓存器。高速缓存器也称为cache，这种存储器是由特殊硬件电路实现的存储体。实现高速缓存的电路主要完成小容量、高速存储的功能。它用来匹配处理器与主存之间存取速度差异较大的问题，可以实现主存储器与寄存器之间的分级数据移动操作。
- 寄存器。寄存器是处理器单元中包含的存储部件，它们也是由特殊电路构成的存储单元，其访问速度与处理器的速度相匹配，可实现计算机中最快的数据读写操作。

以上分类方式各具特色，但第(5)种分类方式比较常见。在该分类中，用户接触最多的是主存储器和辅助存储器，其他两种存储器是建立在系统内部管理机制中的，用户一般不直接对其进行访问。

通常，保存在主存中的信息可以依据控制器指出的位置进行写入和读出操作，而在辅助存储器中的信息通常按照文件名进行访问。存储器是计算机系统中必不可少的部件，而对存储器的管理也是操作系统的一项重要工作，但在专业术语中将主存的分配与回收管理称为存储器管理，而对辅助存储器的管理被划归为文件或I/O设备的管理之列。

2. 各种存储器的特点

构成主存储器和辅助存储器的介质，主要以半导体器件和磁性材料为主。存储器中最小的存储单位就是一个双稳态半导体电路、一个CMOS晶体管或是磁性材料的存储元，最小存储单位可存储一个二进制代码。由若干个存储元组成一个存储单元，然后再由许多存储单元组成一个存储器。通常一个存储器中包含许多个存储单元，每个存储单元可以存放一个字节。

为了便于访问，存储器中的每个存储单元都有一个位置编号，这个编号就是存储地址，通常用十六进制表示信息存储地址。一个存储器中的所有存储单元总和，称为该存储器的存储容量。比如一个存储器的地址码是由20位二进制数（即5位十六进制数）组成的，那么它可以表示1M(1048576)个存储单元地址，如果一个存储单元中存放一个字节，则该存储器的容量就是1M字节的容量。

不同介质的存储器会表现出不同的存储特征，无论是在存储容量上还是在访问速度上都有着很大差异。一台计算机系统通常需要配备多种类型的存储器，这些存储器可以构成一个合理的存储体系结构。下面我们来看看不同介质的存储器所表现出来的不同特征：

(1) 一般来讲，存储速度越快的存储器，其每位(bit)的价格就越高。例如寄存器是系统中存储速度最快的存储体，它的价格也是最昂贵的，所以当系统中寄存器的配置过多，就会使系统硬件成本增加。

(2) 存储容量大的存储器与存储容量较小的存储器相比，其每位(bit)的价格会逐级降低。也就是说可以保存大批量信息的存储器，其价格相对比较便宜。如寄存器的价格是最高的，高速缓存(cache)相对便宜些，内存会比高速缓存更便宜，而辅助存储器与前几种存储介质相比按位计算是最便宜的。

(3) 大容量存储器的访问速度会较慢，这是由大容量存储器的组成介质决定的，在程序执行中人们会有明显的感觉。例如，访问内存比访问外存要快，而访问寄存器时又比访问内存的速度快。

不同介质的存储器具有不同的特性，它们在进行信息存储时所起的作用也不一样，因此不同的存储器会被安排在不同的存储结构层面上，使其发挥不同的作用。系统中的整个存储体系结构，可以满足系统存储的总体需求。

3. 存储器的合理搭配

用户希望计算机系统中配置的存储器可以满足高速度、高容量、不易丢失等多项特征，但是目前任何一种存储器都很难达到这些标准。从以上给出的存储器分类及其特征可以看出，计算机系统中包含的存储器种类是多样的，内存是计算机中正在运行指令和数据的主要存储载体，那些将要在计算机系统中运行的程序和数据必须首先放入内存，然后才能被处理器访问到。指令在处理器中运行时依赖的是内部存储单元存储，寄存器的主要功能就是存储指令执行中的中间结果和临时数据。由于寄存器可以实现快速访问，所以寄存器是与处理器运行速度最相匹配的存储体。辅助存储器可以充当内存管理的辅助存储空间，而且系统中大批量程序和数据通常都被存储在辅助存储器中，只是在使用时才进行内外存的数据交换。

系统中对各类存储器都是需要的。但是在一个计算机系统中配置多少种、多大量的不同存储器是一个需要认真考虑的问题。过去当内存的造价比较高时，系统中配置的寄存器和内存的数量一般都比较少。随着大规模集成电路的高速发展，半导体存储器的制作成本和销售价格近年来呈指数在下降，因此，现代计算机中越来越多地运用了寄存器和内存。比如在PC中就配备有1GB、2GB甚至更多的半导体存储器，这在10年前是不可想象的。因此，我们有理由相信在不远的将来，半导体存储器将会更多地取代磁介质存储器，尤其是有可能成为便携式计算机系统的主要存储介质，这样可以使计算机变得更小、更轻便、更高效、更节能。

今天，虽然内存的价格在大幅下降，系统中可以配备比较宽余的内存，但随着人们要求计算机完成工作的复杂性和运行性能的提高，内存规模还是无法满足运行程序规模增长的需要，因此外存储器还是必须配备的存储体。通常一台计算机系统中所配置的各种存储器

量,需要从以下 3 个方面综合考虑:

(1) 存储总容量的大小。通常希望存储器容量应该尽可能地大,但在配置时也应与系统的使用目标和处理器的能力相匹配。

(2) 访问速度如何。在系统中配备大量的快速存储器固然好,但是由于高速存储器通常是掉电后易失的,所以它并不能完全满足用户对数据存储的需要,系统中需要内存与外存结合使用,因此,系统存储器的整体速度也应该与处理器的速度相匹配。

(3) 存储器价格问题。价格是一个计算机系统考量的综合指标之一,在考虑存储器的选配时应尽量与系统中其他部件的价格相适应,若一味追求大批量存储介质,势必给系统整体价格带来压力。

4. 系统的多级存储结构

前面曾说到,不同存储器在计算机系统中起的作用也有所不同,为了化解系统对存储器的容量大、速度快、成本低三者要求之间的矛盾,在系统构建时需要选用多种存储器形成一个多级存储结构。这个结构中将包含一定量的寄存器、适量的高速缓存器,再配以大量的外存储器和海量可移动存储器。这样不仅可以满足使用的需要,同时还可以降低系统的总体价格。按照这种搭配方式,就形成了存储器的金字塔形体系结构,如图 1.4 所示。

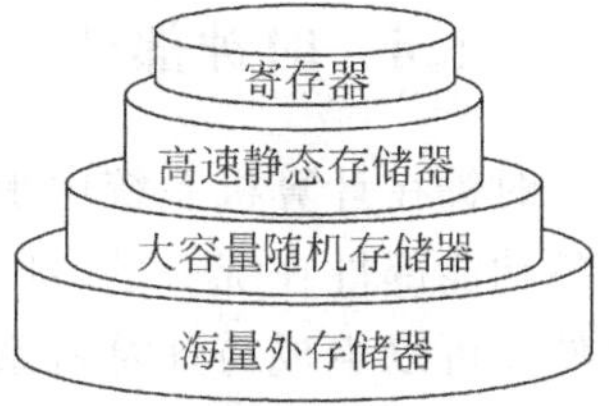

图 1.4 存储器结构示意图

图 1.4 所示的存储体系结构表明,不同的存储器自上而下形成了成本逐级降低,容量逐级增长,访问时间逐级递增,访问速率逐级递减的特性。如何让这些存储器发挥各自的特长,为系统运行构造一个可靠、有效的存储基础,就成为操作系统要解决的重要问题。通常在操作系统中要研究如何发挥各级存储器的效能问题,需要对各种存储器进行统一管理,使数据在存储体系结构中进行传递,保证用户对信息存储的要求。操作系统中的这部分功能就叫做存储管理,这些内容将在本书的第 8 章中加以描述。

1.1.3 输入/输出设备

输入/输出(Input/Output,I/O)设备是指计算机与外部进行信息交换的物理设备,输入设备可以接收外部信号,包括各种命令请求、数据信息输入等操作;输出设备可以将计算机处理过的信息发送给外界,包括接收信息的人或接收信息的设备。

1. 输入设备功能

输入设备可以对输入的信号进行判别、筛选和编码转换,然后将外部输入的信息输入到计算机中。可实现计算机数据输入的设备种类很多,最常见的有键盘和鼠标。当敲击键盘时,输入的字母或数字会被键盘驱动程序自动翻译成相应的二进制码,通过处理器或专门的键盘处理部件传送到内存或处理器中。其他种类的输入设备,包括操纵杆、跟踪球和鼠标等,这些是作为图形输入装置配置在计算机中的。输入设备通常会与一台输出设备(比如显示器)连接在一起,使输入信息可以直接观测到。连入计算机中的麦克风也是一种输入设备,它通过驱动程序可以捕获声音的音频信息,然后对其进行采样和调制、解调并将这些处理后的模拟信号转换为数字信号,存入内存或直接交给处理器进行处理。

2. 输出设备功能

计算机的输出设备从功能上讲是与输入设备相对应的设备，它们可以将经过计算机处理后的信息向外界传递出去，比如打印机和显示器就是典型的输出设备。输出设备的种类也很多，设备中通常都会包含一些机械功能部件和电子控制部件。以打印机为例，目前市场上流行的打印机种类就很多，如机械冲击头式打印机、喷墨式打印机、激光式打印机等等。打印机的性能近年来也提高得很快，这是计算机技术应用的需要，对于机械设备来说实现每分钟打印10 000行的操作已经是非常高的速度了，然而这个速度与处理器的电子速度相比仍然感觉是太慢了。

实际上，I/O设备都具有类似的特性，它们的速度与处理器之间形成了较大的反差，日常使用中我们经常看到一个中等配置的PC就可以轻易地控制多个I/O设备的运行。正是基于I/O设备执行速度比处理器慢这一特性，使处理器在管理外设的同时还可以有足够的时间来完成许多其他工作。操作系统对设备管理的一项主要任务就是协调好处理器与I/O设备之间的执行速度，使系统中的I/O设备可以最大限度地发挥效能。

1.1.4 时钟部件

时钟在计算机系统中承担着非常重要的各部件协调任务，通过它的协调，可以使计算机的各功能部件在统一的时间顺序下工作。各种计算机系统中，都包含时钟功能部件。时钟部件还可以生成与计算机系统运行同步的节拍，以中断方式向外部提供服务。操作系统需要利用时钟中断来确定各种时间间隔，以实现时间的延时计算或判定任务执行是否超时。

1. 系统时钟节拍

软件定义的系统时钟节拍实际上是计算机系统的时钟序列发生器中产生的特定周期，计算机系统每遇到这一周期就会产生相应中断和启动相应中断服务。由于这一中断是由系统时钟的累计或叫做分频产生的，因此也被称为时钟中断。这个中断可以看成是系统心脏跳动的脉搏，通过这个脉搏的跳动，操作系统才能管理好各种需要同步运行的软件，或实现对各种设备的同步操作。

不同系统的时钟中断时间间隔可能不同，一般在10ms～200ms之间。利用时钟的这种节拍式中断可以使操作系统内核将各种待完成任务延时若干个整数时钟节拍，或者可以在任务等待事件发生时提供等待超时服务等。这种时钟需要操作系统管理，理论上讲，这种时钟节拍频率越快，系统的额外开销就越大。另一方面，操作系统对时钟管理和产生机制也决定了系统的一些运行特性，比如通用操作系统主要通过时钟管理来完成进程间同步、资源占用计时。而实时系统中的时钟除了一般性计时管理外，还可能需要提供各种与实时处理有关的严格的定时机制。

2. 操作系统如何利用时钟进行工作

时钟管理是操作系统的一项重要任务，通过对时钟的管理，操作系统可以完成以下各项任务：

- 在多道程序运行环境中，为系统发现陷入死循环(由于编程错误或错误的数据格式等造成)的作业,防止处理器做无效操作而浪费处理器资源。

- 在分时系统中,用间隔时钟实现对进程按时间片进行轮转调度的机制。
- 在实时系统中,按需要的时间间隔,输出正确时间信号给需要进行实时控制的设备(如 A/D、D/A 转换设备),以及其他数据采集或处理设备,以保证系统对实时控制任务的正确执行步骤。
- 在有些系统中,定时时钟还被用做唤醒各种事件的执行。比如在动态优先级管理中定时启动优先数计算程序,为各进程计算优先数;在银行管理系统中定时启动某类结账程序开始运行等有关操作。
- 利用时钟可记录用户占用设备的时间,或者记录某外部事件发生的时间。
- 利用时钟记录用户和系统所需要的绝对时间,即计算机所记载的年、月、日等时间。

3. 计算机时钟分类

如上所述,计算机中的时钟用途很广,所以根据时钟使用方式的不同,可分成不同的时钟种类:

- 绝对时钟。这种时钟用来记录系统时间(包括年、月、日、时、分、秒),绝对时钟表示的是准确的计时值,而且当系统关机时,绝对时钟不能停止工作,仍然完成时钟计数,通常将绝对时钟作为系统时间使用。
- 间隔时钟。间隔时钟也称为相对时钟,它是通过时钟寄存器实现的一种计时机制。这种时钟通常是作为相对时间使用的,比如我们利用间隔时钟做定时操作,首先设置时钟初值,每经过一个单位时间后,时钟值自动减 1,当该值变为负值时,则触发时钟中断,这样我们就知道设置的时间到了,然后引发相应的事件开始工作。

4. 时钟实现方式

在系统中实现时钟的方式也有多种,笼统地讲包含硬件时钟实现方式和软件时钟实现方式两种:

- 硬件时钟实现方式。用时钟电路和寄存器进行时间计时的设置,在电路中根据计算机系统脉冲频率定时地对寄存器做加 1 或减 1 操作,达到计时的目的。
- 软件时钟实现方式。通过编程在需要使用相对时钟时,设计一个程序循环处理的环来产生软件时钟,即用内存单元模拟时钟初值,通过循环程序的指令对这一单元进行加数、减数操作,每次运算后判定这一单元内容是否为 0。如果为 0,则跳出循环执行相应的中断处理;否则,继续执行循环。这样也可以实现一个不是非常准确的计时时钟功能。

值得注意的是,硬件提供的时钟定时中断可以脱离软件程序的运行独立运行,而软件提供的软时钟中断不能脱机工作,因为它需要占用系统或用户程序运行的时间。

在计算机系统中需要时钟管理的例子有很多,这里给出一个简单的时钟应用实例来说明时钟的实际应用价值。在计算机资源管理中,为了实现对处理器的保护性使用,其中有一项工作就是防止进程在得到处理器后不再放弃控制权,使其他进程无法继续工作。这时需要采用一些控制手段,使进程使用处理器的时间成为有限制的时间。一种简单的解决方法就是设计一个时间片,并将该时间片分配给每个占用处理器的进程,当时间片到达时,就产生一个时钟中断。利用这个中断，操作系统可以插入一段程序完成从当前进程中将控制权夺回的操作，然后再将处理器的控制权转交给下一个需要使用处理器的进程。这种控制过程如图 1.5 所示，图中将处理器的时间划分成了许多个时间片，进程 P1，P2，P3，P4，P5 分别使用处理器，而每次使用时间都不超过一个时间片。注意，这里使用的时间片时钟为一个间隔时钟方式。

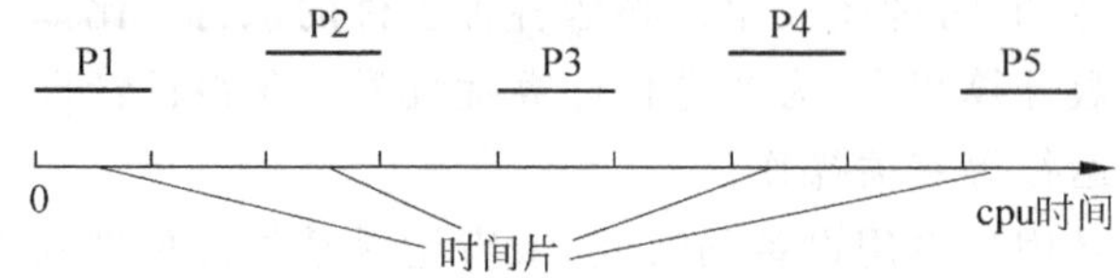

图 1.5 用时间片控制进程占用处理器的过程

1.1.5 系统总线

计算机中总线是构成计算机系统的互连机构，是多个系统功能部件之间进行数据传送的公共通路。下面我们来谈谈关于计算机总线的一些基本知识。

1. 总线分类

为了简单起见，这里只针对单处理器系统的总线结构进行说明。单处理器系统的总线大致可分为 3 类，它们是：

(1) 内部总线。这是指处理器内部连接各寄存器及运算部件之间的总线。

(2) 系统总线。这是指处理器与计算机系统的其他高速功能部件，如存储器、通道等互相连接的总线。

(3) I/O 总线。这是指构成中、低速 I/O 设备之间互相连接的总线。

2. 总线结构

首先来看单一总线结构。单总线结构是最简单的一种系统连接方式，在这种结构中，计算机中的所有部件都通过一条总线连接在一起，如图 1.6 所示。在这种结构中，处理器与内存及外设的交互都需通过系统总线完成。在这种设计上，单位时间内只有一个部件占用总线，而总线上的各部件在运行速度上存在较大差异，速度慢的部件占用总线的时间就会长。在需要频繁调度数据的系统中，这种总线的压力就比较大。在这种结构中，往往总线会成为阻塞系统信息交互的瓶颈，从而影响到各模块之间并行工作的效率。

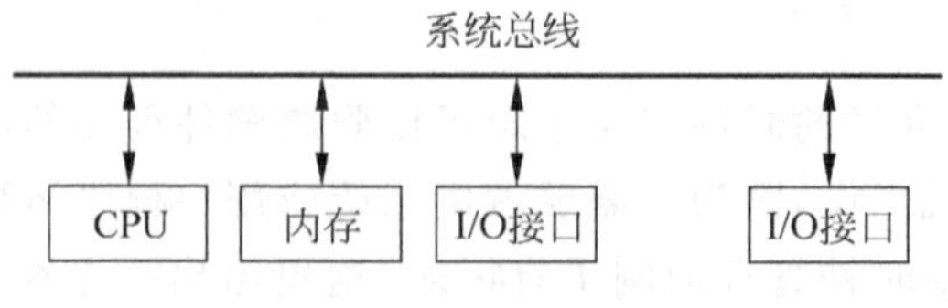

图 1.6 单总线结构

由于单总线结构中存在的问题，使该总线结构成为计算机系统信息传递的瓶颈。由于在信息传递中，处理器和内存之间的信息传递最为频繁，于是提出了双总线或多总线结构概念。双总线结构如图 1.7 所示,在这种结构中,在处理器和内存之间增加了一条独立的内存总线,这条内存总线使处理器可以直接实现与内存间的高速信息交互,而处理器对其他设备的信息交互可以通过普通系统总线完成,这样就可以极大地减轻系统总线的压力。

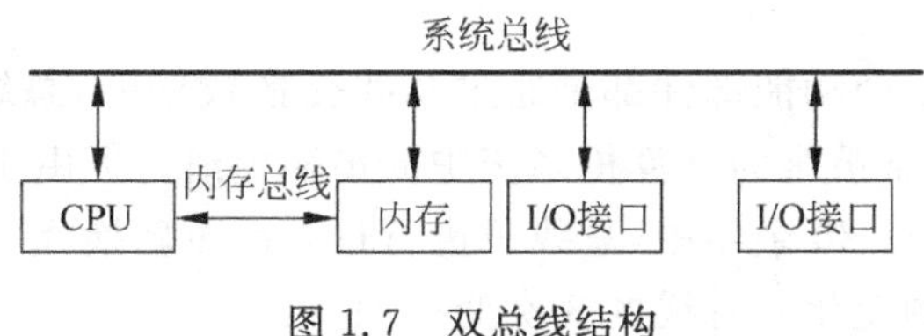

图 1.7 双总线结构

另外,在如图 1.7 所示的结构中,利用系统总线内存还可以实现与 I/O 设备的独立交互,比如,实现 DMA 的直接存储器访问操作,在 DMA 完成数据传递时无须处理器的直接参与。

使用双总线结构可以有效地解决处理器与内存间信息传递的速度问题,但是 I/O 设备与处理器之间交互的问题依然保持着原有的状况。这是因为 I/O 设备数量和种类繁多,同时,I/O 设备的处理速度通常比较慢,这样对系统总线的利用效率还是会产生影响的。因此研究人员又提出了三总线结构,三总线结构如图 1.8 所示,其中除了系统总线、内存总线外,还增加了通道部件和 I/O 总线结构。在这种三总线结构中,系统总线负责处理器、内存及 I/O 通道之间的信息交互,内存总线的作用仍是完成处理器与内存间的信息交互,而 I/O 总线是多个外设与 I/O 通道之间进行通信交互的公共通道。在这种结构中,I/O 接口是通过 I/O 总线与通道连接的,通道中包含一个专门处理 I/O 请求的处理器,它可以对总线上的所有 I/O 接口设置作统一管理和配置,从而实现外设的综合管理。

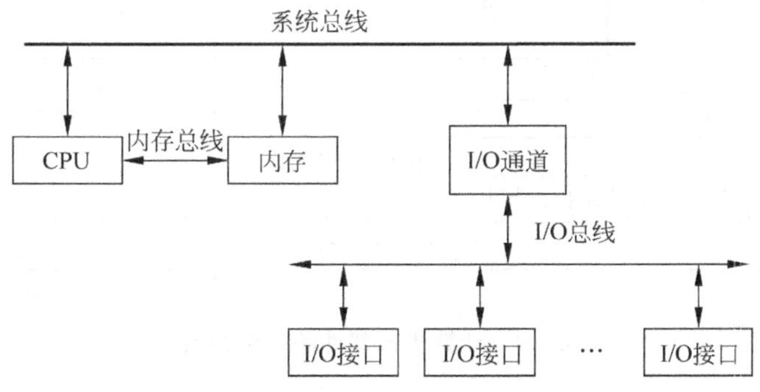

图 1.8 三总线结构

3. 总线标准化问题

在计算机硬件设计中,由于不同厂商采用的工艺流程和设计方式不同,无法要求他们都按照统一的模式进行设计和生产,但是可以要求处理器具有完成相同的指令、相同的数据处理的能力;要求存储器具有同样的存储容量和访问方式;要求 I/O 接口具有同样的连接方式和访问协议。这样,不同厂家生产的处理器和功能部件就可以做到互换使用,这时由于不同生产厂家都遵守相同的系统总线设计规范,从而可以达到处理器和各功能部件的使用兼容,这就是系统总线的标准化意义所在。

通常用总线带宽来描述总线本身所能达到的最高传输速率，总线带宽是衡量总线性能的重要指标，它的描述单位通常是兆字节每秒(MB/s)。

4. 总线技术发展

因为计算机系统中各个功能部件都是通过总线交换数据的，总线的速度对系统性能有着极大的影响，因此总线常被誉为计算机系统中的传输枢纽。但由于总线技术的应用特点，其升级步伐比较缓慢，在近20余年中，总线只进行过3次更新换代，但它的每次变革都使计算机的面貌发生了巨大的变化。总线的3次变换如下：

(1) 一代总线。包括PC总线和ISA总线。

(2) 二代总线。包括曾经盛行，目前还有应用的PCI/AGP总线、PCI-X总线。

(3) 三代总线。包括目前使用的主流PCI Express，HyperTransport高速串行总线。

1.1.6 硬件组织结构

以上说明了计算机硬件中的主要部件，包括处理器、主存储器、I/O设备、时钟部件等，它们之间通过系统总线连接在一起，各部件的不同连接方式形成了计算机系统的基本体系结构。计算机系统基本结构如图1.9所示。

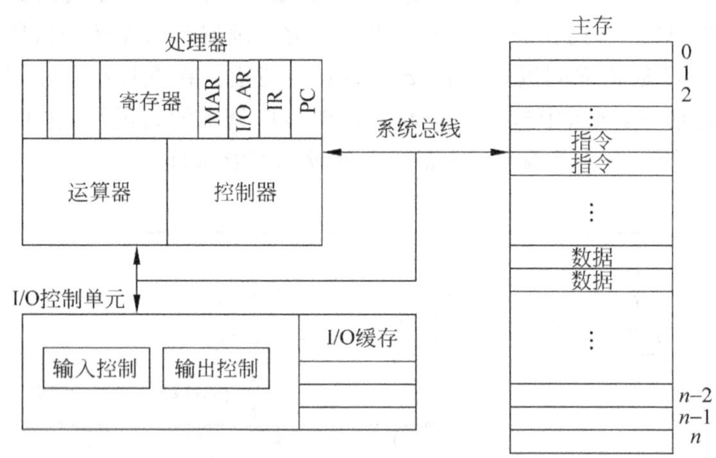

图1.9 计算机各部件的组织结构

计算机硬件的组织结构是程序运行的基本保证，虽然一个计算机系统可以完成各种各样的操作，但是无论怎样复杂的操作都是由一些基本的指令和数据构成的，而指令的基本操作通常都是与计算机硬件组织结构相关联的。因此，在设计系统软件时，了解一些硬部件功能特征和硬件的组织结构是非常必要的。

1.2 计算机指令执行

各种语言编写的程序通过编译、链接，形成可执行码后可以在处理器中运行，因此程序的运行最终是被分解成一条条机器指令的运行。不同的处理器会提供不同的指令集，因此指令是程序在处理器上运行的基本单元。

1.2.1　指令集与指令操作流程

每种处理器都会提供用于不同操作的指令，一个处理器中包含的所有指令被称为指令集。指令集中包含着不同的指令类型和指令内容，处理器中常见的指令类型有：

(1) 访问存储器指令。这类指令负责完成处理器和存储器间数据传递。

(2) I/O 指令。这类指令负责完成处理器和 I/O 模块间数据传送和命令发送，就指令格式而言，这类指令与访问存储器指令很相似，只是将访问存储器的地址变成了访问 I/O 端口的地址。

(3) 算术逻辑指令(也称为数据处理指令)。这类指令负责完成数据算术运算和逻辑运算的操作。

(4) 控制转移指令。在执行控制转移指令时会指定一个新的指令执行起点，从而实现指令执行的转移。

(5) 处理器控制指令。这类指令完成修改处理器状态、改变处理器工作方式的各种操作；在这类指令中包含特权指令，特权指令通常会引起处理器执行状态的切换，即由用户态切换到核心态或是由核心态切换到用户态。

每种指令在执行时会包含一些内部联动步骤，这些执行步骤是受控于控制器的。大多数的指令操作流程可以归纳为以下几个步骤：

(1) 计算机通过输入部件接收信息，这些信息包括指令、程序和数据。

(2) 接收到的信息被存储在内存中。

(3) 处理器运行时从内存中调入一些指令和数据放入寄存器中。

(4) 通过程序或指令的控制，将存储器中的内容取出来并送入到运算器中进行处理。

(5) 处理过后的信息可能需要通过输出部件输出到计算机外部，也有一部分信息会被进一步保存到存储器中等待下一条指令使用。

(6) 循环到第(3)步继续执行。

1.2.2　指令执行周期

一条机器指令的执行大致可划分为指令读取、指令解析、指令执行、指令完成 4 个阶段，不同的指令由于复杂度不同在执行阶段会出现多次循环的情况。但是为了简单起见，将这些循环看成是一个阶段，从而形成了如图 1.10(a)所示的指令执行过程。如果计算机中的指令执行是按照串行方式完成的，即一条指令执行完后再执行下一条指令，那么所有指令都是需要如图 1.10(a)所示的步骤来完成。这里我们将一条指令执行的全过程称为指令周期，如图 1.10(a)中在指令周期中包含了 4 个最基本的处理步骤。若再细分，可以进一步描述出指令的读取周期和指令的执行周期等。计算机系统只要处于开机状态，处理器中的指令执行过程就会周而复始地进行，直到接收到一个停机指令为止。

另外，为了增强处理器的处理能力，在现代处理器中都设置了指令并行执行机制，即可以使多条指令并行工作，具体思路是：如果将一条指令的内部处理阶段看成不同的周期，由于在每个周期都在作着不同的处理，因此可以让多条指令的不同执行周期并行工作，这种指令并行执行方式如图 1.10(b)所示。图中所述的含义是,在第 1 周期处理器读取第 $n-1$ 条指令;在第 2 周期处理器对第 $n-1$ 条指令进行解析,同时还可以读取第 n 条指令;在第 3 周期处理器执行第 $n-1$ 条指令、解析第 n 条指令、同时读取第 $n+1$ 条指令;在第 4 周期,处理器完成第 $n-1$ 条指令的后处理、执行第 n 条指令、解析第 $n+1$ 条指令、读取第 $n+2$ 条指令。在处理器连续处理指令的过程中,从这个阶段开始每个周期都会有一条指令执行结束,这就形成了指令可以在单周期内完成的效果。这种指令执行方式叫做并行流水线方式,图 1.10(b)给出的是一个四级并行流水线机制。

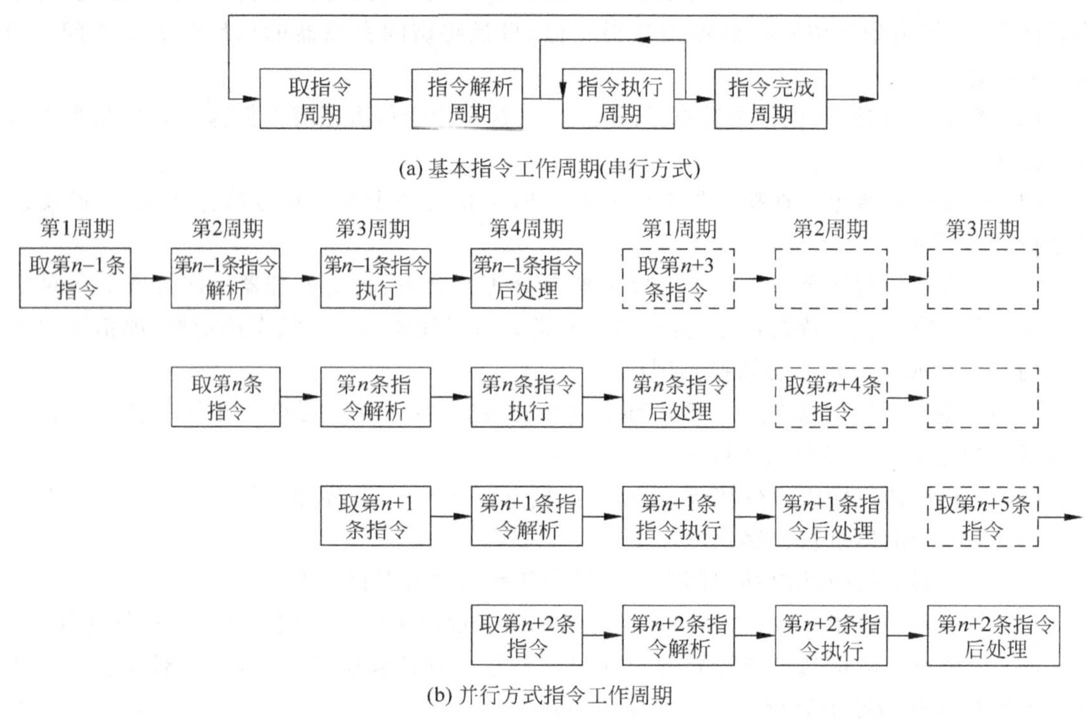

(a) 基本指令工作周期(串行方式)

(b) 并行方式指令工作周期

图 1.10 基本指令执行周期

程序的二进制代码是由机器指令组成的,程序中的逻辑步骤和执行规则就是在这些指令的不断重复执行过程中完成的;因此包含一段程序所有指令的所有执行周期总和就是这段程序的执行时间。

1.3 中断机制

中断是计算机系统应对指令执行时发生的突发事件而采取的及时处理机制,习惯上称为中断处理。在正常的程序运行中,指令按照程序安排的顺序连续地执行,执行中若碰到一些突发情况,处理器需要及时进行处理。在这个处理过程中就需要利用中断机制来中断当前正在执行的程序指令,保存中断现场,然后转去处理突发事件。待本次中断处理完成后再恢复当时的现场,继续执行被中断的程序。

在处理器中增加中断机制可以使处理器的利用率得到大幅度提升,可以同时应对多个程序或多个设备占用计算机系统的要求。本节将重点介绍有关中断的概念及中断的管理问题。

1.3.1 中断的作用

如果一个处理器中没有中断机制，那么按照指令执行的连续性，就会出现一旦某个程序开始执行，就必须要执行到它的最后一条语句，无论在执行中出现了什么问题都无法终止该程序的运行这种现象。这时，处理器纵使有再高的处理能力也无法充分发挥它的作用，因为一个正在运行的程序将独占整个处理器资源。因此，中断机制对于计算机系统来说，其重要性不亚于机械传动设备中的齿轮驱动和制动系统。试想，如果没有刹车系统，一辆高速行驶的汽车在路上会发生怎样的状况？中断就像是运输工具中的刹车机制，以便进行旅客上下、资源补给、突发情况处理等。操作系统是计算机系统的总控软件，如果没有中断机制，操作系统中包含的大部分程序都将无法执行。我们甚至可以认为操作系统本身就是建立在计算机系统的中断机制下的，由于有了中断机制才使它可以应对多种突发事件和多种设备的请求。所以，中断机制是以根据需要和具体情况打断处理器的正常指令执行顺序，从而使其将计算机控制使用权转到其他需要及时处理、及时关注事件上的基本保证。有了中断机制可以使处理器的能力大大增强，使其能够做到在执行正常程序时，还可以关注到其他等待执行的事件，从而改善处理器的执行效率使处理器的应用更加灵活、方便。

在1.2节介绍了处理器执行指令的基本方式以及处理器执行指令的流程。一条指令在进入处理器被执行后，若没有外部干涉，它将会执行到结束。但指令执行时可能会发生一些特殊情况，比如指令执行的条件不满足时会怎样？这时处理器会不断地查询条件等待继续执行的时机；如果这个时机不会到来，这种反复查询的过程就造成了程序循环地执行，反映在用户层面就是一种停滞状态，这时处理器处于空转状态，处理器资源被浪费掉了。我们希望能够将处理器的空转时间减少，增加并行处理能力，同时又会产生控制上的混乱，这就需要借助中断机制的作用。

在中断机制中规定，执行当前指令时若有其他事件需要处理器关注，则可以用产生一个中断请求的方法来打断处理器正在进行的操作；处理器在收到中断请求后，必须立即停止当前正在执行的指令，并保护好当前的工作现场，然后将控制权转向对应的中断管理和中断服务程序，去完成中断请求。在完成了中断处理后，还要进行中断返回，即将指令执行序列返回到产生中断之前的位置，然后继续原来指令安排的执行顺序。

中断机制在操作系统中非常重要，其中一个最为典型的需求就是对I/O设备的管理。由于一般的I/O设备速度都比较慢，因此处理器可以在与某一I/O设备进行信息交互的同时，利用中断机制查询和处理其他事务。也就是说，可以通过安排在I/O设备进行操作过程中的一些其他事务处理程序，从而使处理器的利用率得到极大的提高。中断处理控制过程如图1.11所示。该图展示了在指令执行中的中断插入过程，当程序执行到第 i 条指令时，发生了一个中断请求，这时处理器将中断当前正在执行的程序。而将处理转向中断管理程序，在中断管理程序中控制着多个中断处理代码，根据需要执行其中的一个或若干个代码；执行完成后由中断管理程序控制返回到被中断的程序处，然后执行程序中的第 $i+1$ 条指令。

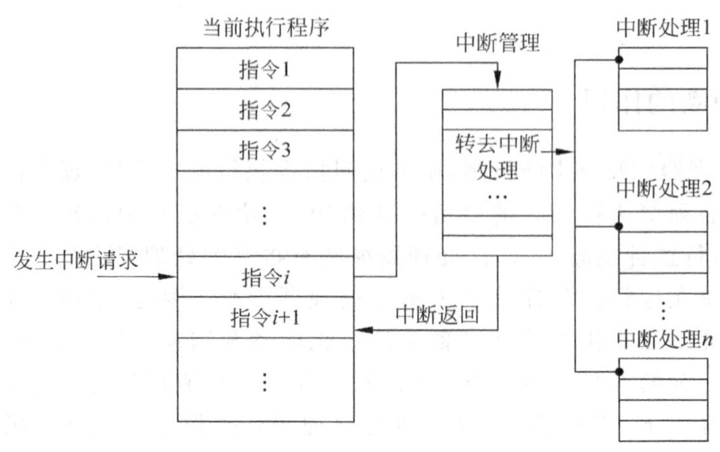

图 1.11 中断处理控制过程

1.3.2 中断查询机制

在系统中增加了中断处理能力，就需要在指令执行过程中进行中断是否发生的判断。那么，在什么时候插入中断判断比较合适呢？这就提出了用什么方式来实现中断管理的问题。

因为中断是可以随机发生的，理论上讲，当有中断发生时就需要立即终止现行程序的运行，转去处理中断请求，也就是说，无论现在执行到哪条指令，执行到哪一步都要停下来。但是，实际上是无法做到如此实时的，因为处理器的执行并不是任何时候、任何指令都能够被中断的。举一个简单的例子，如果现行程序正在执行一个子程序调用指令 CALL，在转移子程序之前需要保留现场。假如这时发生了中断请求，并立即响应中断启动响应中断服务，那么，在中断处理完成后返回原来程序执行处时就会发生错误。因为在响应中断时保留的现场 PC 值为 CALL 的下一条指令地址，而实际上应该是进入子程序后的第 1 条语句地址。这种情况同样会发生在测试转移类的指令执行中。因此，计算机系统并非允许在所有的指令执行过程中都进行中断请求的判别和响应。

每一款处理器都有自己的中断判别和响应机制，但基本上它们的处理方法大同小异，通常是在一般性指令的基本周期中再增加一个中断判别与中断响应周期。各处理器安排这一周期的位置会有所不同，大多数处理器会安排在取下一条指令之前或本条指令完成之后。采用这种方法实现对中断发生的判断和控制处理，指令执行周期由图 1.10(a)所示格式变成如图 1.12 所示的格式，图中表示在中断允许的情况下增加了一个中断周期，用来进行中断监测和中断处理。

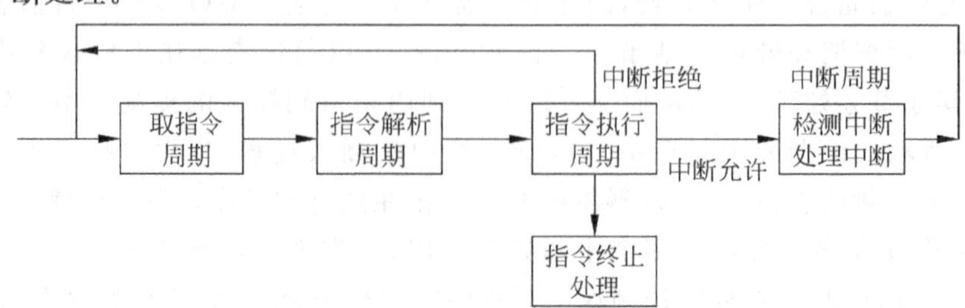

图 1.12 带有中断判别的指令周期

指令执行时，若中断是允许的，就可以进入中断周期，在中断周期中完成中断检测和中断处理，主要包括以下几项工作：

(1) 处理器检测是否有中断请求。

(2) 若没有中断发生，则为当前程序取下一条指令继续执行。

(3) 若有中断发生，则中断当前正在执行的指令顺序，转去执行中断管理和服务程序。

(4) 在中断管理和服务程序的控制下，当中断处理完成后，再转回到中断前程序运行位置，将机器的使用权交还给被中断的程序，执行该位置下的一条指令的执行。

1.3.3 中断管理程序

如图 1.12 所示，在中断发生时实际上包含了两部分的执行内容，一部分是根据中断控制判别逻辑来查找中断源头，决定应该转向哪个中断中进行处理，在中断服务程序完成后，控制逻辑和控制程序将被中断程序的断点地址从栈中取出并存入 PC 寄存器中，使程序执行顺序返回。负责这部分工作的程序叫做中断管理程序，另一部分是执行具体中断的服务程序。

中断管理程序需要完成的工作包括：确定发生中断的特性；控制转向执行中断处理的具体操作；实现将控制切换到中断处理程序；在中断处理完成后再将控制切换回原执行程序中。编写中断管理程序时需要具备以下相关知识：

(1) 中断源的概念。中断源是指引起中断发生的事件，不同的中断源反映了不同的中断类型，中断管理程序可依此决定对不同中断类型采用不同的管理方式。

(2) 中断寄存器使用。中断寄存器中记录着发生中断的具体信息，在发生中断时，需要从该寄存器中读出内容并进行分析，以决定下一步作何种管理。

(3) 中断字理解。中断字是中断寄存器中保存的内容，它通常具有特定的约定格式，执行程序可以从中了解中断发生时的具体状况。

(4) 中断优先级设定。中断优先级是指在处理多个中断时的规则，它决定着按什么样的中断优先级进行中断处理。一般中断优先级的处理规则是，高速设备请求的中断优先级较高，低速设备请求的优先级较低。处理器中记载的优先级指明了当前中断的优先级状况。

(5) 中断屏蔽操作。中断屏蔽是一种禁止处理器响应中断或是禁止中断事件发生的机制。通常有两种方法可以实现中断屏蔽，一种是硬件中断屏蔽方式，另一种是软件屏蔽方式。在硬件屏蔽方式中，首先用软件设置处理器的优先级，硬件系统按照设置中的约定，屏蔽那些比当前中断处理优先级要低的中断请求。在软件屏蔽方式中，由软件按照操作系统给出的优先级规则，设置屏蔽中断寄存器中的各个值，以实现中断屏蔽。

1.3.4 中断类型及中断处理

一个处理器中会设置多种中断，不同的中断对应着不同类型的突发处理事件，它们当然也拥有不同的优先级。计算机中常见的中断类型包括：

(1) 程序中断。程序中断包含的是程序执行中可能发生的突发事件，比如算术溢出、被“0”除、执行非法指令、访问超出用户空间等。

(2) 时钟中断。与时钟管理有关的突发事件,如超时中断、时间片中断等。

(3) I/O 中断。与 I/O 设备控制有关的中断管理,比如键盘输入请求、打印结束等。

(4) 硬件失效中断。来自于硬件的突发失效事件,比如存储器读写失败、I/O 端口出错、突然掉电等。

由以上列出的中断事件性质可知,硬件失效中断的优先级应该是最高的,而程序中断优先级相对比较低。在每一级中断中都可以再派生出多个同级中断,比如 I/O 中断中可包含针对不同 I/O 设备的多个中断;程序中断中可包含多种程序异常的中断;而时钟中断中也可能包含多种类型的时钟中断。

无论哪一级的哪个中断发生,都需要处理器进行及时的管理和控制。对于中断控制程序来说,虽然中断级别和中断种类不同,但中断的处理步骤却有着许多相似之处,因此中断控制程序可以对所有的中断事件进行统一的管理。下面看在一个中断发生时,大致包含的 8 个处理过程:

(1) 当需要中断时设备向处理器发出中断请求,引起中断发生。

(2) 处理器中断当前正在执行的程序。

(3) 处理器判断中断类型及中断合法性。

(4) 处理器做转移控制准备,完成保护中断现场的各种操作,包括将当前相关的寄存器 PC、IR 及 PSW 等信息压入系统栈中。

(5) 将响应中断的处理程序入口地址装入 PC 寄存器中。

(6) 开始中断处理程序执行。

(7) 当中断处理程序结束后将保存的寄存器值从系统栈中释放出来,并恢复到相应的寄存器中。

(8) 恢复 PC、IR 及 PSW 寄存器中的值,使处理器可以继续中断之前的指令执行。

操作系统中的中断处理程序就是依据这 8 个处理步骤来编写中断的管理和中断控制代码。

1.3.5 多中断管理技术

在上面几个小节中介绍了中断的概念及中断处理步骤,其中所涉及的都只是一个中断发生时的管理问题。在实际中要面临的可能是多个中断同时到来的情况。因此,如何有效地实现多中断的管理是当今计算机系统必须要考虑的问题。多中断管理会比单个中断管理复杂许多,因为除了需要中断内部过程进行管理外,还需要考虑多个中断的处理顺序问题。下面我们来谈谈关于多中断的处理方法。

(1) 顺序处理中断方式

对于多个中断,可以采用顺序处理方式。即当出现多个中断请求时,在一个中断处理未完成之前禁止再发生其他中断。按照这种方式管理多个中断,其中断的执行是按顺序完成的,其处理过程如图 1.13 所示。

由图 1.13 可以看出,当一个程序正在执行时,若同时发生了两个中断请求,无论这两个中断请求的优先级如何,都会是先处理其中的一个,再处理另一个。

(2) 多中断的优先级嵌套处理方式

另外一种多中断处理方式是按照中断的优先级进行嵌套处理的。在这种处理方式中,

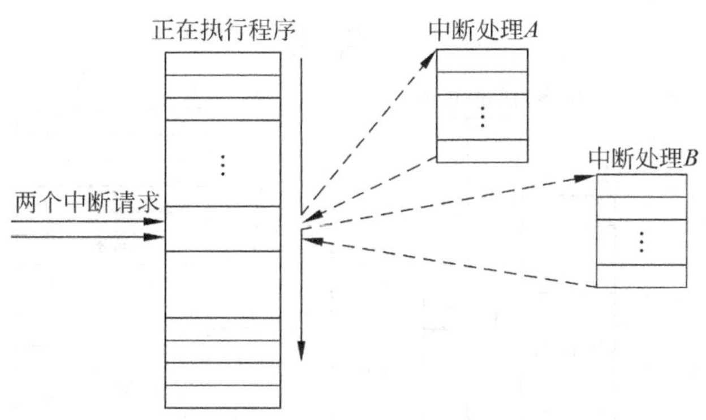

图 1.13 多中断的顺序处理方式

当同时到来多个中断时，根据已定义的中断优先级，允许高优先级的中断请求发生在低优先级中断的处理程序之中，具体处理方式如图 1.14 所示。

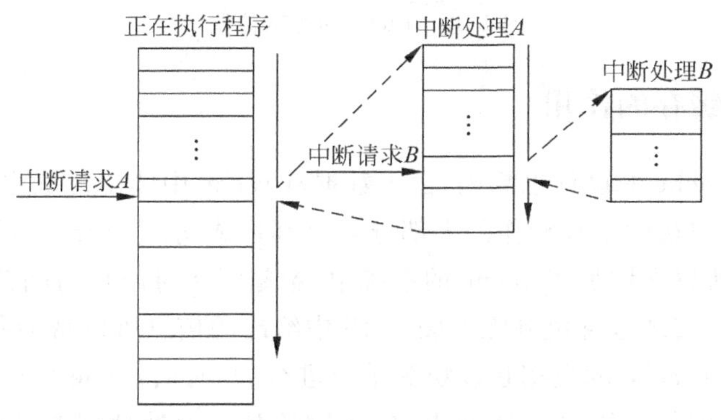

图 1.14 多中断的优先级嵌套处理方式

图 1.14 表示在程序执行中发生了中断请求 A，这时控制转向执行中断处理 A；但是在处理 A 的过程中又发生了中断 B，而 B 的中断优先级比 A 的要高；这时控制就转向处理中断 B；当中断 B 处理完成后，再继续处理 A，然后再返回原运行程序。这是一种允许多级中断嵌套的处理方式。

当然还有一种情况，就是在同时出现的中断请求中包含有同级别的中断，这时该如何处理呢？通常的做法是：先按优先级进行分级处理，对于同级别的中断就按照顺序中断方式进行处理。在当今的中断管理机制中，这种多级中断管理方式很常见。

1.4 缓存机制

高速缓存(cache)是计算机系统设计中的一个独立部件，在计算机中增加高速缓存部件通常是为了改善处理器与主存储器之间访问速度的不匹配问题。cache 是由特殊硬件电路实现的一种小容量、高速存储器，它在系统中的逻辑位置处于处理器与主存之间，主要负责完成主存储器与处理器之间的分级数据移动工作，高速缓存的逻辑位置如图 1.15 所示。

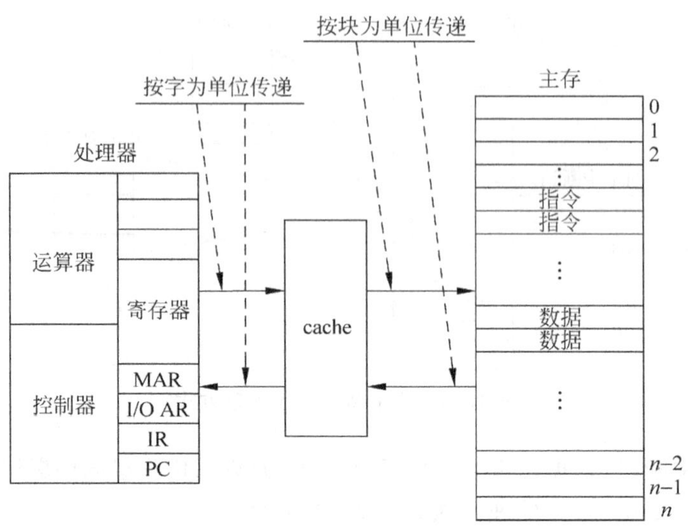

图 1.15　cache 的逻辑位置

1.4.1　高速缓存的作用

在系统中增加 cache 的设计思想是，由于数据从 cache 中读出比从主存储器中读出的速度要快，在访问中若将访问主存操作的大部分内容都换成访问 cache，就可以极大地改善存储器的访问性能。所以在增加了 cache 的系统中，希望每次对内存访问都可以通过对 cache 的访问来获得。如何实现这种机制呢？图 1.15 中给出的信息可以帮助我们理解这一问题，因为从主存中传输到 cache 的数据是以块为单位进行的，而从 cache 传送到处理器的数据是以字为单位进行的，即每次从主存向 cache 中传输的是包含处理器要访问数据的一个块信息，而处理器使用时每次只需要一个字或是一个字节的信息；那些被多读进 cache 中的数据就可以留作下次访问备用。由计算机信息访问的局部性原理(关于局部性原理将在第 8 章中加以介绍)，这些数据有可能很快被访问到，从而保证了 cache 中信息在访问中的被命中率。

1.4.2　具有高速缓存的内存访问

在一个系统中若增加了 cache 模块，处理器对内存访问机制就应随之调整，不能沿用原来的访问方式进行读写操作，否则将无法发挥高速缓存的作用。新的内存访问方式包含以下处理过程：

(1) 当处理器需要读取主存中的一个字时，首先要查寻该字是否在 cache 中。

(2) 若在其中，就从中读出，这样就完成了一次内存访问操作。

(3) 若不在 cache 中，要先从主存中查找所需要读取字的位置，然后将该字所在位置的一块数据读到 cache 中，并将该字传递给处理器。

(4) 这时 cache 中的信息就进行了一轮更新。

(5) 若在读入信息过程中发现 cache 中内容已满，则需要作交换处理，即需要在 cache 中找出一批不再使用的信息块交换出 cache，这个被挤出的空间可用来放置新读入的数据。

在图 1.16 中描述了 cache 与主存间数据交互的模式，其中描述的思想是，在 cache 中包含若干个数据槽，这些数据槽的大小与内存读写的块成整倍数，典型情况下它们是完全相等的。这样每次从主存中读出一个块时正好可以放在 cache 的一个数据槽中。在 cache 数据槽中总是保存着内存数据的一个子集，当插槽中数据填满时，再有新的内容需要装入时就需要挤出一个槽的内容，这就是 cache 与主存之间的交换关系。另外，这里只说交换时需要找出一个合适的槽数据进行交换，实际上在寻找这样的数据槽时是需要使用算法进行测算的，而且不同算法产生的交换效果也有很大差异，这些概念将在存储管理中加以详细介绍。

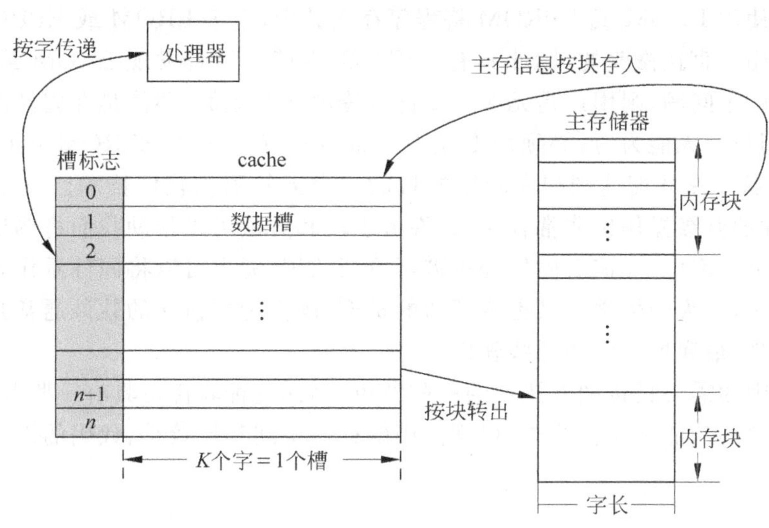

图 1.16 cache 与主存访问结构

1.5 计算机软件

概括地说，一个计算机系统是由软件和硬件两大部分构成的，计算机硬件是系统的载体，计算机软件是系统的灵魂。这句话形象地概括了计算机软、硬件之间的关系，它们是相互依存、相互补充的两部分。通过软件可以将硬件的性能和特点彰显出来，而良好的硬件平台又是软件完成各种控制功能的必要基础。

计算机软件可以有多种，对软件的划分可以根据其所完成任务的不同而不同，比如可以划分为固化软件、系统软件、工具软件、应用软件等多种类型。

1.5.1 固化软件

固化软件一般是指那些在计算机系统加电后首先要运行的软件，它们通常与计算机硬件关联比较密切，负责完成系统中各项硬件设备的设置，实现系统的引导等项工作。这些程序通常在编制调试完成后被固化在系统的只读存储器 ROM 中，每次计算机加电后首先被自动读取并被执行，像 PC 中的 BIOS 就属于此类程序。

PC 中的 BIOS 程序主要包括两项功能，第 1 项是进行计算机自检，第 2 项是加载引导扇区。这是计算机系统可以正常交给用户使用之前要做的第 1 阶段的事情，BIOS 进行自检的工作主要是检查计算机是否出现异常，是否可以继续运行下去，这一部分是为操作系统的引导做准备的。BIOS 的第 2 项工作是与系统引导密切相关的操作，即加载引导扇区。这一步是把磁盘的引导扇区中的内容加载到内存中，并且将程序控制指针转跳到引导程序的第 1 条指令上。

还有一种固化软件是嵌入式系统中使用的软件，人们日常生活中使用的 MP3 以及其他电子产品，大部分都包含这种固件程序。如果给固化软件一个比较准确的解释，应该是“固化软件是一个具有软件功能的硬件”。其实也就是将某种软件作了固化处理，使其具有了硬件的一些特征，比如运行速度快、不容易出现动态错误、可靠性较高等。过去实现固化软件的方法是使用 EROM 或 EPROM 将程序存入其中，由于 EROM 或 EPROM 所保存的程序是无法被用户直接修改的，因此具有了固化的性能。但若发现 EROM 或 EPROM 中的程序出现一些小问题，则用户是无法对其进行修改或升级的，即使是在固件内发现了比较严重的错误，用户也无能为力，必须由专业人员带着写好程序的 EPROM 把原来计算机上的 EPROM 更换下来才能达到程序升级的目的。今天的固化软件技术已发生了很大的变化，用户对固件的升级操作也非常容易，有许多手段和方法可以帮助我们将调试好的程序固化在一个芯片上。因此，应该对固件程序进行重新认识，完全可以将固件看作软件设计类范畴的问题。同时，今天的软件含义也有了新的扩充，固件中所包含的软件通常是指在一个系统中完成最基础、最底层工作的那些软件。

固化软件因为需要具备硬件执行的一些特色，因此这种软件也具有一些共同之处，比如每个固件中包含的功能都比较简单、程序占用的存储空间都比较小、代码的设计质量要求都比较高等等。

1.5.2 系统软件

系统软件是指那些为程序执行提供环境的软件。它们可以是管理计算机系统各种资源的程序、生成计算机可识别代码的程序、与计算机硬件一起为用户提供一种良好的运行环境或编程工具的软件等等。系统软件包含的内容比较广泛，而操作系统就是其中典型的一类。

(1) 操作系统

操作系统是用于管理计算机资源并控制程序运行的系统软件，操作系统的主要功能包括处理器管理、存储管理、文件管理、设备管理和作业管理。它所研究的主要内容包括：操作系统本身应该采用什么样的结构进行设计，如何为用户的多项请求提供服务，当用户多项请求之间发生冲突时如何保证它们能够正确地执行下去，如何建立互斥、同步、防范死锁的并行机制，如何实现内存的分配、设备的分配以及系统容错和系统恢复等机制。操作系统可以提供给用户一个方便操作、方便程序运行、方便文件管理的软件平台，Windows，Linux 等就属于这种类型的软件。

(2) 语言处理系统

语言处理系统是指各种计算机语言的处理程序，它们的主要任务是把用户用所编写的高级语言源程序转换成计算机可识别和运行的目标程序，从而获得预期的执行结果。在语言处理软件中，要研究高级语言的语法分析、语义分析及自动翻译技术，还包含翻译程序的构造方法以及相关工具的设计问题等。此外，这类软件中还会包含一些正文编辑、连接编辑和装载程序等。人们日常编程中使用的 C 编译器、C++ 编译器、Java 编译器就属于此类软件。

1.5.3 工具软件

工具软件有时也被称为支撑软件，它们可以为计算机用户提供各种具有公共用途的支持和应用。比如各种数据库系统、网络工具、人机交互软件等就属于此类软件。

(1) 数据库系统

数据库系统是用于支持数据管理和数据存取的一种软件系统，其中包括建立数据库、数据库管理等内容。数据库系统的主要功能是对数据库的定义和操作、共享数据的并发控制、数据的安全和保密管理等。按照数据定义模式，可将数据库系统分为关系数据库、层次数据库和网状数据库。按照数据控制方式，又可将数据库划分为集中式数据库系统、分布式数据库系统和并行数据库系统等。

(2) 人机交互软件系统

近年来，随着个人计算机系统的普及，人机交互软件系统的设计被提到了相当的高度上，因为设计者已经认识到，任何一个软件系统如果没有良好的交互机制和友好的交互界面，很难被用户认可，进而得以广泛推广和应用。人机交互软件的主要功能是在人和计算机之间提供一种友善的交互接口，像 UNIX 中的 Shell，X-Windows 等就属于此类软件。

1.5.4 应用软件

应用软件是指那些在系统软件和工具软件之上建立的应用程序，它们是为某种特殊应用服务的软件系统。这些软件包含的内容非常广泛，目前在人们的日常生活中几乎可以随处可见，比如办公软件 Office、电子邮件软件 Outlook、网页浏览软件 IE、名目繁多的游戏软件等都属于应用软件的范畴。

在应用软件设计中除了需要掌握基本的程序设计方法和语言设计工具以外，更重要的是设计者要对软件应用领域的问题有透彻的了解，只有对应用问题了解清楚了，才有可能设计出符合实际需要的应用软件。因此一个好的应用软件通常都是软件设计人员与某个专业领域人才合作的结晶，比如我国的财务软件“用友”就是一个应用软件设计的典范。

1.6 本章小结

本章主要从系统的角度介绍了计算机硬件资源的基本知识，并从计算机管理的角度说明了软、硬件在计算机系统的关系，还阐述了处理器运行及机器指令执行状况、中断机制、多级存储器结构、高速缓存机制、I/O 设备接口等基本概念。这些是学习操作系统知识的基础，应该说本章的大部分内容是对计算机原理知识的复习。

本章着重介绍了计算机的 5 个基本组成部分，即运算器、控制器、存储器、输入及输出设备。其中运算器和控制器属于处理器的主要部件，由它们完成处理器的数字运算、逻辑运算和各种数据处理的功能。按照可处理信息的字长可将处理器分成 8 位、16 位、32 位以及 64 位不同类型。人们平时所说的 8 位机、16 位机、32 位机，基本上是由处理器中 ALU 的位数而定的。理论上讲，处理器的字长越长，其处理数据精度也越高，对运算速度的要求也越高、越快。目前个人计算机上使用的处理器多半是 32 位或 64 位的，这些处理器都有 500MHz、

700MHz 甚至更高的运算速度。存储器是计算机中信息存储的载体,可分成主存和辅存两大类。主存主要用来存储占用或将要占用处理器的数据信息,辅存中存储着大批量的需要长期保存的文件信息或者是内存一时装载不下的待处理程序和信息。I/O 设备是主机系统与外界交互的接口,按照功能可将其分为输入设备和输出设备。

除了这些基本部件以外,计算机硬件知识中还包含对时钟部件和总线结构的理解。操作系统利用时钟中断来确定时间间隔,实现时间的延时或判断任务执行是否超时等。总线结构形成了多个系统功能部件之间的数据传送公共通道。基本总线结构包括单总线、双总线、多总线,目前 PC 上主流的总线标准是 PCI Express。

在完成系统软件的底层设计中,需要掌握各种使用处理器中寄存器的方法和熟悉机器指令执行过程的知识。如对各种寄存器进行操作和访问可用读写这些寄存器的指令完成;判断上一条指令运行后机器的状态(运算结果情况特征),可用各类测试判别 FLAG 中 CF,ZF,SF,OVF 等标志指令完成。

系统中断机制可以提高处理器的利用率。操作系统利用中断,在管理 I/O 设备时,允许处理器在与某一 I/O 设备的通信过程中,间断其联系,转向去完成其他事务工作。这样可以使处理器得到充分的利用。在具有中断处理能力的处理器中,其基本指令周期中包含中断查询周期,这样可保证中断的及时响应。

计算机中的存储器通常是由多级存储介质组成的复合体。另外,在计算机系统中增加高速缓存 cache 部件,可以缓解处理器与内存之间的速度不匹配问题。增加 cache 将会改变处理器的内存访问方式,加快处理器完成指令运行的速度。

计算机软件分类包括系统软件、工具软件、应用软件等多种类型。操作系统属于系统软件,主要完成对计算机系统的处理器管理、存储管理、文件管理、设备管理和作业管理等任务。

练　习　1

1. 对下列叙述的内容进行判断,标注出你认为是错误的叙述,并予以改正,注意改正后的内容要符合原文含义,并且要求文字改动应尽可能地少。

“操作系统是系统软件中的一种,在进行系统安装时可以先安装其他软件,然后再安装操作系统。”

2. 在计算机硬件结构中主要包含了哪几个部件,它们的主要作用是什么?

3. 下列信息哪些不属于程序状态字 PSW 中的内容?

A. 程序基本状态　　B. 中断码　　C. 设备忙标志　　D. 中断屏蔽位

4. 说明下面所列出的寄存器的中文名称,并简要说明它们的主要作用。

- PC:
- IR:
- PSW:

5. 假设有一个 24 位的微处理器,其 24 位的指令由两个域组成:第 1 个字节表示指令的操作码,其余部分为直接操作数或一个操作数地址。该处理器的程序计数器 PC 和指令寄存器 IR 分别需要多少位是合适的?

6. 下列指令中哪些是特权指令？哪些是非特权指令？

A. 设置处理器模式为核心态　　B. 重新引导系统

C. 写程序状态字　　D. 禁止中断

E. 写指令寄存器

7. 在存储器配置方案中通常包括哪些存储介质？不同的存储介质具有哪些特性？常用的存储配置方案是怎样的？

8. 处理器寄存器可分为两大类，它们是用户可见寄存器和控制与状态寄存器，请对以下列出的寄存器进行分类，说明它们属于哪一类寄存器。

A. 数据寄存器　　B. 段指针寄存器

C. PSW　　D. PC

E. IR

9. 请画出带有中断的指令周期执行步骤图。

10. 简单说明在一个中断处理中通常需要包含哪些处理步骤。

11. 了解现代奔腾个人计算机系统的组成，根据一个典型机型说明这种计算机的硬件组织结构，并画出该计算机的硬件配置图。

CHAPTER 2

第2章

操作系统引论

本章要点

操作系统是一门博大精深的技术，本章是学习操作系统理论前的引导内容，主要介绍操作系统的基本概念、操作系统在计算机系统中扮演的角色以及主要完成的功能。本章还介绍了操作系统的分类、系统的组成结构以及当前流行操作系统的基本情况。学习本章应侧重于深入理解操作系统的基本概念，认识不同操作系统的区别和特点，了解操作系统的研究内容和研究方法，从而对操作系统有一个比较全面的认识和理解。

2.1 对操作系统的基本认识

操作系统的作用在计算机中是至关重要的，但在早期的计算机中却是没有操作系统的，今天人们无法想象没有操作系统的计算机该如何操作。实际上，当时对使用计算机的人提出相当高的要求，要想使用计算机除了要具备应用领域的知识、掌握一定的编程技术外，还必须了解计算机的系统结构，具备对计算机各种功能部件的操作知识，可以通过编程来控制计算机的各种操作(当今操作系统需要完成的部分工作)。当时的计算机是实验室中的宝贝，一方面计算机硬件对周围环境要求比较苛刻，另一方面要求使用计算机的人必须是一些计算机专业人员。由于掌握计算机的门槛很高，因而计算机无法得到真正意义上的推广和应用。

随着计算机技术的发展，计算机硬件具备了走出实验室的条件，但是只有硬件的强壮是远远不够的，人们逐渐意识到计算机软件的重要性，尤其是不解决好人-机之间的交互问题，计算机将永远难以走出实验室真正为用户服务。因此在20世纪70年代后期，计算机领域广泛展开了对操作系统技术的研究，并很快取得了显著的成效，操作系统走过了从无到有、从初级到实用的过程。20世纪80年代，出现了多种商用操作系统，而正是在这个时候计算机的应用和普及才真正开始。

从整体上看，任何一种操作系统的目标都是一致的，即都是在计算机中为用户构建一种方便、易用、高效的使用环境和操作界面，同时通过管理和控制提高系统资源的使用效率，协助用户方便地操作计算机，进而完成用户的各项任务。

2.1.1 用户均需了解操作系统

今天，所有使用计算机的人都需要对操作系统有所了解，但不同的人群对操作系统知识掌握的深度和宽度会有所不同。比如：

(1) 那些将计算机作为工具使用的用户。在日常工作中他们所需要的是操作计算机完成自己的业务。因此他们最需要的是了解所使用的应用软件如何操作，在操作系统中如何安装、配置这些应用软件，操作系统的基本使用方法，如开关机的命令与操作步骤、启动应用程序的命令和方法等。

(2) 另一类用户可能是使用计算机完成各种应用软件开发的设计人员。这类用户需要掌握的操作系统的知识就相对多一些，除了一般命令及简单操作外，还需要具备在操作系统中安装与配置各种软件系统的技术，了解操作系统可支持的各种语言和编程方法，了解操作系统如何能够有效地支持不同代码的运行，以及数据结构的设计方法等内容。

(3) 第三种用户可能是计算机系统软件的设计人员。这类人员对操作系统知识的要求就应该更全面些，除了以上程序设计人员要具备的知识外，还需要掌握操作系统的设计与实现技术、计算机体系结构的知识、操作系统内部结构概念，了解操作系统中的各种实现策略和设计方法。另外，他们还需要对计算机硬件平台各部件的特性有所了解，对各种系统开发工具比较熟悉并了解它们的适应范围等。

由于操作系统是所有软件运行的平台，所以使用计算机的不同用户都需要对其有所了解，由于他们使用计算机的目的不同，从而对操作系统知识掌握的程度也会有所不同。图 2.1 给出了一种示意，说明不同类型的用户在使用计算机时所接触到的各个层面，同时也揭示了不同用户对计算机知识需要了解程度的差异。

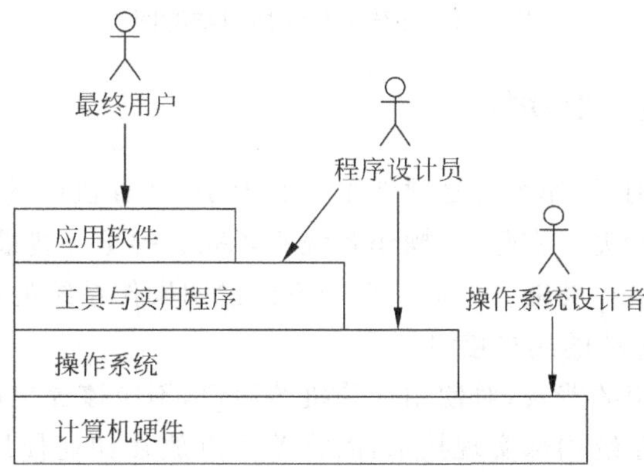

图 2.1 不同用户通过不同层面接触计算机

2.1.2 构建操作系统目标

操作系统在计算机系统体系结构中所处的位置很特别，如图 2.2 描述了计算机系统的构建结构图。在一个计算机系统中包含硬件平台、系统软件及应用软件几大部分。通常我们将硬件设备、微体系结构及机器语言统称为计算机硬件，那么操作系统就是直接构建在硬件平台之上的为各种软件运行提供基本服务的系统软件平台。从分工上看，操作系统的职责是协调计算机内部所有的活动，为用户和应用程序构造一个开发和运行的虚拟环境，而这个虚拟环境将比计算机的实际环境更友好、更便利、更有效。所以，建立操作系统的目标一方面是为了对各种软件的执行过程进行控制，另一方面也是为用户、应用程序与计算机系统进行交互提供接口，总的包含以下 3 个目标：

(1) 便于计算机使用。建立操作系统后，用户对计算机的操作和管理可以变得更容易、更快捷。

(2) 能够有效地管理计算机资源。在操作系统的管理下，各种计算机资源应能得到有效的利用，使其最大限度地发挥作用。

(3) 更有利于计算机技术的更新与发展。随着计算机技术的发展，将会不断涌现出新的基于计算机控制的外设产品，能将这些产品融入操作系统控制之中使其发挥效能是一件具有挑战性的工作。要做到这一点，就需要操作系统具备较强的兼容性和可扩展性，构建良好的体系结构，具备方便的接插件功能等。

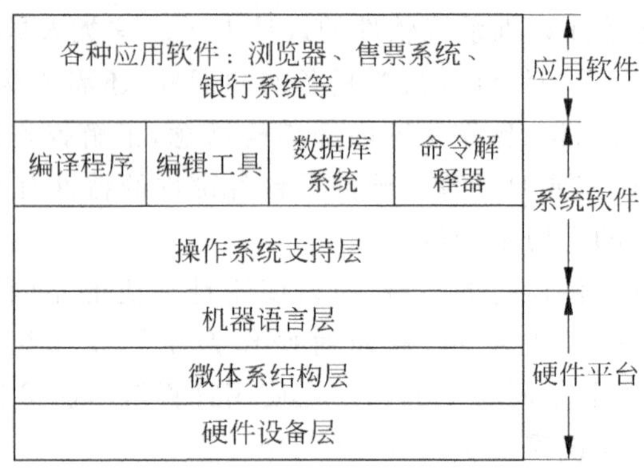

图 2.2 计算机系统构建结构图

2.1.3 操作系统主要功能

从图 2.2 中可以看到，操作系统是软件平台。但是，计算机中的软件功能各异，操作系统将如何为它们提供支持呢？实际上，操作系统所要完成的是一些最基础的工作，是任何软件运行时都需要提供的支撑功能。下面从多个方面说明操作系统的主要功能和作用。

(1) 操作系统提供标准的用户接口

为了便于计算机应用的普及，对使用计算机的用户，不应该提出过高的要求。他们可以不懂计算机系统结构和系统内部实现技术，而将关注点放在如何使用计算机来解决他们所面临的各种业务问题。但是，不同用户的应用问题千奇百怪，操作系统当然也无法对其具体实现功能进行干预，因此就需要从这些不同的应用需求中抽取出带有共性的问题，对这些共性问题提出统一的解决方案，进而为不同用户的各种应用软件提供一些通用的使用接口和共性的管理模块。

用户使用计算机的共性问题很多，比如用户使用计算机时都会需要用到 I/O 设备完成输入/输出，而对设备的管理需要使用中断机制，那么对中断的控制与管理就是一个共性问题。但完成中断管理是需要非常专业知识作基础的，若将这些工作交给用户做，将会给用户带来极大的不便，甚至用户会感到对他们提出了不切实际的要求，进而惧怕或无法使用计算机系统。

操作系统通过对中断的管理实现对不同优先级任务的管理，实现从一个用户程序转换到另一个用户程序的控制，实现系统级的安全和保护，协调各种I/O的活动等。由操作系统将所有与计算机相连的设备通过中断服务程序组织在一起，统一管理，对外提供统一的访问方式。当用户需要访问I/O设备时，只需按照标准接口要求指明需要传输的数据并填写执行的动作，就可以完成对I/O设备的访问和操作。

(2) 为用户和用户程序提供多种服务

为了使用户工作与系统问题分别处理，操作系统通常会以服务模式为用户和应用程序提供各种服务，常用的服务包含：

- 程序设计开发环境。操作系统可提供各种软件设计服务，如在操作系统中可集成编辑器、编译器、调试器等功能，这些有助于程序员完成软件的设计与开发。这些服务通常是以实用程序方式提供，严格地讲，它们并不属于操作系统核心中的内容，但是它们是与操作系统紧密相连的，是一些与操作系统绑定在一起的开发环境。
- 程序运行环境。当程序编写完成后交给计算机系统执行时，需要有操作系统的支持才能保证其正确运行。因为在程序开始运行前系统需要做一些前期的初始化处理和各种准备工作，比如需要将指令和数据加载到系统主存中、要对使用的I/O设备进行初始化、要调配将要使用的系统资源等等。在多道环境中还要考虑多道程序并发执行的问题以及资源竞争的问题，这些都是由操作系统去完成的。为了实现各种软件的运行，操作系统中需要考虑很多技术问题，不同运行环境的实现难度也是相对比较大的。
- 对I/O设备的管理。每种I/O设备都有其独特的指令集和控制信号量，对I/O设备的管理就是通过操作系统隐蔽掉每种设备控制过程的细节，为用户使用提供统一的接口方式和使用模式，这样才能方便用户对I/O设备的访问。
- 文件访问与管理。文件是计算机中存储信息的载体，而用户对文件的认识是一个高度抽象体。能做到这一点正是操作系统的功劳，当用户访问文件时可以使用标准的模式完成，但操作系统要能管理好文件不仅需要了解存储文件的I/O设备性能，还要确定文件在存储介质中的数据结构，以及多个用户使用文件时将如何进行共享和提供保护机制等复杂问题。
- 系统核心资源的访问与保护。在计算机系统中有一些核心模块和硬件资源，它们是特殊的资源，是计算机能够运行的基本保证。为了使这些资源能够为不同的用户提供服务，同时避免它们被恶意或无意的人员或程序所破坏，需要设计特定的访问机制和访问权限，实现对这些资源的有效保护。为了做到这些，操作系统要依据硬件条件建立核心资源保护机制，只有特殊身份的用户和程序才能访问这些资源，其他人员或程序无权访问。
- 系统错误检测管理。计算机系统运行过程中会出现各种错误和问题，包括用户编程中的问题、系统运行中的问题以及系统执行中的异常等。当出现这些问题时，操作系统要能够检测到并能有相应的处理措施。在进行错误处理与系统恢复时，操作系统要建立一系列的规则，尽量保证对正在运行的程序产生最小的影响。

- 统计与记账管理。对程序运行中使用的资源进行跟踪和统计，用于今后的系统日志和记账管理，这些是操作系统中应该提供的功能。

(3) 协调计算机资源使用冲突

计算机运行时需要软件和硬件资源的配合，这些资源在配合工作时会发生冲突和矛盾，尤其是当资源紧缺时会有一些资源竞争。这时就需要有一个统筹的安排和调度策略，操作系统是资源管理和调度执行实体。在资源管理中，操作系统力图合理地使用各种资源，为用户提供最佳的服务，主要包括以下工作：

① 跟踪记载资源使用情况。在多道任务系统中资源必须满足多道任务的需要，但是一个任务对资源的请求可能并不是连续的，这时就需要对资源的使用情况进行跟踪和记载，了解当前资源状态及资源剩余情况，尽量满足多任务对资源的请求。

② 分配或回收资源。在条件满足的情况下将资源分配给请求的任务，分配后要记载当前资源剩余情况和状态，以备下次分配使用；同时还要根据任务完成情况，适时地回收系统资源，保证新任务的请求需要。

③ 提高资源的利用率。对资源的管理要力图做到各种资源能够被合理、高效地利用，任何一种资源的浪费都是操作系统应该关注的问题。

④ 协调多个任务对资源请求的冲突。当系统中资源比较少时，为了满足多个任务的请求，极有可能产生资源使用冲突，这时操作系统需要分析情况、制定分配策略、谨慎管理资源使用、协调各个任务的合理运行。

2.2 操作系统发展历程

操作系统的发展经历了相对较长的一段时间，在操作系统发展过程中，技术本身在原有的基础上也派生出了许多新的分支。近年来，操作系统技术在分布式、多核并发管理上又取得了许多显著的成效。由于操作系统技术的发展是与计算机技术的发展密不可分的，这里我们将按照计算机发展过程来描述操作系统的发展历程，希望大家对操作系统有一个比较全面的认识。

2.2.1 第1阶段

世界上的第一台计算机是在1945年诞生的，因此对第一代计算机的划分时代是1945年～1955年。这个时期的计算机以电子真空管为元件构成，这些电子真空管固定在庞大的插件板上，虽然它们既笨重又不稳定，但却宣告了计算机的诞生。第一代计算机只能接收机器指令，其中既没有操作系统也没有高级编程环境，更没有文件和存储管理功能。计算机所接收的命令是靠人进行换算、带真后形成的二进制机器码，甚至不能输入有助记忆的指令描述和符号说明的汇编程序。

用现代人的眼光审视当时的计算机，它就像是一个体积庞大、运行速度极慢、可完成的事情也非常有限的怪物。但是，就是这个怪物宣告了一个历史时期的到来。在历史上，计算机的成功发明可以被看作是第二次工业革命的里程碑，虽然当时的计算机可以完成的工作非常有限，运算速度也是无法想象地缓慢，但它却为人们传递了一个信号——机器可以像人的大脑一样去思考，完成运算，去进行推理。这是非常了不起的进步，使人们看到机器可以替代人的思维和行为的曙光。

2.2.2 第2阶段

第二代计算机被确定为1955年～1965年期间。这个时期随着计算技术的发展，晶体管技术被应用在计算机制造中，当时在计算机中广泛采用了磁芯存储器和磁鼓存储器装置，计算机无论是在体积上还是在性能上都有了一定的改善。在计算机内部已具备了批处理任务的能力，系统中还配有了Fortran和汇编语言，用户作业可以按批提交给计算机进行处理。

这一期间计算机在运行用户提交的程序时，需要一个叫做监控程序(monitor)的软件提供支持，它的主要任务是实现对提交的作业进行识别和按提交程序的顺序执行程序。从功能上看，这时的监控程序应该属于操作系统的雏形阶段，虽然它完成的工作量很少，实现的控制也比较简单，但它已具备了对程序运行的管理能力，因此操作系统技术的发展通常从这个时代开始记载。

2.2.3 第3阶段

第三代计算机是在1965年～1980年完成的。这时的半导体行业正在大踏步地发展，集成电路技术已经走向了实用阶段。采用集成电路不仅可以大大缩小计算机的物理体积，还可以提高系统的可靠性和可适应性。集成电路的广泛使用使计算机对运行环境的要求大为降低，正是由于这些技术的成功应用，为日后计算机的推广应用打下了良好的基础。

这时的计算机软件技术也被提到了议事日程上，尤其是系统软件的研发有了飞速的发展。这个时期为了提高处理器的利用率，已经提出了多道程序的管理理论和实现技术。此时，多道程序(multiprogramming)和联机即时外设操作(spooling)技术成为操作系统技术研究的重点。多道程序技术使单处理器可以在同一时间里运行多项任务，联机即时外设操作技术使得对外设的管理和对执行任务的管理被统一在一套处理器上来完成(注：在此之前的系统中，这两项任务是分离在不同的处理器上实现的)。

正是由于突破了一个个技术难关，才使操作系统的产品逐步走向了成熟。当然，这个阶段所完成的操作系统，就其体系结构来讲还属于比较简单的模式，管理方式也不够灵活，甚至在操作系统设计中完全没有考虑到系统的可移植性、系统的安全性等重大问题。但是，这些系统已经可以投入使用，可以为用户解决许多以前无法解决的使用问题。

2.2.4 第4阶段

计算机发展的第4个阶段应该是在1980年～1990年，这个时期的大规模集成电路技术已经非常成熟，这项技术无疑带动了计算机技术的飞速发展。这个时期，计算机系统结构发生了很大的变化，最明显的变化是机器类型从巨型、大型向小型、微型化转变。也正是微型化的发展使个人计算机得到了快速的发展，人们可以将一台原先需要占用一间甚至几间房子的计算机缩小到放在一台桌子上，因此有了一个新名词“台式计算机”。这是一个质的飞跃，这个飞跃曾使当时的计算机工作者们激动不已。

这个时期操作系统主要解决的技术问题包括：为适应硬件平台的快速变化，如何使操作系统在多种硬件平台上运行；如何将大型机上成熟的操作系统移植到小型机或个人计算机上等等。为了赶上硬件变迁的速度，有许多商业集团参与到操作系统的研制过程中，因此这个阶段出现了许多比较成熟的商用操作系统，包括 UNIX，MS-DOS，Windows 3X 系统等等。

2.2.5 第5阶段

按照发展过程，从 1990 年以后是计算机发展的新时代。因为 1990 年后，计算机系统无论从硬件方面还是软件方面都取得了许多惊人的改变和成绩，在应用面上也有了极大的扩展。但是，在计算机界并没有将这个时代严格定义为计算机发展的第五代，那是为什么呢？因为关于第五代计算机，业界普遍认为它应该是一种有知识、会学习、能推理的全新型计算机，它应该具备能够理解自然语言、声音、文字和图像的能力，属于完全智能化的控制核心。

对当今计算机发展阶段的界定，有多种说法，如"后 PC 时代"，"嵌入式系统时代"等等。但无论怎样，近年来计算机技术的发展非常快，就处理器而言，32 位、64 位、双核、多核技术在进行着快速的更迭。另一方面，操作系统技术发展也很快，网络化操作系统、分布式操作系统、虚拟系统技术、多核管理技术等等层出不穷。这些构成了今天计算机领域研究的一片繁荣景象，也为计算机体系和操作系统技术提出了许多需要解决的新课题。可以预计在不远的将来，计算机领域一定会有一些新的技术突破和新的业绩出现，而这些也一定会影响到计算机技术的发展方向。

2.3 操作系统分类

操作系统技术与许多技术的发展过程相似，在技术本身的发展中也形成了适合各个时期和各种用途的产品。从这些产品类型中可以看出操作系统技术的变革印迹，这里将从操作系统发展中的主要分类来介绍不同操作系统的特点和功能。

2.3.1 批处理操作系统

批处理操作系统(batch processing operation system)是由批处理的概念发展而来，批处理是早期操作系统管理的基本模型，它主要是针对当时的计算机应用需要而设计的。下面分几个方面分别讨论有关批处理的有关技术问题。

1. 批处理概念

在计算机系统中，为了提高处理器的利用率，采取的一种有效做法就是减少程序运行中人为干预的次数，因此提出作业(或程序)可按批提交给计算机，计算机在按批处理完这些作业后再与使用者进行交互。在这种控制模式下，计算机接受任务后将自行管理该批中各个作业的执行过程，直到全部作业执行完成后再向用户提交本次的执行结果。

批处理操作系统主要研究的是如何区分批处理任务中的各个作业，并能够将它们分别读入处理器中，当处理完一个作业后需要记载处理结果，然后接着做下一个作业的传送和处理，直到全部作业结束。为了实现批处理的操作过程，在系统中要构建一个常驻程序，由它来管理和控制每批提交作业的执行过程，在早期这个常驻程序就是监控程序。为了管理作业的执行，要将作业的处理过程进行分解，用监控程序管理作业的每个执行步骤，保证在批处理中每个作业可以被正确执行。批处理控制流程如图 2.3 所示，其中作业的处理流程包括以下几个步骤：

(1) 作业提交。控制作业的正确输入。

(2) 作业执行。对其中包含的每个作业执行进行控制。

(3) 作业完成后的处理。对作业的执行结果进行控制，作输出管理。

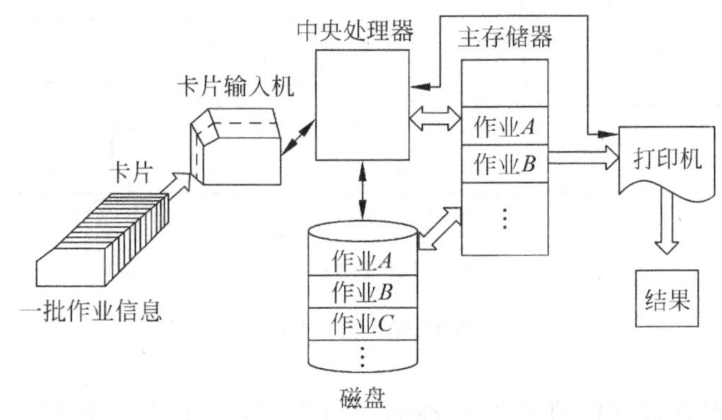

图 2.3 批处理控制过程示意图

也就是说，在批处理控制中，通过输入机将作业程序和数据输入到计算机的磁盘上，当作业被调度时，它被传入到主存储器中，这时由监控程序控制这些作业进入处理器中开始运行，运行结束后将结果输出到打印机上。

2. 批处理中的内存管理

在一个包含监控程序的批处理系统中，其内存布局一般如图 2.4 所示，图中的监控程序区是内存中的常驻部分，每次运行时这部分要首先运行起来，这样才能保证批处理任务的正确执行。用户程序被存放在用户程序区中，由监控程序控制它们的提交和执行。在用户程序区，通常存放多个用户作业，它们的存放位置可以是顺序的，也可以是特殊指定的。当一批作业处理完之后，用户区的内容将重新安排，装入一批新的需要运行的程序。

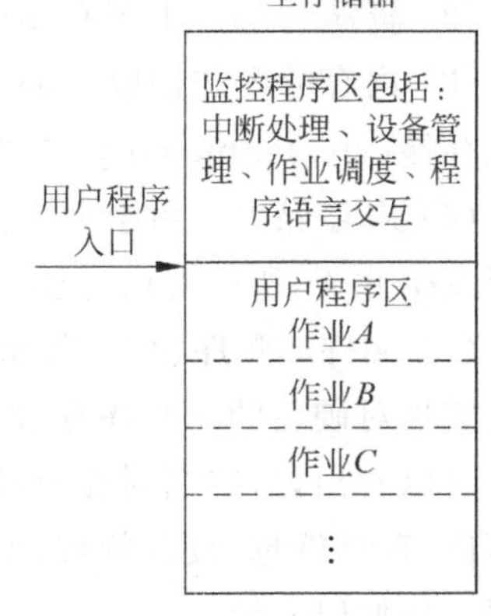

图 2.4 批处理系统的内存布局

3. 多道批处理运行模式

在批处理管理中还有单道批处理和多道批处理之分。在单道批处理系统中，主存中每一时刻只保存一个作业，这时的处理器工作是基于单个作业进行的，即处理器需等待正在处理的作业完成执行后方可进入下一个作业的运行。如果程序执行中遇到了 I/O 指令，处理器就会等待较长时间，如图 2.5(a)所示，程序 A 在运行时有太多的等待时间，但因为这时在主存中只有一个程序 A 在执行，所以，当碰到这样需要长时间等待的指令时，处理器只能空转，这样，处理器的资源就白白被浪费掉了。

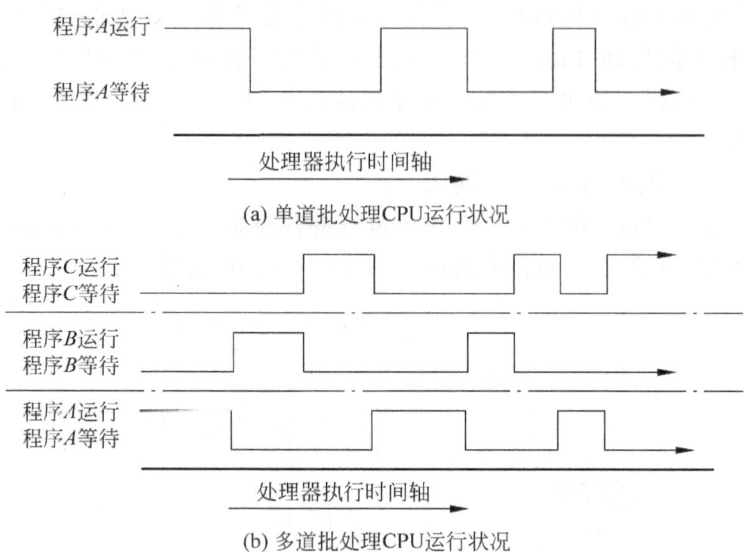

图 2.5 批处理系统 CPU 运行状况

采用多道批处理方式可以改善处理器的执行性能，如图 2.5(b)所示，在系统中可以控制多道程序同时运行，若能够控制适量的多道程序同时运行，就可以将处理器的等待时间减小到最少，这是多道批处理系统追求的理想目标。在多道批处理系统设计中，需要用到一些比较复杂的操作系统技术，主要包括：

(1) 作业调度。完成作业的现场保存和恢复管理。

(2) 资源共享。由于有多个作业同时运行，资源的竞争和管理是必须要实现的。

(3) 内存分配与回收。内存是共享资源，系统需要采用覆盖(overlay)、交换(swap)和虚拟存储(virtual memory)方式实现内存的分配与回收。

(4) 内存保护。由于多个同时运行的作业相互是无关的，它们在内存中的不同存储区不能发生冲突，所以对内存要有保护措施。

(5) 文件非顺序存放、随机存取。为了提高硬盘的使用效率及作业执行中的动态需要，需要实现对硬盘的非顺序存放和随机存取控制。

可以看出，这些当时在批处理中提出的技术，有些到今天还在使用，比如作业管理、处理机调度、存储管理、设备管理、文件管理等等。这些技术的实现方法在本书的后面章节中将会逐一地加以介绍。

4. 批处理系统特性

由于批处理系统采用成批的作业管理方式来控制用户程序的执行，因此这种系统的特征包括：

(1) 用户采用脱机方式使用计算机。因为作业提交后直到获得执行结果之前，用户均无法与正在执行的作业进行交互，所以在用户程序执行时，用户是以脱机方式使用计算机的。

(2) 作业可成批提交、成批处理。系统是按批接收作业的，不能对单个任务进行单独处理，这是批处理系统的一个主要特点。

(3) 可构成多道程序并行。因为在一批提交的作业中，相互间可以是完全无关联的。在处理中可以采用多道并行方法对其加以管理，这样就可以充分利用处理器和系统其他资源。当然，多道批处理系统的管理任务与单道批处理管理任务相比，要复杂很多。

2.3.2 分时操作系统

分时操作系统(time sharing operating system)是为满足人与计算机及时交互的需求提出来的一种系统模式。典型的分时系统把计算机的系统资源，尤其是把处理器的时间资源，按照时间段进行划分，划分后的每个时间段称为一个时间片(time slice)，在系统运行时让多个用户程序依次轮流使用处理器的一个时间片，每个程序分步完成各自的工作，达到分时共享计算机系统资源的效果。分时系统具有鲜明的特征，主要表现为：

(1) 系统处理的多路性。在系统中允许多个用户程序同时工作，多道程序通过共享系统资源，提高了系统资源利用率。通过让用户直接操作计算机并及时反馈执行结果的形式，促进了用户的参与性，加快了计算机应用的普及。

(2) 同时运行的多道程序能够保持各自的独立性。在分时系统中，多道程序可并发执行但各自能够保持独立操作，互不干扰。

(3) 用户与系统有较好的交互性。在分时系统中一项重要的技术指标就是系统能够及时响应用户的操作请求，与批处理系统相比，分时系统可以显著提高程序的调试和修改效率，可以最大限度地缩短程序在系统中的周转时间。

由于在分时系统中，多道程序的运行更加方便，而且一台计算机可以为多个用户的请求服务，因此这种处理模式促使计算机的应用技术大跨步地发展。在分时系统中，必须要解决一些操作系统中的技术难题，事实上，也正是由于分时系统的设计才引发了人们对操作系统设计问题的深入和广泛的研究，这些研究课题包括：

(1) 如何保持存储器中多个作业的独立性。

(2) 多道程序对文件系统的授权访问机制。

(3) 多道程序对共享资源的竞争管理问题。

(4) 如何实现及时接收输入信息的问题，即实现建立多个I/O端口，同时管理多路缓冲区的技术。

(5) 如何实现对用户请求的及时响应问题，包括研究提高交换速度(建立快速外存)、限制用户数目、缩短时间片(考评时间片多少为合适)等问题。

(6) 研究通过减少交换信息量的方法解决系统性能问题，包括可重入代码(re-entrant code)技术研究、请求调页式存储管理技术研究等。

需要指出的是，许多在分时系统设计阶段研究的问题，对我们今天操作系统的设计依然有指导意义，有些技术成果至今还在沿用，比如共享资源管理、文件访问、页式存储管理等等。

2.3.3 实时操作系统

实时操作系统(real time operating system)主要是针对那些对过程控制、事务处理中有实时性要求的应用问题提出的一种解决方案。系统主要解决的问题包括：如何保证程序在系统运行时的实时性和可靠性，对多种时钟的管理问题，如何提高系统的容错能力等。一个实时系统主要包含的功能有：

(1) 提供多种时钟管理机制。实时系统中的时钟管理比较多，包括用于系统日期和时间时钟、定时和延时控制的时钟等。

(2) 提供过载保护功能。系统中具有缓冲区排队管理、可按算法丢弃某些任务、动态调整任务周期等功能。

(3) 具有高度可靠和安全的运行措施。系统包含容错能力、冗余存储能力、自动备份能力等等。

在实际中，人们所接触的操作系统都具有一定的实时处理能力，但是作为专用的实时操作系统，它必须满足一些实时性能指标，比如对任务的处理时间指标、对用户请求的响应指标、对系统的容错能力等等。

截止到目前，本节中所谈到的这 3 种操作系统分类，是操作系统的基本类型，它们适应不同的应用领域完成特殊的系统控制任务。这里我们对它们作一个综合比较，以加深对这些典型操作系统的认识和理解。实时系统、批处理系统以及分时系统的主要区别在于：

(1) 专用性方面的区别。实时系统通常是为专用目标设计的，因此可以说实时系统通常是专用系统；而分时和批处理系统通常是按通用系统设计的，因此这两种系统通常被称为通用操作系统。

(2) 实时性控制方面的区别。实时系统主要用于过程控制，它对外部事件的响应速度比较快，系统中有较强的中断处理机构。而分时和批处理系统在这方面的表现一般，通常只能处理一般性的实时问题。

(3) 可靠性方面的区别。因为实时系统要解决一些特定的问题，因此要求具有高度可靠性，系统中可能会采用冗余技术来保证可靠性；而分时和批处理系统会更多地考虑资源分配的合理性和资源的均衡利用率问题等。

(4) 事件驱动和队列驱动方面的区别。实时和分时系统都具有接受外部信息、分析信息，进而调用处理程序进行处理的能力；但是批处理系统通常不具备这种能力，它是按照事先约定好的处理步骤完成程序执行的。

鉴于以上这些特征，在操作系统设计中常常会将实时系统的特性与通用系统特性相结合，组成通用的具有实时性能的系统。例如，我们看到在一般系统中，对前台进程采用实时处理方式管理，而对后台进程则采用批处理方式管理，这样做可以改善系统的实用性。

除了以上典型的 3 种操作系统以外，在现实中还能看到一些具有其他特性的操作系统，这些操作系统通常在基本性能的基础上会针对某类特殊问题有特殊的解决策略，下面我们分别加以描述。

2.3.4 支持多处理器的操作系统

支持多处理器的操作系统(multi-processor operating system)是近些年来发展起来的一种操作系统。它主要是针对近年来出现的多核处理器体系结构，重点解决如何在软件层面上利用好多处理器资源，以提高系统的并行能力问题。

1. 多处理器系统特点

在计算机研究中为了提高系统性能，通常有两条技术途径可走：一条是提高系统中各个组成部分的处理速度；另一条是增加系统的并行处理速度。而多处理器系统采用的是后一种处理技术，它的主要做法是：

(1) 通过增加系统中包含的处理器的个数达到增加系统吞吐量的目的。但在多处理机系统中，由于对多处理器并行管理要产生一定的内部消耗，无法做到 N 个处理器的加速比达到单处理器的 N 倍。但是为了追求多处理器并行处理的高指标，在操作系统中有许多可探索的问题，这也是研究这种操作系统技术的意义所在。

(2) 通过增加多个处理器可以提升整个系统的可靠性。通俗地讲这是因为，在多处理器系统中如果某个处理器出现故障，并不会使整个系统瘫痪，因为这时可以将整个系统降级使用。比如原来的双核可以变成单核，但系统仍然能够运行，不会出现宕机的状况。这种处理器管理方式，要求可以动态配置操作系统，既可以在双核处理器中运行又可以在单核处理器中运行。显然，这种控制对操作系统的设计提出了更高的要求。

2. 多处理器的体系结构

设计可支持多处理器的操作系统，一定要考虑到处理器的体系结构。我们通常所说的多处理系统是指 MIMD(多指令、多数据)的并行分类模式，即系统中包含多个处理器同时对应多个数据集，它们执行不同的指令序列。MIMD 类型是比较有意义的一种并行结构，也是多处理器重点研究的技术之一。在 MIMD 模式中还可分为共享存储器(紧耦合)和分布式存储器(松耦合)两种结构，而共享存储器方式是近年来研究的重点。在共享存储器模式中又可以分为主从式结构和对称式结构，这两种结构的主要区别在于：

(1) 主从式多处理 M/S

主从式多处理(Master/Slaver)体系结构是指系统中包含一个主处理器和若干个从处理器，而操作系统是必须在主处理器中运行的。从处理器的作用各不相同，但有一点是相似的，即这些从处理器主要用来执行应用程序或 I/O 处理工作。由于非对称式多处理体系结构的这些特性，使系统中不同性质的任务其负载无法做到均衡。显然，这种系统在可靠性上不够理想，同时因为系统的各种功能是建立在不同处理器上的，因此对系统的移植也是很难实现的。

(2) 对称式多处理 SMP

对称式多处理(symmetric multiprocessing, SMP) 体系结构如图 2.6 所示，其中多个处理器共享一个主存储器，并共同对应若干 I/O 端口，这种紧耦合模式是当今最典型的多核处理器结构。

在这种体系结构中，操作系统可交替运行在不同的处理器上，各个处理器在管理任务上也没有主次之分。基于这种结构特性，操作系统可以实现任务的负载均衡管理，也可以充分利用多处理器的优势做到系统性能的调节。目前市面上所见到的多处理器系统，大多是在这种体系结构下的，针对这种处理器结构目前已实现了一些可支持多核的操作系统设计，并且收到了良好的并行效果。

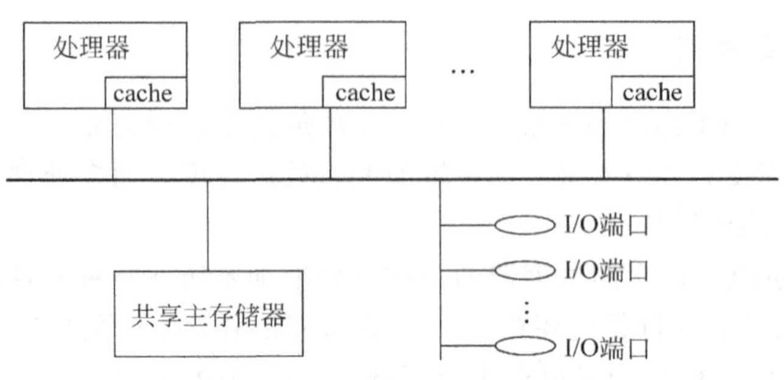

图 2.6 SMP 多处理器体系结构

2.3.5 网络操作系统

网络操作系统(network operating system)也是近代研究的操作系统中的一类。它是在通用操作系统的原有功能上,增加了网络通信和网络服务功能而得到的一种新型操作系统。网络操作系统的发展和应用为计算机在网络环境中的应用提供了保证,也为计算机应用开辟了一个无可限量的广阔领域。网络操作系统主要解决的是如何使计算机利用网络通信手段,方便而有效地使用网络资源,为软、硬件共享和信息的便捷交互提供服务和交互规程以及各种协议。

在网络操作系统中,网络功能与操作系统的结合程度是衡量一项网络操作系统的重要指标,主要体现在网络交互的能力、用户使用网络资源的方便性等方面。要理解网络操作系统,首先要理解计算机网络,计算机网络就是一些自主的计算机系统通过通信设施相互连接,进而构成的一个信息交换、资源共享的平台,在网络中的计算机还要求能够具备相互操作和协同工作的能力。

引入计算机网络的目的,是使计算机能够完成一种全新的应用需求,即实现计算机之间的信息交互。当计算机之间的信息实现交互后就会提升计算机系统在应用中的性能价格比,比如可以共享系统中昂贵的软、硬件资源,可以协同完成一项比较大的任务等等。简单来讲,网络操作系统是在一般操作系统功能上附加以下功能实现的:

- 网络通信能力。计算机之间可以通过网络协议进行高效、可靠的数据传输。
- 网络资源管理能力。通过网络管理功能协调各种用户对网络资源的使用要求。
- 网络服务功能。实现网络中的文件和设备共享,完成信息发布与接收。
- 网络安全管理能力。可实现网络用户权限和系统安全管理、系统故障管理、系统性能管理等工作。
- 具备一定的互操作性。网络中的计算机系统通常可以实现相互操作,但这种相互操作的能力是因系统不同而不同的;网络操作系统通常都具备数据交换能力,同时有选择地具备直接控制对方机器的能力。当然,实现直接控制对方计算机系统要比实现数据交换困难些。

2.3.6 分布式操作系统

分布式操作系统(distributed operating system)是近年来操作系统技术研究的一个新热点,它是一种将分布式处理思想融入操作系统设计的技术。分布式处理是在近年来个人计算机和服务器不断降价后提出的一种新的应用需求，在分布式管理模式下，处理器、数据以及其他硬件设施都可以是分布在一个指定范围内的。分布式处理系统设计中不仅要考虑计算功能的分布，还要考虑分布式数据库的管理、分布式设备管理、分布式网络交互问题等等。

在分布式操作系统中也是要实现对多处理器的管理，只是这里的多个处理器是通过互连网络构成的一个统一系统，系统将采用分布式计算结构，把原来系统中的中央处理器所完成的任务分散给多个区域内的处理器来完成。这些多个处理器需要相互协调，实现共享系统的外设及软件资源，以此加快系统的处理速度。另外，在处理器设计上，还可以考虑简化每个主机的逻辑结构，使实现工艺更加简单，从而达到高可靠的效果。

在分布式系统中包含两类分布式问题，即处理上的分布和控制上的分布。系统以计算机网络为基础，系统的各个子功能和任务被分布在系统的多个处理器上，这样构成了处理上的分布；系统中的管理模块可以在系统中任何一个处理器上运行，进行任务分配及负载均衡调整，这样就构成了控制上的分布。值得注意的是，分布式操作系统虽然是建立在网络环境之上的，但它与网络操作系统相比，在处理手段和产生的效果上是有一定区别的，主要可以从以下几个方面来理解：

(1) 系统的耦合程度不同。分布式系统在体系结构上是一种紧密耦合结构，系统中对任务管理和资源调配是通过统一手段进行管理的；而网络系统可以看成是一种松散耦合结构，在网络系统中允许具有不同操作系统的计算机连接在一起，它们其中完成着各自不同的任务，必要时才进行相互的数据和信息的交互，此时只要求它们之间遵守一种共同的协议，即可。

(2) 系统对进程的并行管理方法不同。在分布式系统中，所有进程可以在不同的处理器上进行迁移，达到一种高效的并行效果；而在网络系统中，各个计算机中的进程是彼此独立的，不能够发生转移。

(3) 网络资源管理方式不同。在分布式系统中，虽然网络环境是基础，但是对于网络资源的调度与管理对用户来说是透明的，用户无须关心网络资源如何调度；而在网络系统中，对网络资源的使用和管理是由用户设定并直接参与控制的。

(4) 系统的健壮性方面不同。由于分布式系统的应用特性，它们通常具备较强的容错能力和可靠性；而网络系统的健壮性和可靠性一般需要另外增加模块才能得到保证。

2.3.7 个人计算机操作系统

个人计算机(PC)操作系统(personal computer operating system)是面向PC应用研制的一种操作系统。近代计算机领域的PC占据了重要的市场份额，同时由于个人计算机的用户群体和处理事务内容都发生了很大的变化，所以其操作系统也应该随之改变。个人计算机操作系统的特征主要包括以下几个方面：

(1) 用户群体主要是面对个人用户，而且这些用户对计算机知识的了解可能非常少。

(2) 应用领域主要是完成各种事务处理及满足个人娱乐需要。

(3) 鉴于以上两个特性，个人计算机系统的性能指标与其他系统不同，比如操作界面应该友好、方便，应能支持多种硬件和外部设备(包括多媒体、网络环境、远程通信等方面的设备)，但对系统执行效率和可靠性方面可以没有太高的要求。

目前国内用户接触到的操作系统大部分是个人计算机操作系统，比如，单用户单任务的MS-DOS系统、单用户多任务的OS/2，Windows 3.x，Windows 95，Windows 2000 Professional，

Windows XP 等都属于个人计算机操作系统。

2.3.8 嵌入式操作系统

嵌入式操作系统(embedded operating system)是为嵌入式应用研制的一种操作系统。它可以运行在一些有限定要求的硬件平台上,比如运行在掌上计算机、PDA(personal digital assistant,个人数字助理)或是手机上。这种操作系统通常包含相对简单的系统管理功能模块,具有一定的实时性,并可支持一些特殊的外设接口等。

在嵌入式系统的设计中硬件平台通常是与实际应用相关的,比如移动设备系统要适应便携能源要求、系统存储区有限的特点。嵌入式的软件设计需要考虑系统的有限资源,在代码设计中要精心推敲,完成通用操作系统功能中的一个子集。目前市场上可见到的嵌入式操作系统产品有 palm os,Win CE,μC/OSⅡ等等。

2.4 操作系统研究技术

以上讨论了操作系统的分类,无论在哪种操作系统设计中都会涉及一些核心技术,这些技术是操作系统设计的经典内容,每种操作系统都会全部或部分地用到它们。在操作系统核心技术中会涉及到一些基本概念,这些概念是学习操作系统理论和技术的基础,本节中我们将对这些概念作一个综合描述,在后面的章节中还会有更加具体的说明。

2.4.1 并行管理技术

现代操作系统通常支持多道程序并发执行,在程序并发运行中需要对正在运行的程序加以控制,这时使用程序作为调控单位就显得太大了,必须引入一些新的概念,这些概念可以将程序执行时的动态特性表现出来,又可以作为处理器调度的基本单元,这就是"进程"和"线程"。

进程可以看成是一个程序段在一个数据集上的一次运行过程,一个完整的程序可能需要多个这种程序段来完成。引入进程概念后,解决了多道程序并发运行的难题,但随之也引出了一系列需要研究的问题。比如,如何完成进程的管理与调度?进程在系统中是如何描述的?进程在系统中如何存储?进程有怎样的生成机制?进程的运行与停止会对整个程序的运行产生怎样的影响等等。针对这些问题,操作系统技术建立了一套完整的理论和解决策略,这就是操作系统中的进程调度与管理技术。

多道程序并发问题可以用进程来解决,但当并发需求较高时,进程的并发性就不够理想了,因此又提出了线程的概念。线程是在进程概念的基础上进一步延展出来的并行调度单位,原来的一个进程中只允许有一个并发线,而线程是指在进程内创建的多个并发线,即进程中的多条指令或多项操作,在一定的规则下可以并发执行。使用线程机制可以进一步提高程序的并行程度,同时由于线程是进程内部的一个并行单元,在调度管理中也比进程更加简单。

在建立了进程和线程的管理机制后,操作系统的并行机制将更加完善,在这种环境下,程序运行的并发度会得到大大提高。关于进程与线程的管理问题,将在本书的第 4 章和

第 5 章中加以描述。

2.4.2 存储管理技术

计算机中的程序要能够运行，首先要将其装入系统的内存中。一般系统中的内存是有限量的，而且内存是要提供给所有用户使用的，因此内存是系统中的一个共享资源。对于这个共享资源，在使用中就要进行分配和回收管理，这是内存管理的主要任务。

在内存分配与回收中，需要考虑一些细节问题，比如在编写程序时会用到一些变量、常数以及转移指令，这些内容在程序执行时都会与地址有关，那么它们在被装入内存后是否能够保持其正确性呢？也就是说，将磁盘上的程序装入内存后，是否会破坏其原有的逻辑关系呢？在内存管理中有一项具体的工作是程序装入时的地址重定位。通过地址重定位可以使程序内部指令间的原有位置关系保持不变，这时需要考虑用户程序将被装入到内存的位置，对程序装入后的起始地址进行记录，以及在有限的内存空间中如何安排这段程序等问题。

对计算机的内存管理可以采用多种形式，最简单的管理方式是内存中只允许一个程序的代码占用，当一个程序运行结束后才能允许下一个程序装入，这种方式显然是单道运行环境的特征。在比较复杂的情况下，内存中允许保存多个程序，在运行时多个程序可以交替执行。当多个程序同时存储在内存时，必须保证不同程序间相互不受干扰，各自可以在独立的地址空间中运行，不会访问到其他程序的地址空间中而造成混乱。另外，存储空间该如何利用才是合理的，进入内存的程序是在一片连续的地址空间中存放还是采用不连续存放方式，内存用完后应如何回收等，这些问题需要逐一细化，并需提出具体的解决方案，这些也是操作系统中存储管理模块要解决的问题。

另外，如何用“小”内存运行“大”程序，是存储管理中需要面对的另一个问题。操作系统中提出了一种虚拟存储的技术，这种技术有效地解决了内存小程序大的问题，同时也进一步提高了内存和处理器利用的效率。虚拟存储的主要思想是对于需要运行的程序(通常是指已建立的进程)，在操作系统管理下每次只装入一部分当前急需使用的内容，能让该程序开始运行；在运行中根据需要再不断地装入新的代码和数据，在装入的同时可能还需要换出那些暂时不使用的程序或数据，以保证多道或大程序的正常运行。关于这部分内容将在第 8 章中加以介绍。

2.4.3 文件与 I/O 管理技术

文件是用户用来存储信息的实体，几乎所有使用计算机的人都需要掌握对文件的读写操作。信息可以按照文件方式进行存储和读写，这是操作系统为用户提供的一种服务，也是操作系统中需要完成的一项关键任务。

文件是磁盘或其他辅助存储介质中存储信息的一个抽象概念，用户通过文件访问存储在磁盘上的各种信息，而不必关心磁盘是如何存储这些信息的。在这部分管理中，操作系统起到了隐藏外设(硬盘或其他存储介质)操作特性的作用，提供给用户一种方便、统一的文件访问规则。在文件管理中，操作系统需要建立目录分类机制、路径查找规则、文件名及扩展名命名规则、用户对文件访问权限的管理等内容。

输入/输出控制是指计算机与外部设备之间信息交互的管理与控制，对于这部分功能部件，在操作系统中称为输入/输出控制或 I/O 控制。随着外设技术的发展，人与计算机交互的方式也随之增加，操作系统对于 I/O 模块的控制就需要不断变革，以适应新的需求。

为了便于外设的管理，在现代操作系统中通常都会设计一个专门的功能模块，用来管理输入/输出设备。由于 I/O 设备种类繁多，并且还在不断增加，因此该模块的设计架构很难做到完美无缺。在现代操作系统中对 I/O 控制模块都进行了认真推敲，尽量做到能够适应新增设备类型的扩展功能，同时还考虑到尽量减少系统整体的修改量，增加系统的可适应性等功能。关于文件与 I/O 设备的管理将在本书的第 9 章和第 10 章中加以介绍。

2.4.4 调度算法与信息安全控制

在操作系统管理中，为了管理各种软、硬件资源，配合各种管理策略产生了各种调度与管理算法。这些算法应用在不同的功能模块中，有着较强的对应性，比如进程调度算法会与操作系统的并发机制有关，页面交换算法会与系统的存储策略和进程调度机制有关等等。每种操作系统都会根据自己的特色提出一系列算法，有些算法是在实践中总结出来的经典，在解决某类问题中有特殊的效果，从而被多种操作系统所采用，例如，UNIX 中的许多算法都可以在其他操作系统中见到。

但是，应该注意到，即便是最好的算法也会有其局限性，这一点对于初学者来说需要加深认识，在操作系统的管理与调度中常常是在寻求一种和谐，而不是在追求一种完美。通过操作系统的学习可发现，在算法选择中，往往采用的是一种折中法，而不是片面地追求某项指标的最高。因为在追求某项指标的同时会损失系统的其他性能，一个系统的单项指标高并不能说明它是一个好系统，而往往需要的是在多项指标间找到一种平衡，这样才能构建一套适合大多数应用需要的操作系统平台。正是由于以上原因，人们才会看到在不同的操作系统中(甚至是在不同的操作系统版本中)有着各种各样的调度算法，它们各具特长，也存在各自的不足，很难断言它们谁优谁劣，但却可以评价它们对某种需求的适应性如何。关于处理器的调度管理问题将在本书的第 7 章中加以介绍。

计算机中存储的信息将会被使用在不同的场合中，这些数据的用途也各不相同，例如多用户系统中不同用户的文档信息、用户自己的私人信件、特定项目的商业计划或是系统的重要配置信息等等。各种信息会有不同程度的安全保密要求，而计算机中信息的安全性大多依赖于操作系统中的信息安全机制。

为了适应信息安全的多种需要，每种操作系统都有自己的信息管理安全防范机制。比如在用户登录过程中增加密码或身份认证管理，在文件访问中增加权限控制管理，在一个软件系统或子系统创建、删除时设定的权限限制等等，都属于这一范畴的技术问题。人们比较熟悉的 Windows 或 Linux 系统，都设置了各种信息安全防范机制，它们的数据安全机制也基本代表着当今流行的数据安全管理技术的水平。有关这方面的内容将在本书的第 11 章中加以介绍。

2.5 操作系统建造结构

操作系统是一个特殊、复杂、功能强大的软件系统，在设计中要充分考虑系统结构的建设问题。本节中我们将讨论关于操作系统体系结构的有关问题。

2.5.1　无结构系统

在操作系统设计的初期，由于人们对大型软件认识不足，掌握的编程技术也比较有限，因此在操作系统设计中沿用与其他软件一样的无结构方式进行设计。所谓无结构方式就是在整个系统中不考虑整体结构，采用如图 2.7 所示的方式进行系统构建。因此，整个系统是以过程为主体堆砌而成的，各过程之间不存在相互依存的结构。

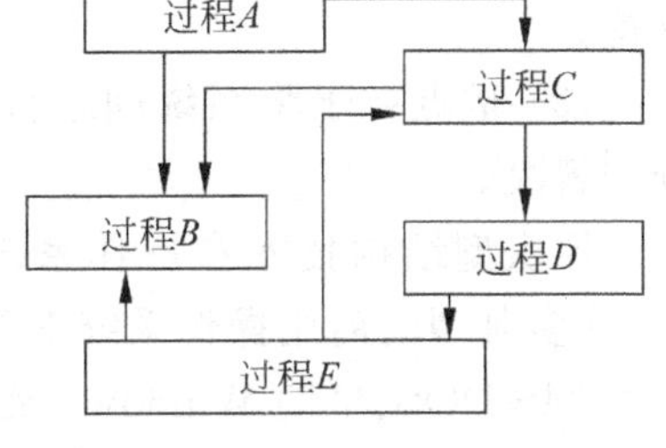

图 2.7　无结构系统的构成方式

采用无结构方式建立的软件系统具有以下特点：

(1) 系统中包含的主体是过程，管理也主要是针对过程进行的。

(2) 过程之间存在较高的耦合度，过程间相互调用密集。

(3) 在系统中使用的数据基本上是全局量。

(4) 系统内部的并发性差、可移植性也很差。

采用以过程为主体建立的操作系统，对于小规模问题还可以应付，但当面对稍微复杂些的需求时就会出现问题。因为复杂系统的过程之间调用关系复杂，没有规律可循，一旦出现问题，对系统进行调试和修改都很困难。

后来在实际中对这种结构进行了改造，形成了一种称为“单体结构”的模式。单体系统结构如图 2.8 所示，这种结构从整体上看已分出了层次关系，如系统中包含有一个主过程，并且是由此主程序调用服务过程的程序；在系统中包含一批服务过程程序，这些程序完成各种服务请求；系统中包含有一批实用程序，这些实用程序主要完成的是服务过程的辅助功能。但这种系统结构对主过程的依赖性很高，而且在管理中依然是以过程为主体进行的，相互之间的依赖关系过密，也过于复杂。

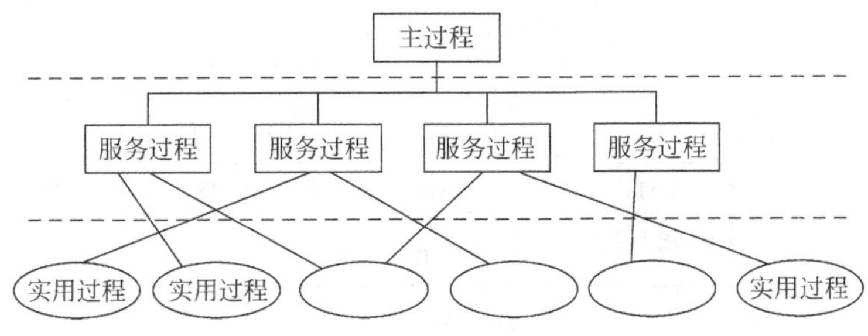

图 2.8　单体软件设计结构

2.5.2　层次结构系统

层次型结构是在总结了无结构系统建设中存在的问题之后提出来的一种改进型软件设计结构。在层次型结构中融入了一个主要的思想，即将复杂系统的功能逐层分解，将每一层的复杂度控制在一个范畴之内，从而使问题逐层可解。这样操作以后，虽然整个系统比较复杂，但在一个设计层中问题是相对简单的，因此也就比较容易设计了。一个典型的层次结构操作系统如图 2.9 所示，用层次结构建立的系统具有以下特点：

(1) 系统中的每一层执行整体任务的一个子任务集。

(2) 通常每一层可完成的功能依赖于其低层功能的支持。

(3) 重点在于将系统问题分解成多个子问题，然后分别解决。

第 6 层	用户命令管理
第 5 层	用户程序管理
第 4 层	I/O 管理
第 3 层	进程通信管理
第 2 层	主存分配及磁盘管理
第 1 层	处理器分配管理

图 2.9 一个典型的操作系统分层结构

层次型结构技术在操作系统设计中应用得比较成功，许多典型的商用操作系统都是基于这种结构实现的，比如 MS-DOS、早期 Windows 及传统 UNIX 系统等。

2.5.3 虚拟机结构

虽然层次型结构设计方法在操作系统设计中得到了推广，但是随着计算机硬件更新速度的加快，计算机应用范围也在快速扩展。毋庸置疑，硬件能力的提升为软件的发展提供了新的空间，今天的计算机系统设计无论是在处理能力上，还是在适应性方面都有了新的指标，因此原来的系统设计结构已不能适应新的设计需求了。操作系统应具有适应大型机的设计思路，才能满足新的要求，这时提出了一种新的系统设计结构，即虚拟机结构。

虚拟机结构的主体思想是，操作系统应该具有多道程序的处理能力，同时还应具有比裸机更方便的操作方式、接口方式、系统扩展能力等性能。但是这两种能力不应混在一起实现(在过去的大部分操作系统中，这些功能基本上都是混合在一起实现的)，可以将它们独立出来分别实现。因此虚拟机结构提倡的设计方法是，在裸机上配备完善的多道并行处理功能，然后在此功能之上再实现不同的操作方式、接口方式及系统扩展能力等。而且这些在上层实现的操作方式和接口方式可以是多种类型的，这样就可以实现在一套硬件系统上支持多种用户交互的方式，这就是虚拟机的含义，虚拟机结构的基本模型如图 2.10 所示。

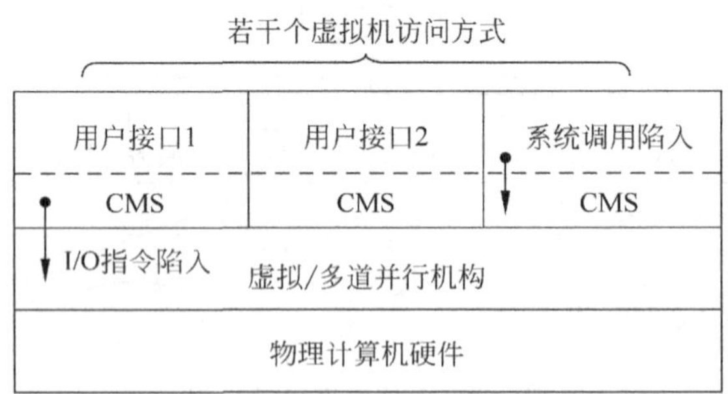

图 2.10 虚拟机组成结构

图 2.10 中描述的虚拟机模型说明，在一个物理硬件结构上建立起一套完善的并行处理机构，该机构相当于一个虚拟的硬件环境；在该机构之上构建出多个虚拟机系统，每个虚拟机系统为用户提供一种接口方式；用户的程序或指令通过 CMS(指令管理系统)转换成虚拟系统可识别的信息，然后再提交给物理硬件去完成实际的执行。采用虚拟机结构设计的系统具有以下几个特点：

(1) 可以实现硬件的完全保护。经验表明,让用户直接操作计算机硬件是一种不安全的做法,通过虚拟机的方式可以实现比较完善的硬件保护机制。

(2) 硬件功能是通过软件方式逐层展现扩展出来的。用软件展现硬件功能可以使系统层次划分得更加合理,而且把多道程序并行功能与机器扩充功能完全分开来实现,可以使每一部分的工作都比较简单,实现也比较容易,同时维护起来也容易。

在虚拟环境中可以运行特定的操作系统,而且这些操作系统之间可以做到互不干扰。用户可以在虚拟环境中安装"新"的操作系统,使用时,虚拟机可以拥有自己独立的CMOS、硬盘和操作系统,可以像使用普通机器一样对虚拟机的硬盘进行分区、格式化、安装系统或安装应用软件。虚拟机的操作与实际机器很相似,但是这些都是在上层完成的,一旦虚拟系统出现问题或系统崩溃,则可直接删掉它,重新安装,而不会影响原系统的正常运行。

2.5.4 微内核结构

微内核结构是一种支持客户、服务器模型的新型操作系统设计结构。新的应用对操作系统的体系结构提出了新的要求,必须对原有的几种结构做大的调整,微内核结构正是在这种情况下提出来的。微内核结构可以适应新型操作系统的以下几个特点:

(1) 具备高性能的并发处理能力,包括多进程/多线程管理机制。

(2) 要求操作系统可支持对称式多处理器体系结构,即对处理器多核体系有支持能力。

(3) 系统本身应具有分布式操作能力,可以适应新的应用需求不断扩展系统功能。

(4) 操作系统本身具有面向对象设计特性,采用面向对象技术可以使分布式操作系统和其设计工具在实现上更加规范,也更加容易。

多年来,操作系统设计都是延续单体内核的设计方法进行的,单体内核的一个重要特点就是操作系统的核心处理部分是一个整体结构,通常不支持分离存储和分布控制。这样做的优点是系统结构简单,内部处理间的管理比较直接,系统的整体划分也比较规整。但是这种结构也存在着一个重大的不足,即系统内部模块分工不清,相互之间的调用关系混杂,带来的不良后果就是系统修改困难、可适应性差。

微内核结构正是在结构上打破了这种传承,它的设计思想是,为了有效地提高系统可靠性,并且使系统具备良好的可适应性,必须将核心模块设计精练化,只有核心的精练化才可以保证系统的高效性。具体做法是将原来内核模块中的内容精简,将一些原来属于核心模块的功能提出到外部去完成,只将操作系统最主要的功能包含在内核中,使内核尽量简单,形成微内核的结构。

那么,采用微内核结构时哪些内容是必须保存在内核中的呢?通常,地址空间分配、内部进程通信(IPC)、基本调度管理可以放在内核中,其他与操作系统结构管理关系不太密切的功能模块,比如文件管理、I/O控制都可以放在核心层以外的部分进行处理。

采用微内核结构,一方面,可以保证核心模块设计的正确性有所提高。另一方面,这种结构也更适合网络和分布式处理的计算环境,使操作系统的适应性增强。微内核系统体系结构的模型如图2.11所示。由图2.11中的描述可以看出,在用户模式下,除了包含用户进程外还含有一些系统的服务进程,如进程服务、存储服务、文件服务等。用户进程需要系统进程服务时,需要通过微内核中的模块向系统服务进程发出请求信息,然后得到服务。完成系统管理的服务进程是在用户态下运行的,这一点与用户进程一样。

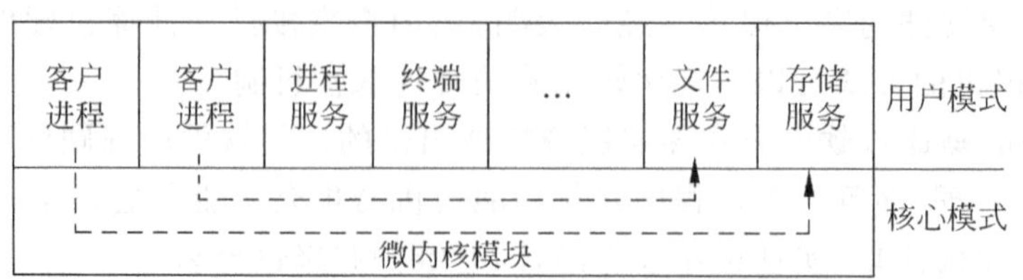

图 2.11 微内核体系结构

分析微内核结构不难发现，它比较适合现代操作系统的需要，尤其是对于客户/服务器计算模型有着很好的支撑基础，主要体现在以下几个方面：

(1) 实现了系统机制与策略比较彻底的分离

在微内核结构中，力图将系统设计策略与系统实现方法分开考虑，在具体实现中将操作系统中的结构性部件与功能性部件分离，使在需要增加系统功能部件时比较容易完成，降低了系统实现和功能扩充的成本。

(2) 提升了系统的可靠性

在微内核结构中由于减少了内核部分的代码量，自然也就提升了系统设计的可靠性，而内核部分的可靠性提升必然会提升整个系统的可靠性。

(3) 增加了系统可适应性

因为在微内核结构中只将系统管理中主要内容放在了核心部分实现，大部分的管理模块被放在了核心层以外的部分中实现，因此当系统需要适应新的硬件结构或 I/O 部件的改变时，核心层可能几乎不用修改即可适应。

(4) 更加适合分布式计算的需求

微内核结构将更加适合分布式计算的需要，它可以更好地构建分布式系统中的客户和服务器模块，可以很好地利用网络环境和客户与服务器之间的消息交换机制，解决远程过程调用问题，完成分布式计算设计。

微内核结构的可适应性提高了很多，但是不可否认，采用这种结构的系统执行效率会有所降低。这是由于微内核结构中只包含了操作系统处理中核心功能模块，在完成系统管理时通常也需要在核心层与用户层之间进行切换，这种切换会耗费系统资源和系统时间，因此，系统执行效率不如单一整体结构系统那样好。

2.6 微机中常见的操作系统

在本章的前面几节中介绍了操作系统的基本知识和概念，为了增强对操作系统的理解和认识，这里以几款流行的微机操作系统为例，介绍它们的特点和所采用的管理模式。

2.6.1 MS-DOS

MS-DOS 是早期微软公司为 IBM PC 研发的一种操作系统，该系统曾经是一个在个人计算机上必装的系统，取得了微机的绝对市场份额。该系统的生命期大约是在 20 世纪 80 年代初到 90 年代初。该系统主要依赖的硬件平台是 Intel 8088/8086 的 16 位处理器，采用简单的分层结构完成了单用户、单任务管理所需要的控制。在 MS-DOS 生命周期中经历过几次版本的变更，主要发展过程如下。

1981 年：PC-DOS 1.1，IBM PC，只支持软盘的个人操作系统。

1983 年：DOS 2.0，PC XT，支持硬盘和目录的层次结构，提供丰富命令。

1984 年：DOS 3.0，PC AT(Intel 80286 CPU)，把 286 处理器作为一个快速的 8086 处理器使用。

1987 年：DOS 3.3，提供对 IBM PS/2 的支持(如 3.5 寸软驱)，增加了更多的应用。

1988 年：DOS 4.0，可支持大于 32M 的硬盘访问。

1991 年：DOS 5.0，改进了对扩展内存的支持功能。

MS-DOS 设计结构比较简单，主要包含命令处理模块、DOS 核心模块及基本 I/O 模块，系统构成模型如图 2.12 所示。

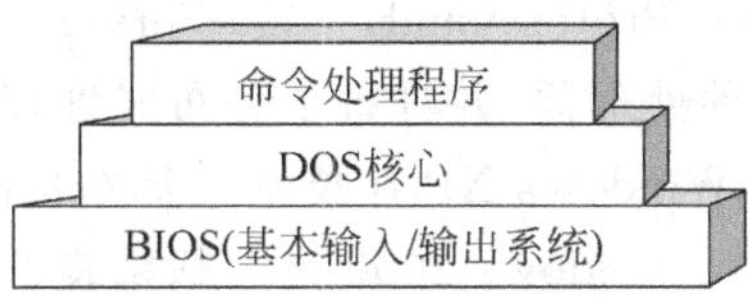

图 2.12 MS-DOS 系统结构

MS-DOS 系统的设计特点包括：

(1) DOS 中的 BIOS(basic input/output system)是由一组与硬件相关的设备驱动程序组成的，主要实现基本的输入/输出功能；DOS 中的核心模块用来提供独立于硬件的系统功能，包括内存管理、文件管理、字符设备和输入/输出管理、实时时钟管理等；命令处理程序用来完成对用户输入命令的解释、分析和执行控制。

(2) 系统只提供字符用户界面。主要完成作业管理模式有命令行输入、批处理程序(BAT 文件)及菜单式输入。

(3) 系统是一个"准多任务"的环境，这里，多任务的管理是通过内存驻留程序(terminated and stay resident，TSR)来实现的，可以用时钟中断、键盘中断"热键 hotkey"来激活其他任务。系统不支持虚拟存储，没有存储保护；采用段式分配(内存块)，可直接访问的最大地址空间为 1MB。

(4) 文件系统为 FAT(file allocation table)格式，有磁盘卷的概念，支持多级目录，文件名遵循 8+3 原则(8 字符文件名，3 字符扩展名)；磁盘分区容量最大为 2GB，对文件管理中包含文件属性，但没有设计用户的访问权限和文件保护机制。

(5) 设备驱动程序是在系统启动时加载上去的，不允许动态加载和卸载。

2.6.2 Microsoft Windows

作为 MS-DOS 的替代产品，微软公司在 20 世纪 90 年代初推出了 Windows 系统。该系统最初运行的处理器是 Intel 的 80386，后来发展成为可支持 16 位、32 位、64 位处理器的系统。Windows 是一个系列产品，它一面世就以友好的图形操作界面给用户以耳目一新的感觉，而且微软公司在以后的年代中继续沿着友好界面的轨道发展，将微机的应用送到了千家万户，实践表明，微软公司的这种发展策略是非常成功的。

Windows 在自身的发展中经历了几次内核变革，系统也由初期的基本单用户多任务管理功能，发展成为今天的高性能、支持分布式处理的网络操作系统。在 Windows 的发展历史中有以下几个转折点：

(1) 1990 年。微软公司推出 Windows 版本 3.0，这时的 Windows 是一个支持 16 位处理器的操作系统，其主要亮点是借鉴 Apple Macintosh 的图形界面方式给用户一个友好的操作界面，将人们从沉重的命令行操作方式中解放出来。该系统后来经历了几次的版本更新，在当时的个人计算机上打下了良好的用户基础。

(2) 1993 年。微软公司在总结 3.0 版问题的基础上推出一版全新系统 Windows NT 3.1，该系统是一个可支持 32 位处理器的操作系统。Windows NT 与原 Windows 相比，在内部处理技术和网络功能上都有较大的改变，采用的是一套全新的设计思路，但为了与以前产品兼容，在该系统中专门设计了可以支持 DOS 和 Windows 以前版本的应用程序执行环境。

(3) 1999 年 12 月。微软公司推出 Windows 2000，这套系统中包含了多种级别系统，如 2000-Professional，2000-Server，2000-Advanced Server 等。该系统可以支持 32 位和 64 位两种处理器，并具备了分布式处理的能力，在系统性能指标上有了较大的提高，与后来推出的 Windows XP 在技术上基本相同，同属于当今个人计算机上的主流操作系统。

Windows 2000 是一款精良的操作系统，其中采用了很多新的技术，体现了现代操作系统的多种特点。Windows 2000 的主要特征如下：

① 可支持对称式多处理器系统。

② 在系统内部真正实现了支持 32 位的操作(因为在系统内部除了有 16 位应用支持代码外，已经没有 16 位的系统源代码了)，而且其高端产品可以支持 64 位处理器。

③ 系统具有完全的代码可重入(reentrant)性能，即系统的同一段代码可被多个应用同时访问。

④ 具有良好的图形用户界面 GUI。

⑤ 系统采用抢先式多任务和多线程调度，支持动态链接功能。

⑥ 采用虚拟存储技术，以段页式方式实现存储保护的内存管理。

⑦ 可兼容 16 位 Windows 应用程序执行。

⑧ 系统的文件系统采用 NTFS 及 HPFS 格式，支持文件的安全机制管理。

⑨ 用虚拟驱动(virtual driver)模式完成设备驱动管理。

⑩ 系统具备较好的可移植性，可适用于多种硬件平台运行。

⑪ 系统具有一定的容错能力。

⑫ 系统具有面向对象特性，在系统设计中用对象来表示所有系统资源，便于管理。

2.6.3 UNIX 操作系统

UNIX 操作系统是一款发展历史悠久，内核结构精练，系统功能完善的操作系统。它从一开始就定位为可支持多用户、多任务的系统，这么多年发展过来已具有了可支持 16 位、32 位、64 位的多种版本，无论是在大型机、小型机或是在工作站、个人机上都有很好的应用范例。

由于 UNIX 发展历史久远，它的不同版本组成结构差异也比较大，比如 BSD 及 SVR4 UNIX 是基于模块式结构设计的，而 OSF/1 UNIX 是以微内核结构组成的。在 UNIX 的发展中大约经历了以下几个重要阶段：

(1) 1965 年。MIT 研究出了 Multics，但由于该系统的设计规模过大，并且其执行速度太慢，而无法达到实用目标而被淘汰。但其间积累的大量技术，为后来的 UNIX 技术研究起到了重要的推动作用。

(2) 1969 年。AT&T 公司在 PDP-11 上研究出了可支持 16 位处理器的 UNIX 操作系统。

(3) 1974年。UNIX系统正式发布第5版，该系统在大学里得到了广泛的推广和应用，同时也为UNIX系统积累了大量优良客户。

(4) 1980年。University of California at Berkeley为VAX11研制出BSD UNIX 4.0，从此以后，UNIX系统就以AT&T和Berkeley为两个主要阵营分别展开了大规模的开发，在此期间诞生了多种UNIX变种系统。

(5) 1989年。UI(UNIX International)发布了UNIX System V Res 4.0，实现了BSD和System V在用户界面上的统一，为UNIX发展的标准化做出了表率。

(6) 1991年。芬兰大学生Linus Benedict Torralds开发了第一个Linux版本，为个人计算机上的UNIX研究开创了先例。

(7) 1994年。Linux利用开源软件发展优势，对内核作了有益的升级后发布了具有商用价值的Linux 1.0。

从体系结构上看，传统的UNIX系统是层次型结构，如图2.13所示，其结构特点是硬件被操作系统环绕着，操作系统被称为核心模块，在操作系统外部可提供多种用户服务与用户接口。基本层次有硬件层(hardware)、系统内核层(system kernel)、shell及实用用户程序接口层(private user programs)、编译部件(compiler components)、编译器(compiler)部件、用户程序层。这里，硬件层是指可运行UNIX系统的各种硬件平台；内核层是指负责计算机系统中的资源管理和进程调度分配的功能模块，包括中断处理、存储器管理、进程管理、I/O文件管理等多种基本程序，为系统的运行提供最基础的支持；shell层主要完成用户命令的解释执行、UNIX系统用户工作环境的设定及shell程序设计等；实用程序层包含的是大量功能强大的命令，它们在shell中只保留一个命令接口，命令的实际执行程序被放在了实用程序中；编译部件层主要用来对编译器提供技术支持；编译器部件层中包括编译器、汇编器及加载器，主要完成将用户程序编译成系统可识别和处理的格式；用户程序层处于层次结构中的最外层，是用户的实际应用程序。

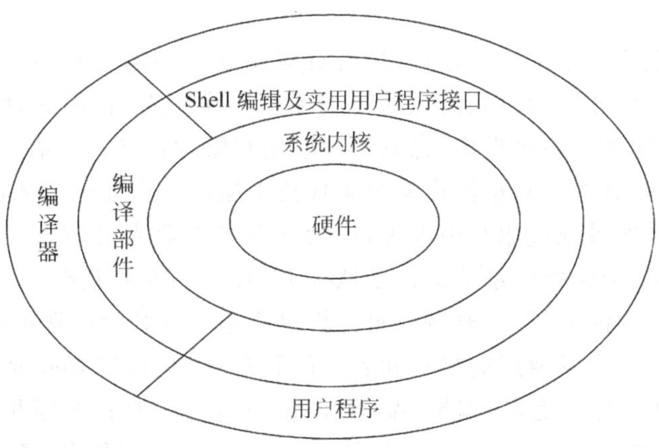

图2.13 传统UNIX系统层次结构

随着操作技术的发展，现代UNIX系统中的设计思想和设计方法都产生了很大的变化，新的UNIX系统结构和系统核心程序也有了很大的变更。主要改变体现在，为了使操作系统能够适应分布式并行处理需求，在系统体系结构上采用微内核模式，用户对系统的请求采用 Client/Server 方式。这样就使系统模块分工更明确，结构更合理。在新的系统结构中，内核部分只负责最基本的系统及 I/O 管理，其他功能由服务进程完成，并且增加了线程管理机制。新型 UNIX 系统基本结构如图 2.14 所示，图中公共模块是操作系统中最基本的功能块，与公共模块相连的是组成系统核心的动态处理连接模块，这些动态处理模块构成了系统的灵活机制，使现代 UNIX 操作系统可以面对多种应用需求和数据管理模式。

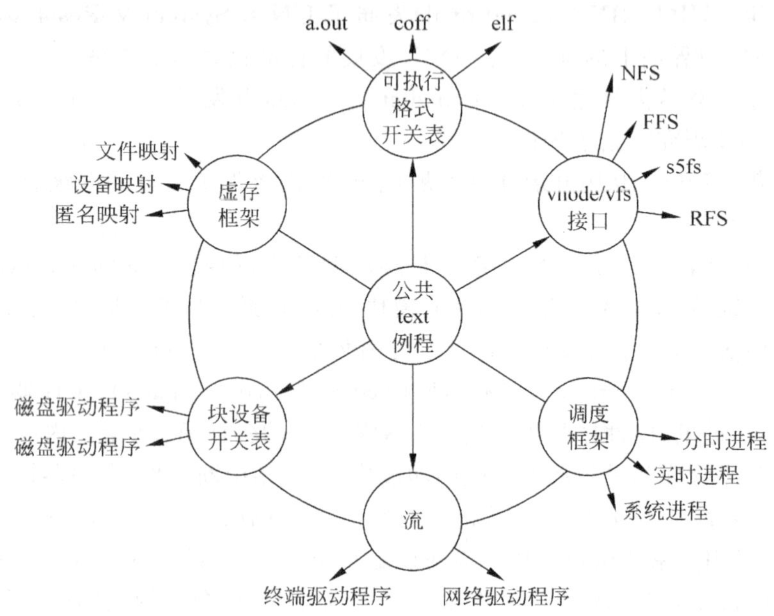

图 2.14　新型 UNIX 操作系统的微内核结构

2.7　本章小结

操作系统作为重要的系统软件之一，是所有应用软件的运行平台。构建操作系统的目标就是给用户构建一种方便、易用、高效的使用环境和操作界面，提高计算机中资源的使用效率，帮助用户方便地进行各种操作，完成各种应用和管理任务。所有使用计算机的人都需要了解操作系统，只是有些人是从操作系统实现技术层面上作比较深入的了解，而有些人只是需要掌握一般的操作系统应用知识即可，作为计算机专业人员应该了解操作系统的基本理论和各种实现技术，因为操作系统知识是从事 IT 技术的专业基础。

操作系统技术研究的问题，主要是针对计算机应用中的共性问题提出统一的解决方案，为所有用户和各种软件提供通用的接口和公共的管理模块，所以操作系统实现的主要功能有：为用户提供程序设计环境，如编辑、编译、调试环境与工具；管理并控制用户程序的运行，包括对用户程序和数据的加载，运行环境及 I/O 端口的初始化，系统资源的分配与回收，多道程序的并发执行控制；通过对 I/O 设备的管理隐藏各种设备的使用差异，尽量给用户提供标准的使用模式；实现用户对文件的访问控制与管理，构建出功能强大的文件管理系统；实现对系统核心资源的保护，包括制定对重要部件的使用规则，对核心模块的访问机制；操作系统还要提供错误检测机制和系统内部的统计与记账管理功能等。

操作系统的发展历程很长，随着计算机时代的变迁，经历了从无到有、从小到大、从弱到强、从简到繁的各个阶段，今天它已逐渐走向了成熟和完善。

操作系统技术在发展过程中出现了适应各种要求的操作系统产品，比如其基本类型包括：具有高效吞吐能力和处理器资源利用率的批处理系统，可以满足人与计算机及时交互信息的分时系统，可实现有实时性要求的过程控制、事务处理的实时操作系统。除了典型的操作系统，近年来发展起来的操作系统还有：支持多处理器的多核操作系统、支持网络运行环境的网络操作系统、支持分布式运行环境的分布式操作系统、适合个人计算机使用的PC操作系统以及满足移动式计算的嵌入式操作系统等等。

操作系统的类型很多，但其中使用的核心技术通常具有经典性，每种操作系统都会或多或少地用到操作系统的核心技术。这些核心技术包括：

(1) 进程与线程的管理。主要用来解决多道程序并发问题，进程的并发粒度粗一些，而线程的并发粒度更细些。

(2) 内存管理技术。内存管理中比较复杂的是对多道并行程序的管理问题，需要实现在内存中同时存储多个程序，并允许它们交替执行，还要保证不同程序间互不干扰，各自在独立的地址空间中运行。

(3) 虚拟内存管理技术。通过管理，让需要运行的程序每次只装入一部分内容就可以开始运行，在运行中根据需要再不断地装入新的程序和数据，同时不断地换出暂时不使用的程序或数据，解决多道并行或大程序运行需求的问题。

(4) 文件管理。根据需要建立目录分类机制、路径查找规则、文件名及扩展名命名规则、控制用户对文件访问权限等功能。

(5) I/O控制技术。完成输入/输出设备的管理与控制，其中比较困难的问题是I/O管理体系结构如何有效地适应不断变化的I/O设备。

(6) 操作系统的安全管理技术。建立保证操作系统本身和信息数据访问的安全机制，这是该项技术中的主要内容。

完善的操作系统体系结构是保障操作系统设计的基础，层次型体系结构在早期的操作系统设计中被广泛使用，现代操作系统常采用虚拟机和微内核结构，因为这些结构更适合现代计算机体系结构的变化需要。

练 习 2

1. 操作系统属于下列计算机中的(   )。

A. 一般应用软件　B. 核心系统软件　C. 用户应用软件　D. 系统支撑软件

2. UNIX操作系统是著名的(   )。

A. 多道批处理系统　B. 分时系统　C. 实时系统　D. 分布式系统

3. 为了使系统中所有的用户都能得到及时的响应，该操作系统应该是(   )。

A. 多道批处理系统　B. 分时操作系统　C. 实时操作系统　D. 网络操作系统

4. 以下不属于操作系统所具备功能的是(   )。

A. 内存管理　B. 中断处理　C. 文档编辑　D. CPU调度

5. 什么是操作系统？操作系统可以从哪两方面进行定义和描述？

6. 批处理、分时系统和实时系统各具有哪些主要特点？

7. 在操作系统设计中可以采用哪些措施来保证系统设计的正确性?

8. 通常可以采用哪几种结构完成操作系统的设计?这些结构具备怎样的特点?请至少说出2～3种结构。

9. 简单阐述操作系统核心技术包含的内容。

10. 下列应用程序哪些适合作为交互型系统?哪些适合作为批处理型系统进行设计?

A. 字处理系统　　　　　　　　　　B. 按月生成银行报表程序

C. 计算精确到百万分位圆周率(π)的程序　D. 飞行模拟器程序

CHAPTER 3

第3章

课程设计基础

本章要点

本章所介绍的内容，是为了帮助读者在学习操作系统原理过程中可通过完成一些课程实验来加深理解，达到边学边用的目的。另外，也可以为实践后面各章中描述的例题打下基础。本章主要介绍了 Linux 环境的构建步骤、Linux 环境的基本使用方法、Linux 编辑工具的使用；还介绍了 Linux 环境的编程基本知识、库函数及系统调用的使用方法、C 程序的编写与调试方法等知识。读者在学习本章时，应将重点放在开发环境的建设、编程工具的掌握以及完成 C 程序编写和调试的基本知识掌握上。

3.1 构建 Linux 系统环境

为了便于读者更加具体地了解本书所介绍的操作系统知识，这里需要建立一个实验环境。由于本书中的大部分举例和实验都是建立在 Linux 环境下的，所以首先需要学会构建和配置 Linux 操作系统环境。本节将介绍 redhat Linux 环境的构建方法以及构建好操作系统环境后进行的网络运行环境的配置过程。

3.1.1 Linux 系统主要安装步骤

Linux 系统的安装步骤如下：

(1) 将 Linux 安装光盘放入光盘驱动器，然后选择光盘启动方式。注意，不同的计算机其选择方法不同。这时屏幕会显示如图 3.1 所示的内容。

根据提示信息，选择按下 Enter 键，开始进行系统安装。

(2) 这一步可以选择检测光盘，也可以选择(Skip)跳过光盘检测，交互界面如图 3.2 所示。

(3) 在出现欢迎界面后，系统提示选择何种文字作为使用操作系统的文字方式，如图 3.3 所示，通常建议选择“简体中文”模式，然后单击 next 按钮继续进行安装。

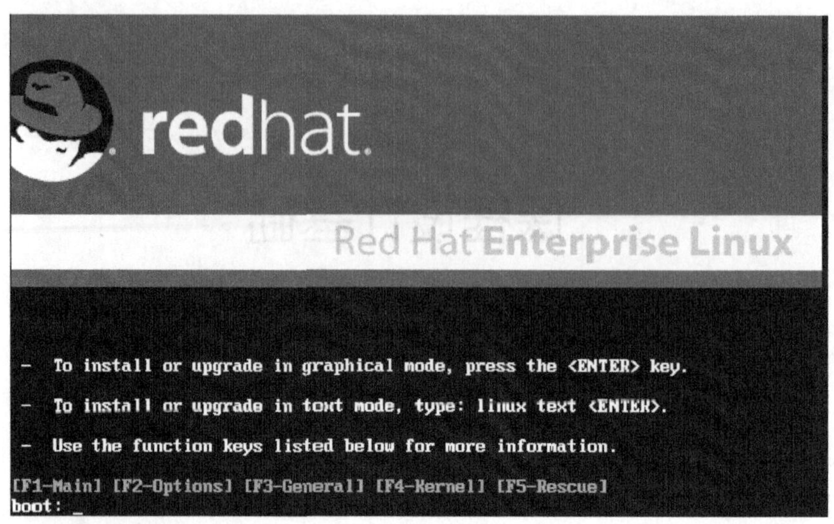

图 3.1 开始系统安装提示信息

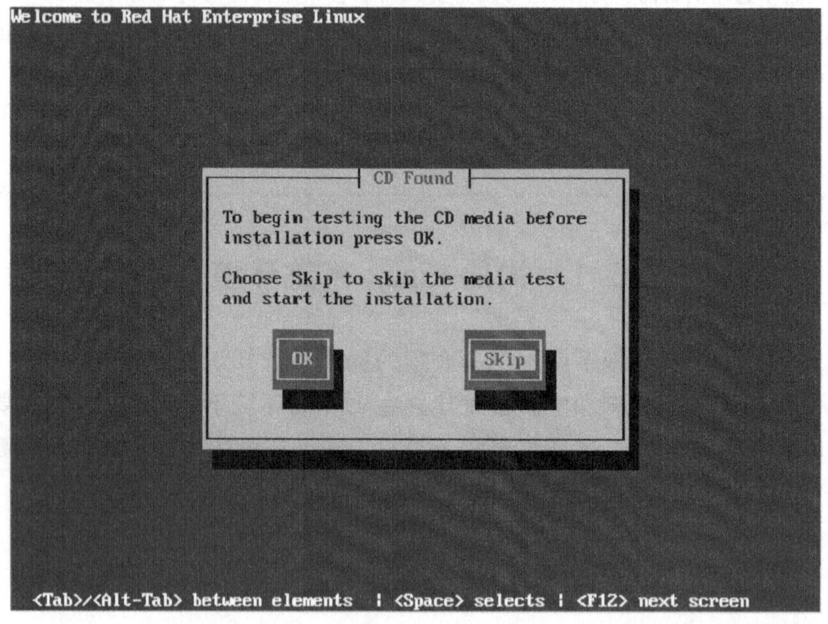

图 3.2 检测光盘选择界面

(4) 选择相应的键盘布局配置，单击“下一步”按钮继续，选择方式如图 3.4 所示交互界面。

(5) 在安装过程中系统会询问如何进行磁盘分区设置，这时建议选择“用 Disk Druid 手工分区”完成分区设置，如图 3.5 所示。注意，这里如果选择了“自动分区”，则整个硬盘都有可能被格式化，所以最好还是不要选用“自动分区”。

手工分区基本要求是分出 2 倍于内存大小的 swap 分区，其余的可用作根分区，一个典型的分区方式如图 3.6 所示。

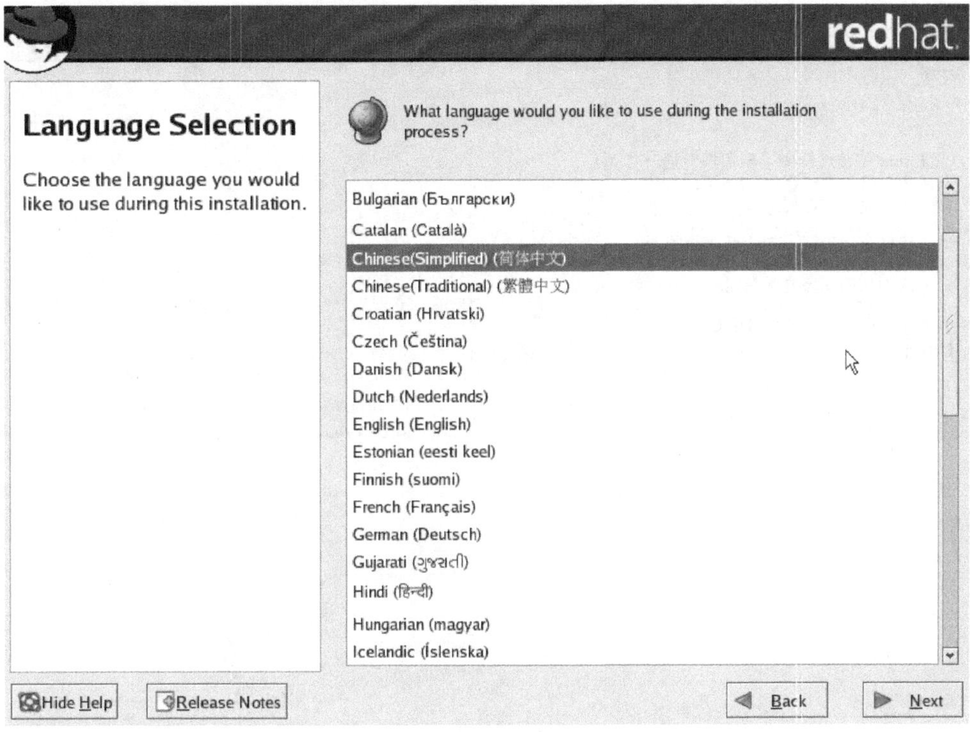

图 3.3 文字选择提示信息界面

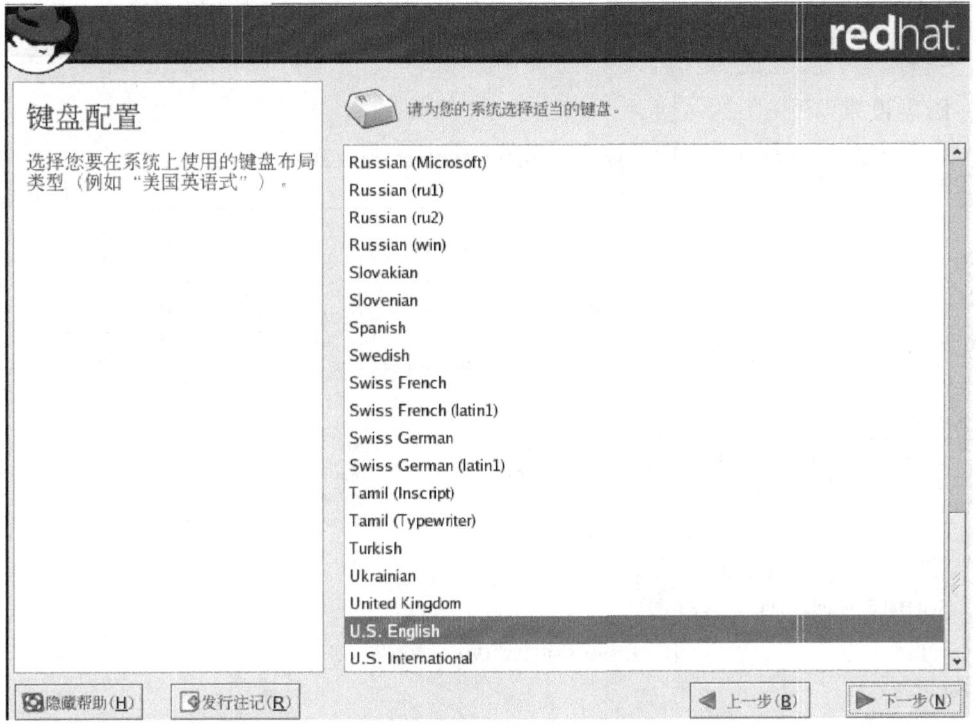

图 3.4 键盘布局选择交互界面

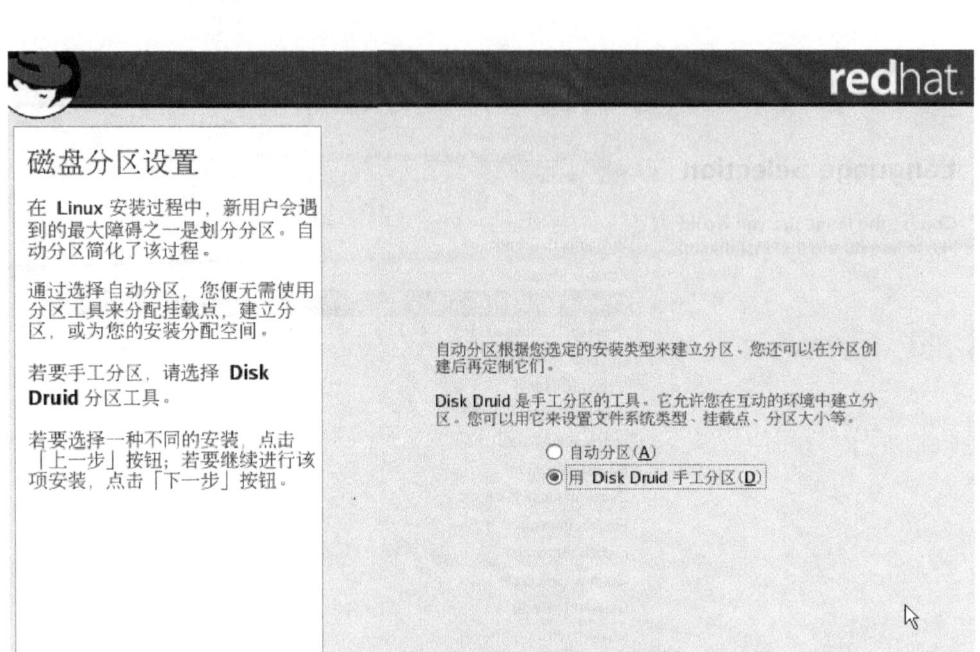

图 3.5　磁盘分区提示信息图

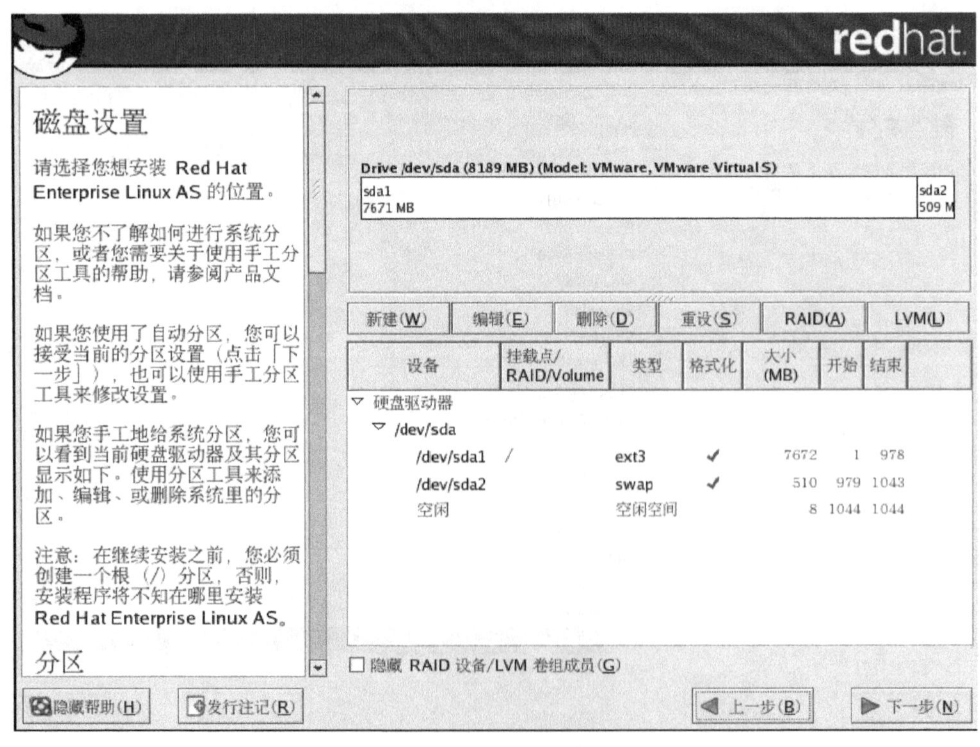

图 3.6　典型的分区设置示例图

(6) 接下来的几个画面都选择单击“下一步”按钮即可。当需要选择语言支持时,请选择“Chinese(P. R. of China)”,如图 3.7 所示。

图 3.7 选择所支持的语言

然后选择相应的时区,如图 3.8 所示。

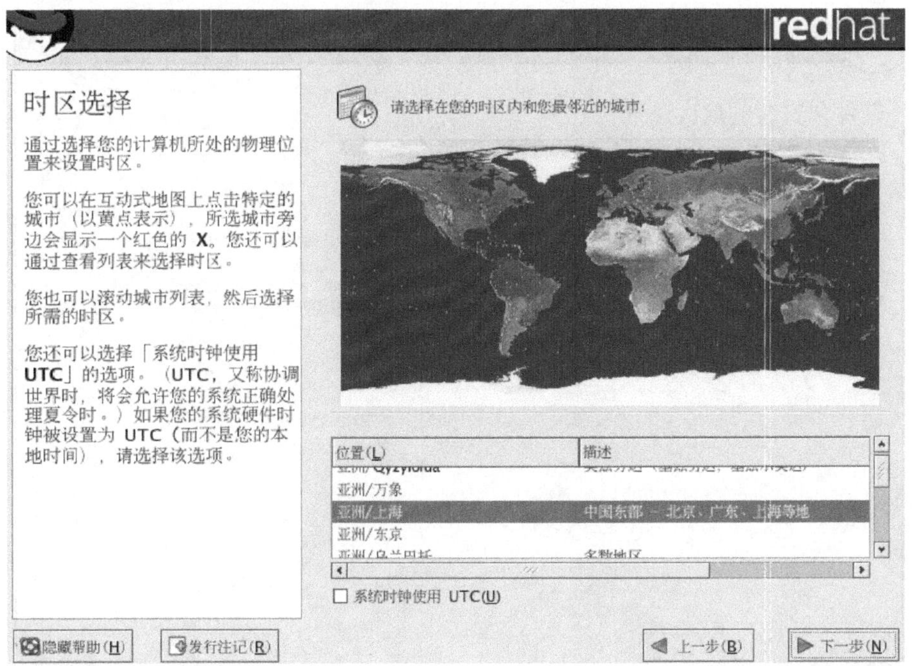

图 3.8 时区选择界面

(7) 在安装过程中,系统会提示需要为 root 用户指定一个密码,如图 3.9 所示。这时输入设定的密码,并记录该密码,该密码在系统登录时需要输入,否则不能进入系统。

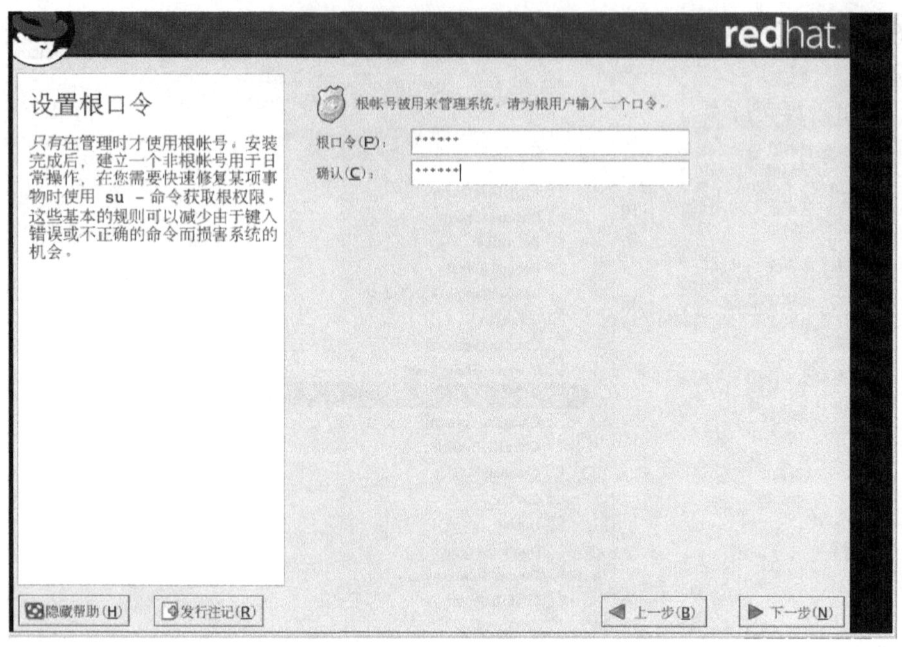

图 3.9　设定 root 的密码

(8) 定制需要安装的软件包进行安装。当然,也可以选择"安装默认软件包"。选择界面如图 3.10 所示。

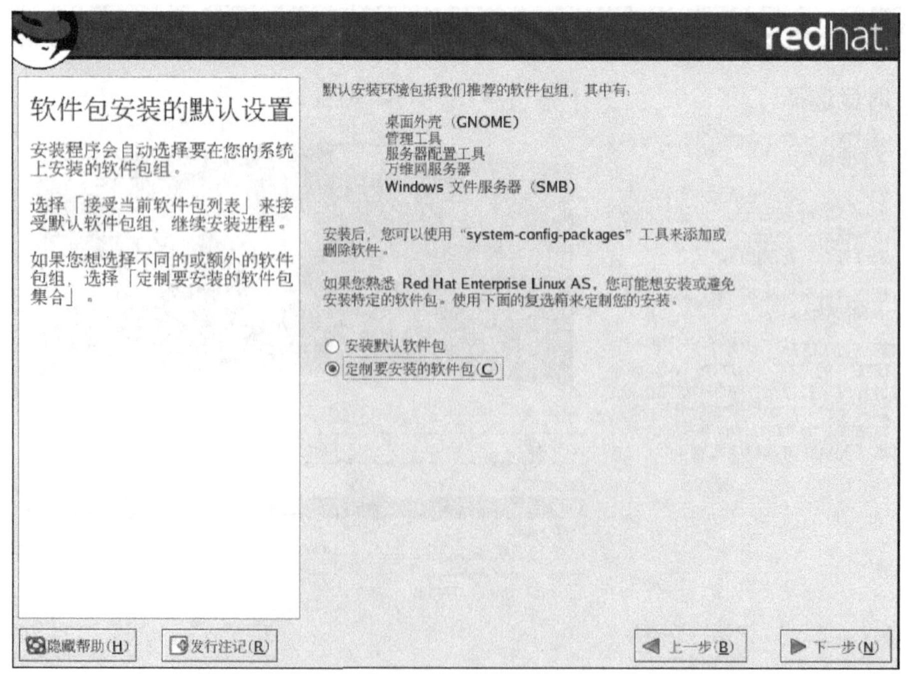

图 3.10　软件包安装选择界面

然后选择相应的软件包进行安装，如图 3.11 所示。

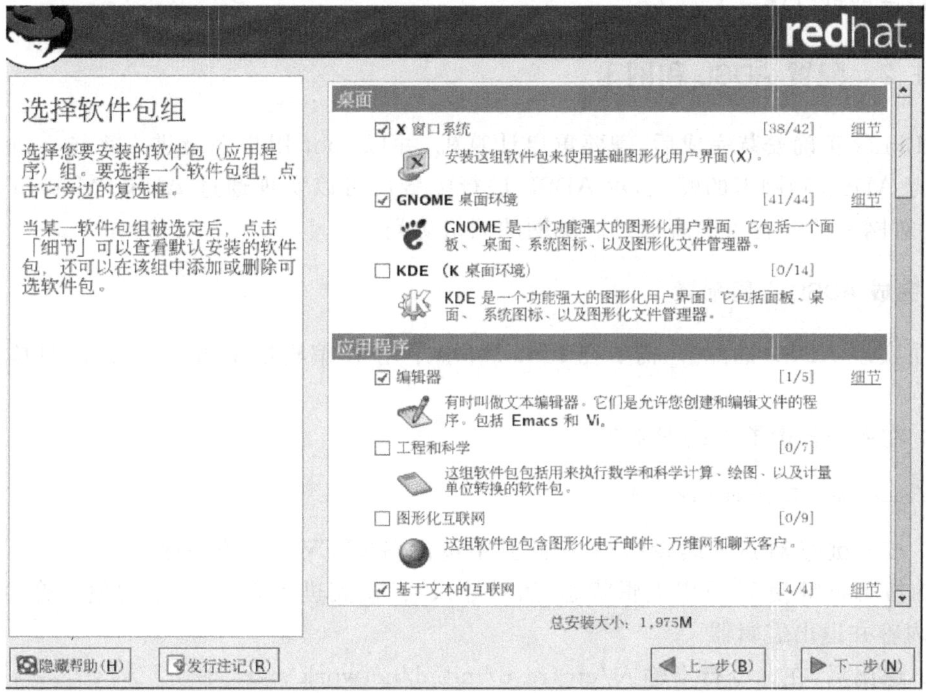

图 3.11 选择需要的软件包

(9) 在安装软件包完成时可见到如图 3.12 所示的提示界面。

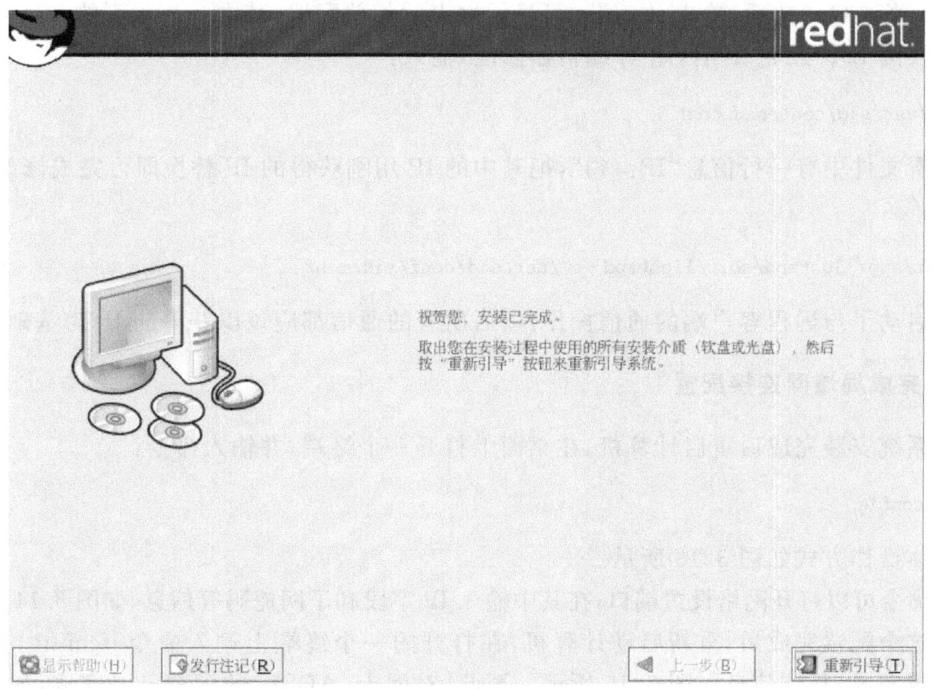

图 3.12 软件包安装完成提示界面

当出现如图 3.12 所示的画面时，选择“重新引导”，这样就完成了 Linux 的安装过程。系统重启后就可以登录了。

3.1.2 配置 ADSL 和网卡

当 Linux 正确安装完成后，需要重启计算机，并以 root 用户登录进入系统。进入系统后可进行 ADSL 和网卡的配置，对 ADSL 进行配置后可以实现通过 ADSL Modem 的网络访问，而对网卡的配置可实现通过局域网的网络访问。

1. 完成 ADSL 上网配置

为了实现 ADSL 的配置，需要在 Linux 环境中用 vi 编辑器编辑一个文件，具体操作步骤如下：

(1) 在命令行中输入以下命令：

```
vi /etc/sysconfig/network
```

(2) 按 a 键使 vi 进入编辑状态，删除其中包含 GATEWAY 的一行。

(3) 按 Esc 键使 vi 退出编辑状态，然后输入“:”使其进入末行方式，再输入命令 wq 保存修改内容并退出编辑器。

(4) 退出后，在命令行下输入/etc/rc.d/init.d/network start。

(5) 再输入 ADSL-start，若系统输出成功连接信息，则表示连接成功。若没有反应或过很长时间也没有给出输出，则说明连接失败。这时可在命令行下输入 reboot 命令重启系统后再次进行连接，直到连接成功。

(6) 当连接成功后，输入 ifconfig 可显示网卡的相关配置，其中 pppoe 下的 inet addr 为此时的公网 IP。记下 IP 后，用 vi 编辑器修改，输入：

```
vi /usr/sid/conf/sid.conf
```

查看文件中有一行信息“IP:443”，把其中的 IP 用刚获得的 IP 替换即可完成修改，然后再输入：

```
/usr/app/lighttpd/sbin/lighttpd - f /usr/sid/conf/sid.conf
```

即启动了与远程客户端的通信操作，以后所有的通信都应该以获得的 IP 为基础。

2. 完成局域网连接配置

当系统安装完成后重启计算机，在桌面上打开一个终端，并输入命令：

```
netconfig
```

具体操作方式如图 3.13 所示。

该命令可以打开网络设置端口，在其中输入 IP 字段和子网掩码等信息，如图 3.14 所示。

当这个配置完成后，重新启动计算机，在打开的一个终端上输入命令 ifconfig，查看 IP 是否设置完成，具体信息如图 3.15 所示。至此，对网卡(ADSL)的配置已经完成，如存在配置中的问题，请参阅 Linux 的安装配置手册或相关书籍。

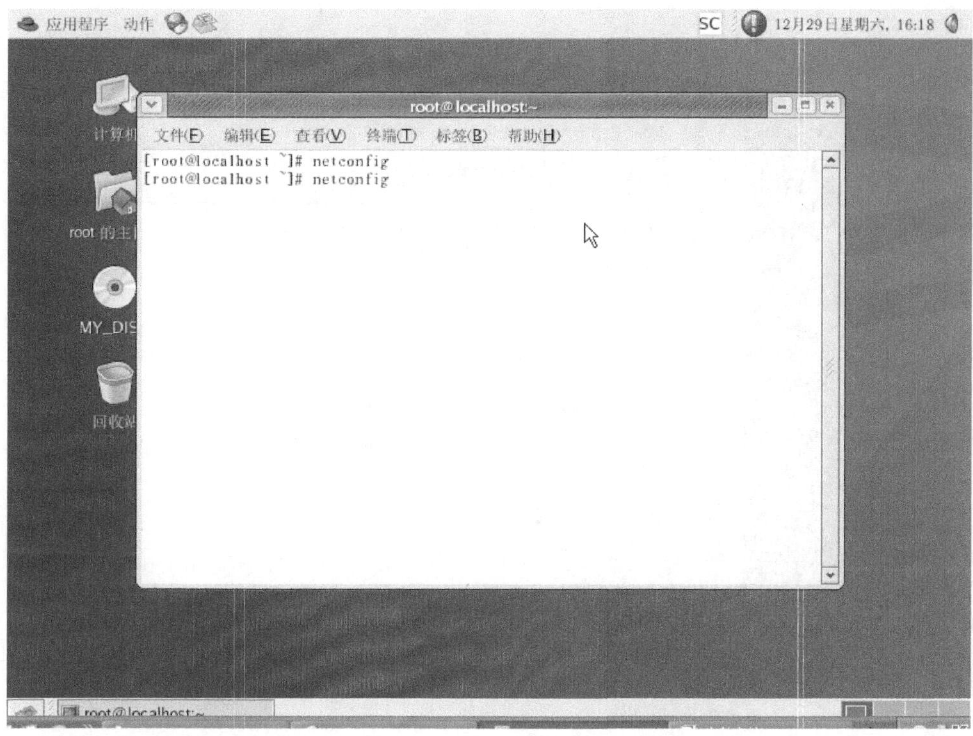

图 3.13 打开终端并输入命令示意图

图 3.14 配置 TCP/IP 示意图

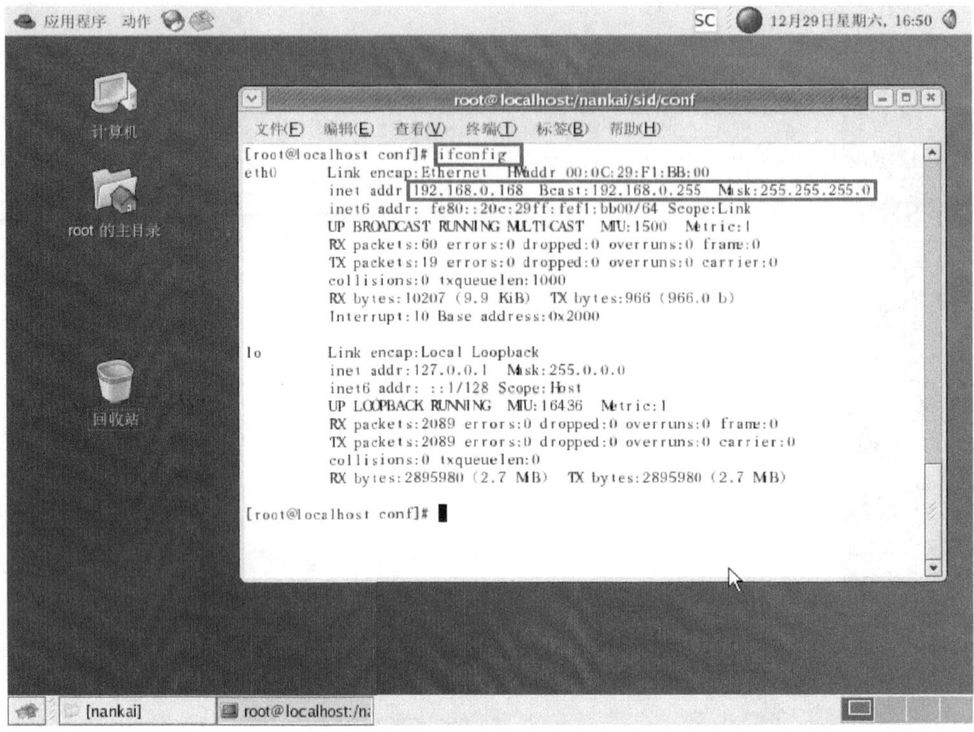

图 3.15 在终端上查看 TCP/IP 的配置情况

3.2 Linux 系统使用简介

Linux 是一种类 UNIX 系统，在使用方法上与 UNIX 几乎相同，所以完全可以通过学习 Linux 的使用方法来了解 UNIX 系统。Linux 是一种通用、多用户、分时操作系统，它可以出色地完成一般单用户、多用户操作系统所能实现的功能，为用户提供较好的应用界面和软件开发环境。与 UNIX 相似，Linux 的特点给用户的使用提供了极大的方便，从而得到广大用户的好评。本节将介绍 UNIX 系统使用的一些最基本的常识以及 UNIX 中的常用命令以及命令的使用方法，这些也都完全适应于 Linux 系统，若有不一致的地方我们将作特别说明，否则都以 UNIX 系统为例进行说明。

3.2.1 用户的注册与注销

在多用户的分时系统中，为了满足多个用户在操作系统的管理下工作，需要具备以下功能：

(1) 多个用户既可以共享系统资源又可以相互独立地完成各自不同的工作。

(2) 系统可以为所有用户的私有数据提供安全保密服务，同时对系统的共享数据进行监控与调配。

(3) 随时记录和监控系统分配给用户的资源，了解资源的使用情况。

(4) 根据需要对用户提供记账及收费管理。

因此，每个进入系统的用户，必须向系统管理员申请一个账户，只有得到了合法账户，才能用下列方式注册登录到系统中：

```
Login:  用户注册名↵      (如输入: NKCP25 ↵)
Passwd: 用户登录口令 ↵
```

假设一个南开计算机系的第25号同学的登录口令被设定为NKCP25，用户在此项中输入这6个字母并按Enter键(注意字母的大小写形式)，正确输入后就可以登录到UNIX系统。登录后用户可以看到操作系统的命令提示符为"%"。该提示符是UNIX系统中C-shell的默认命令行提示符，一般允许用户根据自己的意愿对提示符信息进行修改。

用于用户登录时的口令一般由6～8个字符构成，可包括字母、数字及其他字符。用户的口令在用户注册时由系统管理员指定，在以后的工作中允许用户自行修改，可按下面的方法用命令passwd修改用户口令(注意，下文中用/*　　*/符号表示包含在其中的部分是命令注释，这些内容将不在终端上显示出来)：

```
% passwd ↵
current  password:: ****** ↵          /* 输入原有的登录口令 */
New Password: ****** ↵                /* 输入新的口令 */
Retype New Password: ****** ↵         /* 再输入以上新口令，供系统确定 */
```

在UNIX系统中，当用户丢失口令(或忘记)时，可以请示系统管理员重置或删除旧的用户口令。一般地，系统管理员无法查出用户已设定的口令，只可以为用户设置新的登录口令。这是因为口令对UNIX用户非常重要，即便是系统管理员也不允许查看其他人的用户口令，这样有利于保证用户信息的安全，也是一种系统对用户私有资源的保护措施。

当用户需要离开UNIX系统时，应进行用户注销(logout)操作。注销后的用户终端可提供给其他用户使用。同时，注销这一动作也通知了正在进行中的系统记账程序停止对该用户的记账工作。在UNIX中可以用多种方式完成用户注销，如：

```
% logout ↵        /* 在命令行输入 logout 表示退出登录 */
% exit ↵          /* 用终止当前进程执行的方式退出用户登录的进程 */
% Ctrl-d ↵        /* 用退出 shell 主进程的方式注销用户登录 */
```

当用户注销后系统将回到"Login:"提示下等待下一次用户的登录。通常在用户下一次进行登录时，系统会提供一些报告给用户查阅。例如，用户最近一次注册的时间和使用的终端信息，根据这些信息用户可以监控自己的账号使用状况是否安全，是否发生过被别人盗用的情况。在UNIX系统中，有许多细微之处为用户考虑得很周全，而这一点就是系统为用户提供的一种安全自我防范措施。

3.2.2　关于账户的管理

由于UNIX系统是多用户分时处理系统，系统中每个用户拥有系统分配给他的时间片，当这个时间片足够小时，就实现了形式上的多个用户"同时"访问系统的并发环境这种情况。

显然，在多用户分时系统中，每个用户并不能随心所欲地占用计算机系统资源。用户程序的执行是由操作系统按照一定的内部管理规范和策略统一进行调配的。而系统中记录的用户账户信息是系统为用户占用系统资源而进行资源调配的基本数据信息，同时也是记录和组织用户在操作系统中活动的基础信息。

在UNIX系统中有一个名为/etc/passwd的文件，它是专门用来存放用户账户的数据信息的，系统中所有被授权的用户都会在该文件中占有一个记录项，用户记录项的内容可以简单描述为以下几个部分：

```
username: * :uid:gid:comment:homedir:loginshell
   ①     ②  ③   ④     ⑤       ⑥         ⑦
```

其中每一项信息都标注着一个用户的相关内容：

① 为用户名，是指用户注册时输入的名字。

② 为口令，用户注册的口令以密码方式保存，允许用户修改。

③ 为用户的标识uid，系统管理中使用的用户标识。

④ 为用户的组标识gid，用户所属组的唯一标识，一个用户可以属于一个或多个用户组。

⑤ 为对注册用户的描述文本，是用户情况的基本简介，文本长度有一定的要求，也可以省略此项。

⑥ 为用户注册目录或用户主目录，此目录是用户进入系统后首先进入的当前工作目录。

⑦ 为进入系统后第①步完成的内容，标志当用户进入系统后，首先要执行的程序名。一般都将此项定义为用户进入系统后选择执行的shell程序。

例如：对某个注册用户zhang，此项记录中的内容可以是以下具体内容：

```
Zhang: * : 103: 100: Zhang HongLi: /home/zhang: /bin/csh
```

在UNIX系统中，系统程序根据记录中用户的账户信息进行用户身份鉴别和资源使用权的分配。在账户管理中有两大类型，一种是超级用户账户，另一种是普通用户账户。超级用户账户拥有系统的最高级管理权，可读、写、处理系统中任意的文件，或者完成系统的各种特定操作。超级用户账户一般只分配给系统管理员root。系统管理员的身份在系统管理中非常重要，因为他几乎可以控制系统的所有资源，所以在UNIX系统管理中对系统管理员的人选要慎之又慎，一个系统管理员不仅要求要有全面、高超的专业技术知识，还应该有良好的人品和道德素养。

在现代软件技术上，我们可以采用多种措施对私有或保密性很强的应用数据和信息，利用编程手段对系统管理员进行信息屏蔽，可以使系统管理员也无法查询到系统中非常敏感的数据。例如财务管理、人事管理中的有关信息，一般系统管理员也不具备访问这些信息的权限，这些限制可以在应用系统的设计和实现中完成，这是另一种安全防范的软件设计技术。

3.2.3 对用户口令的管理

UNIX系统在文件 /etc/shadow 中，存放着用户加密后的口令及口令管理信息，该文件中每个信息项的内容是：

```
username:password:lastchy:min:max:warn:inachive:expire
   ①        ②        ③     ④   ⑤   ⑥     ⑦       ⑧
```

其中各项表述的含义是：

① 为用户名。

② 为加密后的用户口令。

③ 为口令的最后修改日期。

④ 为可修改口令的最少天数。

⑤ 为可修改口令的最多天数，表示必须修改口令的期限。

⑥ 为口令到期时，提前几天给出提示警告。

⑦ 为允许用户几天不登录系统，此项也可缺省，表示没有限制。

⑧ 为口令到期的确切日期。

这些信息通常由系统管理员进行查阅和维护。

3.2.4 用户组信息

为了便于管理，UNIX 系统中的用户通常被归属于某个用户组。因为将用户按不同的类型进行分组管理可以减少系统管理的工作量，并使管理工作更加规范，所以，关于用户组的信息也是操作系统以及用户自己所要关心和了解的内容。用户的组信息存放在文件 /etc/group 中，其内容为

```
grouname:password:gid:user-list
   ①        ②      ③     ④
```

其中，

① 为用户组名。

② 为用户组的口令，也可缺省。

③ 为用户组的标识。

④ 为该组中的用户列表。

上述这些特定文件，在系统引导及用户账户建立过程中自动生成，生成以后，在日常的管理中允许系统管理员对其内容进行修订。这些文件内容的正确性是系统管理好用户的前提，使用中若需要对其内容作修改，则应慎重对待。

3.2.5 shell 程序

在 UNIX 系统运行时需要一个 shell 程序支持，shell 程序的一个主要功能就是实现 UNIX 系统与用户间的交互，它可以提供强大的命令解释和命令执行环境。当用户输入命令并按 Enter 键后，该命令是被 shell 程序接收并进行解释分析，然后 shell 根据解释结果提供命令执行环境，完成 UNIX 命令的执行。

因为 shell 属于操作系统的外层程序，也因为 UNIX 系统发展的历史问题，在 UNIX 系统中存在着多种风格的 shell 程序，最常见的 shell 程序有以下 3 种：

(1) Bourne shell。通常，Bourne shell 是现代 UNIX 系统的标准 shell，并会把它设置成系统默认的命令解释程序，通常将其称为 B-shell，该 shell 的命令提示符是“$”号。

(2) Korn shell。Korn shell 是 B-shell 的一个扩展集，在 B-shell 中编写的脚本程序无须修改即可在 Korn shell 中运行。Korn shell 的命令提示符也是“$”号。

(3) C shell。C shell 是由加州大学伯克利分校开发的 BSD UNIX 版本的一部分，它使用的是 C 语言的语法和风格。C shell 的命令提示符是“%”号。

不同的 shell 程序虽然在使用方式和命令格式上有所差异，但它们的主要功能是相似的，都可以完成用户命令的解释和执行，完成用户环境的设置，完成 shell 程序的设计与执行。用户可以根据自己的喜好选择其中一种 shell 作为自己的命令和工作环境，并熟悉它的各种使用方法。

3.2.6 UNIX 常用命令介绍

为了能够使用好 UNIX 系统，需要掌握一些 UNIX 命令，这里我们将常用的 UNIX 命令作一个简单的归纳，供大家了解。当然，UNIX 命令“博大精深”，这里所涉及的内容是非常有限的，除了本节所介绍的内容以外，在以后的章节中还会介绍到一些 UNIX 命令。如果可能，希望读者能够阅读一些专门的 UNIX 技术书籍，以补充这方面的知识。

1. cat 命令

该命令可对指定文件在标准输出上进行显示或连接，注意，这里所说的标准输出一般是指显示器，但输出是可以进行重新定向的，比如可以定向到一个文件中。

该命令的使用格式为 cat [options][filenamelist]

其中：

(1) [options]是命令的选项，常用的选项如下。

- A 为显示文档中所有控制字符。
- b 为输出行标注行号。
- E 为在每行的尾部显示行结束标志“$”。
- T 为用“∧”符号显示 Tab 符的位置。
- V 为显示过程中使用的控制字符。

(2) [filenamelist]是命令参数，这里给出的文件名列表是要在标准输出上输出的文件名。

使用此命令也可以不带任何选项和命令参数，这时该命令将等待从标准输入流(注意：标准输入流通常是指键盘输入的信息)中输入数据，如果将其输出作重定向，则可以用来创建一个新文件。下面给出几个该命令的使用例子：

```
% cat  file.c ↵              /* 显示文件 file.c 中的内容 */
% cat  aa.c  bb.c ↵          /* 先显示 aa.c,然后再显示 bb.c 的内容 */
% cat  aa.c  bb.c >cc.c ↵    /* 此命令将 aa.c 中的内容与 bb.c 中的内容进行连接,构成一
                                个新的文件 cc.c,命令中的">"符号完成了输出重定向 */
```

2. cd 命令

该命令用于改变当前的工作目录。

该命令的使用格式为 cd[dirname]

此命令与DOS命令中的cd命令功能相似。其中，参数[dirname]是目录名，若命令中的目录名省略，则表示将当前目录切换到用户注册目录下。命令应用举例如下：

```
% cd ↵                    /* 将用户当前的工作目录改变到用户的注册目录下，用户注册目
                             录是由系统事先设定的 */
% cd /usr/bin ↵           /* 将当前工作目录改变到/usr/bin 目录下 */
% cd E-mail ↵             /* 将当前工作目录改变到当前目录中的子目录 E-mail 下 */
% cd .. ↵                 /* 返回到上一级目录中 */
```

3. chmod 命令

该命令可以改变指定文件或目录的访问权限。

命令使用格式为 chmod[who] -op -permission file

其中：

(1) 参数 who 表示命令中指定的用户类型，它的取值和含义如下。

- u 为用户，即文件属主。
- g 为属主用户的同组用户。
- o 为除文件属主和同组用户外的所有其他用户。
- a 为所有用户。

(2) 参数 op 是命令指定的操作码，它的取值可以是以下操作符。

- ＋ 为增加某种访问权限。
- － 为撤销某种访问权限。
- ＝ 为赋予某种访问权限。

(3) 参数 permission 是对访问权限的具体说明，它的取值和含义如下。

- r 为读权。
- w 为写权。
- x 为执行权。

该命令的应用举例如下：

```
% chmod  go  -w  filea ↵  /* 该命令撤销同组用户和其他用户对文件 filea 的写权 */
% chmod  +x  filea ↵      /* 让所有用户都获得对文件 filea 的执行权 */
% chmod 640 filea ↵       /* 这种命令方式在 UNIX 命令中常被采用，在命令中用 3 个数字说
                             明不同用户的具体权限，依次为 u,g,o 类型用户的访问权，每个
                             数字可看成是一个八进制数，如：6 = 110, 4 = 100,0 = 000，因
                             此该命令表示：文件属主 u 对文件 filea 有读、写权，同组用户
                             g 对文件有读权，其他用户对文件无访问权力 */
```

4. cp 命令

该命令实现文件或目录的复制。

命令使用格式为 cp[options] source dest

其中：

(1) 命令选项 options 取值如下。

- -i：复制过程中，若目标文件存在，则询问是否覆盖写，否则不询问直接完成覆

盖写。

- -r：可进行递归复制，将指定目录中的内容全部进行复制。

(2) 参数 source 表示原文件名。

(3) 参数 dest 表示目标文件名。需要说明的是，当 dest 是一个目录名时，则将原文件复制到指定的目录中，其文件名与原文件名相同。

命令应用举例如下：

```
% cp abc.c   bb.c ↵              /* 将文件 abc.c 复制到 bb.c 文件中 */
% cp -i abc.c   bb.c ↵           /* 复制时，若 bb.c 已存在，则提出询问，只有当回答"y"时才完成
                                    复制 */
% cp -r  /home/wang/test ↵       /* 将/home/wang/test 目录中的文件及子目录复制到当前工作目
                                    录中。当然，若要完成此命令，复制者应对/home/wang/test 目
                                    录及文件具有读、写权 */
```

5. ls 命令

该命令可列出指定目录中的内容。

命令使用格式为 ls[-options][names]

ls 命令的选项非常丰富，在此只列出常用选项，使用时可用联机方式查阅帮助手册学习其他选项的使用。其中：

(1) 命令选项 options 取值如下。

- -a　列出所有文件，包括以"."打头的隐藏文件。
- -d　列出目录文件本身的状态，而不是列出目录下包括的文件内容。常与-l 选项联用。
- -i　在列表中增加列出文件的 i 节点号。
- -l　以长列表方式列出文件及目录信息。
- -R　递归地列出其中包含的子目录中的文件信息及内容。

(2) 参数 name 可以是目录名也可以是文件名。当其为目录名时可列出指定目录下的所有内容，为文件名时，则表示列出指定文件的相关信息。

当此命令使用中不带有任何选项和参数时，表示列出当前目录下的所有文件和目录信息。

6. man 命令

该命令可获得 UNIX 的命令联机帮助信息。

命令使用格式为 man 命令名

使用此命令可以获得系统中对指定命令的解释。命令应用举例如下：

```
$ man  ls ↵       /* 按屏幕显示出 ls 命令的使用方法及参数选项的使用方法 */
```

7. pwd 命令

该命令可以显示当前的工作目录名。

命令使用格式为 pwd[option]

这里的选项 option 可取以下值：

- -P 只显示实际目录，不显示符号连接。
- -L 可以显示符号连接的目录。

命令应用举例如下：

```
$ pwd ↵    /* 显示出当前用户的工作目录名称 */
```

8. rm 命令

该命令可以删除指定的文件。

命令使用格式为 rm[-options] filename

其中：

(1) 命令选项 options 的常用值如下。

- -r 递归地删除当前目录及其中子目录中的文件。
- -i 在进行删除过程中，询问式地完成删除。

(2) 参数 filename 是指定的删除文件名。

命令应用举例如下：

```
% rm  filea ↵    /* 删除文件  filea */
% rm  -i*.c↵  /* 删除当前目录下的 C 语言文件，且以询问式的方式完成 */
% rm -r  abc ↵  /* 删除当前目录下 abc 子目录及其所包含的全部文件及目录 */
```

9. who 命令

该命令可列出当前登录系统的用户信息。

命令使用格式为 who[-options][am I]

其中，命令选项 options 可取的值及含义如下：

- -q who 命令的简要显示方式，仅显示用户名及用户总数。
- -H 显示信息时同时显示各列的标题。
- -s 仅显示用户名、终端号、用户登录时间。

在命令中使用 am I 参数是该命令的一种常用方式，它可以用来显示本用户注册终端的相关信息。命令应用举例如下：

```
$  who am I ↵          /* 显示本终端用户的信息 */
$  who -H ↵            /* 显示信息的标题信息 */
```

在第 2 个举例中除了给出各列的显示信息以外，同时还可以给出信息的标题，其显示格式类似如下内容：

```
NAME     LINE      TIME
zhang    tty02     NOV 28 09:20
wang     tty04     NOV 28:09:30
li       tty20     NOV 28 10:10
```

10. cal 命令

该命令可以显示万年历信息。

命令使用格式为 cal[option] [month [year]]

其中，选项 option 可取以下值：

- -h 显示当前单个月的日历。
- -3 显示当前月、前一个月及后一个月的日历。
- -m 显示时将星期一作为每星期的第 1 天。
- -y 显示当前年的日历。

命令应用举例如下：

```
% cal 11 2002 ↵           /* 显示 2002 年 11 月的日历 */
% cal ↵                   /* 显示当前月的日历表 */
```

注意，该命令在使用中年份参数必须输入完全，只有年份而没有月份的命令将显示全年的日历，不带参数的命令只显示当前月的日历表。

11. learn 命令

该命令是计算机辅助教学命令。实际上，learn 是一个 UNIX 实用程序，使用时需要安装。其中包括了多项相关 UNIX 系统学习的内容，安装此程序可以帮助用户学习 UNIX 知识。输入 learn 命令后给出的提示可能是：

```
 These are the available courses
   Files
   Editor
   Vi
   More files
   Macros
   Eqn
   C
If you want more information about the course or if you never used 'learn' before, press RETURN;
otherwise type the name of the course you want followed by RETURN.
```

这时用户进入了 learn 命令的管理方式，可以根据上面的提示输入相关的命令，学习 UNIX 系统的相关内容。

12. help 命令

该命令是系统在线帮助的实用程序。使用 help 命令也可以获得系统帮助信息，它采用的是多级菜单显示方式，用户可以根据需要输入自己的选择达到学习的目的，它比 learn 命令更流行一些。Help 命令的输出信息一般为

```
help: UNIXSystem on - line help
     choices     description
       s         starter: general information
       l         locate: find a command with keyword
       u         usage: information about command
       g         glossary: definition of terms
       r         redirect to a file or a command
       q         quit
     enter choice
```

这时根据提示信息，用户可以输入相关的选项，进一步获得 help 的帮助信息。

13. mkdir 命令

该命令完成在当前目录中创建一个新的子目录。

命令使用格式为 mkdir[option] dirname

其中，选项 option 常用取值如下：

- -p　创建一个完整的目录结构。即使用-p 选项时可在指定的目录下逐级创建目录。
- -m　创建指定目录的同时指定该目录的使用权限。

命令应用举例如下：

```
% cd ↵                    /* 确保当前所在目录是用户的工作目录 */
% mkdir newdir ↵          /* 创建新的子目录 newdir */
```

执行这两条命令，可以在用户主目录下创建名为 newdir 的一个新目录。

```
% cd ↵
% mkdir -m 770 newdir ↵
```

执行这两条命令，可以在用户主目录下创建一个新目录 newdir，同时指定该目录的访问权限。

14. rmdir 命令

该命令删除一个指定的空目录。

命令使用格式为 rmdir[option] dirname

其中，选项 option 的常用取值如下：

- -P　删除指定目录上的所有目录，这些目录都应该是空目录。
- -i　在删除过程中，以询问方式完成删除操作。

命令应用举例如下：

删除 zhang 目录下的子目录 odir：

```
% cd zhang ↵
% pwd ↵
  /usr/zhang
% rmdir odir ↵      /* 删除了/usr/zhang 目录下的子目录 odir */
```

删除多级目录。假设在/usr 目录下有 zhang 目录，在 zhang 目录下又有 testdir 目录，且这两个目录中的文件和子目录都已被删除，则在命令中可以使用-P 选项将它们一次都删除。

```
% cd /usr ↵               /* 跳转到被删除目录的父目录上 */
% rmdir -P zhang/testdir ↵
```

15. chgrp 命令

该命令可以改变文件所属的组信息。

命令使用格式为 chgrp [options] groupname filename

其中：

(1) 选项 options 最常用的是-R，它表示递归地设置目录中包含的所有文件的属组信息。

(2) groupname 是改变后的属组名称。

(3) filename 是将要被改变属组信息的文件名。

命令应用举例如下：

```
% chgrp  group1  file1.c  ↵  /* 将文件 file1.c 属组改为 group1 */
% chgrp  -R  group1  mydir ↵ /* 将目录 mydir 及其中所有文件的属组信息设置为 group1 */
```

16. chown 命令

该命令可以用来改变文件的属主信息。

命令使用格式为 chown [options] username filename

其中：

(1) options 最常用的值是-R，可递归地设置一个目录及其中所有文件的属主信息。

(2) username 是修改后的属主名。

(3) filename 是将被改变属主信息的文件名。

命令应用举例如下：

```
$ chown  zhang  file1.c  ↵   /* 将文件 file1.c 的属主信息改变成 zhang */
$ chown  -R  chen/home /li ↵ /* 将/home/li 目录及其所属的子目录及文件的属主改成 chen */
```

17. ln 命令

该命令用来建立一个文件的链接文件。

命令使用格式为 ln[-options] file target

其中：

(1) 命令选项 options 的取值如下：

- -f 若目标文件已存在，则用源文件的链接替代已存在文件的内容，否则就创建它。
- -s 创建文件的符号连接。符号链接是一种指向其他文件或目录的文件，它与文件和目录信息一样，在目录树中有一个名字和位置。但它与其他文件的不同之处是该节点中没有具体内容，只是包含一个指向另一个文件或目录位置的指针。

(2) 参数 file 是生成链接的源文件名。

(3) 参数 target 是生成的目标链接文件名。

命令应用举例如下：

```
% ln  abc.c  xyz.c ↵
```

这里，xyz. c 是一个新建的文件，执行该命令后，在当前目录中建立了 abc. c 的链接文件 xyz. c。以后访问 xyz. c 就等价于访问 abc. c，就像一个文件有两个文件名。若删除其中一个文件，文件内容不会丢失，只是减少一个文件名。这种连接方式也称为文件的硬链接。

```
% ln  abc.c  otherdir ↵
```

假定 otherdir 是一个已存在的目录，此命令将在 otherdir 目录中建立 abc.c 的链接，其链接文件的名字也是 abc.c(它们在不同的目录中)就如同一个文件实体在两个目录中有两个相同的名字，这也是一种硬链接关系。

```
% ln -s  /home/ying/lib ~ ↵
```

该命令中"～"是用户注册目录的匹配符，这样，在用户目录(～＝$HOME)中建立了一个符号连接 lib，它指向/home/ying/lib 中的文件。当用户访问～/lib 中的文件时，也就是访问/home/ying/lib 中的文件。使用这种方法可以实现多个用户共享/home/ying/lib 中的文件，当然，需要实现这种共享的用户首先应具备对/home/ying/lib 的访问权限。

18. ps 命令

该命令用来显示当前系统中进程的状态。

命令使用格式为 ps[-options] [namelist]

其中：

(1) options 是命令选项，常用选项如下：

- -a 显示除登录 shell 以外所有运行在该终端上的进程信息。
- -e 显示当前运行的每一个进程的信息，包括用户进程和核心进程。
- -f 命令显示时，产生一个完整的父子进程关联关系列表清单。
- -l 长列表显示进程信息，即显示进程的完整信息。
- -x 列出没有控制终端的进程(例如守候进程等)。
- -u 在该选项下应紧跟一个进程列表(namelist)，用来显示所有属于 namelist 中说明的进程信息。

(2) namelist 是进程名列表，使用此参数可以对于已知的进程用指明进程 id 的方式，列出进程的相关信息。

命令应用举例如下：

```
% ps ↵
```

系统将显示：

```
pid     tty     time    command
6577    tty00   0:01     -csh
6576    tty00   0:02      ps
```

以不带任何选项和参数的命令方式，将只显示出与用户注册有关的进程信息。本命令输出说明本用户有两个进程在运行，一个是 shell 进程，一个是 ps 命令进程，其中还指出了这两个进程可以运行的时间。还可以使用-f 选项列出进程完整信息内容，如：

```
% ps  -f ↵
```

系统将显示如下：

```
uid     pid    ppid   c   stime      tty     time   command
group1  6756      1   6   13:04:57   ttyoo   0:01     -sh
group1  6765   6756  23   13:05:19   ttyoo   0:01    ps -f
```

该命令除了输出上一命令的输出内容外，还输出了用户标识符 uid、父进程 id 的 ppid 信息和进程最近使用处理器资源总量 C，以及进程启动时间 stime 等相关信息，这样可以使用户对当前进程的运行状况有更加详细的了解。

3.3 Linux 编辑工具 vi

v i(visual interpreter)是 Linux 系统中配备的基本编辑工具之一，它是一个全屏幕编辑程序，可以为使用者提供一个全屏幕的窗口编辑平台，窗口中一次可容纳 20 多行的编辑内容，并可进行屏幕中内容的选择和上下屏滚动。在 3.1 节中关于 Linux 系统的安装配置中曾说到使用 vi 编辑器进行有关文档的编辑与修改，由此也可以看出，vi 编辑器在 Linux 系统中的使用是十分广泛的。在使用 vi 编辑器编辑文件时会有文档大小的限制，这个限制是随着操作系统版本的不同而不同的。

3.3.1 vi 的基本使用方法

在使用 vi 时，用户可以在 3 种方式下工作，这 3 种方式可以协助用户完成文本输入、文本保存和文本修改等工作。vi 的 3 种方式是：

(1) 命令行方式

命令行方式是用户进入 vi 后的初始方式。在此方式中，用户可以输入 vi 的命令，请求 vi 完成不同的工作处理。例如，光标移动、删除字符、删除单词等，也可以进行选定内容的复制、写盘及退出 vi 等工作。从命令行方式可以切换到其他两种工作方式中，在其他两种工作方式下也可返回到命令行方式下。

(2) 插入编辑方式

处于插入编辑方式下时，用户可以在编写的文件中添加或输入文本及程序代码。值得初学者注意的是，插入方式并非是进入 vi 的初始状态，须使用 vi 中的 i，a 等命令进行切换才可以获得。当用户完成插入操作后，需按 Esc 键结束插入方式并返回到命令行方式。

(3) 末行命令方式

在 vi 的末行命令方式下，有许多操作类似于命令行方式，只是这时的命令输入将出现在屏幕的最底部。在命令行方式下输入“:”，“/”，“?”等字符即可进入到末行命令方式，在末行命令方式下，当输入的命令完成后，vi 控制程序会自动返回到命令行方式下等待下一步的操作。

用户在从 shell 中进入 vi、退出 vi 或在 vi 内部工作的 3 种方式之间进行转换的过程如图 3.16 所示。图中方框中描述的是用户所处的状态，箭头表示从一种状态向另一种状态的转换，箭头上标注的文字表示从 vi 的一种方式转换到另一种方式时所需使用的命令或功能键。用户了解 vi 的这些状态转换和状态转换命令将有助于在使用 vi 时更好地把握有关的使用技巧，加快使用 vi 的熟练速度。

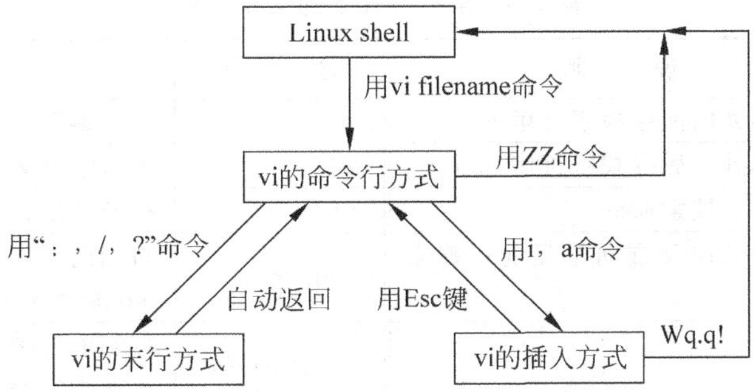

图 3.16　vi 中多种工作方式的转换关系

3.3.2　命令行方式中常用命令介绍

在 vi 的命令行方式下，用户可以输入相关的操作命令完成对 vi 的控制和对文本的编辑调整。vi 的命令行方式下常用的命令列表见表 3.1。

表 3.1　命令行方式下的常用命令

命令	说　明	命令	说　明
h(←)	光标左移一个字符	dd	删除光标所在的行
l(→)	光标右移一个字符	D	删除至行尾部
k(↑)	光标上移一行	d0	删除至行首部
j(↓)	光标下移一行	dG	删除至文件尾部
G	光标移至文件最后一行	4dd	从光标行开始删除 4 行内容
nG	光标移至文件第 *n* 行首部	u	取消上一次操作命令
0	光标移至首行	.	重复上一次操作
$	光标移至行尾	Y	将当前行复制到编辑缓冲区
H	光标移至屏幕的最上行	5Y	将当前行以后的 5 行内容复制到编辑缓冲区
M	光标移至屏幕的中部	p	将编辑缓冲区内容复制到光标后一行
L	光标移至屏幕的最下行	P	将编辑缓冲区内容复制到光标前一行
w	光标右移一个单词	J	下一行拼接在当前行之后
nw	光标右移 *n* 个单词	^d,^f	屏幕向下(向前)滚动
b	光标移动一个字符	^u,^b	屏幕向上(向后)滚动
nb	光标移动 *n* 个字符	^G	显示当前编辑文件的相关信息
x	删除光标所在的字符	ZZ	必要时写盘，并退出编辑
dw	删除光标所在的单词		

3.3.3　末行方式下常用命令介绍

在 vi 的末行方式下也可以使用一些操作命令，这些操作命令可以对编辑文本进行控制和管理。末行方式下的命令与 vi 的命令行方式命令形成互补。一般地，命令行方式命令更多的是对编辑文本在屏幕中显示格式和位置的修改与调整，而末行方式命令则更多的是对文本全文或文件本身的操作。末行方式下的常用命令见表 3.2。

表 3.2 末行方式下的常用命令

命　　令	说　　明	命　　令	说　　明
/exp	从光标处向前寻找字符串 exp	: e	另行编辑文件
? exp	从光标处向后寻找字符串 exp	: e!	另行编辑文件并放弃缓冲区的内容
n	重复前一搜索命令	:e file	打开并编辑文件 file
N	在光标处向反方向重复前一搜索命令	:s/old/new	将当前行中碰到的第 1 个字符串 old 改变为串 new
:w	写盘	:s/old/new/g	将当前行中碰到的所有字符串 old 改变为字符串 new
:w file	写到盘文件 file 中	:3,9s/old/new	对第 3 行～第 9 行的内容完成":s/old/new"的操作
: w >>file	将内容写至文件原有内容之后	:%s/old/new	对所有行的内容完成":s/old/new"的操作
: w! file	强行进行写盘文件 file 的动作	:%s/old/new/g	对所有行的内容完成": s/old/new/g"的操作
: q	退出编辑程序	:set nu	设置编辑时显示行号
: q!	强行退出编辑程序,同时放弃编辑缓冲区中的内容	:set nonu	设置编辑时不显示行号
:wq	写盘后退出编辑程序	:set all	显示环境设置
: x	对修改后信息写盘并退出编辑程序	:set list	显示不可见字符
: r file	将文件 file 读入编辑缓冲区	:! cmd	在程序运行中执行 shell 命令 cmd

3.3.4 进入 vi 文本插入方式的命令

在 vi 中可以有多种方式以命令行或末行方式进入文本插入方式中。例如,可以使用表 3.3 所示的命令进行切换。

表 3.3 进入文本插入方式的命令

命令	说　　明	命令	说　　明
a	将文本添加在光标之后	I	将文本插入行首
A	将文本添加至行尾	o	在光标所在行下面插入新行
cw	修改 1 个单词	O	在光标所在行上面插入新行
c3w	修改 3 个单词	r	在光标所在位置替换一个字符
i	将文本插入在光标之前	R	替换若干个字符

如此多的格式切换命令,可以为用户使用提供便利,但是由于 vi 中的命令都是以字符为内容的,在用户使用时应注意,掌握主要的切换命令即可,否则也会引起不必要的记忆混乱。

3.3.5 使用 vi 的注意事项

由于 Linux 系统的 vi 编辑器是从行编辑器 ed 发展而来的,实事求是地讲,它不如目前流行的微软公司推出的同类产品易用、直观。但它是 Linux 系统中配备的基本编辑工具,在多种 Linux 版本中都会内置 ed 和 vi 编辑器,因此掌握这些工具的使用还是很有必要的。作为 Linux 系统的初学者在开始使用 vi 时可能会感到有一些不便和困惑,由于它的不直观性及需要记忆字符命令的特点,会使用户丧失使用 vi 的信心。针对这类问题,我们在这里列出一些初学者使用 vi 时应注意的事项和对可能碰到问题的解决方法,希望能对初学者有所帮助。

(1) 由于对 vi 的多种使用方式不习惯,使在插入方式和命令方式切换时出现混乱,使用户不知所措。

这种情况的产生常常是由于还未输入插入命令,便开始进行文本输入了,从而使所编辑的信息无法输入到文本的正确位置上。另外,当插入信息完成后,还未按 Esc 键结束插入方式,就又输入了其他命令信息,从而使命令无法执行。当出现这些情况时,用户首先要确定自己当前所处的操作方式,然后再决定下一步做什么工作。若搞清楚当前所处状态,则可以使用 Esc 键退回到命令输入方式下重新进行方式切换。

(2) 在作文档编辑时,vi 的编辑屏幕产生混乱状态。

这种状态的产生往往是由于屏幕刷新有误,此时可以用 Ctrl+l 键对屏幕进行刷新,有的终端也可以使用 Ctrl+r 键进行屏幕刷新。

(3) 对屏幕中显示的信息进行操作时系统没有反应。

出现这种情况有可能是由于屏幕的输出进程被挂起(如不慎输入了 Ctrl+s 键等),此时可用 Ctrl+q 键进行解脱,然后重新进行输入。

(4) 当用户编辑工作完成后,出现不能正确退出 vi 的情况。

出现这种情况的原因有可能是此刻系统出现了意外情况,例如文件系统的容量超出,用户对所编辑的文件没有写权限等等。如果用强行退出命令":w!"仍无法退出时,可以用末行命令":w newfile"将文件进行重新存盘,以减少工作中的损失。而这个新文件 newfile 应是用户有写权限的文件,如果暂时没有可以使用的文件,则可以借助/tmp 目录的特殊性创建一个新的文件。因为在 Linux 系统中,/tmp 目录是一个临时目录,系统启动时总要刷新该目录,因此一般情况下,系统不对此目录进行保护。利用这个特点,可以将无法存储的文件暂时存入其中,这样可以解燃眉之急。但当处理完成后,切记应对此目录中的有用文件及时进行转储,否则依然会造成文件的损失。

(5) 在使用 vi 时,突然发生了系统掉电或系统突然宕机的情况。

工作时发生掉电和宕机无疑对于正在进行的工作是一种损失,但 Linux 系统的 vi 程序可以使损失降到最小。因为对 vi 的操作实际上是在对编辑器缓冲区的操作,而系统会经常自动地将编辑缓冲区的内容进行保存。因此宕机后用户可以在下次登录系统后,用-r 选项进入 vi,将系统中最后保存的版本恢复出来。例如:

```
% vi  -r  file-to-be-edit↙
```

这样起码可以得到最近一次编辑文档存储的内容。

对于 vi 编辑器的学习,应该侧重于实际的应用。在了解了 vi 使用规则后就应多上机操作,不断地积累经验,逐步使自己成为 vi 编辑的能手。

3.4 库函数使用方法

在 Linux 系统下进行各种软件开发时，可以借助库函数为我们完成许多工作。Linux 系统下的库函数很多，但是最常用的是 glib 库。glib 库在 Linux 中使用非常广泛，它是 Linux 平台下最常用的 C 语言函数库，由于该库具有很好的可移植性和实用性，也可以在其他的操作系统平台上看到该库被使用的情况，比如 Linux，Windows 等。

glib 是 Gtk + 库和 Gnome 的基础，它为许多标准的、常用的 C 语言结构提供了有效的替换。使用 glib 库编写的程序都应该在程序头上包含 glib 的头文件 glib.h。

3.4.1 glib 基本类型定义

在 glib 中有一套自行定义的类型描述，其中包含的内容比标准 C 中的更加丰富，也更加安全可靠。glib 基本类型定义包括以下几种：

(1) 整数类型。该类型中包含了多种字长的整数类型，gint8，guint8，gint16，guint16，gint32，guint32，gint64，guint64。这里的 gint8 是表示 8 位的整数，而 guint8 是指 8 位无符号的整数；其他表示以此类推。因为并不是所有的平台都提供 64 位整型量，如果某个平台有 64 位整型量，则 glib 会定义 G_HAVE_GINT64。在整数类型中的 gshort，glong，gint 分别与标准 C 中 short，long，int 定义等价。

(2) 布尔类型 gboolean。设定该类型可以使代码更易读，而在普通 C 中是没有布尔类型的。gboolean 可以取两个值，即 TRUE 和 FALSE。实际上，FALSE 定义为 0，而 TRUE 定义为非零值。

(3) 字符型 gchar。该类型与 char 的意义完全一样，做这种定义完全是为了保持一致的命名方式。

(4) 浮点类型 gfloat，gdouble。它们分别与标准 C 中 float，double 意义完全一致。

(5) 指针类型 gpointer。该类型对应于标准 C 的 void *，但在使用上却比 void * 更加方便。

3.4.2 glib 中的宏

下面列出的是在 glib 中定义，在 C 程序中经常用的宏：

```
#include <glib.h>
TRUE            MAX(a, b)
FALSE           MIN(a, b)
NULL            ABS ( x )
                CLAMP(x, low, high)
```

这里，TRUE/FALSE/NULL 就是值 1/0/((void *)0)；MIN( )/MAX( )返回的是最小或最大的参数；ABS( )返回绝对值；CLAMP(x,low,high)表示若 X 在[low,high]范围内，则等于 X；如果 X 小于 low，则返回 low；如果 X 大于 high，则返回 high。

3.4.3 内存管理函数

glib 用自己的 g_变体函数包装了系统的基本函数 malloc( )和 free( )，从而形成了 g_malloc( )和 g_free( )。这些函数有以下几个优点：

(1) g_malloc( )总是返回 gpointer，而不是 char *，所以不必转换返回值。

(2) 如果低层的 malloc( )失败，则 g_malloc( )将退出程序，所以不必检查返回值是否是 NULL。

(3) g_malloc( ) 对于分配 0 字节返回 NULL。

(4) g_free( )忽略任何传递给它的 NULL 指针。

glib 内存分配函数列表如下：

```
#include <glib.h>
gpointer g_malloc(gulong size)
void g_free(gpointer mem)
gpointer g_realloc(gpointer mem,gulong size)
gpointer g_memdup(gconstpointer mem,guint bytesize)
```

这里需要提请注意的是，编程中使用内存分配函数时要注意相互匹配的问题，通常，g_free( )与 g_malloc( )匹配、malloc( )与 free( )匹配，而 C++中的 new 与 delete 匹配。如果将这些函数交叉使用，则会使程序产生一些无法估量的错误，因为这些内存分配函数所使用的不是同一个内存池，混合使用时会产生混乱。

另外，函数 g_realloc( )和 realloc( )是等价的，而另一个 g_malloc0( )函数可以提供一种方便的操作，即可将分配内存的每一位都设置为 0 值。函数 g_memdup( )返回一个从 mem 开始的字节数为 bytesize 的副本。为了与 g_malloc( )一致，g_realloc( )和 g_malloc(0)都可以分配 0 字节内存。g_memdup( )在分配的原始内存中填充未设置的位，而不是设置为数值 0。

最后给出一些指定类型的内存分配宏，这些宏中的每一个 type 参数都是数据类型名，其中的参数 count 表示分配字节数：

```
#include <glib.h>
g_new(type, count)
g_new0(type, count)
g_renew(type, mem, count)
```

使用这些宏可以节省大量的输入时间和对数据类型的操作时间，同时还可以有效地避免错误的发生，因为这些宏可以自动实现目标指针类型的转换，也就是说，当试图将所分配的内存赋予一个错误的指针时，编译器会给出一个错误警告。

3.4.4 字符串处理函数

在 glib 中提供了丰富的字符串处理函数，这些函数有些与标准 C 的函数相对应，有些是 glib 中特有的。这里先说明 gchar *，当有需要比 gchar * 更完善的字符串处理时，glib 还提供了一个 GString 类型，这将在后面给出相关说明。字符串操作函数列表如下：

```
#include <glib.h>
gint g_snprintf(gchar * buf,gulong n,const gchar * format,... )
gint g_strcasecmp(const gchar * s1,const gchar * s2)
gint g_strncasecmp(const gchar * s1,const gchar * s2,guint n)
```

这些函数列表中给出了 ANSI C 函数在 glib 中的替换函数，在 ANSI C 中这些函数作为扩展函数都已被实现，但是它们是不可移植的；而对于标准的 C 库函数，sprintf( )函数存在安全漏洞，使用时会造成程序崩溃。针对含有 snprintf( )的平台（snprintf( )函数是相对安全的，它是按照扩展版本提供的一个函数）g_snprintf( )封装了一个本地的 snprintf( )，该函数比原有函数的实现更加稳定，也更加安全。在过去的 snprintf( )中不保证它所填充的缓冲是以 NULL 结束的，但在 g_snprintf( )中可以保证这一点。g_snprintf 函数在 buf 参数中生成一个最大长度为 n 的字符串。其中 format 是格式字符串，“...”是要插入的参数。

关于修改字符串函数的列表如下：

```
#include <glib.h>
void g_strdown(gchar * string)
void g_strup(gchar * string)
void g_strreverse(gchar * string)
gchar * g_strchug(gchar * string)
gchar * g_strchomp(gchar * string)
gchar * g_strstrip(gchar * string)
```

这些函数列表给出了对原字符串进行适当修改的字符串操作，第 1 个函数是将字符串转换为小写，第 2 个是将字符串转换为大写，g_strreverse( )函数可以将原字符串作颠倒排序，g_strchug( )是去掉原字符串中的前空格，g_strchomp( )是去掉原字符串中的后空格。最后一个宏 g_strstrip( )，是集成以上两个函数的功能，实现删除字符串中的前后空格。

字符串转换函数列表如下：

```
#include <glib.h>
gdouble g_strtod(const gchar * nptr,gchar ** endptr)
gchar * g_strerror(gint errnum)
gchar * g_strsignal(gint signum)
```

字符串转换函数列表中给出的函数功能是：g_strtod( )类似于原标准函数中的 strtod( )，它完成将字符串 nptr 转换为 gdouble 型，其中 * endptr 设置成第 1 个未转换的字符，可以是数字后的任何文本。如果转换失败，则 * endptr 将指向 nptr，* endptr 可以是空 NULL，这时函数会忽略该参数。g_strerror( ) 和 g_strsignal( )与 strerror( )，strsignal( )的功能相同，返回错误号或警告号数的字符串描述，但有一点不同，即这两个函数是可移植的。

分配字符串函数列表如下：

```
#include <glib.h>
gchar * g_strdup(const gchar * str)
gchar * g_strndup(const gchar * format,guint n)
gchar * g_strdup_printf(const gchar * format,... )
gchar * g_strdup_vprintf(const gchar * format,va_list args)
gchar * g_strescape(gchar * string)
gchar * g_strnfill(guint length,gchar fill_char)
```

这里,g_strdup( )和 g_strndup( )返回一个已分配内存的字符串或字符串前 n 个字符的副本。为了与 glib 内存分配函数一致,如果向函数中传递一个 NULL 指针,则它们将返回 NULL。

这里,printf( )返回带格式的字符串输出。g_strescape 在其参数前通过插入另一个"\",将后面的字符转义,返回被转义的字符串。g_strnfill( )根据 length 参数返回填充 fill_char 字符的字符串。这里,函数 g_strdup_printf( ) 特别值得注意,它是处理下面代码更简单的方法:

```
gchar * str = g_malloc(256);
g_snprintf(str, 256, " %d printf - style %s", 1, "format");
```

使用下面的代码,不需计算缓冲区的大小:

```
gchar * str = g_strdup_printf(" %d printf - style % ", 1, "format") ;
```

连接字符串的函数列表如下:

```
#include <glib.h>
gchar * g_strconcat(const gchar * string1,... )
gchar * g_strjoin(const gchar * separator,... )
```

这里,g_strconcat( ) 返回由连接每个参数字符串生成的新字符串,规定最后一个参数必须是 NULL,这样才能使 g_strconcat( )知道何时结束。g_strjoin( )与它的功能类似,但在每个字符串之间插入由 separator 指定的分隔符。如果 separator 是 NULL,则不插入分隔符。

在下面给出的函数列表中包含了几个处理以 NULL 结束的字符串数组的例子。g_strsplit( )在每个分隔符处分割字符串,返回一个新分配的字符串数组。g_strjoinv( )用可选的分隔符连接字符串数组,返回一个已分配好的字符串。g_strfreev( )释放数组中每个字符串,然后释放数组本身。处理以 NULL 结尾的字符串向量函数列表如下:

```
#include <glib.h>
gchar ** g_strsplit(const gchar * string,const gchar * delimiter,gint max_tokens)
gchar * g_strjoinv(const gchar * separator,gchar ** str_array)
void g_strfreev(gchar ** str_array)
```

3.4.5 glib 可支持的数据结构

在 glib 库中实现了多个通用数据结构,比如单向链表、双向链表、树和哈希表等。下面分别说明这些数据结构。

1. 链表

glib 提供了普通的单向链表和双向链表,分别是 GSList 和 GList。下面给出创建链表和添加一个元素的代码:

```
GSList * list = NULL;
gchar * element = g_strdup("a string");
```

```
list = g_slist_append(list, element);
```

可以用下面的代码删除以上添加的元素并清空链表：

```
list = g_slist_remove(list, element);
```

为了清除整个链表，可以使用 g_slist_free( )，它可以完成快速删除所有的链接的操作；而 g_slist_free( )只释放链表的单元，它并不知道如何操作链表中的内容。为了遍历整个链表，可以进行如下操作：

```
GSList * tmp = list;
while (tmp != NULL)
{
   printf("List data: %p\n", tmp->data);
   tmp = g_slist_next(tmp);
}
```

改变链表内容的函数列表如下：

```
#include <glib.h>
/* 向链表最后追加数据,应将修改过的链表赋给链表指针 */
GSList * g_slist_append(GSList * list,gpointer data)
/* 向链表最前面添加数据,应将修改过的链表赋给链表指针 */
GSList * g_slist_prepend(GSList * list,gpointer data)
/* 在链表的 position 位置向链表插入数据,应将修改过的链表赋给链表指针 */
GSList * g_slist_insert(GSList * list,gpointer data,gint position)
/* 删除链表中的 data 元素,应将修改过的链表赋给链表指针 */
GSList * g_slist_remove(GSList * list,gpointer data)
```

当只是需要访问链表中的元素时，可以使用下面函数列表中给出的函数。这些函数都不会改变链表的结构。而其中的 g_slist_foreach( )对链表的每一项调用 Gfunc 函数。

访问链表中数据的函数列表如下：

```
#include <glib.h>
GSList * g_slist_find(GSList * list,gpointer data)
GSList * g_slist_nth(GSList * list,guint n)
gpointer g_slist_nth_data(GSList * list,guint n)
GSList * g_slist_last(GSList * list)
gint g_slist_index(GSList * list,gpointer data)
void g_slist_foreach(GSList * list,GFunc func,gpointer user_data)
```

另外，还有一些可以方便操纵链表的函数，在下面的函数列表中给出。这里，除了 g_slist_copy( )函数以外，其他函数都会影响相应的链表。也就是说，必须将返回值赋给链表或某个变量，就像向链表中添加和删除元素时所做的那样。而 g_slist_copy( )返回一个新分配的链表，所以能够继续使用两个链表，使用完毕后必须将两个链表都释放出来。操纵链表的函数列表如下：

```
#include <glib.h>
/* 返回链表的长度 */
guint g_slist_length(GSList * list)
/* 将 list1 和 list2 两个链表连接成一个新链表 */
```

```
GSList * g_slist_concat(GSList * list1,GSList * list2)
/ * 将链表的元素颠倒次序 * /
GSList * g_slist_reverse(GSList * list)
/ * 返回链表 list 的一个副本 * /
GSList * g_slist_copy(GSList * list)
```

另外，还有一些用于对链表进行排序的函数。链表排序函数列表如下：

```
#include <glib.h>
GSList * g_slist_insert_sorted(GSList * list,gpointer data,GCompareFunc func)
GSList * g_slist_sort(GSList * list,GCompareFunc func)
GSList * g_slist_find_custom(GSList * list,gpointer data,GCompareFunc func)
```

要使用这些函数，必须写一个比较函数 GcompareFunc，就像标准 C 中的 qsort( )函数一样。在 glib 中，比较函数如下：

```
typedef gint ( * GcompareFunc) (gconstpointer a, gconstpointer b);
```

上述函数表示，如果 $a<b$，则函数应返回一个负值；如果 $a>b$，则返回一个正值；如果 $a=b$，则返回 0。一旦有了比较函数，就可以将一个元素插入到一个已经排好序的链表中，或者对整个链表排序。一般链表是按升序排序的。若使用 g_slist_find_custom( )函数，甚至能够循环使用 GcompareFunc 来发现链表元素。值得注意的是，在 glib 中，GcompareFunc 的使用是不一致的，有时 glib 需要一个等式判定式，而不是一个 qsort( )风格的函数。不过，在链表 API 中，它的用法是一致的。

这里要注意的是，不要随意对链表进行排序，因为滥用它们会使系统效率降低。例如，g_slist_insert_sorted( )函数将数据插入到链表，同时进行排序，它是一个 $O(n)$复杂度的操作。如果在一个循环中插入多个元素，则每次插入都会进行一次排序，循环运行的时间就是指数级的。较好的方法是先将元素前插，然后调用 g_slist_sort( )函数对链表进行排序。

2. 树

树是一种数据结构，在 glib 中有两种不同的树，它们是 GTree 和 GNode。GTree 是基本的平衡二叉树，它将存储按键值排序成对键值；GNode 是存储任意树的数据结构，比如分析树或分类树。

3. 哈希表(GHashTable)

该数据结构是一个简单的哈希表实现，提供一个带连续时间查寻的关联数组。要使用哈希表，就必须提供一个 GhashFunc 函数，当向其传递一个哈希值时，则返回正整数：

```
typedef guint ( * GHashFunc) (gconstpointer key);
```

除了 GhashFunc，还需要一个 GcompareFunc 比较函数用于测试关键字是否相等。不过，虽然 GCompareFunc 函数原型是一样的，但它在 GHashTable 中的用法和在 GSList，Gtree 中的用法不一样。在 GHashTable 中，可以将 GcompareFunc 看作是等式操作符，如果参数是相等的，则返回 TRUE。

对于 glib 中的数据结构，我们就简单介绍这些，这里省略了一些具体内容，比如关于树和哈希表结构的具体描述，因此使用时，具体内容还需参见 Linux 中的 glib 说明文档。

3.4.6 GString

前面给出了 glib 中 gchar * 的字符串处理函数。除了给出的这些字符串处理以外，glib 还定义了一种新的数据类型 GString，它类似于标准 C 中的字符串类型，但 GString 能够实现自动增长。其字符串数据是以 NULL 结尾的，GString 的特性是可以防止程序中的缓冲溢出，这是一种非常重要的特性。GString 的定义如下：

```
struct GString
{
     gchar * str;      /* 指向一个以\0 为结束符的字符串 str */
     gint len;         /* 当前长度 */
};
```

可以用下面的函数创建新的 GString 变量：

```
GString * g_string_new( gchar * init );
```

这个函数创建一个 GString，将字符串值 init 复制到 GString 中，返回一个指向它的指针。如果 init 参数是 NULL，则创建一个空 GString。下面这个函数释放 string 所占据的内存，其中 free_segment 参数是一个布尔类型变量：

```
void g_string_free( GString * string,gint free_segment );
```

3.4.7 计时器函数

计时器函数可以实现对某种操作进行计时，也就是记录某项操作共用了多长时间。使用计时函数的第 1 步是用 g_timer_new( ) 函数创建一个计时器，然后使用 g_timer_start( ) 函数开始对操作进行计时，再使用 g_timer_stop( ) 函数停止对操作计时，用 g_timer_elapsed( ) 函数判定计时器的运行时间。glib 中包含的计时器操作函数如下：

- 创建一个新的计时器

```
GTimer * g_timer_new( void );
```

- 销毁一个计时器

```
void g_timer_destroy( GTimer * timer );
```

- 开始计时

```
void g_timer_start( GTimer * timer );
```

- 停止计时

```
void g_timer_stop( GTimer * timer );
```

- 计时重新置零

```
void g_timer_reset( GTimer * timer );
```

- 获取计时器流逝的时间

```
gdouble g_timer_elapsed( GTimer * timer,gulong * microseconds );
```

3.4.8　错误处理函数

在 glib 中还提供一些错误处理函数，它们的功能和函数使用方法描述如下：

(1) gchar * g_strerror(gint errnum);

该函数可以返回一条对应于给定错误代码的错误字符串信息。例如，当访问的进程不存在且需要看到 no such process 信息时，可以使用该函数完成输出。该函数的使用示例如下：

```
g_print("hello_world:open: % s: % s\n", filename, g_strerror(errno));
void g_error( gchar * format, ... );
```

这样可以完成打印一条错误信息的操作，格式与 printf 函数类似，它是按照错误变量 errno 的值给出系统内部定义的错误信息串，在信息前面会添加"** ERROR **:"字样，然后退出程序。这种方式通常用于出现致命错误的提示。

(2) void g_warning(gchar * format, ...);

该函数功能与上一个函数的功能相似，只是输出的是警告信息，将在信息前面添加"** WARNING **:"字样。由于输出的不是严重错误，因此该函数完成警告信息输出后并不退出应用程序。这个函数可以用于对不太严重的错误的提示。

(3) void g_message(gchar * format, ...);

该函数用于提示信息输出，并在输出字符串前面添加"message:"字样，主要在需要显示一条信息时使用。

(4) gchar * g_strsignal(gint signum);

该函数可以打印给定信号量的 Linux 系统信号的名称。该函数在通用信号处理函数中很有用。

在 glib 中还提供了一些其他实用函数，比如用于获取程序名称、当前目录、临时目录的函数。总体来说，glib 函数库的内容是比较丰富的，这里介绍的只是 glib 库中的一小部分内容，但这些内容在完成编程时已为人们提供很大的便利了。glib 中包含的内容可以解决各种复杂问题，若想了解其他内容，请参见 glib. h 文件中的说明，该文件中描述的绝大多数函数都是简明易懂的。另外，也可以查阅网络上的资料，网络上有关于 glib 的丰富资料和应用实例，这些会对人们在 Linux 系统编程方面有很大的帮助，但是阅读网络上的资料一定要注意去伪存真，去糟留精。

3.5　关于 UNIX 的系统调用

系统调用是 UNIX 系统为用户提供的一个重要系统接口，对于使用 UNIX 系统的人员来说，这是一个很重要的内容。本节专门用来介绍 UNIX 的系统调用。

UNIX 系统是一款功能完备的操作系统，在 UNIX 的核心层可以为用户提供多种类型的服务功能，而这些系统服务功能通常是以系统调用方式提供给用户的(Linux 系统在这一点上与 UNIX 完全一致)。编程中用户可以使用系统调用完成各种应用需求，实现对系统内核功能的使用和对各种系统资源的访问。

3.5.1 系统调用分类

UNIX 的系统调用功能很丰富，而且随着操作系统版本的更新，所提供的系统调用数量也在增加。比如在 UNIX 系统最初发布的版本中提供了大约 50 个系统调用，在 BSD-4.4 版本中提供了约 110 个系统调用，在 UNIX 的 SVR4 中提供了 120 多个系统调用，而在 Linux 系统中提供了更加丰富的系统调用，约 260 个之多，到了 FreeBSD UNIX 中提供的系统调用就更多了，大约有 320 个。一个系统中所包含的丰富系统调用，一方面体现了操作系统功能的增强，另一方面也体现出操作系统可以为用户提供更加方便的使用方法。

掌握系统调用的使用方法，才能胜任 UNIX 环境编程这项重要工作，它不但可以协助用户更好地解决实际问题，还可以使操作系统的性能在程序运行中得到极大的发挥。但是，由于系统调用内容比较多，要求用户完全掌握所有系统调用的使用是有难度的，对于系统调用的使用是一个长期训练的任务，初学者可以根据需要掌握一些最基本的内容，在不断的编程实践中增加这方面的知识和能力。另外，在本书的各章节中，会根据需要分别介绍一些常用的 UNIX 系统调用使用方法和实例，这些都是学习系统编程、掌握系统调用使用方法的入门知识。为了有利于读者的理解和掌握，这里将 UNIX 的系统调用进行以下分类，读者也可以根据自己的需要分别掌握：

(1) 输入/输出控制类。这类系统调用主要完成的功能是，实现各种程序中的数据输入/输出、完成在终端上输出的数据、完成与硬盘交互的数据输入/输出。通过内核控制模块完成这些功能，以保证数据传递中的正确性、有效性和安全性。

(2) 进程与线程管理类。进程与线程管理机制是一个系统中的并发管理核心，UNIX 系统内核提供进程/线程的创建、终止、同步、互斥等调度管理模块，这些模块可以被用户程序以系统调用的方式来使用。

(3) 内存及辅存管理类。操作系统内核提供用户程序对内存需要的分配、回收，以及内存与辅存间的交换与调度管理，用户程序可以对这些管理功能提出请求，实现用户层需要的存储管理功能。

(4) 设备控制类。这类系统调用对可连接计算机的各种外设，包括打印机、键盘、鼠标、数码照相机等进行管理，通过系统调用接口提供给用户一个比较统一的调用方式。

(5) 时钟管理类。在程序执行中若需要各种定时信息，通过系统调用可以为用户程序提供定时器服务的功能。

(6) 本地进程通信管理类。用户使用这类系统调用可以实现本地进程间的信息交互，从而保证多道进程的正确执行。

(7) 网络进程通信管理类。网络中的计算机系统有着大量的信息交互需求，实现网络间的通信是进程通信中的一个特例，UNIX 系统内核可以提供网络间的信息交互功能，这就是套接字通信技术，用户程序可以通过套接字编程完成网络间的进程通信需求。

3.5.2　系统调用与库函数的关系

UNIX 为用户提供了多种系统调用，这些系统调用为用户使用操作系统提供了方便的接口，而在编程时还需库函数提供的支持。系统调用与库函数有什么不同？在编程中应该如何选择并使用它们？

对于一般用户来讲，对库函数可能比对系统调用更加熟悉。在有些操作系统的使用手册中还会将系统调用和库函数一并介绍，使人们更加混淆了这两者之间的区别。那么高级语言中的库函数和操作系统中的系统调用有何差异？是否需要分别理解？这种疑惑不仅初学者会提出，许多使用 UNIX 多年的用户都会有这样的疑问。如何解答这种疑问可能不会有一个标准的答案，但我们的看法是：从使用者角度看，系统调用和库函数几乎没有本质差别，因为它们在使用方法上很相似，存在的差异只是在需要的参数上有一些不同。这也是为什么在一些 UNIX 的应用教材或技术资料中会将它们混为一谈的原因所在。但是，从系统设计者的角度来看，系统调用和库函数却截然不同，虽然它们的使用方式相似，但它们的实现方法和实现层面是不同的。严格地讲，它们属于两个层面上的实现技术，两者间的差异主要体现在以下几个方面：

(1) 系统调用是操作系统层面为用户提供的一类服务，而库函数是在高级语言中提供的一类服务；

(2) 在一些库函数中会需要系统调用为其提供服务，但在系统调用中不会包含库函数的内容；

(3) 系统调用通常提供最基本的功能，而库函数可以在系统调用的基础上，为用户提供更为复杂、更加方便的操作功能。

UNIX 系统中的 C 库函数和系统调用之间的关系如图 3.17 所示，从图中我们可以看出，系统调用处于内核空间，而 C 库函数是用户进程中的内容。在程序设计中，用户程序可以调用 C 库中的函数，但当 C 库函数执行时会需要再调用到系统的调用来完成相应的操作。用户程序也可以直接通过调用系统的调用来完成各种操作，为了便于使用，UNIX 系统中的绝大多数系统调用都在标准 C 库中设置了同类名字的函数，因此用户可以根据自己的习惯通过两种方式请求到系统服务(系统调用和库函数)。需要注意的是，在有些情况下，可以替换 C 库函数，改用其他方式来完成库函数所完成的功能(比如用自己设计的一个专用函数)，但通常我们却无法替换系统调用，因为它们是操作系统为用户提供的基本功能，离开了它们，我们的编程工作会变得非常麻烦。

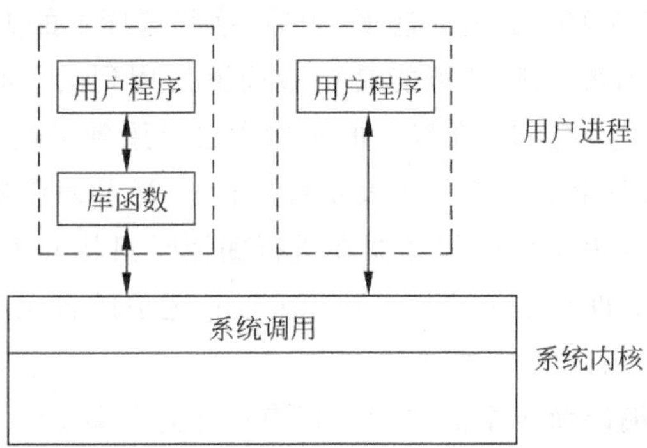

图 3.17　库函数与系统调用的关系

3.6 C程序的编译与调试

在PC的Linux环境中，如果要编译一个C的源程序，通常需要使用GNU的gcc编译器。下面以一个实例来说明如何使用gcc编译器，以及如何完成有关的编译与调试工作。

3.6.1 C程序的编译

假设编写了下面这段简单的C程序，程序的文件名是hello.c。在该程序中只包含简单的一个输出语句：

```
int main(int argc,char * argv)
{
printf("Hello Linux ");
}
```

现在对该程序进行编译，编译时在Linux的终端的命令行输入以下命令即可完成对该程序的编译：

```
$ gcc  -o  hello  hello.c
```

此时，gcc编译器会生成一个名为hello的可执行程序，在命令行输入以下命令可执行该程序：

```
$  ./hello
```

虽然这是一个简单的C程序编译过程，但在使用中却具有一定的普遍意义。该命令中所包含的编译操作参数含义如下：

- "gcc"，表示本次编译是使用gcc编译器来编译源程序的。
- "-o"选项，表示要求编译器输出的可执行文件名是紧跟其后的hello。
- 命令中的"hello.c"，是将要进行编译的源程序文件。

由此得出gcc编译器的基本使用各式如下：

```
gcc [options] [filenames]
```

其中，options中包含了多达100个编译选项，当然，这些选项中的大多数作为一般用户来说可能永远也用不上，但是有些选项又可能是要被频繁使用到的，而最常用的也就3～4项。比如需要知道常用的"-o"选项含义，在以上的举例中已经用到了这个选项，其含义是指出要求编译器输出的可执行文件名；"-c"选项表示编译时只要求编译器输出目标代码，而不必输出可执行文件；"-s"选项表示告诉编译器在进行编译时只将C程序转换成汇编语言就可以了，其生成的汇编语言文件扩展名是".s"格式；"-g"选项的含义是，在编译器进行编译的同时生成以后对程序进行调试的信息等。

在进行程序编译时，编译命令中的选项可以有助于进行复杂编译的任务。一般地，如果了解了这些编译命令的选项，就可以试着编译自己所编写的简单源程序。如果想要了解更多的编译命令行选项，可以通过查阅 gcc 的帮助文档获得更多的相关知识。

3.6.2 C程序的调试

经验表明，无论编写多么简单的一个程序都不太可能会一次成功，因此，对于所编写的程序就需要进行调试，在调试过程中找出各种语法错误或逻辑设计错误。

在 C 程序的调试中需要用到一些调试软件，比如在 Linux 中就包含了一个叫 gdb 的 GNU 调试程序，它可以用来调试 C 和 C++程序。使用 gdb，能够在程序运行时观察程序的内部结构和内存的使用情况，从而找到程序中存在的错误。gdb 中提供的主要功能包括：

- 使程序员能够监视程序中设置变量的值在程序执行中的变化情况。
- 可以设置断点以使程序在指定的代码行上停止执行，以观察执行效果。
- 可以设置程序单行的执行操作，以观察每一步的执行效果。

在 Linux 终端的命令行上输入 gdb 并按 Enter 键就可以开始运行 gdb 了，如果一切正常，则 gdb 将被启动并且可在屏幕上看到以下类似的显示内容：

```
GDB is free software and you are welcome to distribute copies of it
under certain conditions; type “show copying”to see the conditions.
There is absolutely no warranty for GDB; type “show warranty” for details.
GDB 4.14 (i486 - slakware - linux), Copyright 1995 Free Software Foundation, Inc.
(gdb)
```

当启动 gdb 后，可以在命令行上指定很多的选项。也可以用下面的方式来运行 gdb：

```
gdb  fname
```

当采用这种方式运行 gdb 时，可以直接指定想要调试的程序，告诉 gdb 运行时装入名为 fname 的可执行文件。另外，还可以用 gdb 去检查一个因程序异常终止而产生的 core 文件，或者指定 gdb 与一个正在运行的程序相连，具体操作可参照 gdb 指南或在命令行上输入 gdb -h 来得到一个有关这些选项使用的说明列表。

为了使 gdb 能够正常工作，在进行程序编译时必须保证程序中包含调试信息，调试信息主要是指包含源程序中的每个变量类型和在可执行文件里的地址映射以及源代码的行号等信息。gdb 可以利用这些信息使源代码和机器码相关联，以达到程序的可调试效果。要使程序被编译后包含调试信息，只需在编译时用 -g 选项打开调试信息选项即可。

在 gdb 中还含有一些其他命令，这些命令可以帮助人们在调试程序时完成各种操作。表 3.4 列出了使用 gdb 调试时经常会用到的一些命令，当然，这也只是其中的一部分，要想了解更多的 gdb 命令，还需要查阅 gdb 的使用手册。

除了丰富的命令以外，gdb 还可以支持很多与 UNIX 中 shell 程序一样的命令编辑功能，比如可以像在 bash 或 tcsh 里那样按住 Tab 键让 gdb 帮助补齐一个命令，如果查询到的命令不唯一，则 gdb 会列出所有匹配的命令供选择；还可以使用光标键上下翻动当前使用过的历史命令。这些都会使使用者在使用 gdb 时感到方便和亲切。

表 3.4 gdb 常用调试命令列表

命 令 名	命令功能描述
file	装入想要调试的可执行文件
kill	终止正在调试的程序
list	执行一行源代码但不进入函数内部
next	执行下一行源代码但不进入函数内部
step	执行一行源代码而且进入函数内部
run	执行当前被调试的程序
quit	终止 gdb
watch	能够监视一个变量的值,无论它何时被改变
break	在代码里设置断点,使程序执行到这里时被挂起
make	在能够不退出 gdb 的情况下可以重新产生可执行文件
shell	在不离开 gdb 的情况下可以执行 UNIX 的 shell 命令

除了 gdb 以外,Linux 中还包含另一个调试软件 xxgdb,它是 gdb 的一个基于 X-Window 系统的图形界面调试软件。在 xxgdb 中包含了命令行版本 gdb 上的所有特性,另外还允许用户通过按钮来执行常用的命令,可以将程序中已经设置了断点的地方用图形方式显示出来,增加了调试工作的可视性。用户可以在一个 Xterm 窗口里输入 xxgdb 命令来运行 xxgdb,用户可以用 gdb 里的任何有效命令行选项来初始化 xxgdb,同时在 xxgdb 中还包含一些特殊的命令行选项。这里我们不对 xxgdb 的具体使用作详细阐述,感兴趣的读者可查阅 xxgdb 的使用手册来了解有关内容。

3.7 本章小结

本章主要阐述了以 Linux 系统为实验环境的有关实用知识,这些知识可以辅助读者更好地学习操作系统理论和概念,是进行操作系统课程实验的基本技能和技术。

本章首先介绍了 Linux 系统的安装步骤以及网络环境配置方法,这些是构建实验环境的第 1 步。由于 Linux 是当今 PC 上的流行操作系统,而且由于其开源性,因此可以使我们很好地了解系统的内部实现技术。为了便于读者掌握 Linux 的使用,随后介绍了 Linux 环境的基本使用方法和常用 UNIX 命令。这些内容可以帮助用户快速掌握 Linux 的应用特点和使用技巧。Linux 中的 vi 编辑器是编程中必须掌握的一门技术,本章对 vi 的基本使用方法作了说明。除此以外,还介绍了库函数及系统调用的基本知识,说明了 C 程序的编译及调试技术。

虽然本章中所介绍的这些内容严格地讲不属于操作系统知识范畴,但是掌握它们却是非常有利于操作系统知识学习的,因为掌握这些实用技术之后,就可以构建自己的实验环境,开始熟悉 Linux 操作系统环境,并可以进行一些必要的命令练习和程序设计工作。在以后的章节中,我们将会给出各相关内容的实验例子,读者可以在自己搭建的实验环境中对这些例子和程序进行验证和调试,通过这些实验过程可以加深大家对操作系统概念的理解和认识。

练 习 3

1. 在 UNIX 系统中，系统调用与高级语言中的库函数之间存在着怎样的区别与联系？

2. 如何在完成编译 C 程序时，指定生成一个自定义文件名的可执行程序？

3. 在 UNIX 环境中，用户程序可以通过何种方式，访问到操作系统提供的内部功能？

4. 在 Linux 系统下如何查阅到用户的当前工作目录？

5. 如何在 Linux 环境中创建一个新文件？如何删除一个已有文件？

6. 在 vi 编辑器中有几种工作模式，在这些工作模式下主要完成哪些工作？

7. 使用 vi 编辑器编写一个可以输出“Hello World”字符串的 C 程序，并对其进行编译链接，生成可执行程序。说明完成这项任务需要哪些主要的操作步骤。

8. 利用 glib 库函数完成一个具有实际应用价值的 C 程序，并对其进行编译和调试运行。

9. 利用系统调用完成一个具有实际应用价值的 C 程序，并对其进行编译和调试运行。

CHAPTER 4

第4章

并行管理单元——进程

本章要点

本章主要描述在单处理器系统中如何构建计算机并行处理机制，以及在并行机制下如何对多道程序的运行进行管理和控制。在本章中引入了进程概念和并发管理技术，实际上，操作系统利用处理器的快速处理能力与人的接收速度之间存在的较大差异，为用户构建了多道并行的工作环境，实现了多项任务同时完成的效果。读者在学习本章时，应注意理解操作系统在内部管理模式中是如何控制并发请求的，以及如何让单处理器在并发管理的基础上为用户程序提供并发服务。还应该注意理解的是，在用户设计程序时应如何利用系统的基本并发机制，提高程序的执行性能和可靠性的设计技术。

4.1 进程的概念

如今，人们在使用计算机时，会同时向计算机提出多项请求，例如，在打开编辑工具编写代码的同时还会打开播放器听一段喜欢的乐曲；或是同时打开多个浏览器查阅关心的信息或新闻。只要提出请求的数量不是太多，计算机都会按要求完成每项工作，在速度上也不会显现出过分的延迟。那么，计算机是如何做到同时完成这些任务的？尤其是对于单处理器系统来说，它在同时完成多项任务时为何会表现得非常连贯？系统具备的这种性能在程序设计中应该如何利用？

通常，要想让计算机帮助人们完成某项工作，最常用的方法就是编写程序。用户可以用高级语言，也可以用汇编语言编写程序，但这些程序在提交给计算机运行时都应已经转换成机器可识别的指令代码了。用户在编写程序时描述的是需要完成特定任务的指令执行顺序和运行规则，处理器在执行代码时只要按照程序中规定的步骤走下去，就可以完成用户所安排的任务。

对于一个只处理单道程序的系统而言，用户程序的执行很容易理解，因为这时是按照用户程序安排的指令顺序执行下去的。但是，若系统中需要同时处理多项任务，则程序显然就不能够按照原来的顺序执行下去了，因为若让一个程序执行到结束再让另一个程序运行，人们会感到某个程序的速度与我们可接受的速度不相匹配。

现代操作系统都可以支持多道程序的并发执行，因此操作系统在管理多个任务的同时执行时，并不是按照程序来控制的，而是用一种特定的并发控制单元“进程”或“线程”来完成控制。所以，在并发管理系统中建立进程的概念是十分必要的。

当今的计算机系统可以是由单处理器或多处理器构成的，操作系统在控制这两种结构实现并发处理时存在着差异。为了能够清楚地阐述概念，这里将重点放在单处理器系统中的多任务执行问题的理解上，在理解了单处理器系统执行原理后，再学习关于多处理器体系结构中的并发管理概念。

4.1.1 多道程序的执行环境

计算机在执行程序时，是严格按照程序中指定的指令顺序进行的。当一条指令执行完成后就去查阅 PC 寄存器中的内容，并按照其中给定的顺序逐句完成操作，因此，指令执行顺序描述如下：

```
Repeat  IR←M[PC]
      PC←PC + 1
     <执行 IR 中指令>
Until   CPU halt
```

这段伪指令描述的含义是：将 PC 寄存器所指的内存地址中的内容传递给该指令寄存器 IR，PC 寄存器内容加 1 后送给 PC 寄存器，处理器执行 IR 寄存器中的指令，然后循环到下一条指令执行过程，继续执行。

按照以上描述的执行方式，如果机器内存中保存的是单道程序，那么这个执行过程是很容易理解的，因为除了这个正在执行的程序以外没有其他程序可以运行了。因此，这种环境的程序执行是具有顺序性、封闭性和可再现性的。这里所说的程序执行的顺序性，是指指令执行是按程序安排的顺序严格运行的，不会被打断或产生跳跃的现象。所谓程序执行的封闭性，是指程序的执行结果只与本次给定的初始条件有关，而不应受到外界因素的影响，比如一段程序在 32 位处理器上运行和在 64 位处理器上运行，只要输入的参数相同都应该得到同样的结果，而不应受外界运行环境的影响。而程序执行的可再现性，是指在程序执行过程中，在输入参数不变的条件下，无论什么时候运行以及它的执行速度如何，都会产生同样的结果或状态。

在程序执行过程中，是否能够满足这 3 个特性显然是非常重要的，因为如果程序执行不满足这些特性，则将无法考证程序编写是否正确，无法指挥计算机完成人们所要完成的工作。但是，当程序的运行环境从单道变成多道时，情况会变得比较复杂，这时机器内部将保存多个程序，而且这些程序是允许并发执行的，在执行过程中，它们将共用一些存储单元和寄存器，这时上面所说的程序执行特性还能够保证吗？多个并发程序在执行过程中将如何使用处理器？多个程序的运行会出现意想不到的混乱吗？对于这些问题显然不能用简单的方式来回答。为了弄清这些问题，先来看看多道程序的执行环境与单道环境究竟有什么不同。

在多道环境中，系统需要提供多道程序执行控制线，多道程序执行需要保证做到以下几点：

(1) 多道程序要保证各自独立运行，不受其他程序的影响。

(2) 并发中的程序应允许其程序及数据可以被随机调入，并被引用或执行。

(3) 在多道程序执行过程中系统资源可被分配和共享。

如图 4.1 所示，在多道环境下程序执行一般采用分时、分段的方式完成，比如程序 PA，PB，PC 在整个执行时间中分段完成。按照这种运行方式，一个程序的正常执行显然会被打断。那么，为了保证每个程序在被打断后仍能正确执行，就需要建立程序执行的监测记录，当程序执行被中断时作现场保护，当程序又被重新启动执行时，应能在中断点继续执行下去。

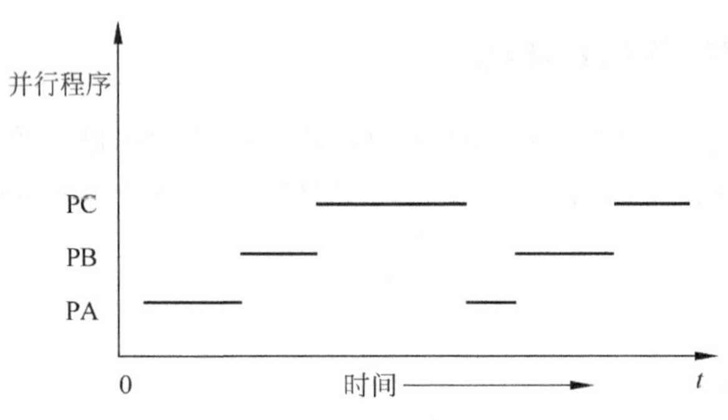

图 4.1　多个并发程序执行方式

多道程序环境中对程序的执行情况进行记录，其中有一条重要信息就是程序执行计数，该计数记载的是每个程序的执行位置，当程序被中断而后再被调度执行时，要通过读取该计数的值来使程序执行恢复到原来的执行位置。在管理时，由于程序执行计数的构造方式可以不同，因而不同的计数方式就形成了不同的程序动态管理方式，也就形成了不同的进程执行模型，如图 4.2 所示。

图 4.2 描述了通常会采用的两种计数方式，即单程序计数器法和多程序计数器法。单程序计数器法是指在多道程序执行过程中设立单个程序计数器，用该计数器实现对多个程序执行情况的记载。如图 4.2(a)所示，在这种模型下，当程序执行中发生程序切换时就需要保存计数器的内容，系统通过保存计数器、切换程序的方式实现了多道程序的并发。另一种方式是如图 4.2(b)所描述的情况，采用多程序计数器记录程序执行情况，在这种模型下，通过多个计数器实现对多个程序的执行情况监测，因此，在程序执行过程中，若发生程序切换，则程序计数器的内容无须作转储。

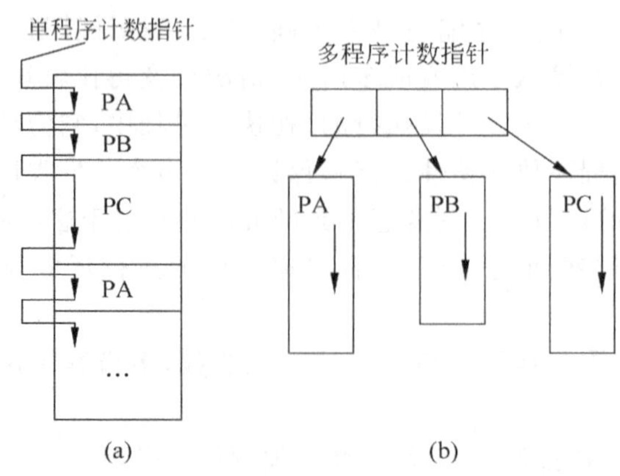

图 4.2　多道程序中的程序计数器方式

无论采用哪种方式记录程序的执行,单处理器中的多道程序执行环境中都包含一组逻辑上相互独立的程序或程序段,执行时,在宏观上看,它们的执行时间是重叠的;而在微观上看,其执行步骤是串行的。比如针对图 4.1 所给出的情况,在时间 $0 \sim t$ 之间 3 个程序是在并发执行的,但在时间轴的每个时间取值上却只有一个程序在运行。

通过以上描述可以了解到在单处理器系统中构造多道程序执行环境,实际上就是让处理器在多道程序之间进行切换,利用处理器的高速处理能力解决多个程序的并行问题。这种多道程序并行工作方式,使每个程序在执行过程中无法一次性完成所有操作,这时操作系统就必须对程序进行控制,使其在指定的位置上停顿下来,然后让处理器转去执行其他程序;当下一轮该程序可以执行时,将从当前停止的位置继续执行下去。

多道程序的这种执行环境,给系统管理提出了一个要求,就是在控制程序执行过程中不能再以程序为单元进行管理控制,因为用程序已经无法表述并发执行的单元和资源分配的过程,所以提出了一个新的并发管理单元——进程。

4.1.2 进程的定义

根据 4.1.1 节对多道程序执行环境的描述,操作系统为了使程序在多道环境中不发生错误,需要对并发执行程序的中间过程进行控制,这个控制过程不再用程序来描述,而是采用进程进行管理。关于进程的定义,许多教科书中的提法不尽相同,但基本含义是相似的。这里给出一个比较准确的定义:**进程是一个具有一定独立功能的程序或程序段在一组数据集合上的一次动态执行过程**。注意,这里强调的是进程的动态性,它是可以被动态生成、动态消亡的。因此可以认为,进程是为控制程序的正确执行而建立的一种临时管理状态,是程序能够并发执行的一个基础管理单元。

引入进程概念后,就为多道程序并发执行奠定了基础,使多道程序可以在一个单处理器中运行。进程在执行中要使用处理器,要占用资源,于是提出了进程的管理理论。对进程的管理实际上就是程序执行过程中所对应的虚拟处理机、虚拟存储器和虚拟外设等资源的分配和回收管理过程。

从对进程管理的层面上看,引入进程概念后,还需要引入一系列的进程控制机制,进程控制机制是管理和控制系统并行处理的基础。显然,这些会给系统设计带来新的工作量,需要使用额外的空间和时间应对进程的各种处理问题,也必定会增加操作系统设计的复杂性和困难性。

可以说在操作系统理论中引入进程的概念,实际上就是引入了系统的并发机制。而有了并发机制就可以提高对计算机系统资源的利用率,由此可见进程的意义和作用是非常重要的。对于初学操作系统的人员来说,一开始就要重视对进程概念的理解和建立,只有这样才会为后面的学习打下坚实的基础。

4.1.3 进程的特性

引入进程概念后,系统对程序的管理和控制就转换成了对进程的管理与控制。本节讨论的重点问题就是进程的特性。

进程作为一个新的系统控制单元,存在着一些固有的特性,主要表现在以下几个方面:

(1) 进程具有动态性。进程在程序执行过程中是动态产生、动态消亡的,它的动态性表现在以下两个方面:

① 进程具有动态的地址空间。进程的地址空间无论从数量上还是从内容上都是动态的,因为进程中所包含的代码是随指令执行和CPU状态的改变而改变的;进程中使用到的数据是随变量的生成及变量的赋值而变化的。

② 进程的控制信息是动态变化的。当系统要对进程进行控制时,需要建立一个包含进程属性的数据结构,该结构就是进程控制块——PCB。而进程控制块是在系统调用进程时随机生成的,同时随着进程的结束,进程控制块也会被删除。

(2) 进程具有独立性。因为进程是为了实现程序的并发执行而设立的一种管理单元,为了保证程序在多道环境下能够被有效地执行,就要确保各进程地址空间是相互独立的,进程的执行过程是相互独立的,否则将无法隔离多道程序执行中的相互干扰。但是进程与进程之间也可以有关联,在系统中通常约定:进程可以采用进程间通信手段实现相互间的信息交互,否则,进程间不允许发生任何干扰。

(3) 进程间具有并发性和异步性。我们所建立的进程,通常是指在“虚拟”计算机上建立了一套可并发、可异步执行程序的机制,所以进程与程序相比,具备了并发和异步执行特征。

(4) 进程具有结构化特征。为了便于进程的描述和管理,进程通常被划分为不同的段,这些段代表了进程的各个部分,而进程的结构性是比较完善的。

4.1.4 进程描述

进程虽然是动态产生的,但由于系统要对进程实施控制与管理,就必须要建立进程的描述结构,进程的描述信息和进程实体构成了进程的总体结构。进程的描述包括:

(1) 进程控制块。进程控制块(process control block, PCB)是操作系统管理并发进程的主要数据结构之一,其中包括了进程的描述信息、控制信息、进程使用资源情况、处理器现场保护结构等。进程PCB的内容是进程动态特征的集中反映,在进程创建时首先要创建进程的PCB,操作系统是从进程PCB的信息中感知到进程存在的。

(2) 程序段。进程的程序部分包含的是该进程需要完成功能的程序代码。

(3) 数据结构集。数据结构集是进程执行时要访问的工作区和数据对象。

图4.3给出了进程描述的基本结构。如图所示,进程中的后两部分内容是进程完成特定任务的基本信息,它们与进程的具体执行步骤和进程要完成的功能有关;结构中的第1部分是进程的描述和控制信息,这些信息是动态的,会随着进程的运行发生变化。因此,在管理进程时,为了便于掌握进程的动态情况,通常将进程PCB作为进程的常驻内存信息,而后两部分内容在进程未被调度时存储在外部存储器中。

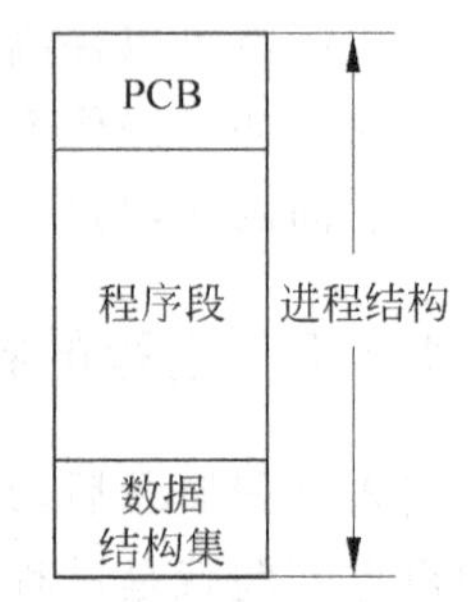

图4.3 进程结构示意图

在进程管理过程中,运行中的每个进程都有一个独立的运行环境,这个环境是进程赖以生存的基础。一个进程环境中应当包括进程运行的程序、进程工作时使用的数据、进程状态、进程执行中用于参数传递的栈、系统寄存器及一些进程控制和管理信息等内容。进程的环境有时也被称为进程上下文或进程映像,就像人类的生存环境一样,离开了这个基本环境,进程将无法正常执行。

4.1.5　进程与程序的区别

进程源自于程序，但又与程序不同，它有着自己鲜明的特征。通过分析进程和程序的实质，搞清楚它们之间的区别与联系，将有助于并发管理的基本概念。进程与程序的区别与联系归纳如下：

(1) 进程是动态的，而程序是静态的。程序是有序代码的集合，一旦被编写完成就可以永远不变地存在着，除非对程序进行修改；但进程是程序的执行过程，即使对于同一段程序来讲，由于执行环境的改变、执行参量的调整，都会产生不同的进程。因此，通常说，程序是静态的而进程是动态的。还有，由于进程的这种动态性，使进程不能在计算机之间作迁移(因为一旦移动就不是一个进程了)；而因为程序对应的是静态文件，它是可以在不同计算机之间进行复制和转移的。

(2) 进程是暂时的，而程序是永久的。因为进程是一个程序执行中状态变化的过程，它会随着系统的需要而生成，也会随着任务的完成而结束，永远无法保证进程长久不衰地存于系统中，但程序是可以被长久保存下来的。

(3) 进程与程序的组成结构不同。进程的组成包含有程序、数据和进程控制块，这些不仅记录了进程的执行内容，同时也包含了进程的执行状态信息。而程序是由算法策略、指令语句及执行数据构成，其中主要描述的是执行逻辑，并不包含程序执行中的过程问题。

(4) 进程与程序既有区别又有联系。因为通过多次执行，一个程序可以对应多个进程；通过不同的调用执行，一个进程中可包括多个程序段。

4.2　进程的生成与终止

进程在程序运行过程中是实际的执行实体，而写好的程序在什么时候会生成进程以及这些进程又在什么时候会消失？要了解这些，就需要了解进程的生成机制。

4.2.1　进程创建

在4.1节中建立了进程的概念，下面就需要考虑进程在系统中该如何被使用的问题。首先需要了解在什么时候需要生成进程，也就是说，进程的创建时机在哪里；然后再说明进程在系统中是如何被创建的。

1. 进程创建时机

根据进程的意义，进程创建的时机应该出现在以下任何一种情况之下：

(1) 当程序执行过程中需用分支语句完成一个子任务时。

(2) 当用户注册进入系统，需要系统为其提供服务时。

(3) 当系统需要创建一种程序提供公共服务时，比如需要一个控制打印操作或者需要一个控制网络连接的操作时。

(4) 一个已存在的进程指定派生一个新进程时。

在这些进程生成的时机中，有些是用户程序自行控制的，有些是系统内部管理机制控制的。总体来说，进程是在操作系统控制下，按照进程生成机制实现的进程创建和生成。

2. 进程创建

在用户程序中，当需要生成新进程时，可以用系统内部函数创建一个新进程，比如在UNIX中可以用系统调用fork( )来创建一个新进程。当然，在不同的操作系统中，进程的创建方式可能不同。通常新生成的进程与原进程之间存在着一种密切的关系，这种关系被称为进程的父子关系，系统中所有进程都有一个自己的父进程，每个进程都可以生成自己的多个子进程。如图4.4所示，其中$P1$进程生成了两个子进程$S1$,$S2$，而这两个子进程又生成了自己的子进程$F1$,$F2$,…,$F5$，这些进程之间存在着明确的父子关系，而图中的$P1$进程是图中所有其他进程的祖先进程。

在系统中生成新进程是为了完成不同的任务，而且有时会让多个进程共同完成一件大任务，这时进程之间就会有较多的联系，通常，操作系统会规定相关进程之间只可以用通信方式进行信息交互，达到协调工作的目的。另外，按照图4.4生成的具有父子关系的进程，在不同的操作系统中会允许不同的并行方式，有些系统规定父子进程有严格的继承关系，有些系统的父子关系并不明确，它们可以是平等的竞争实体。

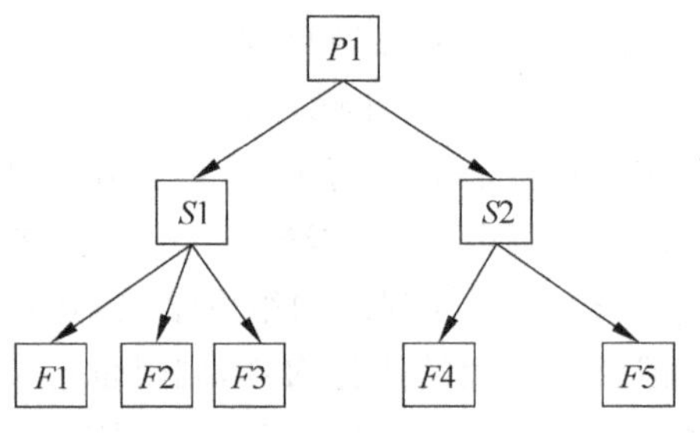

图4.4 父子进程创建关系

4.2.2 进程终止

创建的进程在完成了指定任务后应该立刻终止，这样会比较有效地回收系统资源，并进行再分配，从而提高系统资源的利用率。

1. 进程终止原因

通常在以下几种情况下，会出现进程终止现象

(1) 进程接收到一个停止指令。

(2) 当用户注销时，会有若干个进程终止。

(3) 当程序执行过程中退出了一个应用程序时(例如用户操作退出word处理)。

(4) 程序执行产生了错误或者出现了故障条件时。

在系统管理中，引起进程终止的原因还有很多，有些是需要系统加以判别处理的，有些是需要用户程序加以处理的。比如程序的正常完成、超出时间片、系统中已无可用内存、出现了保护性错误(例如试图对一个只读文件进行写)、算术错误、等待超时(进程等待时间超出指定的时间)、I/O失败、父进程请求子进程终止等等，这些都是不同的进程终止点。

2. 进程终止处理

进程终止通常也是通过系统内部提供的函数完成的。比如在UNIX系统中，可以用系统调用exit终止一个正在运行的进程，还可以通过输入一个热键Ctrl+C来终止一个进程。进程终止后，一般需要进行后续处理，比如完成进程占用回收资源、进程执行结果传递等等。另外，根据进程终止原因的不同，系统需要对终止进程和后续操作作不同的处理，比如进程

运行结束后的终止,就需要回收占用资源,传递执行结果;对于超出时间片的进程终止,就需要剥夺处理器资源,同时保护运行现场,等待下次调度时进程再执行;对出现运算错误的进程终止,就需要回收资源,同时记录错误类型,并向用户进行反馈等等。

4.3 进程的状态

在基于进程管理的多道并行处理环境中,操作系统是通过对进程的控制和管理实现程序的并行调度的。另外,由于进程是动态执行的实体,对进程控制主要是通过改变进程状态来完成的。为了描述进程状态管理,首先来观察进程执行中的实际状况,然后给出进程的各种状态模型。

4.3.1 进程实际执行情况

首先从程序的执行来了解进程的执行状况:

(1) 在一个可执行程序中,包含由一系列指令构成的执行步骤;当程序被调度执行时就形成了当前的进程,进程在执行时通过执行有关指令,完成了程序中的一部分或全部的任务。

(2) 在多道并行处理环境中,每一时刻系统中会有若干个这样的进程交替执行着。

针对某个独立的进程,观察它的执行可发现:进程就是可执行程序中的一个指令序列。当进程被调度时,它就执行指定的指令序列。

下面跟踪一轮多进程执行的过程。假如,目前在存储器中有3个可以并发执行的进程PA,PB,PC,要使这3个进程可以轮番使用处理器,内存中还应当保留一个调度程序,假定定义该调度程序名为调度P。为了便于说明进程执行的具体情况,假设这些进程在内存中的存储布局如图4.5所示,这些程序占用的内存地址如图4.6所示。这里,假定调度程序长度是6个字节,它的地址单元是200～205;又假定系统中规定的进程调度时间片长度是6个字节,即每执行6个字节后就产生一个时间片到达中断(time out)。那么,这时进程执行的轨迹将会如图4.7所示。

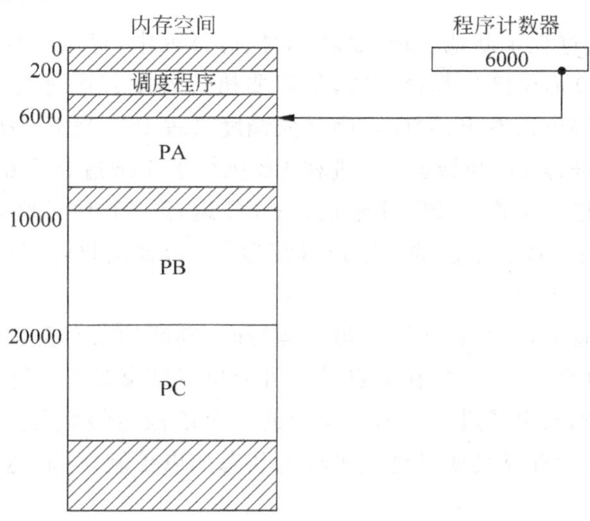

图4.5 3个进程在内存中的分布

6000	10000	20000
6001	10001	20001
6002	10002	20002
6003	10003	20003
6004		20004
6005		20005
6006		20006
6007		20007
6008		20008
6009		20009
6010		20010
6011		20011
PA地址码	PB地址码	PC地址码

图 4.6　3 个进程占用内存地址情况

（注：假定每个程序的第 1 个地址就是该程序的入口地址）

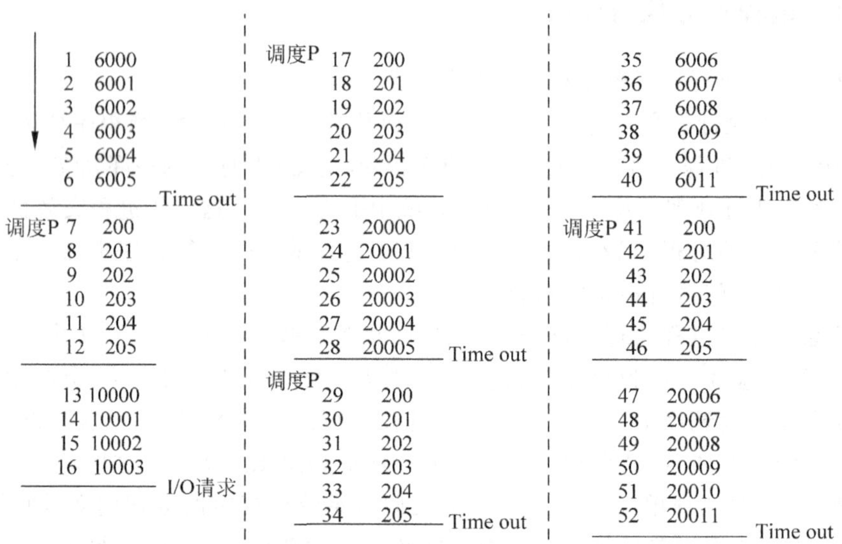

图 4.7　3 个进程的执行轨迹

在图 4.7 中，调度进程不断地出现在程序的执行过程中，每当出现时间片到达（即 time out）或是由于请求 I/O 而中断进程执行时，都需要执行调度程序进行进程切换。从该图中所给出的系统执行轨迹可以看出，调度程序首先调度进程 PA，当 PA 执行到时间片到达时，经过调度程序切换使进程 PB 开始运行；进程 PB 执行了 4 条指令后发生了一个 I/O 请求，这时又通过调度程序选中了进程 PC 开始执行；PC 运行一个时间片后又重新调度了进程 PA，这次 PA 被调度后会接着上次的中断点继续运行；以此类推，直到 3 个进程的任务完成并释放了内存地址空间为止。

从这个例子可以看出，进程在多道环境中运行时，其活动状态会表现出多样性，比如，进程有时正在运行、有时会停顿下来、在某点进程可能执行结束等等。这些就是进程的执行状态。正是进程的状态刻画出了进程生命周期中的各个阶段，揭示了进程在执行中的内部状况，操作系统对进程的管理就是要对这些进程的状态加以控制，进而达到对进程的执行控制与管理。

4.3.2 进程基本状态模型

由于不同类型的操作系统并发需求不同,因此也会有不同的进程状态模型,而根据进程的状态模型操作系统就会形成不同的并发管理方式。下面将讨论几种基本的进程状态模型。

因为不同的操作系统对进程的管理方式和对进程的状态解释可以不同,所以不同操作系统中描述进程状态的数量和命名也会有所不同,但是,最基本的进程状态可以描述为两状态或五状态进程模式。

1. 两状态进程模型

在两状态进程模式中包含两种最基本的进程状态,它们描述的是进程运行中最基本变化情况,这两种状态是运行状态(running)和暂停状态(not-running)。进程在运行态时是占用处理机资源的,在暂停态时进程处于等待分配处理器资源的状况。两状态进程模型的描述如图 4.8 所示,其中,图 4.8(a)描述了两状态进程模式的转换过程,图 4.8(b)描述的是对两状态进程调度管理时刻采用的排队方式。在两状态进程模式中包含的进程状态转换过程如下:

(1) 进程创建(enter)。系统创建新进程时建立 PCB 数据信息,分配所需要的资源,将进程挂入暂停队列中。

(2) 调度运行(dispatch)。调度程序从暂停进程表中选择一个进程,让其进入运行状态。

(3) 暂停运行(pause)。当进程用完时间片或启动了 I/O 操作后,它应放弃处理机,进入暂停进程队列中。

(4) 进程结束(exit)。进程运行终止,可以回收它所占用的资源。

应该说,两状态进程模式是最简单的进程状态刻画方式,它只表现了进程执行中的最粗略的状况。

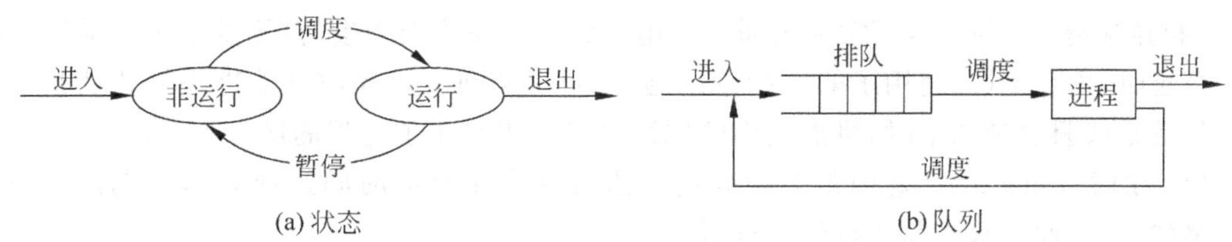

图 4.8 两状态进程模型及调度排队结构

2. 五状态进程模型

还可以用 5 种状态来刻画一个进程的生命周期。在五状态进程模式中,进程运行中主要经历了就绪、运行、阻塞这 3 个主要阶段,另外还有创建和退出两个状态来描述进程的创建过程和退出过程。五状态进程模型如图 4.9 所示,在这种模式中包含的进程状态如下:

(1) 运行态(running)。进程占有 CPU 可完成进程的执行任务,通常设定系统中运行态进程的数目应少于处理器的个数。

(2) 就绪态(ready)。进程已占有了不包含 CPU 在内的所有请求资源,只需分配处理器该进程就可运行。系统中就绪进程可以有多个,而且可以按进程优先级进行排队。

(3) 阻塞态(blocked)。进程阻塞态是进程运行时由于需要等待 I/O 操作或其他相关事件发生而无法运行时进入的一种状态,处于这种状态的进程需要某种事件的引发才能继续运行。

(4) 创建态(new)。进程在新创建时处于一种创建状态,处于创建状态的进程不能运行,它需要系统为其分配和建立进程 PCB 的各表项,进行资源分配,安排程序地址空间等项工作。

(5) 退出态(exit)。进程结束运行,它所使用的大部分资源需要回收。

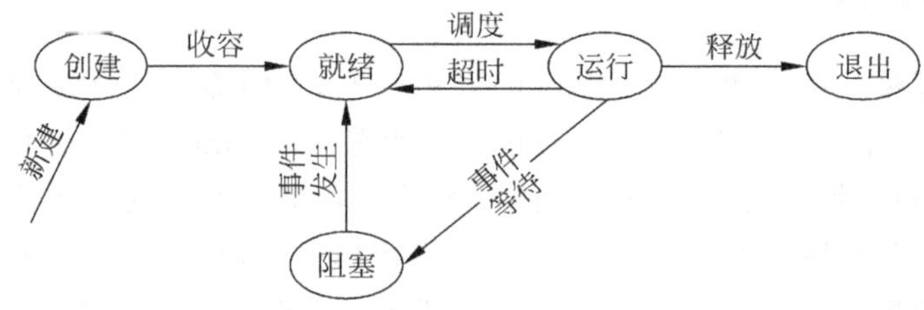

图 4.9　五状态进程模型

在图 4.9 的描述中,除了进程状态外,还包含了进程 5 种状态的转换事件,这些转换事件描述了状态的转换机制。包含的转换事件如下:

(1) 创建新进程。在系统中创建一个新进程可以运行一个新的任务,如用户登录、操作系统创建、批处理作业管理等都是由创建一些进程完成的。

(2) 进程收容(admit,又称为进程提交)。收容一个新进程的过程是为其建立 PCB 和分配资源的过程,收容后的进程可以进入就绪状态。

(3) 调度运行(dispatch)。系统从就绪进程表中选择一个进程,让其进入运行状态。

(4) 释放(release)。由于进程任务完成或运行失败而终止了进程运行,使进程进入结束状态。在释放管理中还要进一步判别释放的原因,进程从运行到结束时分为正常退出(exit)和异常退出(abort),正常退出通常是由进程任务完成而产生的,异常退出的原因可能是执行超时、内存不够、使用了非法指令或地址、I/O 访问失败或被其他进程终止所致。而进程从就绪或阻塞到结束时,可能发生的原因是父进程终止子进程的运行。

(5) 超时(timeout)。超时的发生是由于进程用完了自己时间片或有高优先进程进入了就绪状态,从而导致当前运行的进程暂停。

(6) 事件等待(event wait)。进程要求的事件未出现使当前进程进入阻塞态。发生等待的原因包括申请系统服务或资源、进程间需要通信、I/O 操作未完成等。

(7) 事件出现(event occurs)。进程等待的事件出现时会发生进程状态的转换,如 I/O 操作完成、申请资源成功等。

4.3.3　进程挂起模型

在以上描述的两状态和五状态进程模型中,都避开了一个现实问题,即系统的内存资源是有限的。当创建的进程较多或是有些进程在相对一段时间中无法运行时,系统内存资源会表现出不够用或有较大浪费的情况。为了解决这类问题,又提出了一种新的进程管理模型,即包含"进程挂起"的进程模型。所谓进程挂起的含义是,将那些低优先级、等待时间较长的进程从内存中换出到外存中,空出有限的内存资源为急需运行的进程提供服务。这些从内存交换到外存的进程并没有终止,而是处于一种被挂起状态。对进程实施挂起操作后,可以解决以下几个实际问题:

(1) 提高处理器的执行效率。假设系统中进程数不变,当阻塞进程过多时,就绪进程就会变少;在极限情况下,就绪进程队列可能为空,这时处理器就会处于空转状态。当这种空转情况较多时,处理器的执行效率就会降低。若可以挂起一些进程,利用空出的内存再提交一些新进程,就可以有效地提高处理机的执行效率。

(2) 为正在运行的进程提供足够的内存。当内存资源紧张时(比如 CPU 繁忙型或实时要求高的进程较多时),挂起某些无关紧要的进程,可以给正在运行的进程提供新的资源,起到合理利用系统资源的效果。

(3) 便于调试。在调试过程中,需要挂起那些被调试的进程,然后对其地址空间进行读写操作。

挂起进程模型又可分为单挂起和双挂起两种类型,具体如图 4.10 和图 4.11 所示。在单挂起模型中,是在五状态进程模型中增加了一种挂起状态,这种状态是从阻塞态转换而来的,即阻塞挂起状态,这种状态使进程转换到外存并等待某个事件的出现。按照图 4.10 中的描述,当挂起进程被激活时便可直接进入就绪态等待被调度运行。

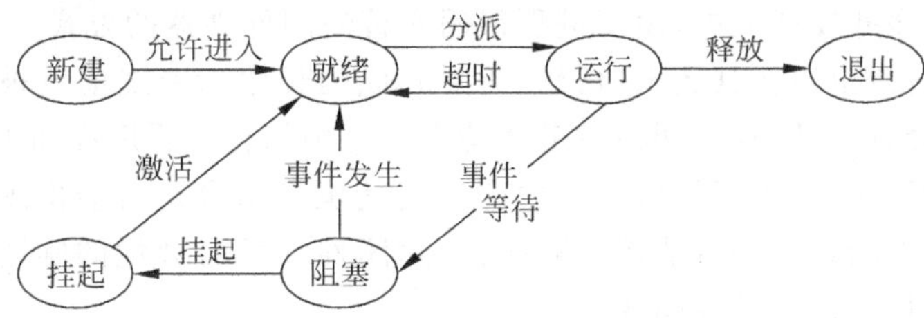

图 4.10 具有单挂起进程的管理模型

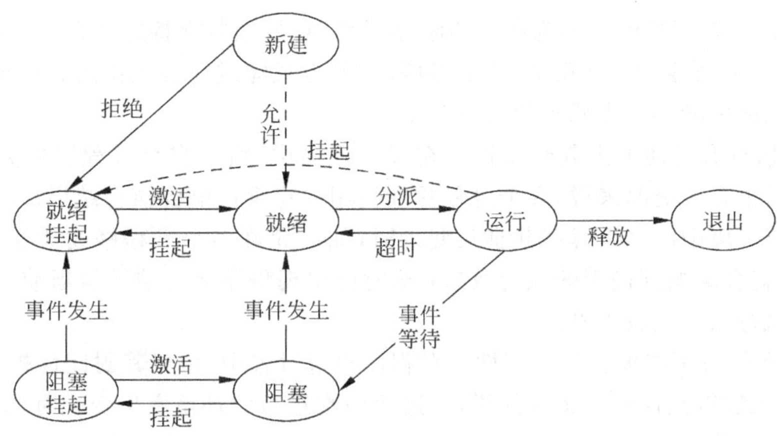

图 4.11 具有双挂起进程的管理模型

图 4.11 给出的是一种双挂起模型，在双挂起模型中是针对五状态基本模型增加了两种挂起状态，即阻塞挂起态和就绪挂起态。阻塞挂起状态(blocked，suspend)是指进程处于外存并等待某事件的出现，与单挂起中的进程情况类似；就绪挂起状态(ready，suspend)是指进程处于就绪态但很长时间得不到运行，从而被换到了外存中，处于这种状态的进程只要被调度进入内存，即可处于就绪态等待被处理器调度运行。

从图 4.11 还可以看出，在双挂起模型中还规定：对于阻塞挂起进程，当事件发生时只能从阻塞挂起态转换到就绪挂起态，然后再转换到就绪态等待运行；进程在运行态可以直接转换为就绪挂起；而且对于新建进程来说也可能会因为内存不够而直接进入到就绪挂起态。具体的转换条件要在特定的进程调度策略中给出明确规定，这样才可能对进程进行正确的调度管理。

4.4 进程并发执行控制

进程并发执行控制是并发管理中的一项重要任务。对进程的并发控制就是指系统使用一些具有特定功能的代码，完成进程的创建、进程的终止、进程阻塞、进程唤醒等控制操作，在进程控制中要实现进程状态转换和并发进程的管理。

4.4.1 进程并发条件

在支持多道程序并发环境中，由于进程采用交替使用处理器的方式完成语句执行，对于某个进程来讲，可能会出现在其还未执行完所要完成的程序指令之前就被换出到外存中的情况。这时，我们会有一种担心，即在单道环境中能正确执行的程序在新的环境中是否还能正确执行？即便能够执行，由于执行时序的变化使其执行结果是否会出现错误？这就是前面提到的多道环境中的程序是否能保证顺序性、封闭性和可再现性的问题。带着这些疑问我们来了解有关进程并发的条件问题。

在并发环境中，进程执行方式与单道环境中的进程执行方式存在着一些差异，这些差异主要表现在以下几个方面：

(1) 进程执行是间断的。因为在多道程序环境中，处理器交替地为多个进程服务，进程的运行会出现间断，实际上，进程是以“走走停停”的方式完成各自工作的。对于某个程序而言，其执行过程很可能会失去原有的时序关系。

(2) 程序执行有可能失去其封闭性。在多道环境中，由于多个进程需要共享计算机中的各种资源，对于有些资源来说，多个进程并发使用一定会影响到执行结果。举一个最简单的例子，当多道环境中的多道程序共享某变量时，如果允许多个进程修改该变量的值，那么变量值的改变就会影响到进程的执行效果；这时会出现程序运行结果与当前并行的进程有关，使程序的执行结果无法预测。

(3) 程序运行有可能失去可再现性。在程序执行过程中，由于其封闭性被打破，所以程序的再现性就无法得到保证。也就是说，当进程两次运行的环境发生变化时，进程运行的结果也产生了变化，使程序多次执行的结果不一致，无法复现上一次的执行状况。

进程在并发环境中发生的这些变化，对执行结果的影响是不容忽视的。因为如果在并发环境中的程序失去了封闭性和可再现性，那么程序执行结果将毫无意义，当然，这样构造的进程并发环境也就失去了它的作用。

针对并发环境中出现的这些问题，在并发理论研究中提出了并发限定性原理。1966年，计算机科学家Bernstein从理论上提出了程序并发的限定条件。他指出，进程并发是有意义的，但同时也是有限定条件的；如果进程满足了并发条件，多道环境中的程序可以保证其执行的正确性，否则将有可能产生不可预见的错误。Bernstein对进程并发限定的描述如下：

对于任意一个程序 Pi 来说，假设其中包含着两个变量的集合 $R(Pi)$ 及 $W(Pi)$，其中：

$$R(Pi) = \{a1, a2, \cdots, am\}, \quad aj(j = 1, \cdots, m)$$

表示程序 Pi 在执行时必须读变量的语句集合；

$$W(Pi) = \{b1, b2, \cdots, bn\}, \quad bj(j = 1, \cdots, n)$$

表示程序 Pi 在执行时必须对其进行修改或访问变量的语句集合。如果程序 $P1$ 和 $P2$ 可以并发执行，那么它们应满足以下3个条件：

$$R(P1) \cap W(P2) = \{\phi\}$$
$$W(P1) \cap R(P2) = \{\phi\}$$
$$W(P1) \cap W(P2) = \{\phi\}$$

即对程序 $P1$ 的读集合与对程序 $P2$ 的写集合操作的交集为空，对 $P1$ 的写集合与对 $P2$ 的读集合操作的交集为空，对 $P1$ 的写集合与对 $P2$ 的写集合操作的交集为空。Bernstein证明，如果并发程序满足以上条件，则可以保证其执行结果满足封闭性和可再现性。

经过分析发现，该约束的前两条保证一个程序的两次读之间数据不发生改变，而最后一条是保证对变量写的结果在未使用之前不被丢失。这个论证从理论上说明了程序并发是有条件的，对满足并发条件的程序，在并发执行时是可以保证其正确性的；但若允许不满足并发条件的程序并发执行，则是有危险的。

在实际应用中，证明程序满足Bernstein条件是一件非常不容易的事情，不可能在每个并发语句前增加Bernstein条件测试，因为那样会使并发控制变得毫无意义。但是，不进行测试又存在危险，因为在实际中反面例子是很容易找到的。下面给出一个这样的例子，假设有一个字符显示过程echo，其中包含的代码如下：

```
Procedure echo;
    var out, in:character
    begin
        input(in,keyboard);
      out  := in;
      output(out,display);
    end
```

阅读代码后可知，该过程中包含了一个主要的功能，即过程运行时首先接收键盘输入的一个字符，然后在内部做了一个变量传递，再将该字符输出到显示器上。该过程可以被其他程序调用。如果有进程 $P1$ 和 $P2$ 需要调用该过程完成各自的字符显示，同时假定 $P1$，$P2$ 是并发环境中的两个进程，在P1，$P2$ 调用该过程时有可能出现以下执行顺序：

(1) $P1$ 调用echo，试图完成字符 x 的显示，但在输入字符 x 后被中断；

(2) 紧接着 $P2$ 被激活，它调用echo完成字符 y 的输入及输出；

(3) 然后 $P1$ 再次被激活,它继续上次未完成的工作,这时它做的是输出操作;但因为变量 out 中存放的是 y,因此将 y 再次输出到显示器上。

本例说明,两进程在执行过程中如果出现以上调度顺序,字符 x 就不会被输出,而字符 y 却被输出了两次,这就出现了并发进程由于相互影响产生的执行错误。应该注意到,若进程 $P1$ 和 $P2$ 没有并发执行,或是执行顺序略加调整,通常是不会发生这种错误的。这说明,进程 $P1$,$P2$ 由于不满足并发条件而进行了并发,因此导致了错误的出现。

进程并发限定性条件的理论价值很高,它说明,进程并发确实是有条件的。但同时也发现,很难将该理论中提出的算法直接应用在操作系统的并发控制设计中,即便能够做到验证计算,处理器时间的耗费也是非常可观的,这也就违背了进程并发管理的初衷。所以,计算机工作者们必须在操作系统管理过程中寻求其他切实可行的解决办法,来保证程序执行中的封闭性和可再现性问题,进而解决进程并发调度管理的正确性问题。

4.4.2 进程并发管理基础

多道并发环境中的进程执行控制是一项复杂的工作,为了理解此项技术,首先需要了解一些相关的基础知识。下面给出在进程并发控制中需要理解的概念和名词。

1. 原语

原语是在系统态下运行的具有某种特定功能的程序段,这些程序段的执行具有不可分割、不可间断、不可并发等原子特性。对进程控制的原语可以完成系统对进程管理的各种操作,可以被高层软件所调用,主要完成进程创建、进程撤销及改变进程状态的操作。通常,原语是操作系统的核心程序,一个操作系统中会包含进程创建、进程撤销、进程阻塞、进程唤醒等各种原语。

2. 临界区

其实,进程的并发执行是由两方面原因引起的,一方面是为了给用户程序提供多道并发执行环境,允许用户随机地执行各自的程序;另一方面是为了提高系统资源的利用率,在操作系统控制下使那些在执行中没有相互关联的程序段可以并发运行。程序的并发,导致了资源的竞争与共享。由并发限制原理(前面提到的 Bernstein 条件)可知,多个并发进程对共享资源的使用必须附加一定的条件,否则执行结果将会产生错误。由于在程序执行过程中使用 Bernstein 条件进行并发判别是不实际的,因此在实际中需要寻求一种简单、实用的约束方法,因此就提出了临界区的概念。所谓临界区(critical section)是指在共享某个资源时,不允许多个并发进程交叉执行的一段程序。只有保证临界区的存在,才能保证并发程序的正确性。基于临界区的概念,在系统中将具有这种特性的共享资源称为临界资源,将为管理和使用这种资源编写的程序称为临界程序段。

3. 进程互斥

进程互斥是指由于共享某个公共资源,在临界区内不允许多个并发进程交叉执行的结果。也就是说,将不允许并发进程同时对临界区进行访问这种约束称为进程的互斥。因此进程的互斥是并发进程之间由于共享公共变量产生的一种间接制约关系,关于进程互斥概念和实现方法将在第 6 章中加以详述。

4. 进程同步

并发进程间除了互斥制约关系以外还存在着一种直接制约关系。进程执行的直接相关性是指并发进程之间各自执行的结果互为对方的执行条件,这种相关性使进程的运行直接影响着其他进程的执行速度。对于具有直接制约关系的并发进程,需要通过相互传递信息,达到协同工作的目的。这种在一组并发进程中,因为直接制约关系而相互发送信息、协同工作的过程称为进程间的同步。关于进程同步的控制与实现方法也将在第 6 章中给出。

5. 信号量

为了实现进程的互斥和同步管理,对临界区中的共享资源设置了一种管理变量,该变量可以描述共享变量被使用和被释放的状态,这种变量称为信号量。信号量可以分为公有信号量和私有信号量。顾名思义,与所有并发进程相关的信号量被称为公有信号量;另一种只与相互制约进程有关,与并发进程组里的其他进程无关的信号量称为私有信号量。

4.4.3 实现进程管理的操作

对于进程的控制是操作系统实现进程管理的具体内容,下面分别说明各种进程控制操作需要完成的具体工作。

1. 进程创建

当需要完成一项新任务时可以创建一个进程,在不同的系统中进程创建的方式可能不同,在进程管理的细节上也会有些差异。比如在 UNIX 系统中使用系统调用 fork 来生成一个新进程,新进程生成后将继承原父进程所拥有的资源和程序,除非作特殊处理,否则子进程与父进程执行同样的工作,但是它们有着不同的进程 ID 和竞争处理器的平等机会。在进程创建时系统需要完成的工作如下:

(1) 为进程分配一个唯一的标识 PID,也就是在基本进程表中添加新项;
(2) 给进程分配存储空间,即对进程映像的所有内容进行地址分配;
(3) 初始化进程控制块,即在进程可以运行之前进行参数确定;
(4) 设置正确的链接,比如将新加进程放在合适的调度队列中;
(5) 创建或扩充其他数据结构,如维护一个记账文件等。

2. 进程终止

进程在正常执行完操作之后,会进入到终止状态。除此以外,进程还可在其他多种情况下被终止(参见 4.2.2 节中阐述的进程终止机制),进程终止后要将它所占用的系统资源的绝大部分进行回收,通常只留下进程 PCB 待其父进程进行回收。进程终止在 UNIX 中是使用系统调用 exit 来完成的,在 UNIX 中,当执行 exit 系统调用后,进程将进入僵死状态,等待其父进程在恰当的时间对所有僵死状态进程作最后的回收。

3. 进程阻塞与唤醒

进程在执行中若请求了另一个进程占用的资源或是请求了一个 I/O 服务，都可能使当前进程无法继续运行下去，这时进程通常需要调用进程阻塞原语将自己阻塞在当前执行位置上，等待请求事件的发生，然后再继续运行。

当一个 I/O 操作结束或者一个系统资源被释放时，都会产生一个中断，这种中断就会激活操作系统的进程管理程序；这时系统会从等待的进程中找到一个最合适的进程，唤醒该进程使其开始运行。这就是进程的阻塞与唤醒。

在 UNIX 操作系统中可以实现阻塞进程的操作有多个，比如 sleep，pause，wait 都可以阻塞正在运行的进程，这种进程当唤醒条件满足时又可以继续被执行。

4. 进程的挂起与激活

当出现进程挂起需求时，可以使用进程挂起原语将进程挂起。根据进程挂起模型的描述(参见 4.3.3 节)进程被挂起前所处的状态是有条件的，只可能是就绪态和阻塞态，挂起原语会根据不同的状态将其转换成不同的挂起状态。

一批进程被挂起后，系统会进行一些必要的操作，经历一段时间后，系统资源得到了充分的释放，这时可以再激活一些被挂起的进程。因此进程的挂起和激活是由进程管理机制所决定的，挂起和激活操作也是由系统程序完成的。

4.5 进程应用实践

前面介绍了进程的概念及其有关控制理论，在了解了这些概念后，需要针对实际操作系统来了解进程的生成方式和控制技术。本节以 UNIX 系统为例，说明如何使用操作系统提供的基本函数，在用户程序中完成进程的创建、终止、特定任务执行以及进程同步的操作方法。根据本节中给出的程序实例和实践说明，读者应加深对进程基本概念的理解，掌握 UNIX 系统提供的进程管理和控制的系统调用使用方法。

4.5.1 了解 UNIX 进程管理机制

UNIX 中的进程可以通过系统调用来创建，一个进程的执行也可以被系统调用终止，在多个进程执行时还可以通过系统调用来控制必要的进程同步或互斥。总之，UNIX 系统中的进程是使用系统调用进行控制和管理的。

在 UNIX 系统中除了 0 号及 1 号进程以外(这两个进程是非常特殊的两个系统进程，可阅读有关参考书籍来加以了解)，几乎所有的进程都是被另一个进程通过执行 fork 系统调用所创建的。那么调用 fork 系统调用的进程就是父进程，由 fork 创建的进程就是子进程。因此，每个进程都会有一个父进程，而一个进程可以有多个子进程，父、子进程之间的关系及控制过程可以用图 4.12 来表示。

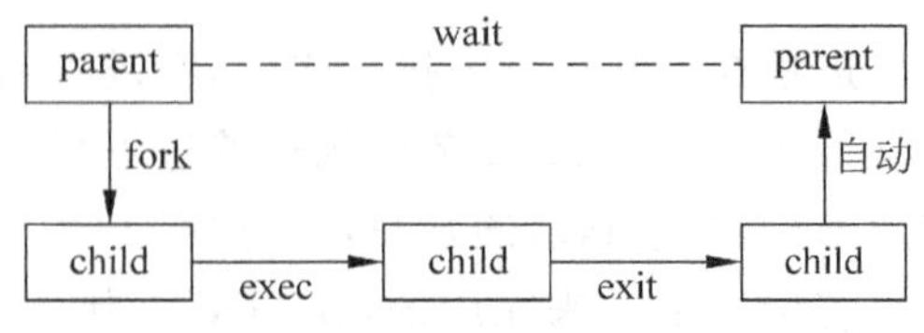

图 4.12 UNIX 中的进程控制关系

在图 4.12 中说明了进程的生成和执行过程控制方式，当父进程创建一个子进程去完成一定的工作时，一般希望子进程结束后，要把控制权返还给父进程，因此子进程不能覆盖父进程。fork 将父进程中的所有信息复制给子进程，子进程通过系统调用 exec 可以实现执行与父进程不同的新任务。另外，系统调用 exit 可以使进程终止，所以通常子进程通过调用 exit 终止自我，使子进程进入僵死状态。在子进程执行操作期间，父进程可以通过执行系统调用 wait 来实现与子进程的终止点保持同步，以便于接收子进程的返回状态和子进程结束后的参数传递，观察图 4.12，还可以了解到父进程创建子进程，父、子进程分别运行以及父进程与子进程保持同步的协同工作方式。

4.5.2 在用户程序中创建进程

在 UNIX 中，当一个进程需要创建一个子进程时，可以使用系统调用 fork( )来完成。该系统调用格式为

```
pid = fork( )
```

当用户程序使用系统调用 fork( )时，可以在系统中创建一个新的进程，该语句中的 pid 是执行系统调用后的返回值，当系统调用失败时 pid＝－1，当系统调用成功时 pid≥0，表示父进程所创建的子进程标识符 PID 号。

UNIX 系统为了完成 fork( )系统调用，会产生一系列的内部处理。例如，fork( )调用向操作系统返回新建进程 proc 结构中的某些特征参数，父进程为子进程创建一个进程副本，子进程得到一个进程标识符值 0，父进程得到一个大于 0 的子进程标识符等。从 fork( )系统调用成功点开始，在系统中会增加一个并发的进程，如果不作特殊处理，它将执行与父进程相同的代码。由于子进程继承了父进程的程序指针寄存器中的内容，所以子进程也是从 fork( )调用之后的那条语句开始执行的。可将 UNIX 系统实现 fork( )系统调用时完成的工作步骤分解如下：

(1) 为子进程在进程表中分配一个空闲的 proc 结构。

(2) 赋给子进程一个唯一的进程标识，即 pid 值。

(3) 复制一个父进程上下文的逻辑副本。注意，这时父进程中可用于共享的部分，如进程的正文段，并不是真正复制给了子进程，而只是增加了共享区的引用计数。对于非共享部分，则需要复制到子进程的内存区中。

(4) 增加与父进程相关联的文件表和索引节点表的引用数。

(5) 对父进程返回子进程的标识符 pid，一个大于 0 的正整数；对子进程返回标识符 pid，这时子进程看到的是 pid＝0。

关于新进程的创建以及父子进程的并发状态，对于初学者来说不太容易理解，需要通过进行实际的编程与调试来加深印象。这里使用 C 语言编写一段程序，在程序中使用系统调用完成子进程的创建，从中了解父进程创建子进程的过程以及父子进程并发执行的情况。请读者在 Linux 环境中用 vi 编辑器编写以下程序：

例 4.1：创建进程的实践。

```
/* fork-test.c */
#include <stdio.h>
```

```
#include <unistd.h>
int main( )
{
   int pid;
   printf("Just 1 process now ...\n");
   printf("Calling fork( )...\n");
   pid = fork( );
   if(pid == 0)
        printf("I'm the child.\n");
   else if (pid > 0)
        printf("I am the parent.\n");
   else
        printf("fork failed...\n");
   printf("program end.\n");
   return 0;
}
```

在编写此程序时，使用系统调用 fork( )创建了一个子进程，同时在程序中安排了在子进程和父进程分别进行不同的输出语句。现在来看看此程序的执行结果，对该程序进行编译后生成可执行程序，运行该程序其执行结果大致如下：

```
Just 1 process now ...
Calling fork( )...
I am the parent.
I'm the child.
program end.
program end.
```

仔细查阅运行结果，发现该结果与单进程程序执行的结果不同，虽然在程序中没有安排重复执行的语句，但在程序执行的结尾出现了两个 Program end 字符串。反复运行都会得到类似的结果(读者在自己系统中运行该程序时，是否有同样的输出?)，这显然不是由于偶然错误产生的结果。实际上，产生这种输出的原因是由于程序从 fork( )系统调用语句以后，出现了两个并发的进程在执行，对于父进程来说，它满足 pid>0 的条件，因此执行其指定的输出语句并接着完成输出程序结束提示信息 Program end；对于子进程来说 pid=0 的条件满足，此时 I'm the child 信息被输出，并且最后一条语句也被子进程执行了一遍。所以出现了两条程序结束信息 Program end 被输出的情况，这也正说明了系统调用 fork( )在程序中被引用后，在系统中创建了一个新进程，这个新进程与原来的父进程形成了并发的两个进程。通过这个程序的编写和运行，大家应该了解到进程是可以创建的，而且进程在程序执行时是可以被观察到的。

4.5.3 控制进程执行特定任务

在例 4.1 中，使用 fork 系统调用创建一个子进程，但这时父、子进程执行的是相同的程序代码。假如需要父、子进程完成不同的工作，仅用 fork( )系统调用是做不到的，还需要使用系统调用 exec，这个系统调用可以使新创建的进程完成与父进程不同的程序代码。因此，在程序设计中，常常需要把 exec 系统调用与 fork 系统调用结合起来使用，以期达到实际应用中的需要。在编程时，通常先用 fork 创建一个子进程，让它复制父进程的执行环境；再使用 exec 系统调用让子进程去执行另一个新的程序代码段。

在操作系统内部，对 exec 系统调用的具体步骤是：当用户调用 exec 系统调用后，UNIX 用 exec 调用参数中指明的一个可执行程序的副本将调用进程的正文段和数据段进行覆盖，然后使用调用进程提供的参数去执行这段新的执行代码，这样就可以做到子进程执行与父进程不同的程序代码了。具体使用 exec 系统调用的方法可以在例 4.2 的程序中找到。

例 4.2：用系统调用执行 ls 命令。

```
#include <stdio.h>
#include <unistd.h>
int main( )
{
  printf("one\n");
  execl("/bin/ls", "ls", NULL);   /* 表示用 ls 命令替代当前运行的代码 */
  printf("two\n");
  perror("exec error");
  return 0;
  }
```

当这段程序被执行，进程执行到第 1 个 printf 语句时，会在显示器上显示出 one；然后接着执行了 execl 系统调用，由于执行 execl 后，系统使用/bin/ls 的代码覆盖了本程序以后的代码，所以当 execl 调用成功时，此进程就执行 ls 命令的操作，而 execl 后面的语句就无法再执行了，因此后面安排输出的字符串 two 就不会被输出。只有当 execl 调用失败，比如在 execl 系统调用中指定了一个并不存在的程序或命令时，字符串 two 才可能被显示到屏幕上，同时，perror 函数也会给出以下类似的提示信息：

```
exec error: No such file or directory.
```

为了说明例 4.2 程序的执行效果，下面给出 exec 系统调用的使用方法。该系统调用可以用指定的程序段替代原有程序段，从而使子进程可以完成与父进程不同的工作。该系统调用的一般调用格式为

```
execve(pathname ,argv, envp);
```

其中，pathname 是要执行文件的路程名。argv 是字符型指针数组，表示执行程序（命令）的参数。envp 也是字符串指针型数组，表示执行程序的环境，而每一个由数组所指向的字符串必须是以“环境变量＝值”的形式存在。实际上，exec 系统调用共有 6 种格式，具体是：

```
execve     execle
execv      execl
execvp     execlp
```

这 6 种系统调用的功能是相似的，它们都可以通过一个新的程序段覆盖原有内存空间的内容来实现进程执行程序的转换，其差别仅在于调用的参数形式不同。下面就系统调用中后两位字母不同，如何在实际中加以应用的情况给出说明。在该系统调用的后两位若

出现：

- l　表示指令用长格式调用，即要求把参数指针数组的每个指针都作为独立的参数传递，最后以空指针 NULL 结束。使用实例如：

```
execl ("/bin/ls", "ls", " - l", "abc.c", 0);
```

该语句表示执行 UNIX 命令“ls -l abc. c”，而第 1 个参数表示此命令的代码位置在 /bin/目录中。

- v　表示系统调用执行时可利用参数 argv 指针数组传递运行参数。

在用 C 语言编写程序时，可用 argc，argv 作为命令行参数传递给正在执行的程序，使其具有灵活的运行方式。例如编写以下 C 语言程序：

```
void main(int argc, char * argv[])
{
  if (argc < 2)
  {
    printf("you forgot to type your name \n");
    exit(0);
  }
  printf("Hello % s"argv[1]);
}
```

假设此程序名为 aa. c，则编译完成后可用下列方式观察程序执行情况：

```
% aa Zhang
Hello Zhang
% aa Wang
Hello Wang
…
```

这个执行结果说明，在命令行输入的参数被传递到了程序中，并在程序中被加以利用。在系统调用 execv 中也可以用 argv 指针数组中的内容进行系统调用中参数的传递，比如将系统调用写成：

```
execv("pathname", argv[0], argv[1],argv[2],0);
```

这里用 argv 作为命令行参数的传递与 C 语言的方式很相似，值得注意的是，这个调用中的第 1 个参数是指出替代命令或程序的存放位置，而不是命令行的参数 argv[0]，argv[0]是将要被执行程序或命令的名字，两者表示的是两个不同的含义，使用中要加以区别。

- e　表示从 envp 指针数组中传递环境变量，这种调用方法只有在将要执行的程序需要新的运行环境时才被使用。这时是指覆盖的新程序代码与以前的程序运行环境已经不相同了，为了使新程序代码可以运行，要用 execve 或 execle 来传递新程序的运行环境变量。
- p　表示在搜索执行程序时，在环境变量 PATH 指定的目录表中进行，否则只在当前给定的路径中搜索。例如上面给出的例子：

```
execl("/bin/ls", "ls", " - l", "abc.c",0)
```

用加“p”的系统调用方式可写成：

```
execp("ls","ls","-l","abc.c",0)
```

只要在环境变量 PATH 中指明了/bin 的检索路径，就可以查到该指令的位置。

4.5.4 控制进程终止

UNIX 中的进程可以通过执行系统调用 exit 来终止正在运行的进程，进程终止后将进入僵死状态。这时被终止的进程会释放它所占有的资源，如关闭其打开的所有文件、释放进程上下文占用的内存等。但该进程仍在内存中保留它的进程表项(即 proc 结构的内容)，直到下一轮调度来临时才作进程表项的调整。该系统调用格式为

```
exit(status)
```

这里，参数 status 是一个整数，它可以作为一种进程结束时的状态传递给该进程的父进程。要注意的一点是，系统调用 exit 与函数 return 执行效果比较相似，但它们的运行机制是不相同的。return 是函数结束的返回，它可以把一些值返回给调用函数，而且调用函数和被调用函数也可能很大，但它们可以是在一个进程中执行的程序。而系统调用 exit 是进程的终止，它所完成的是将子进程的返回状态传递给其父进程，因此它们是两个层面上的概念，在使用时应注意区别。

4.5.5 控制父子进程同步

一个进程可以通过系统调用 wait 使它与正在执行的子进程终止点同步。其调用格式为

```
pid = wait(stat-addr);
```

其中系统调用返回值 pid 是终止子进程的 pid 号，参数 stat-addr 是子进程结束时返回的状态信息存放的地址。

假设我们只对进程的同步感兴趣，而对进程返回的状态及终止进程的 pid 不感兴趣，则此系统调用可以简化为 wait(0)，这种格式也是该系统调用最常用的一种方式。在执行中，系统调用 wait 会暂停父进程的执行，使之处于等待状态，一旦子进程执行完毕，处于等待的父进程就会被唤醒并重新进入执行态。因此，这个系统调用可以保证子进程与父进程在一个指定点上同步进行。

下面编写一个比较完整的实现进程管理程序的实例 4.3，它将前面的例 4.1 稍加修改，实现了让子进程和父进程分别执行不同的程序代码，同时控制子进程与父进程的运行保持同步。

例 4.3：控制父子运行，并在指定点进行同步。

```
/* 父子进程同步的例子 proc-syn.c */
#include <stdio.h>
#include <unistd.h>
#include <stdlib.h>
#include <sys/wait.h>
```

```
int main( )
{
    int pid;
    printf("Just 1 process now.\n");
    printf("Calling fork( )...\n");
    pid = fork( );                    /* 建立子进程 */
    if(pid == 0)
    {
        printf("I'm the child .\n");
        execl( "/bin/ls", "ls", "-l", "fork-test.c", NULL);
        perror("exec error");
        exit(1);                      /* 子进程终止,并将状态 1 传递给父进程 */
    }
    else if(pid > 0)
    {
        wait(NULL);                   /* 等待子进程的终止 */
        printf("I'm the parent.\n");
    }
    else
        printf("fork failed.\n"); /* pid < 0 时,说明 fork( )失败 */
    printf("program ended.\n");
    return 0;
}
```

请读者在 Linux 环境中对例 4.3 进行编译和调试,并查看它的执行结果。

这里需要说明的一点是,当在程序中安排系统调用 wait 时,等待同步的进程可能会碰到以下几种情况,请大家注意在程序调试时加以区别:

(1) 进程被阻塞。这是因为所需要同步的子进程都正处于运行态,还未等到一个终止的进程。

(2) 进程获得了返回状态。这表示有一个进程执行结束,wait 获得了它的返回状态值,从而完成了 wait 的功能。

(3) wait 返回了一个错误值。这是因为调用 wait 的进程希望与正在运行的子进程进行同步,但是目前并没有正在执行的子进程,因此产生了一个错误。

4.5.6 进程应用综合实践

通过前面 UNIX 系统调用的编程实践,读者应该对进程有了新的认识和理解,同时也掌握了一定的进程控制编程方法。下面编写一个使用系统调用完成进程管理的综合例子,巩固所了解的进程概念和知识。这里希望设计一个程序,它可以完成的功能包括:主进程将运行 10 次循环,在循环期间创建了两个子进程;在子进程中加载一个可运行程序 tt,并让其运行;而在父进程运行过程中要实现与子进程结束点的同步;而且在每个进程执行完成后,要终止进程使系统回收进程所占用的资源。综合练习参考代码如下:

```
#include <sys/types.h>
#include <unistd.h>
#include <stdio.h>
#include <sys/wait.h>
```

```
pid_t wait(int * stat_loc);
void perror(const char * s);
#include <errno.h>
int errno;
int global;
main( ) {
 int local,i;
 pid_t child;
 if((child = fork( )) == -1)          /* 创建第1个子进程 */
 {                                     /* 若创建子进程失败将进行提示 */
    printf("Fork Error.\n");
 }
 if (child == 0)
 {                                     /* 进入子进程工作方式 */
    printf("Now it is in child process.\n");
    if (execl("/home/zhang/work/tt","tt",NULL) == -1)
       {                               /* 若加载程序失败,给出提示 */
         perror("Error in child process");
       }
    global = local + 2;
    exit( );
 }
                                       /* 父进程工作内容 */
 printf("Now it is in parent process.\n");
 for (i = 0; i<10; i++ )
 {
    sleep(2);
    printf("Parent: %d\n",i);
    if (i==2)
    {
       if ((child = fork( )) == -1)  /* 创建第2个子进程 */
       {                              /* 进程创建失败时提示 */
         printf("Fork Error.\n");
       }
       if (child == 0)
       {                               /* 子进程工作内容 */
         printf("Now it is in child process.\n");
         if (execl("/home/zhang/work/tt","tt",NULL) == -1)
       {                               /* 若加载程序失败提示 */
         perror("Error in child process");
       }
         global = local + 2;
         exit( );
       }
   }
if(i==3)
   {
      pid_t temp;
      temp = wait(NULL);              /* 等待第2个子进程的结束 */
      printf("Child process ID: %d\n", temp);
   }
```

```
    }
    global = local + 1;
    exit( );
}
```

请读者试着编辑并调试这段程序，并根据设计程序中需要的辅助程序，使本程序可以正常运行下去。在完成本程序的调试过程中，请写出自己的实践报告，重点说明自己在调试中碰到了哪些困难，又是如何解决的？有能力的读者还可以对本程序进行功能扩展，利用所学到的知识完成一个有实际应用价值的、通过系统调用实现的进程管理和控制程序。

4.6 本章小结

操作系统为了管理多道程序的执行，在程序动态执行的基础上建立了进程的概念。通过对进程的操作与控制可以实现多道程序的并发运行，但进程并发是有条件的，若不满足条件，就无法保证多道程序执行中的顺序性、封闭性和可再现性。为了保证并发程序的正确性，操作系统建立了一系列的并发管理理论和实现方法。

进程与程序的最大不同就是进程具有动态性，它是一个具有独立功能的程序或程序段在一组数据集合上的一次动态执行过程。进程所表示的是临时存在的信息，而程序表示的是可以永久存储的信息。进程的动态性还表现在存储空间的动态性和控制信息内容的动态性上，进程具有独立的地址空间和栈区，这样可以保证进程运行的独立性。进程在系统中是可以被并发和异步调度的，进程本身具有良好的结构特征。

在以进程为基础的并行系统中，操作系统将进程作为资源分配和处理调度的基本单位。在进程的描述中包括进程控制块(PCB)、程序段及数据结构集，其中进程控制块是进程属性的数据结构，操作系统对进程的控制主要通过 PCB 来完成。进程映像是对进程动态环境的描述，其中除了 PCB 外还包含用户程序区、用户数据区以及系统栈区，一个进程只能在其进程映像中运行。当进程被切换时，系统要进行进程映像的切换。

进程有生成时机和生成方式，操作系统按照进程生成规则并使用系统调用或内部指令来创建进程，每个进程都有自己的父进程，或许还会有子进程。同族系进程间在资源使用权限上可以有特殊优先权，用户进程可以被系统进程或其父进程终止，终止后的进程所占用的资源将被系统回收。

进程从创建到消亡会经历若干个阶段，进程的状态刻画了进程生命周期中的不同阶段，也揭示了进程执行时的内部状况，操作系统正是通过对进程状态的调整与控制达到对进程的管理。进程状态转换模型包括最简单的两状态模型、五状态模型以及比较实用的多状态模型。对于进程的状态变换和控制，每类操作系统都会有自己的特定策略，因为这些与操作系统并行管理的需求有关。

在进程控制中有几个比较重要的概念，原语是系统态下执行的特殊程序，它们的执行具有不可分割、不可间断、不可并发的原子特性。操作系统使用原语实现对进程的基本控制。临界区是对多个进程访问共享某资源的限制，系统不允许多个并发进程对共享资源作交叉访问。在此基础上建立了进程互斥、进程同步机制，这些构成了进程管理的主体内容。

为了帮助读者理解进程的概念和控制机制，在 4.5 节中安排了进程管理控制的多项应用实践。这些实践均以 Linux 系统为背景，在用户程序中完成进程控制，在程序中可以依据系统调用和命令执行，完成进程的创建、进程运行、进程同步、进程终止等操作。书中给出了完成这些操作的程序设计程序，读者可以通过对这些程序的理解和上机实践，一方面掌握 Linux 系统调用的使用方法，另一方面加深理解进程管理和控制的基本概念，以及将这些概念在实际中加以应用的方法，掌握一定的并发任务控制编程技术和方法。

练 习 4

1. 假设某进程在运行过程中需要等待从磁盘上读入的数据，那么，此时该进程的状态将(　　)。

A. 从就绪变为运行　　B. 从运行变为就绪

C. 从运行变为阻塞　　D. 从阻塞变为就绪

2. 进程控制块是描述进程状态和特性的数据结构，一个进程(　　)。

A. 可以有多个进程控制块

B. 可以和其他进程共用一个进程控制块

C. 可以没有进程控制块

D. 只能有唯一的进程控制块

3. 在操作系统中引入进程的概念是为了解决什么问题?

4. 进程和程序存在哪些主要区别?

5. 什么叫做进程 PCB，在进程 PCB 中主要包含哪几类信息?

6. 什么叫做进程映像? 在进程映像中包含了哪些内容? 通常进程映像中的信息在机器中如何存放?

7. 假设有 3 个用户进程 A，B 和 C，它们在运行过程中都需要用到系统中的同一台打印机输出计算结果。请回答以下问题：

(a) A，B，C 进程之间存在怎样的制约关系?

(b) 在这 3 个进程运行过程是否有临界资源需要管理?

(c) 你会采用怎样的措施保证 3 个进程的正确执行?

8. 在进程模型中增加进程挂起状态可以解决哪些控制问题?

9. 请解释原语的含义。

10. 请解释临界区的含义。

11. 请解释进程是如何被定义的。

12. 请画出五状态进程模型的状态变迁图，并描述该进程模型中所包含的进程状态的意义。

13. 熟悉 UNIX 中进程创建与进程终止的系统调用，用 C 语言编写一段程序。让该程序完成在父进程下创建两个子进程，在每个子进程中设计输出一段有代表性的提示信息；在父进程中完成独立的工作。然后多次观察该程序运行的结果，说明在程序中建立子进程与建立函数的区别。

14. 分析下面的 C 程序，说明该程序可能出现的执行结果，并指出产生这些不同结果的原因。若将程序中输出字符改成输出字符串，说明程序执行结果发生的变化。

```
#include <stdio.h>
main( )
{   int p1,p2;
    while((p1 = fork( )) == -1);
    if (p1 = 0)
   putchar('b');
    else
    { while((p2 = fork( )) == -1);
      if(p2 == 0)
      putchar('c');
  else putchar('a');
   }
}
```

CHAPTER 5

第5章

并行管理单元——线程

本章要点

在第 4 章中阐述了一个观点，即进程是多道并发环境管理的基础单元。但随着并发需求的提高，进程作为并行单元的局限性逐步显现出来，尤其是在多处理器的体系结构中，进程的内部特征使其不适合作为多处理器的并发调度单元。本章提出了一个新的并发调度单元——线程(thread)，并指出在操作系统并行管理中，增加线程机制不但可以有效地提高程序运行效率、增强系统并行处理能力，还可以极大地方便用户程序的编写与执行。学习本章要注意理解多线程的基本概念，认识以线程为基础建立的并行机制与以进程为基础建立的并行机制有何区别，在系统中增加线程可以解决哪些特殊问题。本章学习的难点在于对线程概念和线程管理实现机制的理解，重点在于掌握多线程编程技术，并利用多线程技术解决实际中的应用问题。

5.1 线程的概念

为了使计算机系统的并行性更好，进一步改善各部件的利用率，使计算机系统的整体执行效率得到提高，系统设计人员从软件和硬件两个方面进行着不懈的努力。多年来，这些努力取得了许多成效，比如在硬件体系结构上出现了流水线机、数据流机、并行多核处理器、多体交叉和多端口存储器等；在系统软件方面实现了中断处理、通道管理、多道程序控制和进程并发处理机制。其中，进程并发处理思想是软件并行技术的一个重大成果，它有效地解决了系统管理中的并发控制与并发执行效率问题。

但是，随着并行需求的提高，进程似乎无法解决新体系结构中的所有并行问题。人们开始探索新的并发调度机制和并行调度管理单元，而线程就是在这种情况下提出来的一个新概念。线程与进程有着内在的联系，但是它又可以满足并发调度中的新需要。本节将从进程引出线程，讨论进程和线程在并发调度中所担当的不同角色，以及在增加了线程管理的环境中并发机制将如何建立等问题。

5.1.1 线程的定义

人们对自然界事物的认识过程是一个逐步深入、逐步完善的过程，计算机领域也是如此。为了解决多道并发程序的管理问题建立了进程概念，这实际上是为操作系统并发机制的建立打下了基础。这时操作系统是以进程为单位进行资源分配、以进程为单位进行程序调度的。进程概念克服了早期操作系统面临的许多并行难题，以进程为基础也建立了许多具有并行处理能力的优良操作系统，比如传统的UNIX系统就是一个这样的典范。但是，随着并发需求的提高，当多道环境中进程的并发数比较多时，按照进程控制的要求，只允许在同一个地址空间中有单个控制线存在。这样在不进行地址变换的情况下，就只会有一个进程在运行，但是进程的执行可能会被终止，因此处理器资源仍然不能得到充分的利用。所以，人们开始重新考虑并行问题，提出希望在同一地址空间建立多个并发控制线的方式，由于这些控制线是在进程内产生的，所以这些控制线所依存的基础就是一个新概念——线程。

目前，线程的概念已在许多操作系统中被引用，如Windows 2000，Linux，Solaris等都有自己的线程管理机制。在参考资料和教科书中也有对线程的多种说明和定义，比如将线程描述为：

(1) 线程是进程内的一个执行单元。

(2) 线程是进程内的一个可调度实体。

(3) 线程是进程中相对独立的一个控制流序列。

这些描述从不同的角度说明了线程的主要特征和用途。综合对线程的各种描述，可以将线程定义为：**线程是进程内一个相对独立的、具有可调度特性的执行单元。**

在进程内建立多个控制线，实际上就是在一个进程地址空间内找出多个可并发执行的语句单元，并对它们实施并发管理，进而提高进程的并发运行效率。提出线程概念以后，为解决进程内部的并发执行提供了基础，它作为新的处理器调度单元可以有效地替代原有进程中的一部分工作，这时进程和线程就有了不同的分工，并一起承担起系统并发控制的工作。在线程的基础上，可以把一个进程中的工作划分成多个可执行单元，这些执行单元是线程。于是就形成了，当一个进程被调度执行时，处理器中运行的是进程内的线程，并且每个线程都可以在不同的处理器上独立运行；如果系统中有多个处理器，那么进程中的线程就可以在多个处理器上并发执行，这时进程的执行效率一定会大为提高。

5.1.2 线程完成的工作

显然，引入线程后，原有的进程概念需要做一些调整了。对原有进程概念改变最大的是，在一个进程中将允许具有多条控制线的执行流存在。另外，进程和线程都是系统内并发调度的单元，它们之间将如何分工呢？原有的进程管理机制需要做哪些调整才能适应具有线程并发的系统呢？对这些问题进行研究实践后得出了以下结论：

(1) 进程依然作为资源分配的基本单元。即进程在调度时仍作为资源占有的单元，在完成虚地址空间、主存、I/O设备、文件分配过程中仍按照进程来控制。

(2) 用线程来实现对处理器的分配。即线程作为调度分派处理器的基本单元，在操作系统调度中按照线程来管理调度处理器的使用，使处理器的并行能力进一步提高。

(3) 将进程与线程的调度管理进行分级，即在并行调度时，首先基于进程完成资源分配，然后再作线程的并发执行调度。这样可以使原有的进程管理机制改变不大，同时又可以有效地提升系统的并行性。

因此,当用引入线程后的新观点观察原有进程管理机制时,可以将原有进程管理机制看成是每个进程中只包含着单个线程的执行流,而多线程的进程中包含多个线程执行流的情况。这样就可以将不同操作系统中的进程控制用统一的方式进行描述了,对于只有单个进程管理机制的系统称为单进程的单线程系统(如 MS-DOS);对有多进程管理机制的系统,称为多进程的单线程系统(如传统的 UNIX 系统);对具有多进程和多线程管理机制的系统称为多进程的多线程系统(如 Windows 2000 和 Linux)。

5.2 包含线程的进程模型

在纯粹依赖进程实现多道程序并行管理的机制中,系统资源耗费是非常可观的,因为在进程创建和进程运行过程中操作系统必须步步跟踪、实时监测,尤其是在进程切换时还需要进行大量的数据和代码交换。这些都会给处理器带来很大的负担,增加许多额外的工作,导致系统的并行性下降。

在包含线程的多道程序环境中,以上情况会得到改善。操作系统是通过控制两种并行单元(一个是进程,一个是线程)完成并行管理的。这时,进程通常作为资源分配的单元,是被系统保护的基本单元;进程中具有保存进程映像的虚地址空间,进程可以受保护地访问处理器、其他进程、文件和 I/O 单元。对每个进程项的描述包括地址空间、全局变量、打开文件个数、子进程、时钟、信号量、计数值等。而线程通常作为处理器调度的单元,是处理器动态执行的实体。在进程中可以有一个或多个线程,每个线程就构成了一个执行控制流,对线程的控制是通过线程执行状态完成的。因此类似于进程的管理方式,为了控制线程的执行,也需要建立线程映像,在线程映像中包括 PC 寄存器内容、栈的描述、使用寄存器集、子线程、局部变量存储区等内容。这时,系统中需要包含进程和线程的两种描述,它们是操作系统实现控制并发环境的基础数据信息。

5.2.1 单线程进程模型

为了便于管理系统规定,在具有线程描述的并发环境中,进程中的所有线程将共享进程的内存和其他已分配的资源。这一特点在以后的并发控制中将会发挥重大作用,同时在具有线程管理的系统中,进程描述发生了比较大的变化,进程模型中除了有进程描述以外,还包含关于线程的描述。但是,如果进程中只包含单个线程,这种进程就是单线程的进程,其模型应该说没有发生太大的变化,具体描述如图 5.1 所示。在该图中只看到了对进程描述的基本内容,这是因为在单线程进程中,进程实际上仍然是程序动态运行的基本单位,所以对线程的描述可以省略不记。

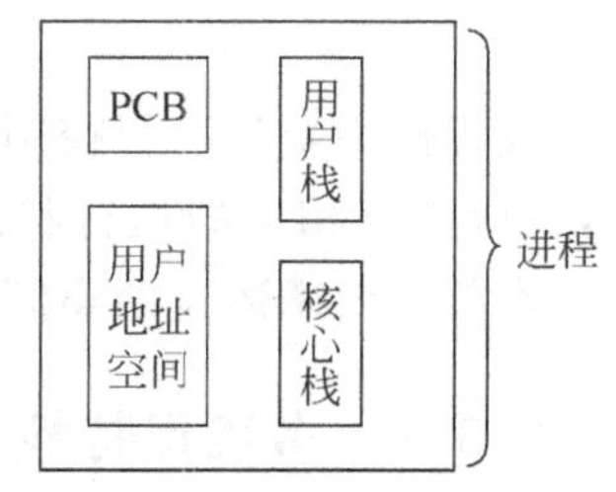

图 5.1 单线程进程模型

按照线程的定义和分工,对于单线程的进程,在进程执行时只允许有一个控制线存在。因此这种单线程的进程描述实际上与第 4 章中给出的进程描述方式是一致的,其中并没有添加新的控制内容,但是为了并行管理统一起见,将这种进程看作是其中只包含了单个线程的进程,并采用统一的线程管理方式进行调度。

5.2.2 多线程进程模型

对于包含多线程的进程，因为允许在单个进程中有多个线程并发执行，所以每个线程都要有自己的运行状态、线程运行中栈的信息、每个线程的静态局部变量、线程的上下文内容等等。因此多线程的进程描述与原来的进程描述差异较大，具体描述如图 5.2 所示。观察图 5.2 可以发现，每个进程仍有一个进程控制块 PCB 和用户地址空间，但进程中的每个线程又有自己独立的栈区和线程控制块 TCB，它们虽然在一个地址空间中，但却形成了可分别加以控制的基础。因此，在具有多线程的并发管理中，对进程和线程的管理可以进行不同的解释和控制，具体控制内容包括：

(1) 进程单元主要用于保存进程映像的虚地址空间，可以受保护地访问处理器、访问授权文件和 I/O 存储单元。

(2) 线程单元主要用于保存线程执行状态，当线程中断时要保存线程的上下文；线程具有独立的程序计数器 PC，并用独立的栈区存放线程自己的局部变量；同一进程中的线程共享进程的内存空间和其他进程资源。

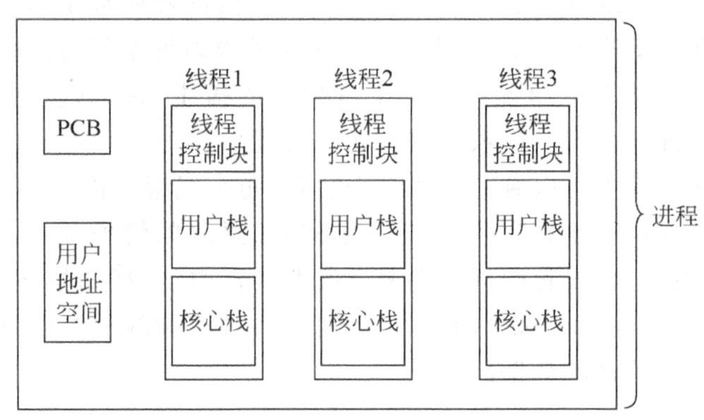

图 5.2 多线程进程模型

5.3 对线程的控制与管理

线程作为新的运行控制单元，它与进程相比具有哪些特性呢？另外，在线程的动态管理中，也应该有相应的运行状态和执行控制，那么在对线程管理中将采用何种方式进行控制呢？本节主要阐述这两类问题。

5.3.1 多线程特性

当基于线程进行调度时，应该关注线程的特性。而线程的一个重要特性是，在同一进程内的多个线程之间存在着一种特殊关系，这种关系与进程间的关系不同，比如与进程相比，线程间的独立性较弱，因为它们共享同一内存空间，彼此之间几乎不加设任何保护机制。因为在同一进程内的线程通常是为了协同完成同一项任务而设立的，因此它们之间应该具有比进程间更加紧密的关系。

在图 5.3 中给出了线程间的关系示意图。图中揭示了用户空间线程的关系，图的左边描述的是分布在不同进程中的线程关联，这种情况下的线程间关系可能不多，主要是依赖进程间的关系而定；图的右边描述的是同一进程中的线程关系，这时它们之间的关系是非常密切的，因为它们将共享进程内的资源，比如打开文件集、子进程、报警信号等。另一方面，由于线程要能够独立地分配到某个处理器上运行，因此会需要有一些私有信息，线程间存在的共享及相互独立的信息见表 5.1。

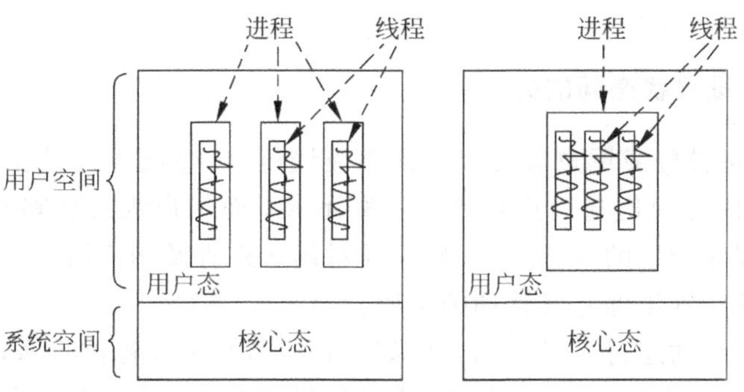

图 5.3　进程内线程关系示意图

表 5.1　进程内线程的共享及私有信息

进程内的所有线程共享项	进程内的每个线程私有项
地址空间	程序计数器 PC
全局变量	寄存器
打开文件	栈
子进程	状态信息
预定报警	
信号和信号处理程序	
会计信息	

5.3.2　线程状态及控制

当线程作为处理器调度单元时，就需要了解线程的执行状况，并对线程的状态加以控制。线程的状态与进程状态很相似，它们都是用来表示有生命的执行实体在各个运行时段中所表现的情况，下面说明线程的状态和状态控制，以及线程状态与进程状态间的关系。

1. 线程状态

通常，线程的状态只包括 3 种情况，即运行态、就绪态和阻塞态。线程状态的含义与进程相关状态的含义类似，线程运行态表示线程正在占用处理器运行；就绪态表示线程已具备了运行的条件，正等待分配处理器开始运行；阻塞态表示线程由于等待某个事件或资源处于不可运行的情况。与线程状态相关的内部操作有以下几种，通过这些操作，系统可以实现对线程的基本控制：

(1) 派生。进程创建时自动派生第 1 个线程，还可以用进程或线程派生其他线程，新的派生线程都依照所派生的先后顺序被依次放入线程就绪队列中。

(2) 阻塞。在线程执行中如果需要等待某个事件的发生,就会发生停滞。那么该线程的运行将会被阻塞,发生阻塞时要保存线程的相应控制信息。

(3) 激活。一旦所等待的事件发生,要对处于阻塞态的线程做激活操作,若一个事件阻塞的线程多于1个时,需要进行选择调度。

(4) 结束。当一个线程执行结束后,就对该线程做结束操作,使其占用的寄存器和栈资源被释放出来。

2. 线程状态与进程状态间的关系

线程在管理时可被分成用户级线程及核心级线程,核心级线程是在操作系统控制下生成、运行及消亡的,因此它们与用户程序的关联不大;而用户级线程则不然,它是用户空间的内容,是由用户程序派生的,因此在管理中要对用户进程及用户级线程进行约束和关联约定,这些是保证系统实现正确并发管理的基础。

与进程相比,线程的运行有所不同。比如运行中若某个线程被阻塞,则可能会也可能不会影响包含该线程的进程状态,也就是说,线程的阻塞不一定会引起进程的阻塞;只有进程中的所有线程都被阻塞了,进程的状态才会变成阻塞态;否则,进程的状态将依然保持运行态。

另外,由于同一进程中的线程共享同一个地址空间和其他资源信息,一个进程设立或操作的数据可以被同一进程中的其他线程轻易获得。利用线程的这一特点,实现线程间的通信会比实现进程间的通信容易许多,因为同一进程中的线程可以用设置全局变量的方式完成相互之间的通信,也可以通过共享存储区的方式实现大批量数据的传递(关于通信技术将在第6章中加以阐述)。这些通信方式由于机制简单、传递速度快,从而提升了并发线程的执行效率。但是,由于线程对共享资源进行任何改变时都会影响到其他线程对资源的使用情况,因此对有些线程间的操作会需要进行同步管理,以避免它们相互干涉,从而造成不必要的数据破坏。

5.4 线程管理实现模式

在操作系统中,对线程的管理可以采用多种方式来实现。常见的有,采用纯用户级线程模式,或采用纯核心级线程管理模式,还可以采用这两种方式相混合的模式来管理线程。不同的线程管理实现模式,在线程生成和线程控制机制上有较大的区别,下面分别说明这些不同的线程管理实现模式。

5.4.1 用户级线程管理模式

采用纯用户级线程(user-level threads,ULT)管理模式是指系统中线程的产生与维护完全由用户层软件控制,这时操作系统的核心程序将无法感知到线程的存在。因此,从管理角度来看,在用户级线程管理模式中,系统核心程序不对线程作任何的控制与管理,它依旧只负责对进程的管理与控制,实现以进程为主体的系统资源分配和处理器调度管理工作。那么,在这种线程管理模式下,应用程序所建立的多线程结构是基于一个“线程控制库”的平台来实现的。

线程控制库是指系统为线程管理模块建立的一个程序包，其中包含线程的创建、线程的终止、线程间消息传递、线程调度等实用程序的代码和数据信息，它们可以被用户程序调用提供线程的基本服务。因此，在纯用户级线程管理模式下，用户程序的运行是由创建一个线程开始的，所创建的线程在线程库的支持下，通过编译将应用程序和所产生的线程分配给系统内核的一个进程，这样来完成程序分配给线程的各项工作内容。

当在用户级线程管理方式下创建多线程程序时，程序在运行中，操作系统仍然是以进程为单位进行程序的调度与管理，并按照进程的状态控制来控制程序的执行。但进程在执行中会表现出某种状态(比如进程的就绪、运行、阻塞态等)，因此进程的这些状态要与用户级线程的状态相关联。也就是说，进程状态与线程状态要有一定的约束和关联关系。进程的状态会与线程的运行状态有着不可分割的联系，比如线程的阻塞会影响进程的运行，而进程的运行就必须要考虑线程的运行情况。因此，这时进程的运行态、进程的被阻塞态需要重新进行定义，不能再沿用单线程下进程状态的描述。比如，若一个进程中包含多个线程，当有一个线程在运行时，进程的状态就应该是运行态；只有当进程所包含的线程都处于阻塞态时，才说该进程处于阻塞态。在系统实现时，对于进程和线程的状态要给出明确定义，这样才可以进行进程和线程的管理与控制，这些也是新机制下进程和线程控制的基本工作。

但是，由于在用户级线程管理模式下，系统对进程和线程的管理是在两个层面上独立完成的，所以在对进程管理中需增加一些新的算法和策略，以保证进程和线程在运行中的相互匹配。用户级线程管理模式的实现方式如图 5.4 所示，按照图中描述的含义，在用户程序空间可以建立线程，而这些线程的建立是依据于线程库所支持的功能来实现的；这些线程在核心程序空间中不被体现，因此核心程序只对进程 P 进行控制和管理。采用用户级线程管理模式所建立的并行机制有如下几个优点：

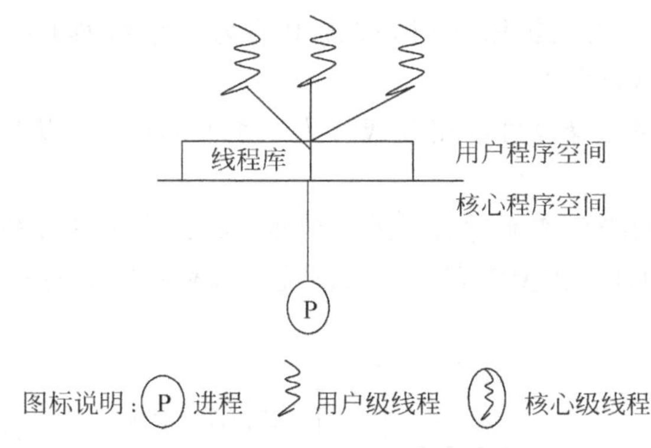

图 5.4 用户级线程管理模式示意图

(1) 因为对线程的调度管理程序和相关的数据结构都存储在用户级程序中，所以在进行线程切换时不需要获得核心级程序运行权限就可以实现。这样，当对进程内的线程进行切换时无须改变进程的运行模式，从而减少了进程在完成核心态与用户态之间转换时的资源消耗和时间延迟。

(2) 因为对线程的调度管理是在用户级上实现的，所以线程的调度算法可以比较灵活，因为不用考虑这些算法对系统核心模块会造成什么影响。比如针对某些应用程序，线程调度可以采用先来先服务(FCFS)的算法完成，而针对于另外一些应用程序，其线程调度又可以采用优先级算法来完成(关于处理器调度算法在本书的第 7 章中加以阐述)。这种适合应用程序的线程调度算法会对应用程序的运行比较有利,同时还不会影响到操作系统底层的调度算法和管理模式,从而使整个系统的并行调度机制显得比较灵活。

(3) 从理论上讲,用户级线程控制模式可以运行在任何一种操作系统核心之上,因为这种线程管理方式不需要为适应线程管理而修改操作系统的核心层内容,而对于系统中提供的线程库,可以看成是被所有应用程序所共享的用户级实用程序,这样做会给操作系统设计带来很大的便利。

5.4.2 核心级线程管理模式

核心级线程管理(kernel-level threads,KLT)模式,是指对线程的调度和管理是由操作系统核心程序完成,然后通过系统的核心程序给用户程序提供一个可访问核心级线程的应用程序接口。这时,用户程序需要通过专门的线程系统调用或 API 实现用户级线程的设计,核心级线程管理模式的实现方法如图 5.5 所示。图 5.5 中表明的一个主体思想是,用户程序空间的线程可以直接与核心程序空间的核心级线程相对应,在核心程序空间中既包含对线程的控制,也包含对进程的管理与控制。

在使用核心级线程管理模式来实现线程的管理时,任何程序都可以被设计成多线程结构,而每个程序中所具有的线程又都属于某一个进程。系统的核心程序管理并控制着进程的上下文以及它所包含的线程上下文,操作系统核心程序中的调度程序也是建立在线程基础上完成的。使用核心级线程管理模式有以下几个特点:

(1) 核心级线程管理模式可以支持多处理器的并行处理机制,即核心程序可以把同一进程中的不同线程调度到多个处理器上运行。

(2) 当进程中的一个线程被阻塞时,进程中的另一个线程可以被调度,而这一点在 ULT 管理模式下是很难做到的。

(3) 系统的核心程序本身也可以用多线程方式编写,从而可以改善操作系统本身的并行性。

(4) 当同一进程中的线程切换时需要进入到核心模式下才能完成,这个特点是 KLT 管理模式的一大缺憾,因为这时需要耗费一定的系统资源和一定的模式转换时间。

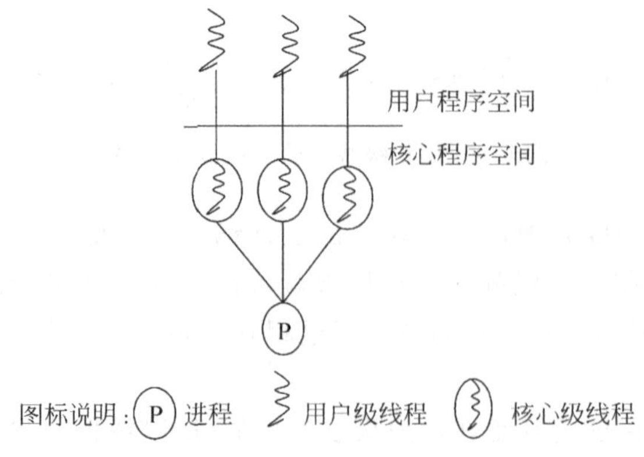

图 5.5 核心级线程管理模式示意图

5.4.3　混合型线程管理模式

从以上的用户级线程管理模式和核心级线程管理模式可看出它们存在着不同的优缺点，因此就提出了采用混合型线程管理模式来实现线程管理这一观点。在混合型线程管理模式中，包容了以上两种管理方式的特点，也集中了多种调度方式的优点，因此可以为线程管理提供更加灵活的机制。混合型线程管理模式在现代操作系统中已被广泛采用，比如Solaris系统就是采用混合方式实现线程管理的一个典范。

混合型线程管理模式如图5.6所示，在这种管理模式中，线程创建、调度、同步通常是在用户程序空间完成的；一个应用程序的多个ULT线程将被映射到一些KLT线程上(通常，KLT线程的数量少于或等于ULT线程数量)；用户还可以根据实际需要调节KLT的数量，以求使系统达到最佳效果。当然，这种混合型线程管理模式，在系统设计和实现上也增加了一定的复杂度，因此这种管理方式通常只在大型或复杂的通用操作系统中被采用。

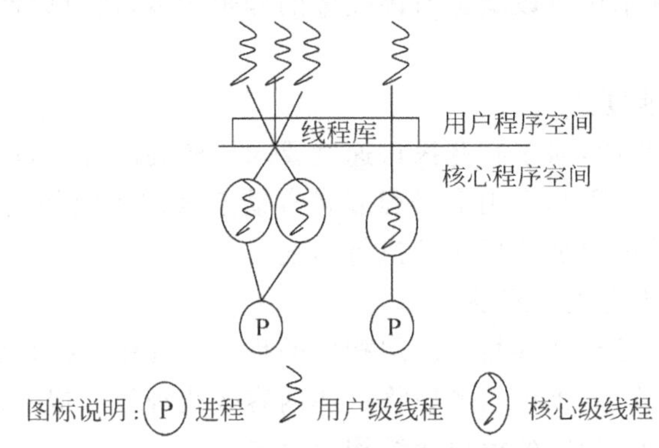

图5.6　混合型线程管理模式示意图

5.5　多线程编程基础

理解多线程管理机制，最重要的在于理解多线程环境可以为用户提供更好的并行运行。尤其是在多处理器环境中，由于操作系统可以调度线程使其运行在不同的处理器上，使多处理器上的程序可以获得高效并发执行的效果。因此，实现多线程编程是一项新的技术，这种编程技术与单线程编程方法存在一些差异，要求程序设计人员不但要掌握多线程编程技术，还要遵守一些新的编程规则。下面从几个方面来说明多线程编程的基础知识。

5.5.1　适合多线程解决的问题

就单用户多道处理环境中的多线程应用来说，如何完成多线程程序的设计问题，是个人机用户需要了解的技术。在这种环境下，当采用单线程技术完成程序设计时，为了实现多任务的并发执行，可以创建进程，通过进程来构造程序中的并发调度单元。但是，由于在一个进程的执行过程中，每次只允许有一个执行控制线，因此进程内的并发任务是无法完成的。而在实际中，对进程内的并发需求还是比较多的，下面来看几个实际应用问题。

(1) 前后台的操作问题

在设计有交互界面的系统中，通常需要分别设计前台和后台处理程序，其中前台程序主要用于接收用户请求、为用户展示执行结果、传递接收或反馈参数；而后台程序通常用于完成系统的业务处理、数据库访问、信息传递等功能。因为前台和后台程序属于两个独立的处理模块，它们之间有一定的数据交换，但大部分工作还是需要独立完成的。而且前台和后台程序极有可能需要运行在不同的处理器上，因此，将它们分别用线程来实现是比较合适的，因为采用线程可以方便系统并行调度，加快它们之间的信息交互，提高程序的执行速度。

(2) 程序中的异步处理问题

在设计并行程序时，经常需要设计一些异步处理元素，比如在一个系统中会需要一个定时引发的工作程序，像是在一个文字编辑器中的定时存储功能就是这样的一个程序。这种程序的执行与整个系统主体程序运行之间是异步进行的，它或者周期性出现或者按照设定的引发机制产生(例如，Word 编辑器中的定时存储功能程序)。这时就可以采用线程设计这个异步功能程序，这样不仅可以满足对该任务的异步调度，还可以使程序设计的结构更加清晰。

(3) 提高程序执行速度问题

在多处理器系统编程中，对于有些执行速度要求比较高的程序，可将同一进程中的多项工作分成多个线程来设计，因为采用多线程方式有助于操作系统将不同的线程调度到不同的处理器上执行，这样就可以加快程序的执行速度。

(4) 保证程序的模块化设计问题

在程序设计中，尤其是在那些与系统层相关的程序设计中，如果其中包含了对不同活动的控制或对不同资源的管理，则可以考虑将这些内容按线程设计成专门的模块，这样可以使系统的整体结构更加合理，程序的模块化结构也会更好。

采用多线程编程技术，可以解决许多应用中的实际问题，这里给出几个基于线程的应用问题解决方案，帮助读者更好地理解线程编程的应用问题。

例 5.1：用线程实现文档编辑中的多项操作。假设在一个文档编辑程序中，需要并行完成接收用户对文档的修改请求、实现对文档的修改以及定时地将正在编辑的文档内容存储在磁盘上这 3 项操作。对这一应用问题分析后可以发现，这里需要解决的是对 3 个并行操作的管理问题(即接收对文档的修改请求、完成修改、实现文件存盘)。可以采用 3 个线程来实现这 3 种操作，利用系统对线程的并发管理机制达到对这些操作的并发管理。具体实现可以采用图 5.7 所示的方式，在程序中创建 3 个线程，每个线程负责一项工作，它们分别是：

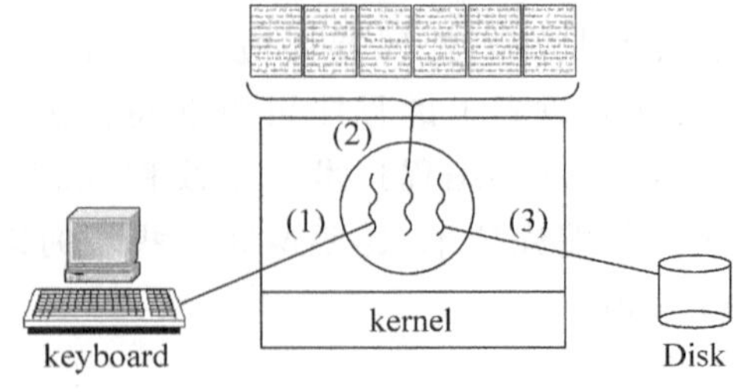

图 5.7 用线程控制并发的文档编辑任务

① 生成一个与用户交互的线程。该线程负责接收用户请求，传递修改信息。

② 生成一个后台文件处理线程。它的任务是根据修改请求对文档作格式化处理。

③ 生成一个文件定时备份线程。它负责定时地将内存中的内容复制到磁盘上。

这 3 个线程任务专一，并可以独立运行。在程序中再编制一些控制语句，就可以实现一个简单的编辑器所完成的并发操作功能。

例 5.2：在网络环境中用线程实现远程过程调用。在网络环境编程中，时常需要通过远程的过程调用实现对网络资源的请求和使用。采用单线程模式完成远程过程调用的方式如图 5.8 所示，这时，即便每个调用过程所访问的不是同一个主机，但是对远程服务程序的响应还是需要顺序完成的。例如在图 5.8 中有两个远程请求 1 和请求 2，在进程的执行中只有当第 1 个远程服务完成后，才有可能开始第 2 个远程服务。

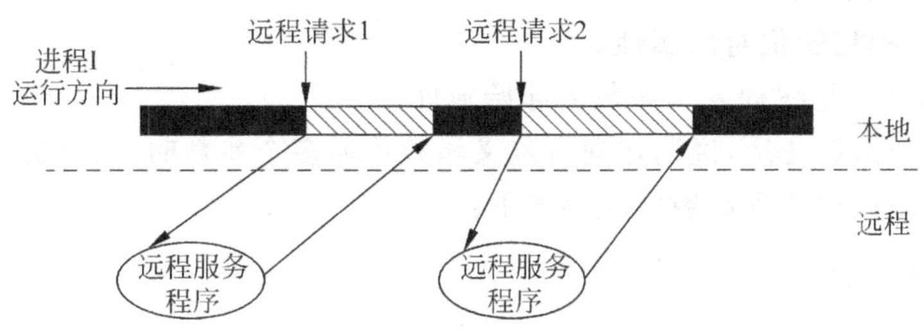

图 5.8 单线程模式中的远程过程调用

现在修改这个程序的设计方法。这里采用线程方式来完成远程过程调用，这时远程过程调用的方式就变成了如图 5.9 所示的情况。从图中可以看出，这是一种并行处理远程过程调用的方法，当进程 I 的两次远程过程调用请求不是针对同一个处理器上的服务提出来时，按照线程调度管理机制，可以让两个远程服务同时工作。由于这两个远程过程是为同一个进程服务的，显然该进程的执行效率一定会得到提升。

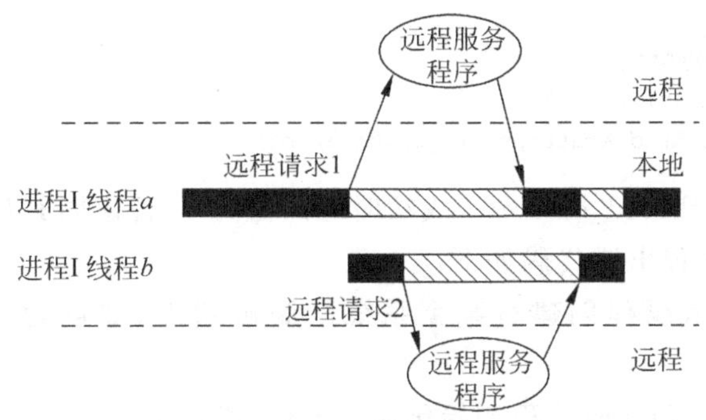

图 5.9 多线程模式的远程过程调用

5.5.2 多线程编程技术

要能够用多线程方式解决实际应用中的问题，就需要掌握多线程的编程方法，需要了解一些线程设计的知识。由于不同操作系统中所采用的多线程编程方法可能不同，为了便于理解和实践，这里以 Linux 系统为例介绍多线程编程技术。若读者需要在其他操作系统中完成多线程程序设计，还请查阅相关系统的编程手册。

1. 线程创建

在 Linux 系统中若要使用线程，首先要创建线程。创建线程时可以不指定该线程的属性对象，这时所创建的线程是一个具有默认属性的线程。通常，Linux 创建进程时会自动派生第 1 个线程，根据需要，程序设计员还可以用进程或线程派生其他线程，新创建的线程会

被放入线程就绪队列中。创建线程函数原形为

```
int pthread_create(pthread_t *tid, const pthread_attr *tattr, void (start_routine)(viod),
void *arg);
```

其中的参数

- tid 是线程标识符；
- tattr 是线程初始化时的属性；
- start_routine 是线程入口函数的起始地址；
- arg 是一个指针变量，说明在向自定义函数传递多个参数时，所分配的栈区位置。

在程序中使用创建线程函数的代码如下：

```
#include <pthread.h>
pthread_attr_t  tattr,
pthread_t tid;
extern void *start_routine(void *arg);
void *arg;
int ret;
/* 默认特性 */
ret = pthread_create(&tid, NULL, start_routine, arg);
```

在编程中，也可以使用函数 pthread_attr_init( )创建一个线程默认的属性，然后再用该属性创建一个该属性的线程。比如：

```
/* 使用默认特性做初始化 */
ret = pthread_attr_init(&tattr);
ret = pthread_create(&tid,&tattr,start_routine,arg);
```

当线程创建函数 pthread_create( )成功时返回值为 0，若返回其他值，则都表示线程创建出错。常见的创建线程出错代码如下：

- EAGAIN　表示线程创建时某个系统限制被超出（如创建了太多的轻量级进程 LWP 等）。
- EINVAL　表示创建时线程初始化属性 tattr 值有错。
- ENOMEM　表示目前系统中已没有创建新线程所需要的内存了。

2. 线程阻塞

在线程运行中，若需要等待某个事件的发生，就需要对线程作阻塞操作。通过对线程的阻塞可以实现线程间的同步，具体方法是使用函数 pthread_join( )阻塞调用它的线程，直到指定的线程结束时为止。阻塞线程使其等待某线程结束的函数调用原形为

```
int pthread_join(pthread_t tid,void *status);
#include <pthread.h>
pthread_t tid;
int ret;
int status;
/* 等待与线程"tid"同步并考虑线程返回状态 */
ret = pthread_join(tid,&status);
```

```
/* 等待与线程"tid"同步但不考虑线程返回状态 */
ret = pthread_join(tid,NULL);
```

其中，

- tid 是需要等待结束的线程 ID 号，且 tid 指明的线程必须是未分离的线程。
- status 结束线程的返回状态码，若 status 的值不为 NULL，则当指定线程终止时，线程的返回状态值放在 status 指针所指的内存中。

该函数执行成功时返回值为 0，其他返回值都说明函该数执行出现了错误。常见的错误代码如下：

- ESRCH 表示参数 tid 指定的线程不合法或不是未分离线程。
- EDEADLK 表示参数 tid 将线程指定为当前线程。
- EINVAL 表示参数 tid 非法。

3. 终止一个线程

在线程运行中可以用两种方式终止线程的运行，一种是当函数结束时调用函数的线程自动结束；另一种是使用 pthread_exit( )函数终止当前线程的运行。当一个线程执行结束时，其占用的寄存器、上下文空间和栈都被释放出来，终止线程运行函数的原形为

```
void pthread_exit(void * status);
#include <pthread.h>
int status;
pthread_exit(&status);
```

当线程被终止时所有线程占用的内存被释放，如果当前线程是未分离的，则此线程的标识符和线程返回码被保存在 status 指针所指的位置中，直到其他线程使用 pthread_join 函数与当前线程同步后再回收这些资源。如果当前线程是分离的，则参数 status 将被忽略，当前线程的资源将会被立即回收。

4. 分离一个线程

因为线程包含分离线程和未分离线程两种属性，这两种属性标志着线程的结束方式。线程创建的默认方式是建立一个未分离线程，根据线程的使用需要，对于创建的未分离线程可以使用函数 pthread_detach( )将其设置成分离线程。对线程进行分离实际上就是告诉系统的线程库，当指定线程终止时可以回收它所占用的内存及其他资源而无须等待其他线程对它进行回收。分离线程函数原形为

```
int pthread_detach(pthread_t tid);
#include <pthread.h>
pthread_t tid;
int ret;
ret = pthread_detach(tid);
```

该函数通知线程库，当 tid 所指的线程终止时可以回收它所占用的资源，如果线程没有终止，则当使用此函数时不会终止线程的执行，但该函数不可以被多次使用。

执行中函数返回值为 0，表示函数调用成功；返回值等于 EINVAL，表示 tid 指明的线程不合法；返回值等于 ESRCH，表示 tid 所指线程不是一个非分离的线程。

5.5.3 多线程标准库应用

在以上的描述中多次提到多线程标准库，而且在线程管理模式中也可以看出多线程库是构成用户多线程程序结构的基础。这里结合 UNIX 系统来介绍多线程标准库的使用问题。

在操作系统设计中，很早就提出了线程的概念，线程管理机制在一些操作系统中也运行了多年，比如 UNIX，OS-2 在一些较早的版本中就已经有了线程的概念。但到目前为止，虽然大家认同多线程在操作系统中可以实现高度并行，但是线程的使用依然不够普及。这是为什么呢？其中原因之一就是：线程在不同操作系统中的实现方式及线程使用接口方法有很大的差异。这些差异给用户在不同系统中的多线程编程带来了诸多不便，因为针对不同操作系统，用户需要掌握不同的编程方法。

当了解了操作系统对线程的支持机制后，就知道造成这种差异的主要原因是线程库的不同。为了弥补操作系统的这一缺陷，在一些操作系统中提供多种线程库的支持机制，比如在一些 UNIX 系统版本中就可以支持两种线程库标准，它们分别是 POSIX 标准和 Solaris 多线程标准。这两种标准存在着一些差异，下面对其作一些简单说明。

1. POSIX 标准

POSIX(portable operating system interface)是开源操作系统软件设计的一个产品，它是一种可移植的操作系统接口标准。研制 POSIX 中的一个分支标准 POSIX 1003.4a 的设计者们经过多年的努力，制定了一套 POSIX 的多线程编程接口，这套接口以 libpthread 线程库的方式提供给用户使用。

2. Solaris 多线程标准

Solaris 是 Sun 公司研制的新型 UNIX 系统主流版本，而 Solaris 多线程标准是专门为该系统配置的多线程库。该标准中包含了一套 Sun 公司提出的线程接口库 libthread，这套接口库在功能上与 POSIX 标准库没有大的差异，只是 POSIX 库的可移植性会更好些。

需要说明的是，近年来新研制的 UNIX 系统版本大多采用 POSIX 线程库，而且为了使系统简单，它们通常不提供对 Solaris 多线程标准库的支持。

POSIX 和 Solaris 这两种线程标准库在使用中是有限定的，比如，所有使用 POSIX 线程函数的程序需要在开始有预处理语句“#include＜pthread.h＞”的声明，以便包含线程原型；而且还需要在任何 include 语句及代码前包含定义常量“#define_PEENTRANT”，以标志出以后的内容是可重入的。编译时，POSIX 线程函数的目标代码库必须使用“-lpthread”选项链接。另外，如果程序中同时引用和链入了 POSIX 和 Solaris 的线程库，则 POSIX 的实现将会覆盖 Solaris 的实现，这样可以避免它们在语义或功能上的冲突。

5.5.4 多线程编程规则

在完成多线程编程时，程序员需要遵守一些特定的规则。要想设计出好的程序代码，除了需要掌握基本的编程知识以外，更重要的还需要在实际编程中积累各种语句的使用经验。

对于初学者来说，由于编程经验较少，那么遵守必要的编程规则就是提升编程质量的第1步。下面来看关于多线程编程规则问题。

1. **如何使用全局变量**

由于在单线程程序设计中，程序语句和变量是为一个线程服务的，所以全局变量的设置也是为这一目标服务的。有编程经验的人都知道，当在程序中完成对全局量的读写时，若某个函数对变量进行了写操作，在一段时间里没有其他函数对它修改，当该变量再次被读出时，其值应该是不变的。但是，这个经验在多线程编程中就可能不适用了。下面用实际问题来说明。

以UNIX系统的C编程为例，在程序设计时，常常会将一个系统调用的返回值当作下一步操作的判别值。也就是说，在程序执行时，可以根据系统调用的返回值来了解上一步程序的执行情况，然后决定下一步应该进行怎样的处理。比如在使用系统调用时，都会获得一个系统调用的返回值，比如通过获取write( )的返回值可以了解写操作写入的字节数，获取read( )的返回值可以了解读操作读出的字节数等等；当了解了这些返回值后，可以将其作为程序设计中读、写缓冲区的申请值。另一方面，在进行读、写操作中，如果系统调用产生了错误，它的返回值一般被设定为－1，与此同时，在UNIX系统中约定，将出错的具体错误码存放在系统的一个共享变量errno中。因此，当发现系统调用的返回值是－1时，可以断定此系统调用失败了，然后可让程序查阅errno中的内容，针对系统调用出现的具体失败原因，让程序作一些特殊的处理。所以在单线程环境编程时可以这样写系统调用程序：

```
extern  int  errno;
…
if(write (file-desc,buffer,size) == -1
   {fprintf (stderr,"Something went wrong","error code = %d\n", errno);
    exit(1);
   }
```

显然，这里errno是一个全局变量，按照这段程序描述，系统中任何一个程序都可以访问到它。使用这种方法不但可以判别系统调用是否出错，同时还可以了解出错时的错误代码是多少，这样有利于对出错原因进行具体分析。

若将这种编程方法直接搬到多线程环境中，那么其执行情况又会如何？先看多线程中的变量访问情况。如果全局变量errno的定义不变，由于在多线程环境中系统调用的使用可以支持多线程的并发使用，极有可能出现两个线程都需要使用系统调用的情况（注：所使用的系统调用可以是同一个，也可以是不同的）。如果两个线程在使用系统调用时同时产生了错误并返回，这时它们就都需要将错误码填写到变量errno中，但是很可能这两个线程的出错原因是不相同的，而两个线程又都希望能从errno中了解到它的出错原因。这时就会出现这样的问题：一个通常意义下的全局变量errno是无法存放两种含义值的。显然，当将单线程环境中的全局变量作为多线程环境编程中的全局量使用时，极有可能出错。也就是说，在多线程环境中，对全局量的使用需要遵守一些新的规则。

为了解决这类问题，在多线程程序设计中需要引入一个新的概念，这就是线程的局部变量。这里所说的线程的局部变量，在使用中与单线程中的全局变量很相似，它可以被进程中某个特定线程的所有函数使用；但同时又对它附加了一些鲜明的私有性，这个私有性是指线程的局部变量只能被特定线程访问，并不是所有线程都能被访问到。有了这个新的约定，就可以保证同一个线程的局部变量内容可以是不同的，即便两个线程使用相同的变量名去访问某个局部变量数据也不会产生错误。

线程的局部变量看似有些神奇，但实际上并不神奇。只是在系统管理它们时，将不同线程访问的内容存放于不同的数据区中。因此，在多线程编程中，对类似于全局量 errno 的使用是与一个线程绑定的，也就是说，对应于全局量 errno，每个线程都有一个私有变量 errno。在系统中可以采用宏定义方式实现对全局变量的管理。

2. 保证程序代码安全性

在完成多线程环境的程序设计时，应时刻注意所加入的程序代码是否安全，也就是说，不能在一个多线程程序中随便加入非多线程的语句。因为在多线程环境中的程序一定要能适应多线程的工作环境，否则会出现错误。

对于现代 UNIX 系统版本来说，它们所提供的函数库都是线程安全的(除非有特殊说明)，例如 Solaris，AIX，Linux 系统等都属于线程安全的系统。

另外要注意的是，当需要编写一个多线程安全库时，不要使用全局操作命令，尤其要切记不要将全局操作(或对全局状态有影响的操作)改成线程内的操作。比如简单地将文件的输入/输出改成线程内的操作是不可行的，因为在线程之间无法对文件访问作简单、有效的协调。正确的做法是，设计一个专门线程用来管理文件的输入/输出操作。另外，在多线程的设计中，应注意使用多线程函数完成各项操作工作，例如，当要退出函数所在的线程而不是退出整个进程时，在函数的结束部分应使用 thr-exit( )，而不是用直接返回语句 exit( )退出。

在编写一个应用系统时，其中的初始线程有些例外，在初始线程中通常可以引用非多线程代码。这是因为初始线程的工作是独立的，所以在初始线程中可以保证相关的静态存储区只被这一个线程所使用，因此引用非多线程代码时不会出错。

3. 线程间的互斥与同步控制

在多线程环境中当多个线程共享数据或资源时，必须采用线程间的互斥或同步技术进行协调，这一点与进程很相似。关于进程的互斥和同步在本书的第 7 章中有详细描述，这里只针对线程管理应注意的问题作一些说明。下面给出一个例子，说明多线程环境中线程互斥问题是否存在。

假设有一段程序，它将 printf( )函数应用到了多线程程序中，没有考虑多线程的互斥问题，这将会出现什么问题呢？假设多线程的程序中包含了以下内容：

```
…
/* thread1 */
printf("Go to statement reached");
/* thread2 */
printf("hello world");
…
```

在该段程序中还包含其他内容，但这里只关心包含输出语句的两个线程。若该程序在多线程环境中运行，这两个线程就可以并发执行。显然，执行时它们都需要使用输出语句printf( )将信息输出到标准输出流上。若编程时没有进行特殊控制，则该程序执行时极可能给出以下输出结果：

```
Go to statement hello world reached
```

也就是在两个线程并发后，在输出时将两个输出请求的内容混淆在了一起。这种输出结果不是希望得到的，出现这种情况的原因主要是，在线程间使用共享资源时没有进行互斥处理。而此例中的共享资源，就是标准输出流(在 UNIX 中将标准输出流默认为显示器)。因此，与进程并发管理类似，在多线程环境中必须考虑使用互斥技术解决共享资源的使用问题。下面给出两种常见的管理方法：

(1) 建立统一互斥锁

在线程运行时为了避免对共享资源的交替使用，可以使用一个互斥锁进行管理。这种管理类似于进程管理中的互斥机制，即当某一个线程运行并希望其他线程在其运行期间不要对共享资源进行修改访问时，设定一个互斥锁，用该锁限制其他线程对共享资源的访问；当线程运行结束时就释放这个互斥锁，从而使其他希望使用共享资源的线程可以使用共享资源。用统一互斥锁对线程共享资源管理的过程如图 5.10 所示，在图中用实线表示对锁变量加锁过程，用虚线表示打开锁变量的过程。从图中可以看出，当采用互斥锁来管理线程的共享资源时，在某一给定时间上，只可能有一个线程拥有访问共享数据的权力。这样也就保证了每个线程在访问共享数据或资源时不被其他线程所干扰。

这种方法可以解决共享资源互斥问题，但同时也看出，由于互斥锁的特性，使线程的执行环境实际上已变成了单线程环境，因此这种方法存在的一个最大弊端就是并发性能比较差。

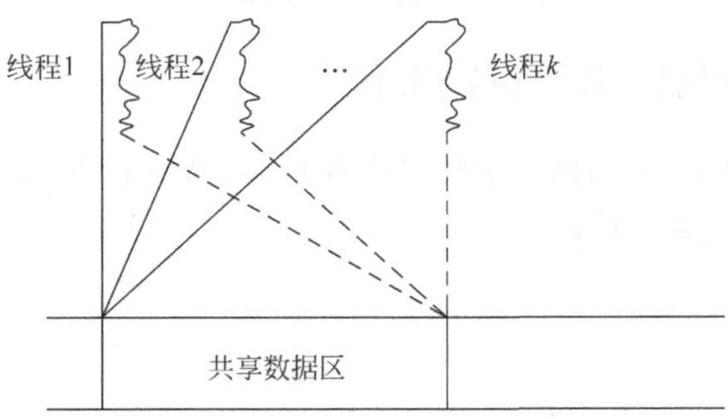

图 5.10　用互斥锁管理多线程共享资源

(2) 将函数设计成可重入方式

解决线程间使用共享资源问题的另一种方法，是使用模块化和数据封装的设计方法，将多线程中的共享函数设计成可重入式的函数。

什么是可重入式函数呢？实际上，也就是设计一种可被调用的函数，该函数可以重复地被多个线程调用，同时能够保证其执行结果的正确性，该正确性不会因调用该函数的线程多少而发生变化。换句话说，就是在函数的设计中已充分考虑到了多线程对共享资源使用中的互斥与同步问题。这种函数与单线程中的函数已经不相同了，实际上已改变了函数的接口和函数的内部实现过程(注：只有这样才能保证函数的可重入特性)。

在现代操作系统中，这种可重入函数的例子有很多，比如操作系统对内存访问的控制、对文件访问的控制所构成的函数都是可重入的函数。因为在多道环境中，对内存的请求或是对文件访问的请求都是可以并发操作的，当然也需要对它们的执行管理采用相应的互斥与同步机制来加以控制，才能保证程序执行的正确性。

在编写用户程序时也可以设计可重入函数，实现可重入函数的关键技术是进行代码锁定和数据锁定。代码锁定技术可以应用在函数的调用过程中，这种技术可以使函数的整个运行过程在某个锁的保护状态下进行。其设计思想是：①将所有用到的共享数据都通过函数进行访问；②对那些需要使用相同共享数据访问的函数，使用同一个锁进行保护。这样可以在一个互斥锁的保护之下实现程序执行，保证函数的运行不被其他线程打断。

另外，还可以采用数据锁定技术来保证多个线程在进行数据访问时的数据一致性。采用数据锁定技术是指对系统中多个访问请求可以采用一种策略，即允许有多个读者和一个写者对某数据进行并发访问。也就是说，采用的控制机制是：当出现多个并发写操作请求时，将被拒绝；而当有多个读操作请求时可被允许。另外，还可以允许多个线程各自访问不同的数据集，只要数据集不冲突，这样的并发控制显然可以增加线程访问共享数据的并行性。

5.6 多线程编程实践

在了解了多线程程序设计的基本原理和设计规则后，下面给出几个多线程程序设计的实例，进一步说明单线程程序与多线程程序在设计和执行方面存在的差异，帮助读者加深理解多线程程序设计方法，增强用线程解决实际问题的能力。

5.6.1 用多线程提高程序执行效率

假设需要编写一段C程序，用来完成字符串 Hello World 的输出。如果用单线程方式编写该程序，则程序可以如下设计：

```
/* hello_single.c */
#include <stdio.h>
#define NUM 5
main( )
{
void print_msg(char * );
print_msg("hello");
print_msg("world\n");
}
void print_msg(char * m)
{
int i;
for(i = 0 ; i < NUM ; i++ ){
      printf(" %s", m);
```

```
        fflush(stdout);
        sleep(1);
    }
}
```

这是一段简单的字符串输出程序，在主函数中使用了两次字符串输出函数，分别输出hello和world；在字符串输出的函数中，根据请求输出的参数利用printf( )函数逐个完成字符的输出。该程序经编译后可被运行，根据程序中所安排的语句，其输出结果如下：

```
hellohellohellohellohelloworld
world
world
world
world
```

出现这种输出格式是因为在第1个输出函数被调用时，没有要求输出换行符，这不是我们考虑的重点。现在分析程序的执行效率问题。首先按照单线程调度方式，经过对程序中的代码分析可知，由于程序在每个字符串输出后都安排了一秒钟的停顿时间(这是为了保持与I/O设备同步设置的必要延迟)，在程序中共输出了10个字符串，所以该程序执行中最少有10s的延时。

现在考虑用多线程方式设计该程序，看看是否会收到不同的效果。用多线程方式设计的程序可以是如下内容：

```
/* hello_multi.c - a multi-threaded program */
#include <stdio.h>
#include <pthread.h>
#define NUM 5
main( )
{
  pthread_t t1, t2;     /* two threads */
  void *print_msg(void *);
  pthread_create(&t1, NULL, print_msg,(void *)"hello");
  pthread_create(&t2, NULL, print_msg,(void *)"world\n");
pthread_join(t1, NULL);
pthread_join(t2, NULL);
}
void *print_msg(void *m)
{
char *cp = (char *) m;
int i;
for(i=0 ; i<NUM ; i++){
        printf("%s", m);
        fflush(stdout);
        sleep(1);
}
return NULL;
}
```

在这段程序中，主函数创建了两个线程，让它们分别去调用字符输出函数完成两个字符

串的输出,在线程执行语句后面安排了线程间的同步语句,用来等待线程执行结束。经编译后让程序运行,发现其执行结果如下:

```
helloworld
helloworld
helloworld
helloworld
helloworld
```

分析这个程序的执行情况发现,由于在多线程环境中,两个线程可以并发执行,它们共同完成了 10 个字符串的输出;虽然程序中在每个字符串输出后依然安排了 1s 的延迟,但因为两个线程是并行执行的,所以程序执行时的延迟时间可能只有 5s。与单线程程序相比,采用多线程程序设计,程序在输出字符时的延迟时间减少了一倍,因此程序的执行效率也就得到了极大的提高。

5.6.2 用多线程查询数据库

在许多信息管理系统中,都需要频繁查询数据库中的内容。这时如何设计对数据库的访问和查询管理会影响到整个系统的性能,因此需要认真对待。这里给出一种建立主、辅线程的方式来解决数据库访问的问题。考虑在主线程中创建一个辅助线程,让辅助线程完成对数据库查询,而主线程负责完成其他任务。在主线程完成有关任务后,在一个指定点与辅助线程进行同步。该程序的参考设计如下:

```
Void mainline (...)
  {
    struct  phonebookentry  *pbe;
    Pthread_attr_t  tattr;
    Pthread - t helper;                          /* 线程定义 */
    Int status;
    Pthread_create (&helper,NULL,fetch,&pbe); /* 创建一个线程 helper, 并让其执行函数 fetch */
      ...                                       /* 做一些主线程中需要完成的工作 */
    Pthread _join (helper,&status);            /* 主线程等待辅助线程结束并得到其返回值 */
    }
   Void fetch (struct  Phonebookentry  arg)  /* 函数 fetch 的说明 */
   {
    struct phonebookentry   *npbe;
             ...                                /* 从数据库中查找所需的值 */
    npbe = search(prog_name);
    if(npbe != NULL)
       *arg = *nbpe;
    pthread_exit(0);
    }
    struct phonebookentry
    {
    char name[64];
    char phonenumber[32];
    char flags[16];
}
```

在此程序中，创建的辅助线程是 helper，辅助线程执行一个函数 fetch( )，该函数内容由程序的后半部分给出，它完成从数据库中查询数据的工作。程序的整体任务是：主线程希望查询数据库中的一些信息，同时还需要完成一些其他事情，因此它创立一个线程，让它去完成数据库的查询工作，在相应的语句结束后主线程又调用函数 pthread_join( )等待辅助线程的结束，并根据查询函数完成的情况进行下一步的操作。这里，线程查询的数据库结构是由 phonebookentry 指明的一个电话本信息，值得注意的是，变量 pbe 是主线程 mainline( )中的一个局部变量，同时它也作为一个指针传递给了辅助线程，而辅助线程又将这个指针作为线程入口函数的输入参数传递给了查询函数 fetch( )，这样就将数据库查询工作串了起来，形成了一次有意义的操作。

请读者构造一个数据文件，并将上面给出的程序补充完整，然后对该程序进行编译和链接，生成可执行文件，然后查看程序的执行效果是否满意。

5.6.3 用多线程复制文件

在许多实际应用中，可能需要实现文件复制任务。文件复制可以采用多种方式来实现，本节将采用一种新的设计手法，将文件复制操作分派在不同线程中完成，用一个多线程程序实现文件的复制操作。在此程序中包含线程的创建、线程终止及线程等待等函数，所以是一个比较完善的多线程应用程序示例。

我们设计在程序执行时可以从命令行读入多个需要复制的文件名，程序中将对每个需要复制的文件启动一个线程，让它完成将该文件复制到对应的"*.bak"文件中(注：这里 * 为通配符，表示原文件名)的操作。程序中创建的线程具有默认属性，线程启动后将调用 backup_file( )函数完成复制工作。程序参考代码如下：

```
#define _PEENTRANT
#include <sys/types.h>
#include <stdlib.h>
#include <string.h>
#include <fcntl.h>
#include <stdio.h>
#include <unistd.h>
#include <sys/stat.h>
#include <pthread.h>
#include <errno.h>

#define BUFFERSIZE 100
#define MAXBACKUPFILE 50
#define MAXNAMESIZE 80
void *backup_file(void *arg)           /* 将 src_file 复制到 des_file */
{
int src_file;                          /* 原文件描述符 */
int des_file;                          /* 目的文件描述符 */
int bytes_read = 0;
int bytes_written = 0;
int *bytes_copied_p;                   /* 累计线程所复制的字节数,将由 pthread_exit( )返回 */
char buffer[BUFFERSIZE];
```

```
char * bufp;

src_file =  * ((int * )(arg));    /* 由 arg 指向的结构获得源与目的文件描述符 */
des_file =  * ((int * )(arg) + 1); /* 为 byte_copied_p 分配静态存储单元，以便由 pthread_exit( )
                                      返回 */

if ((bytes_copied_p = (int * )malloc(sizeof(int))) == NULL)
      pthread_exit(NULL);
* bytes_copied_p = 0;
for ( ; ; )
 {
  bytes_read = read(src_file, buffer, BUFFERSIZE);     /* 从源文件将内容读至缓冲区中 */
  if ((bytes_read == 0) || ((bytes_read < 0) && (errno != EINTR)))
            break;
  else if ((bytes_read < 0 ) && (errno == EINTR))
            continue;
  bufp = buffer;
  while (bytes_read > 0)
 {
 bytes_written = write(des_file, bufp, bytes_read);  /* 将缓冲区的内容写到目的文件中 */
      if ((bytes_written < 0) && (errno != EINTR))
               break;
      else if (bytes_written < 0)
                continue;
       * bytes_copied_p + = bytes_written;
      bytes_read - = bytes_written;
      bufp + = bytes_written;
      }
      if (bytes_written == -1)
            break;
}

close(src_file);                  /* 关闭源文件及目的文件 */
close(des_file);
pthread_exit(bytes_copied_p);     /* 线程退出，并返回复制的字节数 */
}

int main(int argc, char * argv[])
{
pthread_t thread_id[MAXBACKUPFILE]; /* 线程 ID 数组 */
int filenum;                      /* 实际读入的文件个数 */
char filename[MAXNAMESIZE];
int fd[MAXBACKUPFILE][2];         /* 源文件与目的文件描述符数组 */
int * bytes_copied_p;             /* 接收 pthread_exit( )返回的参数 */
int total_bytes_copied = 0;
int i;

filenum = argc - 1;
if (filenum > MAXBACKUPFILE)      /* 检查命令行参数是否过多 */
{
fprintf(stderr, "USUAGE: % s arg1 arg2 ... arg % d\n", * argv, MAXBACKUPFILE);
```

```
        exit(1);
    }

    for (i = 0; i < filenum; i ++ )
    {
        if ((fd[i][0] = open(argv[i + 1], O_RDONLY)) < 0) /* 打开源文件 */
        {
fprintf(stderr, "Unable to open backup source file %s: %s\n", argv[i + 1], strerror(errno));
            continue;
        }

sprintf(filename, "%s.bak", argv[i + 1]);              /* 打开目的文件,其后缀为"*.bak" */
if ((fd[i][1] = open(filename, O_WRONLY | O_CREAT, S_IRUSR | S_IWUSR)) < 0)
  {
fprintf(stderr, "Unable to create backup destination file %s: %s\n", filename, strerror
(errno));
            continue;
        }
                                                        /* 为每个读入的文件创建一个线程 */
        if (pthread_create(&thread_id[i], NULL, backup_file, (void *)fd[i]) != 0)
            fprintf(stderr, "Could not create thread %d: %s\n", i, strerror(errno));
    }

    for ( i = 0; i < filenum; i ++ )
    {
                                                        /* 等待每个线程结束 */
        if (pthread_join(thread_id[i], (void **)&(bytes_copied_p)) != 0)
            fprintf(stderr, "No thread %d to join: %s\n", i, strerror(errno));
        else
        {
            printf("Thread %d backuped %d bytes for %s\n", i, *bytes_copied_p, argv[i + 1]);
            total_bytes_copied += *bytes_copied_p;
        }
  }

  printf("Total bytes copied = %d\n", total_bytes_copied);
  exit(0);
    }
```

完成该程序的编写后,为了使其能够调试运行,需要在 Linux 系统下用以下命令编译该程序:

```
$ gcc -o backupfile -lpthread backup_file.c
```

注意,这里要使用"-lpthread"选项来指定使用的线程库,以满足用户线程的创建需要。

程序的执行情况会有多种,下面逐一说明:

(1) 显示当前目录下的文件。假设当前工作目录下共有 4 个文件,在用户目录下输入 ls 命令后得到以下输出结果:

```
$ ls
compute.sh   score.sh   showfile.sh   work.sh
```

(2) 用本程序完成对文件 compute. sh 的复制。输入 backupfile 命令如下所示：

```
$ backupfile compute.sh
```

程序运行输出如下：

```
Thread 0 backuped 578 bytes for compute.sh
Total bytes copied = 578
```

程序在执行过程中提示创建了一个新线程来完成文件复制操作，当该程序运行完成后再输入 ls 命令：

```
$ ls
compute.sh  compute.sh.bak  score.sh  showfile.sh  work.sh
```

运行该程序后，在当前目录下增添了一个新的备份文件 computesh. sh. bak，显然程序执行达到了预期的效果。

(3) 假设现在用命令删除 compute. sh. bak 文件，然后再执行本程序，这次希望实现对当前目录下的所有文件进行复制的操作。具体操作步骤如下：

```
$ rm compute.sh.bak
$ backupfile  *
```

程序执行后提示：

```
Thread 0 backuped 578 bytes for compute.sh
Thread 1 backuped 469 bytes for score.sh
Thread 2 backuped 519 bytes for showfile.sh
Thread 3 backuped 904 bytes for work.sh
Total bytes copied = 2470
```

再显示当前目录下包含的文件内容有：

```
$ ls
compute.sh compute.sh.bak score.sh score.sh.bak showfile.sh showfile.sh.bak work.sh work.
sh.bak
```

通过以上程序运行和查询验证可以看出，在这一轮的执行中，该程序共创建了 4 个线程，每个线程分别完成了一个文件的复制任务，显然，程序完成了期望它完成的功能。

本节利用 3 个线程设计的实例，说明了多线程程序设计可以解决的有关问题，以及多线程程序设计的方法和技巧。需要指出的是，针对每个提出的问题，这里所给出的实现程序只是一种参考实例，读者完全可以根据所掌握的线程知识，设计出自己的更加完善的多线程程序。同时，希望读者对所设计的程序进行调试和验证，掌握多线程编程的基本方法，并在程序设计和调试中不断增加对多线程编程技术的认识，增强多线程编程设计的能力。

5.7 本章小结

本章论述的主要问题是，在并行管理机制中加入线程后，可以使处理器在同一地址环境中实现对多个控制线的控制，从而增加处理器调度的并行性。线程的概念从进程引申而来，引入线程概念后，进程是资源分配的基本单元，线程是调度分派处理器的基本单元。同一进程中的线程可以共享一个地址空间，当发生线程切换时，需要的环境变化比进程切换时要少许多，这一特性使处理器调度更加方便。另外，由于同一进程中的线程使用同一地址空间，使多个线程之间的通信更加简单。这些特性都可以减少系统消耗，提高程序执行效率。

线程作为一个处理器调度的实体，可以被分配在不同的处理器上运行，这一点非常适合多处理器系统的调度。如果将同一进程中的多个线程放在多个处理器中执行，则可以实现真正意义上的并发管理，充分发挥多核处理器的执行效率。

操作系统在管理进程和线程两种并行单元时采用的方法是，进程可以受保护地访问处理器、其他进程、文件和I/O单元；线程是处理器调度的单元，需要建立线程映像，其中包括PC寄存器内容、栈的描述、使用寄存器集、子线程、局部变量存储区等。这时，进程模型也发生了很大变化，主要是其中要包含对线程的描述。

线程与进程一样也是一个有生命的实体，线程的状态包含有运行、就绪、阻塞等，状态之间的转换由一些内部操作完成。对线程的管理可以采用用户级线程模式、核心级线程模式，或是两者结合的混合型管理模式。用户级线程模式主要是依赖在用户空间的线程库来实现线程的描述，对核心级管理方式没有影响；而核心级线程模式中的线程可以直接对应到核心程序空间中，是一种对线程支持比较彻底的模型。混合型模式是结合了两者特点的模式，典型的Solaris系统就是采用混合模式来管理线程的。

利用线程，可以解决许多当代计算机需要面对的应用问题。在5.5节中主要介绍了线程应用的基础知识和一些新的编程规则，在5.6节中给出了若干个基于线程的程序设计实例。这些内容从多线程程序设计方法和编程实用技术方面给出了一种范例，读者可以将其作为参考，练习多线程程序设计，逐步掌握多线程编程的技术和方法。

练 习 5

1. 建立线程的概念主要是为了解决并发处理中的什么问题？
2. 在多线程的进程中可以包含多个控制线吗？这些线程将共享进程中的什么资源？
3. 当一个线程的运行被阻塞时，包含该线程的进程状态是否也变成了阻塞态？为什么？
4. 在包含线程管理的系统调度中，处理机调度需要关注哪些并发单元？
5. 解释用户级线程模式ULT的具体含义。
6. 解释核心级线程模式KLT的具体含义。
7. 在Linux系统中使用C语言编程，在程序中分别创建进程和线程，并通过编程比较系统创建它们时使用了多长时间。
8. 分别在Linux和Windows系统中编写程序，通过父进程创建子进程的方式(或是父线程创建子线程的方式)，让父、子进程(或是父、子线程)各打印1000条信息。通过调试、运行该程序，分析说明在Windows中创建线程与在Linux中创建进程存在哪些相同与不同之处，它们各自的优势是什么。

CHAPTER 6

第6章

并发控制与进程通信

本章要点

程序执行中的并发管理是现代操作系统的一项重要任务，并发控制单元可以是进程，也可以是线程。本章在第4章、第5章的基础上，介绍操作系统并发管理中的核心问题——进程同步与进程互斥，以及进程同步与互斥的实现方法。还将介绍进程间的通信问题及进程通信的实现技术。本章学习的重点是理解进程并发控制中的同步与互斥管理的必要性，以及可以实现进程同步与互斥管理的基本方法；还要理解进程通信的意义，以及经典IPC问题中所包含的一般性并行控制管理内容，并能掌握一些常用的进程通信方法和相关的程序设计技术。

6.1 进程同步与互斥

在以进程为基础的管理下，计算机中运行的任务会被分解成一个个进程，而一个进程可能只完成某项任务中的一部分工作，通过多个进程的共同执行才能完成一项完整的任务。那么，多个进程在执行中就需要进行信息交互和通信，以达到协同工作的目的。进程之间将如何进行通信？如何保证多个进程能够获得正确的共享信息？这些都成为并发环境中进程控制的重要研究问题。

6.1.1 进程间的交互

实现进程间的交互可以采用多种方式。在多道环境中，并发进程的数目可能会很多，它们之间的关系也比较复杂，概括起来，进程间的交互可能会有以下几种形式：

(1) 交互时进程间完全不知道对方的存在。

(2) 交互时进程间接知道对方的存在。

(3) 交互时进程直接知道对方的存在。

完全不知道对方存在的并发进程，是一些各自独立、在执行中不需要协同工作的进程。但是这类进程也有信息交互的需要，因为操作系统需要了解进程对资源的使用状况，需要控制这些进程有序地使用共享资源。所以，这时进程交互机制是基于资源使用状况而建立的进程通信方式。在这种进程交互模式中，进程间可以完全不了解对方是否存在，完全由操作系统接收进程向外传递的信息并将这些信息再传递给需要的进程。

间接知道对方存在的并发进程，也是一些比较独立的进程。它们之间虽然不需要直接通过信息交互来保证进程的运行，但是它们之间却存在着一种间接关系，比如都需要向显示器传递输出信息，或者都需要等待一个信号的到来才能继续。这种进程在执行中需要相互协调才能运行，而在构建这种进程交互模式时，主要是通过一个间接媒介来建立进程间的联系，进程联系时无需知道对方进程的ID号等。

直接知道对方存在的并发进程，是指那些相互紧密关联的进程，这些进程的执行结果会直接影响到其他进程的执行情况。这时，进程间的交互应该是直接通过进程ID来完成的，这类进程之间通过进程ID号直接传递它所需要的信息，并通过这种直接交互方式达到多进程协同工作的目标。

由于进程间存在着多种交互方式，操作系统只有对这些进程交互方式分别进行控制，才能达到各种进程的正确并发执行，否则，系统中复杂的并发控制就无法正常完成。

6.1.2 进程互斥

进程互斥是进程交互中需要面对的一种情况。第4章曾简单说明了进程互斥的意义，这里将进一步讨论进程互斥的产生根源和进程互斥的实现。

1. 进程对临界资源的访问

多进程访问共享资源的例子很多，但是有些资源无法做到同时为多个进程所使用，必须按照顺序进行访问才能保证资源的正确使用，这种资源就是临界资源（4.4.2节中已有介绍）。为了保证进程在使用临界资源时不发生错误，就需要建立一种互斥机制。图6.1给出了一个多进程请求使用临界资源的示意图，图中的临界资源是一个共享文件或一台打印机，当有多个进程提出请求时只可能有一个进程的请求会被接受，如进程k，这时其他进程的请求都会被拒绝。待k进程使用完之后，其他进程的请求才有可能被满足。

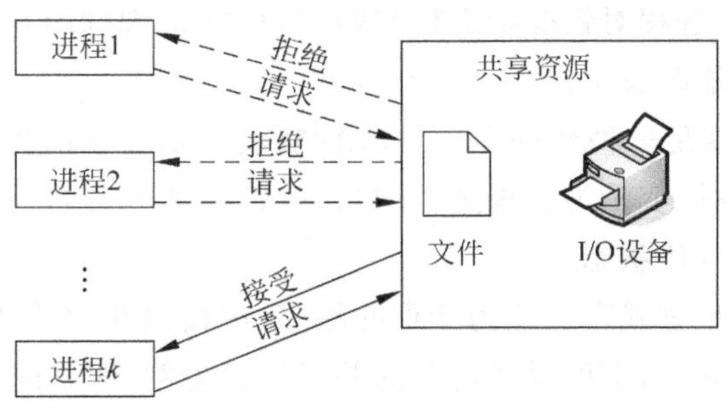

图6.1 多进程请求访问临界资源的示意图

2. 进程互斥原则

在进程并发管理过程中，使用互斥机制可以有效地保护临界资源的正确使用，进而保证并发进程的正确运行。因此，在操作系统中建立一套有效的进程互斥机制是必需的，管理进程互斥时应该遵守以下几项基本原则：

（1）进程对临界资源访问必须采用强制的互斥方式进行。

(2) 当某进程退出临界区时，不能阻止其他进程进入临界区的请求。

(3) 每个进程从申请进入临界区，到允许进入临界区这个时间段应该是一个有限值。

(4) 当临界区中没有进程存在时，任何请求进入临界区的进程都应该能够立即进入。

(5) 进程互斥与进程执行速度和使用处理器的个数应没有要求和限制。

(6) 一个进程驻留在临界区的时间必须是有限的。

3. 互斥机制的实现策略

实现进程互斥机制需要采用一些特殊的技术和方法，其中，包含软件技术也包含硬件技术。这里首先说明软件实现法，然后再讨论有硬件支持的实现方式。

用软件方法实现进程互斥管理也有多种方式，比如可以使用中断屏蔽法、锁变量控制法以及忙等待方法。它们的实现思想分别是：

(1) 中断屏蔽法。在某一进程访问临界区时对中断进行屏蔽，迫使其他进程无法停止正在访问临界区的进程执行，从而保证临界区访问的唯一性。但是这种处理存在一些问题，其一是带来了一个重大隐患，即若将中断屏蔽操作交给用户进程使用，会给系统正常运行带来威胁。设想有一个用户进程屏蔽了中断但却忘记了释放，那将会产生怎样的后果？其二是无法真正阻止进程对临界资源的并发访问，因为这种试图阻止其他进程访问临界区的做法，只可能对单处理器有效，而对多处理器上的进程是无效的。因为运行在多处理器上的多个进程，当一个处理器的中断被禁止时是无法屏蔽其他处理器的中断有效性的，所以还会产生多个进程访问临界区的情况发生。

(2) 锁变量法。这种方法的思想是，设置一个锁变量使其取值与临界区的使用情况相关联，即当锁变量的值为 0 时，表示临界区为空，当锁变量的值为 1 时，表示临界区已被占用(初始态时，将锁变量置为 0)，以此来控制进程对临界区的互斥访问。采用这种方式，当某一进程希望进入临界区时，首先判断锁变量的值，若该值为 0，则进程可占用临界区，同时将锁变量值改为 1；若该值为 1，请求进入临界区的进程将等待，直到锁变量变为 0。该方式的一个主要缺点是，当多个进程对锁变量进行判断时，可能出现同时认为临界区为空，而致使多个进程进入临界区的情况发生。

(3) 忙等待方法。这是一种允许多个进程轮换使用临界区的控制方式，控制中设置一个轮换变量，只有当该轮换变量为请求进程的指定数时，才允许进程进入临界区，否则进程就认为临界区忙而处于等待状态。

由于前两种互斥实现方式存在较为严重的缺陷，因此这里将重点讨论忙等待方式的实现方法。为了便于描述问题，下面以最简单的并行情况为例，即只说明两个进程并发时如何用忙等待方式实现互斥管理。

4. 忙等待 Dekker 互斥算法实现

假设有两个进程 P0，P1，它们在并发运行时需要进入临界区。为了控制它们能够正确执行，采用忙等待方式管理临界区。首先设置以下变量：

- 设定进程的状态用一个布尔变量数组 flag 表示，flag[0]对应进程 P0，flag[1]对应 P1。它们可以取 true 或 false 值。

• 设置轮换变量 turn，当 turn=0 时，表示轮到进程 P0 进入临界区，当 turn=1 时，表示轮到进程 P1 进入临界区。

控制两进程互斥使用临界区的程序如下面的“忙等待 Dekker 算法”中给出的代码。实际上，该程序还应该包含一些其他操作语句，但为简单起见，都将它们省略掉，只保留了对有关临界区控制的程序码。为了便于大家理解，这里将控制程序的主体思想作进一步说明：

(1) 每个进程设置独立的标志 flag，当进入临界区时，进程将 flag 置成 true，表示该进程已经在临界区中。该标志的作用是为了避免临界区空置情况的出现。

(2) 当进程 P0 希望进入临界区时，修改 flag[0]的值为 true 值，同时判断 flag[1]是否为 false，若条件满足，P0 就可以进入临界区。

(3) 若此时 flag[1]的值是 true，就再由 turn 值来决定是否允许进程 P0 进入临界区；由于指定该值与进入临界区的进程号相同，所以当 turn=0 时，就让 P0 坚持进入；这时 P0 将不断地检查 flag[1]的值，直到 flag[1]=false，P0 就可以进入临界区了。

(4) 若此时 flag[1]的值是 true，而且 turn=1，说明进程 P1 已经占用了临界区；这时进程 P0 就不应再强行进入临界区了，而是应将 flag[0]的值修改为 false，在临界区外等待，不断地判断 turn 值是否变为 0，若出现了这个机会，就立即将 flag[0]置为 true，并进入临界区。

(5) 同时 P1 也进行以上类似的判断和操作，只是它与进程 P0 判断的值是相逆的。

忙等待 Dekker 算法程序代码如下：

```
    bolean flag[2];
    int turn;
    void P0( ) {
          while (true) {
          flag[0] = true;
          while (flag[1])
               if (turn == 1) {
              flag[0] = false;
              while (turn == 1)
                   /* 不做任何操作 */;
              flag[0] = true;
             }
        /* 进入临界区操作 */;
        turn = 1;
      flag[0] = false;
        /* 释放临界区 */;
        }
    }
void P1( )  {/* 内容省略,只需将 0 改为 1,1 改为 0,其余的相同 */}
void main( )
{
     flag[0] = false;
     flag[1] = false;
     turn = 1;
     parbegin (P0,P1);
}
```

在程序中设定如果 turn＝1，P0 就将 flag[0]的值改为假值。这样做的目的是让 P0 主动放弃对临界区的请求，让 P1 有进入临界区的机会，减少出现死锁的情况。在程序中应该还包含 P1 进程访问临界区的控制程序，但这里只给出了进程 P0 的操作内容。进程 P1 的代码可仿照 P0 的内容。

上述 Dekker 算法程序几乎可以正确地实现两进程的互斥问题了，但是由于该算法中存在着一些无法克服的缺陷，因此在有些情况下还会失效。因此还有另一种忙等待的实现代码，即 Peterson 算法实现代码。

5. 忙等待 Peterson 互斥算法实现

与以上问题描述的前提相同，还可以用 Peterson 算法来实现进程互斥管理，该算法的实现代码如下：

```
 bolean flag[2];
int turn;
void P0( )
{
  while (true)
  {
    flag[0] = true;
    turn = 1;
    while (flag[1] && turn == 1)
     /* do nothing */;
    /* critical section */;
    flag[0] = false;
    /* remainder */;
  }
}
void P1(  ) {/* 内容与 P0 相似，只需将 0 改为 1, 1 改为 0, 其余相同 */}
void main( )
{
      flag[0] = false;
      flag[1] = false;
      turn = 1;
      parbegin (P0,P1);
}
```

在 Peterson 算法中，将 P0 进入临界区的条件改为判别：flag[1]＝false 并且 turn＝0。这种一次性判别可以简化程序代码；同时在 P0 中会设置 turn＝1，这样做的意义在于，首先就认为使用临界区的机会是 P1 的，以此实现进程间的相互礼让。最后 P0 是否可以进入临界区，还要看两进程相互礼让的顺序如何，然后才能做出是否能够进入临界区的决定。

6. 基于硬件支持的进程互斥机制

使用软件方法解决互斥控制主要采用了忙等待方式，但是忙等待方式存在着一些天生的漏洞(如死锁或多进程进入)，所以它并不是一个完美的方案。另一方面，通过以上给出的两种算法程序可以看出，这种解决方式对编程要求比较高，语句顺序安排的前后，条件判断是否严谨都很讲究，这些编程技巧是为了防止复杂的互斥问题在编程中可能出现的漏洞。另外，在以上的描述中还只是针对两个进程并发的互斥控制，如果并发进程数增加，则这种程序的控制过程会变得更加复杂。

鉴于软件解决方案中存在的问题，于是产生了用硬件手段解决互斥问题的需求。原则上，用硬件手段解决互斥控制的方法是考虑在硬件层面上增加对进程互斥管理的支持机制，然后利用这种特殊机制，再设计互斥管理软件，进而达到较好的解决方案。下面给出几种常见的支持进程互斥的硬件机制。

(1) 利用中断禁用控制互斥

在单处理器系统上建立中断禁用指令，利用这个指令可以使正在运行的进程不被中断。例如，在具有中断禁止指令的系统中，可以用如下方式编写临界区的访问程序：

```
while (true)
            {
                /* 发禁止中断指令 */
                   进入临界区
                /* 发启动中断指令 */
                   运行其余程序
            }
```

由于在程序中，在进入临界区之前使用了禁止中断指令，因此可以保证进入临界区的操作可以一直执行到结束，这也就保证了进入临界区程序执行的原子性，这时其他进程进入临界区的请求都是不能够得到满足的，从而保证了临界区使用的互斥性。

显然，在增加了中断禁用功能的处理器中，设计进程互斥管理的程序显得简单了许多，而且对编程的技巧要求也降低了。

(2) 设计专门的机器指令

在共享内存的多处理器体系结构系统中，是无法使用中断禁用指令实现进程互斥控制的，因此提出设计专门的机器指令来解决互斥问题。比如在多处理器系统中，会有一条特殊的指令 testset，该指令可以完成测试和设定(test-and-set)操作，该指令的具体使用方法如下：

```
bolean testset (int i);
```

该指令操作后的效果是：在指令调用中如果 i 为 0，则将 i 改为 1，并返回 true；否则，不修改 i。因为这是一条硬件操作指令，所以它的执行具有原子性，即指令执行中对 i 的判断和修改不能被中断。该指令的内部操作步骤如下：

```
bolean  testset (int i)
{if (i == 0)
    {i = 1;
        return true;
    }
    else
      {return  false;
       }
}
```

在编程中可以利用这条指令特点，实现进程间的互斥管理。比如编写以下程序令它控制进程间的互斥操作：

```
/* program  进程互斥 /
const int n=/* 进程数 */
int bolt;
void P(int i)
{    while(true)     /* bolt=0* /
        {   while (!testset(bolt))
                /* 不做具体事情,安排空语句 */;
    <进入临界区>;
    bolt = 0;
    其余程序代码
        }
}

Void main( )
{
    bolt = 0;
    parbegin( P(1),P(2),…,P(n));
}
```

这段程序的编写并不复杂，但对于进程互斥访问临界区的控制却是比较有效的。它的管理特点表现在：

（1）优点

- 比较适应于单处理器或共享主存的多处理器系统中的多个进程互斥管理。
- 构造互斥机制的过程比较简单。
- 可支持多临界区的互斥管理，每个临界区用自己的变量定义即可。

（2）缺点

- 因为在设计中使用了循环等待，所以等待进入临界区的进程也在消耗处理器时间。
- 可能会出现进程饿死状况，因为当多个进程等待进入临界区时，最后选谁进入没有加以控制。解决的办法是，在管理中增加选择算法，控制其公平性。
- 可能会出现死锁情况，比如进程 P2 比 P1 优先级要高，P1 被 P2 抢先，而 P2 又要使用 P1 已占用的资源，这时就会出现进程死锁的情况。解决的办法是，禁止进程执行被抢先。

6.1.3 进程同步

多个并发进程之间除了存在前面描述的互斥关系以外，还存在着其他关联关系，比如进程之间的同步执行。下面介绍进程同步的有关概念和管理方式。

1. 进程同步的含义

下面用一个实例来说明什么是进程间的同步。比如有一对进程，它们分别完成计算和打印工作。这两个进程共享一个缓冲区 Buf，工作时计算进程不断地向缓冲区中写计算出来的数据，并且要求在写入数据之前缓冲必须是空的；打印进程不断地从缓冲区中取出数据进行打印，而且每当完成一次打印后就清空缓冲区。计算进程和打印进程可以分别独立的运行，这两个进程的工作方式如图 6.2 所示。

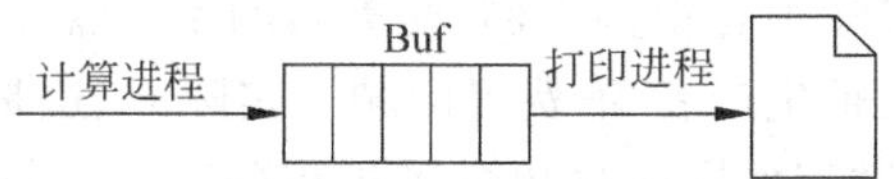

图 6.2 计算进程与打印进程的操作方式

现在分别描述这两个进程的工作内容。假设计算进程叫做 Pc(计算)，其内容如下：

```
  Pc (计算):
  …
  A: local Bufc ;          /* A是程序中的标号,该语句设置了一个本地变量 Bufc */
        repeat             /* 建立程序循环运行机制 */
        Bufc←Buf ;         /* 将 Buf 中的内容传递给 Bufc */
        Until Buf == 空    /* 判别 Buf 中是否为空 */
        若条件满足则计算,并得到结果;
        Buf←计算结果; /* 将结果送给 Buf */
        goto  A
…
```

打印输出进程叫做 Pp(打印)，其中包含的内容如下：

```
P p(打印):
…
B: local Pri;               /* B是程序中的标号,该语句设置了一个本地变量 Pri */
      Repeat                /* 建立程序循环运行机制 */
      Pri←Buf               /* 将 Buf 中的内容传递给 Bufc */
      Until Pri != 空       /* 判别 Pri,直到其内容不为空 */
      打印 Buf 中的数据     /* 打印输出 Buf 中的数据 */
      清除 Buf 中的数据     /* 将 Buf 中内容清空 */
      goto  B
…
```

这两个进程运行时都需要使用缓冲区 Buf，所以 Buf 是一个临界资源。由临界资源的特性可知，对它的访问应按互斥原则进行。由于这两个进程的执行是并发的，而且可以各自独立运行，为了保证其执行是有意义的，就需要在程序中分别增加两个判别语句，用来保证打印进程取出数据时，缓冲区中已有可取的数据；而当计算进程需要写入新计算结果时，缓冲区 Buf 中的内容已被清空。

分析进程 Pc，Pp 的执行步骤可发现这两个进程之间存在着另一种制约关系，即 Pc 的执行结果是 Pp 的执行条件，反之亦然。进程间的这种制约关系，被称为是进程间的直接制约关系，直接制约关系使一组在异步环境下并发执行的进程，由于各自执行结果互为对方的执行条件，从而必须在指定点上进行同步，否则将无法保证进程的正确执行。

进程间由于存在直接制约关系，必须相互传递并接收信息，以了解当前是否具备了执行条件，然后再开始工作，这就是进程间的协同工作的方式。将一组并发进程中因直接制约关系而相互发送信息、协同工作的过程称为进程间的同步。

2. 进程同步关系在实际中的反映

进程间的同步关系在实际中有很多实例，而著名的生产者-消费者问题中就包含典型的同步操作。现在来解释什么是生产者-消费者问题。实际上，这是对并行管理中的一种典型问题的抽象，其中既包含了进程的同步也包含了进程的互斥。操作系统针对这类问题构造典型的控制模型，用来解决同类并发进程的控制与管理问题。下面我们来具体说明生产者-消费者问题需要解决的同步与互斥问题。

在计算机的资源管理中，存在着大量同类进程对某个资源的并发访问需求，比如多个进程对硬盘、缓冲区的使用就是这类需求。为了让多个进程合理地使用资源，同时还要兼顾最大限度地提高资源利用率，就需要认真考虑对进程和资源的控制与管理。

将申请某种资源的进程称为消费者，将产生某种资源的进程称为生产者。这些进程与某种资源之间形成了一种特殊的关系，这种关系类似于生产者与消费者之间的关系。解决这些进程对资源的并发请求以及进程间执行的协调控制，是生产者-消费者问题中研究的重点。

为了描述清楚，假设有一个长度为 $n(n>0)$ 的有界缓冲区，它与一批生产者进程 $P1$，$P2$，…，Pm 及一批消费者进程 $C1$，$C2$，…，Ck 之间构成了一种特殊的关系，这些关系中包括：$m(m\geqslant1)$ 个生产者进程要不断地操作缓冲区，向缓冲区中填充消费者进程所需要的数据；$k(k\geqslant1)$ 个消费者进程不断地访问缓冲区以获取所需要的数据，同时在获得数据后要清空所使用过的缓冲区单元中的内容，图 6.3 给出了这一问题表述的示意图。在图中设置了两个指针：生产指针和消费指针。这些指针是为了保证缓冲区的正确使用和管理，对这两个指针的移动轨迹是有约定的，生产者指针必须首先移动并填满各个缓冲区，消费者指针再开始从填满的缓冲区中逐个取数。图中标出的有斜线的填充框表示已填充了有效数据的缓冲区，白色部分是空闲缓冲区，黑色框是指针当前所在位置。

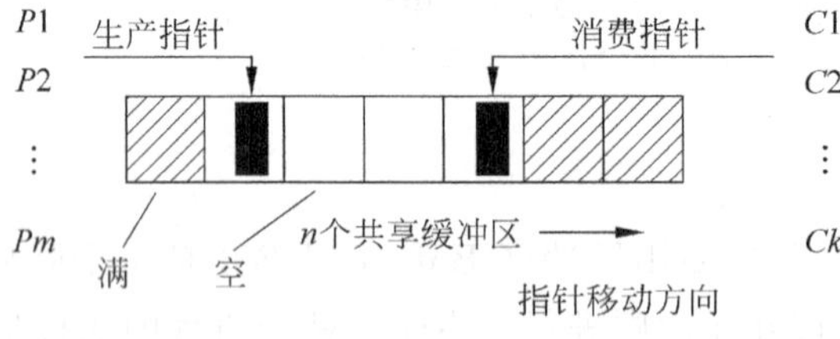

图 6.3 生产者-消费者问题示意图

下面分析该问题模型中存在的控制问题。首先，这些进程之间存在着同步关系，它们是：

- 当消费者进程想使用缓冲区数据时，n 个缓冲中至少有一个单元是被填写过的；
- 当生产者进程需要填写数据时，至少缓冲区中有一个单元是空的。

另外，该模型中的进程间还存在着互斥关系，它们是：

- 当多个生产者进程生产数据后要填写缓冲区时，因为要通过指针找到当前填写的位置，这时指针变量就是临界资源，所以对它们的使用要进行互斥管理；
- 同理，当多个消费者进程需要使用数据时，因为消费指针变量是临界资源，所以也要进行互斥管理。

进程间的同步关系是保证进程正确并发执行的条件，需要认真加以控制，否则，进程执行的结果将会不正确。

3. 进程同步控制

可以使用信号量(注：信号量含义在6.2节中加以介绍)来解决进程的同步控制。下面针对生产者-消费者问题说明如何用信号量控制进程的同步控制。

为了描述生产者-消费者问题的管理，假定生产者进程用函数 produce_item(data)填写缓冲区，消费者进程用函数 remove_item(data)使用缓冲区，同时还设定以下信号量：

- 公用信号量 Mutex 表示可用缓冲区的个数，其初值为1。
- 生产者私有信号量 Empty 表示缓冲区中的空单元数，其初值为 n。
- 消费者私有信号量 Full 表示缓冲区中的非零单元数，其初值为0。

下面设计 produce_item(data)及 remove_item(data)函数。由对它们的要求可知，这两个函数的主要工作内容如下(这里使用操作顺序描述)：

```
produce - _item(data):
begin
  down(empty)           /* 了解当前的空缓冲区个数 */
  down(mutex)           /* 查看当前是否可使用缓冲区 */
将数据送入缓冲区单元    /* 完成向缓冲区中写数据操作 */
  up(full)              /* 修改缓冲区非零单元数 */
  up(mutex)             /* 释放互斥信号量 */
end
remove_item(data):
begin
  down(full)            /* 了解当前非零缓冲区情况 */
  down(mutex)           /* 查看当前是否可使用缓冲区 */
取缓冲区中某单元数据    /* 完成读取缓冲区数据操作 */
  up(empty)             /* 修改缓冲区空单元个数 */
  up(mutex)             /* 释放互斥信号量 */
end
```

函数中用到的 down 及 up 是对信号量的两种操作，通过对信号量的判别、加值、减值处理来设定信号量。另外，down 和 up 是以原语方式实现的，并且规定对所设定的信号量的操作只能通过这些原语来完成。

下面将这两个函数应用在具体的生产者-消费者控制中，假设有一批生产者-消费者进程，它们共享一个包含了100个缓冲单元的缓冲区，对该问题的管理程序可用如下设计：

```
#define N 100                         /* 定义缓冲区中的缓冲单元个数 */
typedef int semaphore;                /* semaphore 是一种特殊的 int 类型 */
semaphore mutex = 1;                  /* 控制临界区访问 */
semaphore empty = N;                  /* 缓冲区空单元计数 */
semaphore full = 0;                   /* 缓冲区已填充单元计数 */
void producer(void)
{
     int item;
     while (TRUE){                    /* TRUE 设置成常数 1 */
```

```
            item = produce_item( );         /* 生成一些数据放在缓冲区 */
            down(&empty);                   /* 完成判别并递减空单元数的操作 */
            down(&mutex);                   /* 进入临界区,并设置互斥量 */
            insert_item(item);              /* 将新生成数据放入缓冲单元中 */
            up(&mutex);                     /* 完成释放临界区操作 */
            up(&full);                      /* 完成递增已填充单元数的操作 */
        }
}

void consumer(void)
{
        int item;
        while (TRUE){
            down(&full);                    /* 递减并判别已填充缓冲单元数 */
            down(&mutex);                   /* 进入临界区,并设置互斥量 */
            item = remove_item(item);       /* 从缓冲单元中拿走一项 */
            up(&mutex);                     /* 释放临界区 */
            up(&empty);                     /* 递增缓冲区空单元数 */
            consume_item(item);             /* 使用取出的数据项完成消费工作 */
        }
}
```

在 producer(void)程序中,用对信号量 empty 的 down 操作来判断缓冲区中的空单元数,只有存在空单元时才能执行将生产出来的数据放入缓冲单元中的操作;而在 consumer(void)程序中,用对信号量 full 的 down 操作来判断是否有已填充的缓冲区,若有,才可以执行下面的从缓冲单元中拿走一项的操作。这些判别就形成了两个操作过程中的同步处理,在上述程序中还包含互斥处理过程,互斥处理主要用来控制对临界区的互斥访问。

6.2 信号量管理技术

在解决以上生产者-消费者问题的控制中,用到了信号量。本节将讨论多道环境在管理进程的同步与互斥时,如何设置信号量以及如何控制信号量的问题。

6.2.1 信号量及信号量操作

设置和控制信号量的主要目的是希望通过对信号量的管理,实现多个进程间的彼此合作,进而完成多任务的并发调度管理。

信号量是一种具有整数值的管理变量,通过设置和操作信号量可以控制临界区的合理使用。对于信号量 s 来说,常见的操作只有两种,即对信号量 s 的 down 操作和 up 操作。

(1) down(s)操作。将信号量的值减 1,再检查该值是否是大于 0 的正整数,若是,就继续执行;若该值不是正整数,则调用该操作的进程将被阻塞,但进程的 down 操作并未结束,待该值变为大于 0 时,将从此处继续执行。在不同的教科书中,对该操作也有不同的叫法,比如 sleep,或是 P 操作(P operation)。

(2) up(s)操作。该操作首先对信号量值加 1,如果数值是负数,那么说明在该信号量上等待的进程不止一个,应选择一个进程允许其执行它的 down 操作;若该值为 0,则允许正在该信号量上等待的进程执行它的 down 操作；若该值为正整数，说明没有在该信号量上等待的进程。在不同的教科书中，对该操作也有其他叫法，比如 wakeup，或是 V 操作(V operation)。

down 及 up 被定义为对信号量的操作函数，这些函数在对信号量操作中具有原子特性，即其中包含的判定和操作步骤是不可分割的，因此它们也被称为操作原语。另外，对于一个二元的信号量，它的取值只能是 0 和 1，因此使用这种信号量进行控制管理会更加简单。用程序完成对信号量 s 做 down 及 up 操作的具体描述如下：

```
struct semaphore {
    int count;
    queueType queue;
};
void down(semaphore s) {
    s.count --;
    if (s.count < 0) {
        place this process in
            s.queue;
        block this process;
    }
}
void up(semaphore s) {
    s.count ++;
    if (s.count <= 0) {
        remove a process P from
            s.queue;
        place process P on
            ready list;
    }
}
```

6.2.2　信号量的公有性及私有性

由于不同并发进程中所使用的共享变量的需求不同，因此需要设置不同类型的信号量。而根据信号量的使用特点，会有私有信号量或共有信号量之分。

在进程互斥管理机制中可以使用信号量，这种信号量一般会带有“公有”特性。因为这类信号量主要是为了实现对共享资源的保护，给那些并发进程发出警示，使它们以互斥的方式使用临界区。由于在进程互斥控制中采用公有信号量可以保证所有希望使用共享资源的进程都可以实时看到资源被使用的情况，因此这种信号量不是针对哪一个进程设立的，而是针对所有希望使用临界资源的进程设立的，所以说这种信号量带有公有性。

另外，在进程同步管理中所设立的信号量与互斥管理中的有所不同，由于同步时所发送的信号量是有针对性的，只与那些相互需要进行同步的进程有关，与系统中的其他并发进程无关，所以这种信号量带有“私有”特性。

在设置和使用信号量时，首先要指明信号量的作用，然后要给出信号量的取值范围以及每种取值的含义，还要说明信号量的公有性和私有性。这样才可以正确地设计信号量控制程序，或者使用信号量来控制进程的同步与互斥。

6.2.3 用信号量管理进程互斥

在描述了信号量的意义并定义了对信号量操作的原语后，就可以使用信号量来实现对多进程的互斥管理。下面给出一个用信号量管理进程互斥过程的例子，这里规定每个希望进入临界区的进程都需要用 down 和 up 对信号量进行操作，保证临界区的正常使用。关于用信号量控制进程间同步的管理可以参照下例过程自行完成。

```
/* program  mutualexclusion */
const int n = m ;    /* m是控制中并发进程的个数 */
semaphore s = 1;     /* 设置信号量 s,初值置为 1 */
void  P(int i) {
   while (true) {
     down(s);        /* 判别是否可以进入临界区,并设置互斥量 */
                     /* 进入临界区操作 */;
     up(s);          /* 修改信号量,释放临界区 */
   }
}
void main( ) {
parbegin (P(1), P(2), …, P(n));
}
```

根据这里给出的控制流程，可以用某种语言实现进程互斥管理的程序设计。

6.3 管　　程

读者可能已经感觉到，以上关于进程互斥与同步控制中的内容有些难以理解，在实践中，设计这类程序时也很容易出错。因此，本节将针对进程的同步与互斥管理介绍一种新的概念，这个概念就是管程。

6.3.1 管程的基本概念

管程(monitor)是并发管理中的一个特殊概念，它的出现主要是因为在解决并行管理的实际问题中出现了一些问题，这些问题包括用信号量实现进程间同步与互斥存在着一些很难克服的弊端，主要表现在：

(1) 对信号量的控制被分布在整个程序中，其正确性很难得到保证。编程人员希望能够引入一种特殊的程序语言设计结构解决这个问题。

(2) 设计中很难保证进程互斥访问临界区是完全正确的，即便极其小心地设置信号量，还是会出现各种各样的漏洞。因此希望能够设计一种程序机制，使其可以方便地实现进程的阻塞和唤醒，而不是由用户来编写这些控制步骤。

(3) 使用信号量实现进程互斥和同步的程序易读性很差。当采用信号量方式实现进程互斥管理时，要想了解一组共享变量及信号量的操作是否正确，必须通读整个系统或所有并发程序才有可能做到，否则很难理解程序的工作步骤。

(4) 这种程序不利于修改和维护。由于模块间耦合力度大，任何一组变量或一段代码的修改都可能影响到程序的全局，所以这种程序很难进行维护和修改。

1973 年，在操作系统理论研究中提出了管程的概念，其主要思想是希望将信号量及操作原语封装在一个对象中，从机制上保证其操作的正确性。由此给出了管程的定义：管程是一种程序设计语言结构，每个管程是一个基本程序单位，可以被单独编译。管程所构成的软件模块其内部是由一个或多个过程、一个初始化序列和局部数组构成的。

从理论上讲，在系统中建立了管程机制，进程的同步与互斥管理对用户来说就会简单许多，因为这时进程同步或互斥不再由用户程序来控制，而是由一种系统内部机制来控制。在具有管程的系统环境下进行编程有以下几个特点：

(1) 管程内的局部变量需要一种特殊的方法才能访问，即管程内局部变量只能通过管程中的过程进行访问，程序中其他语句格式不允许对管程内的局部变量进行访问。

(2) 进程只有通过调用管程的一个过程才能进入管程，这样可以保证所有进入管程的进程都采用统一的入口方式。

(3) 系统中建立的管程机制可以确保每次只能有一个进程在管程中执行，无需再编写其他控制语句。

6.3.2 管程内部管理机制

利用管程可以保证进程间的同步与互斥，那么管程机制是如何创建的呢？下面简单介绍管程的内部管理机制。

实际上，管程机制与信号量控制机制的实质非常相似，只是管程机制在管理方法上采用了一种新的手段，使操作更加方便。在管程内部提供进程的互斥机制，从用户角度看可以将共享变量放在管程中进行保护，只要这样做就可以保证访问共享变量的进程能够互斥地访问共享变量。另外，在管程中还可以提供进程间的同步功能，而且当进入管程的进程被挂起时，该进程就释放使用管程的权利；在释放使用的同时还恢复那些等待进入管程的进程权利，使其有机会进入管程。

管程内部包含了对进入管程的进程和各种等待队列的管理。比如对共享变量提供互斥机制、通过条件变量提供进程同步、进程挂起和进程再执行机制等等。由于管程的内部管理机制比较复杂，这里只简述几个主要的管理问题。

1. 对进入管程的进程管理

在管程机制中对所有进入管程的进程实现以下管理：

(1) 当进入管程的进程执行等待操作时，它需要释放管程的互斥权；这时在原来的进程进入睡眠态的同时会允许新的进程进入管程。管程内部有一套进程控制机制，虽然当睡眠进程被唤醒时，宏观上看，管程中存在着两个同时处于活动状态的进程，但却能保证进程间的互斥操作。

(2) 当管程中有多个进程时，进程执行间有一个唤醒切换约定。假设管程中有进程 P 和 Q，那么它们的唤醒切换约定如下：

- P 等待 Q 继续，直到 Q 等待或退出；
- Q 等待 P 继续，直到 P 等待或退出；
- 规定唤醒是管程中最后一个可执行的操作。

2. 对入口等待队列管理

因管程控制机制要求进程必须互斥进入其中，所以当一个进程试图进入一个已被占用的管程时，它应当在管程的入口处等待，所以在管程的入口处有一个进程等待队列，该队列称为入口等待队列。管程结构示意如图 6.4 所示，图中所示的灰色部分是管程的内部等待区，在等待区中包含一系列对于不同条件变量的等待队列，这些队列也称为紧急等待队列，管理时只有紧急队列中没有使用管程的需求时，才可能从入口队列中调入新的进程。将各种条件变量包含在管程内部，还有利于同步机制的实现，函数 cwait(c)，csingnal(c)可实现对条件变量的操作。

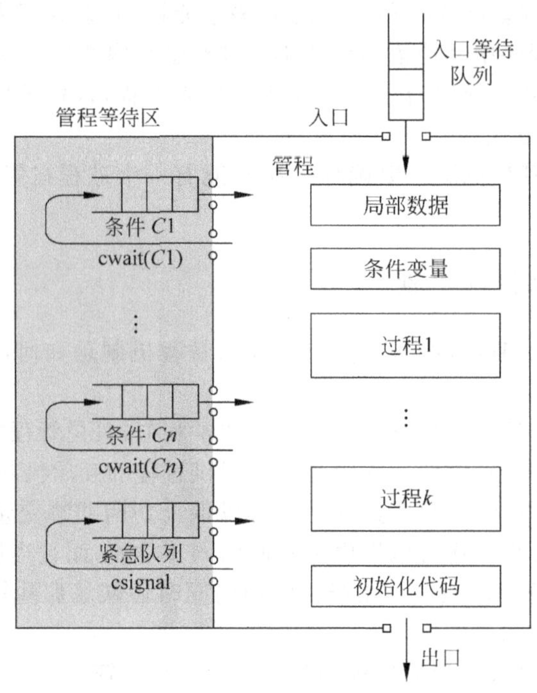

图 6.4 管程内部管理结构图

3. 管程标准格式

管程作为一种语言成分应该具有基本的语句格式，下面给出管程的标准格式：

```
TYPE monitor_name = MONITOR;
```

共享变量说明

```
define 本管程内所定义、本管程外可调用的过程(函数)名字表
use    本管程外所定义、本管程内将调用的过程(函数)名字表
PROCEDURE 过程名(形参表);
        过程局部变量说明;
        BEGIN
            语句序列;
            END;
…
FUNCTION 函数名(形参表): 值类型;
     函数局部变量说明;
          BEGIN
             语句序列;
```

```
        END;
…
BEGIN
    共享变量初始化语句序列;
END;
```

这些是管程的基本格式,在程序中若包含管程就需要按此格式编写,这样具有管程控制机制的编译程序就可以识别这些语句结构,进而完成编译处理。

6.4 进程通信

无论是控制进程的同步还是控制进程的互斥,在进程并发管理中都需要完成进程间的信息通信,只有通过进程通信,才可能使多个进程在并发运行的基础上共同完成一项大的任务。在本章前面内容中介绍了使用信号量通信方式实现进程间的同步与互斥管理。实际上,信号量只是进程间通信的一种方式,还有许多其他进程通信方式可以更有效地完成进程间的信息交互。本节将介绍进程通信的基本技术。

世界上研究进程通信技术是比较早的,而且已经取得了许多成果。在进程通信领域获得较好业绩的机构是贝尔实验室和美国加州大学伯克利分校(BSD),贝尔实验室主要是针对UNIX的早期进程间通信技术进行系统的改进和扩充,最终形成了System V IPC标准,这个标准的最大特征是通信进程是限定在单个计算机内部的。而BSD的研究跳出了单个计算机的范畴,针对网络环境中的进程通信问题进行了探索,提出了基于套接字(socket)的进程间通信机制,这种通信技术在许多操作系统版本中获得了成功的推广。

6.4.1 进程通信分类

多道环境系统中的多个进程通过协作,可以共同完成一项任务。进程协作中需要进行数据和信息交换,这些进程交互称为进程间的通信IPC(inter-process communication)。进程通信可以根据实际需要分成两大类,即控制信息的传递和大批量数据的传递。

(1) 控制信息的传递。这种通信方式主要完成进程间少量信息的传递,这些信息主要用于控制进程的执行速度和执行方式,通常只包含一个或几个字节的内容。这种信息传递通常称为进程间的低级通信。

(2) 大批量数据的传送。这种通信可以完成进程之间大批量数据的交换,可以满足进程在执行中需要的程序或数据的批量交换。在大批量数据交互过程中不仅要实现信息的交换,还需要管理被传递信息的存储。通常将进程间大批量数据的传递称为进程间的高级通信方式。

由于不同进程的通信需求不同,所以需要采用的通信模式也不同。这些通信模式形成了不同的进程通信技术,例如信号传递、管道通信、消息传递、信号量、共享存储区通信等。

6.4.2 信号通信方式

信号通信是一种低级通信模式。所谓信号是操作系统中设立的一种运行状态通报机制,即当系统运行中出现异常情况时,通常会产生一种信号。这类信号可以传递给相关的进程，而进程接收到信号时会做出不同的反应。利用接收到的信号转去完成不同的工作，就是信号通信的典型方式。在系统中生成信号的原因很多，比如：当一个进程执行了非法操作时，会由硬件发出一个信号；当进程请求的系统资源可用时，系统核心程序会发出一个信号；当用户从键盘上输入一个特殊键时，就给当前进程发出了一个信号。

为了便于信号的管理和使用，通常操作系统会将信号进行排序并进行编码，同时将它们放入一个指定的文件中，比如一个头文件＜sys/singal. h＞中。进程接收到信号后，可以执行系统默认的行为，也可以忽略不理，还可以按照捕获的信号启动一个特殊的信号处理程序运行等。因为信号的发生是随机的，所以信号可以作为对某个已发生事件的通告，即当事件第 1 次发生时产生相应的信号，当进程需要基于此信号采取行为时可以传递该信号，这样就实现了一种进程间的信号通信机制。

要能够使用信号通信方式完成进程间的信息交互，首先需要了解通信中使用的信号有哪些。以 UNIX 系统为例，系统使用软中断方式设立了一批信号，在进程执行中可使用这些信号调整其执行步骤和执行过程。信号在操作系统内部会有一个编号，并且针对该信号的发生安排了默认的处理程序运行，用户使用时只需根据这些信号的约定完成相应处理即可。除了系统预定义的信号以外，通常系统还允许用户自定义个别的信号，以便执行用户特殊的程序。在 UNIX 系统中，用户可以在多个地方找到系统对信号的描述及编号，例如用联机手册查询命令 signal(比如在命令行输入命令 %man -s5 signal)或是在头文件＜sys/signal. h＞中都可以找到。UNIX 中描述信号的说明通常包含：信号的软中断编号、信号的符号名称及基于该信号要采取的行为和意义等。UNIX 系统中比较重要的信号及其控制功能在表 6.1 中列出。

表 6.1 UNIX 中的重要信号列表

软中断号	符号名	功　能	软中断号	符号名	功　能
1	SIGHUP	远程电话挂断	18	SIGCLD	子进程消亡
2	SIGINT	输入 DELETE	19	SIGPWR	电源失效
3	SIGQUIT	输入 QUIT	20*	SIGWINCH	窗口变换(AIX)
4	SIGILL	非法指令	21*	SIGURG	紧急 socket(AIX)
5	SIGTRAP	断电/跟踪	22*	SIGPOLL	I/O 流事件(AIX)
6	SIGIOT	IOT 指令	23	SIGSTOP	信号停止
7	SIGEMT	EMT 指令	24	SIGTSTP	用户信号停止
8	SIGFPE	浮点溢出	25	SIGCONT	忽略信号继续
9	SIGKILL	强行终止进程	26	SIGTTIN	停止 tty 输入
10	SIGBUS	总线超时	27	SIGTTOU	停止 tty 输出
11	SIGSEGV	段违例	28	SIGVTALRM	虚拟计时器过期
12	SIGSYS	系统调用错	29	SIGPROF	整体时序过期
13	SIGPIPE	PIPE 文件只有写而无读者	30	SIGXCPU	超 CPU 时间限制
14	SIGALRM	报警信号	31	SIGXFSZ	超文件大小限制
15	SIGTERM	终止信号(终止)	32	SIGWAITING	进程 LWP 被阻塞
16	SIGUSR1	用户定义 1	33	SIGLWP	线程库使用信号
17	SIGUSR2	用户定义 2			

需要说明的是，表 6.1 中所列出的 1～19 软中断信号是 UNIX systemV 中提供的，20～22 号是 AIX 系统新增的，23～33 号是较新版本的 UNIX 系统扩充的。有了这些信号的定

义，在程序设计中就可以利用它们进行进程间的信息交互。关于信号通信的应用实例，将在6.6节中给出。

6.4.3 消息通信方式

消息传递方式是进程间通信的一种比较常见的通信技术。这种通信方式的主要特点是，通信时进程双方处在平等的地位上，通信中无论接收消息的进程是否准备好，发送消息的进程都可以进行消息发送，因为发送的信息是通过消息缓冲区完成传递的。消息传递方式与邮箱通信机制有许多相似之处，它们都比较适合传递大批量数据，而且在信息传递时都需要建立一定的数据结构(消息缓冲区或是邮箱结构)来管理被传递的信息。消息传递数据结构在不同的操作系统中会有所不同，但所包含的内容大同小异，一个简单的消息传递数据结构如图6.5所示。

发送进程名	接收进程名	操作	传递数据

图6.5 简单的消息传递数据结构

这里发送进程名用来指明消息的来源；接收进程名是消息传递的目的地；操作项说明本次传递对该消息信息进行了何种操作，比如是进行发送还是接收；最后一项是消息中包含的具体信息数据。

利用消息完成进程间的通信，首先要建立消息传递机制。为了实现消息传递，通常在系统中需要建立两个专用的原语，它们是：

```
send(destination,  message)
receive(source, message)
```

这里，send原语完成消息发送，receive原语用于消息接收。这些原语中包含的参数含义是：message是交互中传递的消息，destination是发送消息时的目标进程，source是接收消息时的源进程。在建立消息传递机制中需要考虑以下几个技术问题：

1. 如何在网络环境中建立消息传递机制

由于现代操作系统都需要支持网络环境中进程间的信息传递，在网络环境中构建进程间的消息传递机制是非常必要的。但是建立这种机制存在一些技术难点，包括：

(1) 在网络环境中的消息丢失问题。在网络环境中传递消息时有可能丢失消息，这就要求在消息传递过程中接收方收到消息后要回送一个确认信息，以确认这次消息传递成功；这个确认信息也可以通过消息方式传递，如果在指定时间里发送进程没有收到确认信息时，将需要重新传递已发送过的消息。

(2) 当上面这个问题解决后又会出现第2个问题，即确认信息是否能收到呢？因为确认信息也是通过消息方式传递的，也有可能会被丢失。如果确认信息丢失，接收进程就会收到多条相同的信息，这将如何处理？这时就要考虑在原始消息中增加特定的序列号，以保证可以在接收时进行判断，当收到具有相同序列号的信息时要进行过滤处理，保证只接收一条有效消息。

(3) 还有一个问题是，在进程间发送或接收消息时，如何保证进程本身是有意义的呢？

也就是说，如何知道正在进行通信的进程不是一个恶意进程呢？这个问题在网络环境通信中反映比较突出，如果解决不好，会给系统带来很大的安全隐患。同时，这个问题也是一个比较难以彻底解决的问题，目前的解决方法主要是通过各种认证机制来保证进程的有效性。

(4) 另外是关于消息传递中的性能问题。如何使消息能够被快速、正确地传递和接收，也是一个需要认真对待的问题。对于这个问题有多种解决方案，主要是通过各种手段对消息传递过程进行优化。

除了以上指出的这些问题以外，网络环境中的消息传递机制还存在其他问题，在建立进程间消息通信机制时都应一一认真加以考虑。

2. 消息传递中的同步问题

使用消息传递方式完成进程间的通信，必须考虑到消息传递中的同步问题，也就是说，在消息传递时只有当发送进程发出消息后，接收进程才可能收到消息，这期间两进程间需要有一个同步点，否则就只能收到无效的消息。所以，当进程执行发送或接收原语时有以下几种约定执行方式：

- 当执行 send 原语时进程被阻塞直到消息被接收。
- 当执行 send 原语时进程发送完后直接转入其他工作。
- 当进程执行 receive 原语时，有已发送的消息，接收进程继续执行。
- 当进程执行 receive 原语时，没有待接收的消息，因此进程被阻塞直到消息到达或者该进程继续执行放弃等待接收。

在实现消息传递机制时，必须确定一种发送和接收的具体组合模式。一旦确定了发送和接收的模式，进程间消息传递的同步方式也就确定了。它们无外乎是以下 3 种组合方式：

(1) 阻塞的 send 和 receive。即无论消息发送或是接收，进程都被阻塞，直到这项操作完成进程方可继续执行。这种方式比较适合发送和接收进程间是一种紧密配合的工作模式，即一项操作不完成，其他操作是无法继续进行的。

(2) 无阻塞的 send，阻塞的 receive。即对发送消息的进程不进行阻塞管理，而对完成接收消息的进程需要进行阻塞处理。这种方式比较适合一个进程给多个进程发送一条或多条消息，接收进程要得到消息后再工作的进程合作方式。这种配合方式是实际中比较常用的进程交互方式。

(3) 无阻塞 send，无阻塞 receive。即无论发送还是接收消息，对进程都不进行阻塞管理。这种方式适合那些接收或发送进程间无严格合作需求的模式，交互进程间不要求等待对方的信息就可以继续工作。

3. 消息排队原则

在消息传递中，若出现多条消息等待接收的情况，就要考虑消息接收的排队问题，比较常见的管理方式是采用先进先出原则进行消息排队管理。当然，对于有特殊要求的消息也可以采用其他排队方式管理，比如采用指定消息优先级方式或者由接收进程确定接收消息的次序等方式。

6.4.4 共享存储区通信方式

共享存储区通信技术是一种通信速度较快的方式，这种通信方法往往可以与其他通信机制结合，实现进程间的高效数据交互的目标。

首先说明共享存储区的概念。在内存建立一个用于通信的共享存储区，需要通信的进程可以将信息写入该存储区或从存储区中读取信息，以这种方式完成进程间的通信，这就是共享存储区通信技术的主体思想。因为在共享存储区通信方式中，所设立的共享存储区是通信进程双方都可以访问的数据区，因此，发送进程可以将需要传递的信息放在共享区中，接收进程可以从共享区中获取所需信息，共享存储区与通信进程之间的连接关系如图 6.6 所示。采用共享存储区进行通信时具有以下几个特点：

(1) 进程通信中，需要交互的数据或信息不发生存储移动。

(2) 当需要交互时，通信进程双方通过对一个共享存储区的操作完成信息交互。

(3) 对于共享存储区可以用虚拟映射方式将其作为交互进程中的一部分存储体进行使用。

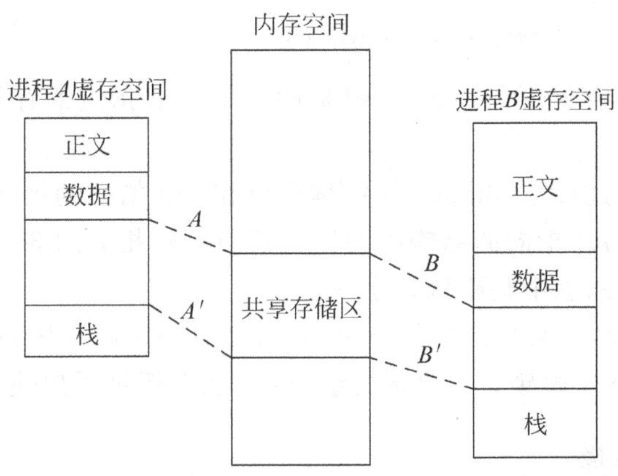

图 6.6 共享存储区与通信进程间映射关系示意图

图 6.6 表明在进程 A 和进程 B 利用内存中的一段共享存储区进行通信时，可以将共享区中的内容作为进程自己的虚存空间使用，这样就构成了一个通信机制。共享存储区通信方式也适应于进程间大批量数据的传递，在许多操作系统中都支持共享存储区的通信方式。下面以 UNIX 系统为例，说明共享存储区用于通信的具体建立及操作过程。

1. 共享存储区的建立

在 UNIX 中，当进程希望使用共享存储区与另一进程进行通信时，须先用系统调用 shmget( )建立一块共享存储区，若系统中已经建立了指名的共享存储区，则执行该系统调用后将返回该共享存储区的描述符 shmid。若尚未建立，它将为进程建立一个指定大小的共享存储区。该系统调用的使用方式为

```
#include <sys/types.h>
#include <sys/ipc.h>
#include <sys/shm.h>
```

```
int shmget (key_t key, int size, int flag);
```

这里,参数 key 是表明该共享存储区的标识符。size 是该共享区以字节为单位的最小值,如果创建的是一个新的共享区,则必须指明 size 的大小,若使用一个已有的共享区(比如客户端程序使用服务器端程序建立的存储区),则将 size 指定为 0。flag 值是为了构成共享区标识的参照值。

2. 对共享存储区的操作

建立了共享存储区以后,可以用 shmctl( )系统调用对共享存储区的状态信息进行查询,比如其长度、所连接的进程数、创建者标识符等等。也可以用该系统调用设置或修改共享存储区的属性,如共享存储区的许可权、当前连接的进程计数等。还可用它来对共享存储区进行加锁或解锁以及修改共享存储区标识符等操作。所以,shmctl( )系统调用的功能很强大。该系统调用的使用方式为

```
#include <sys/types.h>
#include <sys/ipc.h>
#include <sys/shm.h>
int shmctl (int shmid, int cmd, struct shmid_ds * buf);
```

这里,shmid 是共享存储区的标识,cmd 标明在 shmid 指定的存储区中可以执行下列 5 种命令之一:

- IPC_STAT　对此段取 shmid_ds 结构存放在 buf 指向的结构中。
- IPC_SET　按 buf 指向的结构中的值设置与此段相关的 3 个字段。
- IPC_RMID　从系统中删除该共享区。
- SHM_LOCK　对该共享区进行锁定,此命令只能由超级用户使用。
- SHM_UNLOCK　解锁该共享区,此命令只能由超级用户使用。

3. 共享存储区的链接

一旦进程建立了共享存储区或是获得了一个已有共享区的描述符后,就可以利用系统调用 shmat( ),将该共享存储区链接到用户指定的某个进程的虚地址 shmaddr 上,并指定该存储区的访问属性(即指明该区是只读,还是可读可写)。此后,该共享存储区便成为该进程虚地址空间的一部分。进程可以用像对其他虚地址空间一样的存取方法来访问该存储区。具体调用方式为

```
#include <sys/types.h>
#include <sys/ipc.h>
#include <sys/shm.h>
void * shmct (int shmid, void * addr, int flag);
```

这里,共享存储区链接到调用进程的哪个地址上,与调用函数中的 addr 参数和在 flag 中是否指定 SHM_RND 位有关:

- 若 addr 为 0,则此段链接到由内核选择的第 1 个可用地址上。
- 若 addr 为非 0,同时没有指定 SHM_RND,则此段链接到 addr 所指定的地址上。
- 若 addr 为非 0,同时指定了 SHM_RND,则此段链接到(addr-(addr mod

SHMLBA))所表示的地址上。

4. 将进程与共享区断开

当进程不再需要用该共享存储区进行通信时，可以利用系统调用 shmdt( )，把该区与进程断开。注意，该系统调用只是将共享区与指定的进程断开，并不是在系统中删除共享区的数据结构。具体调用方式为

```
#include < sys/types.h>
#include < sys/ipc.h>
#include < sys/shm.h>
int shmdt (void * addr);
```

这里，参数 addr 是前面在调用 shmat 时的返回值。

6.5 经典 IPC 问题

在 6.1 节中给出了生产者-消费者问题，与之类似，在进程并发管理过程中，还有一些其他经典进程通信问题，本节将讨论经典的 IPC 问题——读者-写者问题以及哲学家就餐问题。

6.5.1 经典 IPC 问题——读者-写者问题

读者-写者问题是另一种并发进程管理中的抽象问题，它所描述的内容是：当一个共享数据区为多个进程提供读、写服务时，访问存储区的进程包含一些只读进程（或称读者进程——reader）和一些只写进程（或称写者进程——writer），为了使它们对存储区访问操作有意义，必须对这些进程的操作行为进行控制，使其满足以下条件：

- 任一时刻写者进程最多只允许一个；
- 当有多个读者进程请求访问共享区时，可允许同时访问；
- 若有一个写者进程正在对共享区访问时，将禁止所有其他读者、写者进程对共享区的访问。

读者-写者问题提出的并发管理模式与人们平时对文件或数据库的访问有很多相似之处，所以，该问题代表着对共享区访问控制方式的一种普遍含义。下面讨论这类问题的实质和解决办法。

首先来看读者-写者问题与其他并发进程管理问题的差异是什么。截止到目前，我们学习过进程间的一般性互斥问题、进程间的同步以及生产者-消费者问题。这些问题中对并发进程的控制方式各不相同，归纳如下：

(1) 在一般的互斥问题中，并发进程为了保证互斥地使用临界资源，要设立互斥管理机制。但这时对访问临界区的动作不作限制，也就是说，进程进入临界区可能是对共享数据区进行读，也可能是进行写。

(2) 一般的进程同步问题，需要控制协同工作进程之间的执行步骤。控制中为了保证进程执行步骤一致或数据访问有效，进程需要向对方通告自己的执行情况，而且要求对方进程只有接到正确通告信息后再开始动作，否则将无法保证进程执行的正确性。

(3) 在生产者-消费者问题中，其中的生产者进程不仅包含对存放生产数据的共享单元

做写操作，还需要对控制写的指针进行读操作。同样，消费者进程不仅包含读操作，还有对读指针的调整操作等。

而这里提出的读者-写者问题，其中包括的进程对共享区的操作可以分成两类：要么是只读，要么是只写操作，这一问题中包含的是更加单一的操作问题。但是，针对读和写操作的特性，如果是读操作，就应该允许多个进程同时对共享区访问。所以，研究读者-写者问题，实际上就是针对这些特殊的进程，探讨出一种更加高效的并行访问解决方案。

因为读者-写者问题中包含的一般性互斥与同步问题都已经有了解决方案，在这里只是直接引用就可以。这里需要解决的主要问题是，如何实现在不出现错误的前提下允许多个读进程进入共享区进行访问。为解决该问题，设置信号量如下：

- 设置互斥信号量 mutex。它负责对全局变量 rc 修改过程的保护，初值设为 1；
- 设置互斥信号量 db。它负责对读写共享数据区的保护，初值设为 1；
- 设置变量 rc。它是读、写进程都可以访问的一个全局量，用来记录读进程的个数，初值设为 0。

根据以上所设置的信号量，可提出一种解决读者-写者问题的方案，具体过程如下：

```
typedef int semaphore;             /* 定义整型的信号量 */
semaphore  mutex = 1;              /* 为控制对全局量 rc 访问设置的信号量 */
semaphore db = 1;                  /* 为控制对数据库访问设置的信号量 */
int rc = 0;                        /* rc 是正在读或等待读的进程数，初值为 0 */

void  reader(void)
{  while(TRUE) {                   /* 设置无限循环方式 */
      down(&mutex);                /* 获取对 rc 变量的互斥访问权 */
      rc = rc + 1;                 /* 这时又多了一个读者进程 */
      if (rc == 1) down(&db);      /* 若是第 1 个读者，则允许访问 */
      up(&mutex);                  /* 释放对 rc 的互斥访问 */
      read_data_dase( );           /* 完成数据访问操作 */
      down(&mutex);                /* 获取对 rc 变量的互斥访问权 */
      rc = rc - 1;                 /* 这时减少了一个读者进程 */
      if(rc == 0) up(&db);         /* 若是最后一个读者，说明读操作完成可允许对数据区写操作 */
      up(&mutex);                  /* 释放对 rc 的互斥访问 */
      use_data_read( );            /* 非临界区操作，使用读出数据 */
   }
}
void writer(void)
   {
     while(TRUE) {                 /* 设置无限循环方式 */
         think_up_data( );         /* 非临界区操作，准备希望修改的数据 */
         down(&db);                /* 获取数据库互斥访问权 */
         write_data_dase( );       /* 更新数据库信息 */
         up(&db);                  /* 释放数据库互斥访问权 */
     }
   }
```

在本方案中，对于读操作进程来说，因为变量 rc 是一个读写进程都需要访问的临界资源，所以，当有新的读进程出现需要改变该值时，要做互斥操作。在改变 rc 值时要进行一些判断，若当前的读进程是第 1 个读进程，就无需限制，应直接允许做读操作；在对共享数据区的访问结束时，应递减读操作进程数，这时也要加以判断，看该进程是否是最后一个读者；若是最后一个读者，则应允许等待写的进程对共享区数据做写操作，否则，为保证读数据的同步和有效性，可能写操作还需要等待一段时间，让这些读操作完成后再改变共享区中的内容。该方案中的写操作就比较简单了，当判定允许做写操作时，就对数据库作互斥处理，然后修改数据库中共享区的信息，修改完成后就释放对数据库的互斥访问权，以允许其他写进程对数据区进行写操作。

6.5.2　经典 IPC 问题——哲学家就餐问题

这里，给出另一个进程并发管理中的抽象问题，即哲学家就餐问题。这是一个非常有意思的带有普遍意义的并发管理问题，哲学家就餐问题所描述的是，有 5 个哲学家绕圆桌而坐，在桌子上摆有 5 个盘子和 5 个叉子，每个叉子放在每两个哲学家之间，表示叉子是可被两个相邻哲学家公用的，如图 6.7 所示。哲学家的动作只包括思考和进餐，进餐时需要分别拿起他左、右两边的两个叉子才可以执行进餐操作，思考时，则须将两叉子分别放回原处。

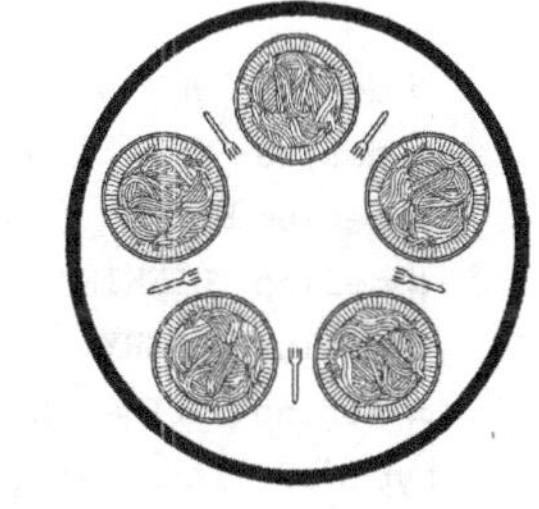

图 6.7　哲学家就餐示意图

针对哲学家就餐问题的含义，需要考虑的问题是：如何保证 5 个哲学家的动作有序进行，在他们的思考与进餐操作中既不出现相邻者总是同时要求进餐而争抢叉子的情况，也不出现有人因为永远拿不到叉子而无法进餐的情况。在这个问题中，包含了多道并发进程对有限共享资源竞争的情况，其中既有常见的同步与互斥问题，同时还有避免死锁和提高并行效率的问题。

经过考虑可给出这样一个解决方案：对两个哲学家需要共享的叉子做互斥操作，以此为依据控制哲学家进餐的动作，控制程序如下：

```
#define N 5                          /* 定义哲学家数量 */
void philosopher(int i)              /* 这里 i 是哲学家的排号,从 0 到 4 */
{
      while (true) {
           think( );                 /* 哲学家正在思考 */
           take_fork(i);             /* 拿起左边的叉子 */
           take_fork((i+1) % N);     /* 拿起右边的叉子, % 表示对操作者取模 */
           eat( );                   /* 好!这时可以吃面了 */
           put_fork(i);              /* 将左边叉子放回 */
           put_fork((i+1) % N);      /* 将右边叉子放回 */
      }
}
```

按照以上给出的解决方案，规定：在一个哲学家拿起其左边的叉子时就应该立刻请求拿起他右边的叉子，而且每个叉子的使用是互斥的，当一个人没有用完之前是不允许其他人使用的。按照这种思路编写好程序后，稍加测试就会发现，该方案中存在一些问题。假设这 5 个人同时想要进餐(当然这种情况很少见，但对于多道并行中的进程却是极有可能出现的)，按照本方案，就会出现 5 人同时拿起了他们自己左边的叉子，而且拿起操作是成功的，同时又去拿右边的叉子，但这时都可能不成功了；那么这时他们只好等待着拿右边叉子，但是因为所有叉子都已被别人拿走,因此5个请求拿起右边叉子的进程就被阻塞;更为严重的问题是,这5个进程因为没有获得右边的叉子而都不会放弃已获得的左边叉子,这时每个进程都无法进行下去。显然,这个解决方案存在着不完善性,尽管设计简单,但却无法对实际问题奏效。

下面再来考虑另一种解决方案。在新的方案中,设定用一组状态值来标志哲学家当前的行为状况,是在思考呢还是在用餐。同时,设计两个宏LEFT和RIGHT来定义某个哲学家的两个相临者。每当某哲学家要用餐时,他需要测试左、右两边哲学家是否处于用餐状态,如果有一个相临者在用餐,那么该哲学家就不能请求用餐;另外,为了保证操作的原子性,将取叉子及放叉子的动作分别做成两个原语,以保证取放叉子的动作可以一次完成。经过这样的改进后,程序的实用性得以增强。这种解决方案的实现方式如下所示:

```
    #define  N   5                  /* 定义参与竞争的哲学家的总数 */
    #define LEFT  (i+N-1)%N         /* 哲学家i左临编号 */
    #define RIGHT  (i+1)%N          /* 哲学家i右临编号 */
    #define THINKING  0             /* 思考态 */
    #define HUNGRY  1               /* 饥饿态 */
    #define EATING  2               /* 进餐态 */
    typedef  int  semaphore ;       /* 信号量是一种特殊的整型量 */
    int state[N];                   /* 记录每个哲学家状态的数组 */
    semaphore mutex = 1;            /* 管理互斥信号量 */
    semaphore  s[N];                /* 每个哲学家一个信号量 */
    void  philosopher (int i)       /* 主动作函数,i是哲学家编号,值为0到N-1 */
    {
        while( TRUE)  {             /* 设置无限循环 */
               think( );            /* 哲学家进行思考操作 */
               take_forks(i);       /* 请求获得左右两把叉子操作,该操作有可能被阻塞 */
               eat( );              /* 当获得叉子后可进餐 */
               put_forks(i);        /* 放回两把叉子 */
        }
    }

void take_forks(int i)              /* 取叉子操作过程,i是哲学家编号 */
{
    down(&mutex);                   /* 进入临界区 */
    state[i] = HUNGRY;              /* 将该哲学家状态置为饥饿 */
    test(i);                        /* 测试相邻哲学家状况,并尝试拿起两个叉子 */
    up(&mutex);                     /* 释放临界区 */
    down(&s[i]);                    /* 若无法获得两个叉子则阻塞 */
}
void  put_forks(i)                  /* 放叉子操作过程,i是哲学家编号 */
{
    down(&mutex);                   /* 进入临界区 */
    state[i] = THINKING;            /* 将哲学家状态置为思考 */
    test(LEFT);                     /* 测试左边的人是否可以吃面 */
    test(RIGHT);                    /* 测试右边的人是否可以吃面 */
    up(&mutex);                     /* 释放临界区 */
    }
void test(i)                        /* 测试状态并拿起左右叉子过程,i是哲学家编号 */
```

```
{
    if(state[i] == HUNGRY  &&  state[LEFT] != eating  &&  state[RIGHT] != EATING)
    {  state[i] = EATING;            /* 在两边人都没有进餐时可拿起叉子吃面 */
       up(&s[i]);
    }
}
```

从程序中可看出，在该方案中包含了主体函数 philosopher( )，它是所有哲学家可能执行操作的主函数，其中包含了思考、试着取叉子、就餐、放叉子等动作，主要描述了哲学家的正常动作过程。还包含了拿起叉子函数 take_forks( )和放下叉子函数 put_forks( )，在这两个函数中，将取、放叉子中的左、右两步操作绑定在一起，以避免不必要的判别语句。另外，在实现时为了照顾到相临座位上哲学家的情况，在这两个函数中都使用一个 test( )函数测试相临哲学家的当前状态，若相临哲学家正在用餐，那么当前这个哲学家显然无法获得叉子，因此他就应该放弃这次请求并把获得叉子的机会让给其他人。最后还给出了一个测试过程 test( )，它的主要内容是测试两边的哲学家是否处于就餐状态，若不是就餐状态，就可以拿起两边叉子进入就餐状态。大家可以依据以上给出的程序设计结构和策略，完成具体程序的设计，并进行必要的参量测试，大家会发现，这种设计策略对哲学家就餐问题的管理效果还是不错的。

6.6 进程通信编程实践

以上对进程通信的概念和基本技术作了描述，为了加深读者对进程通信技术的理解和掌握，本节将给出几个基于 UNIX 环境的进程通信程序设计。在每个程序之前都会介绍有关 UNIX 的系统调用，以协助大家对程序的理解，也希望读者能够在自己的系统中实践这些程序的设计和调试，真正掌握进程通信的实际编程方法。

6.6.1 实践 1——用信号传递实现进程通信

在 6.4.2 节中介绍了信号通信技术，并说明了系统中的常用信号和处理函数。UNIX 系统中有对应的信号通信系统调用，在编程中使用这些系统调用即可完成进程通信。这里首先介绍信号发送及信号捕获的系统调用，然后再给出一个简单的信号传递程序实例。

1. 信号发送

在 UNIX 系统中可以用 kill 系统调用发送信号。若使用 C 语言设计程序，当需要使用有关信号的系统调用时，在程序前端的说明部分需要添加信号说明头文件 signal. h。该系统调用格式为

```
status = kill (pid,sig);
```

其中，pid 用于指明信号将发往哪个进程，且 pid 的值应大于 0，是接收进程的标识符；sig 是指定欲发送信号的类型，这里指明 sig 值可以使用信号说明中的软中断号，也可以使用信号的名称来表示。例如，在程序中可以写：kill(96,9)，或写 kill(96,SIGKILL) 它们的作用是等价的，都表示将强行终止信号发送给 96 号进程。在 UNIX 中也可以用命令方式向进程

发送信号，如在命令行输入：

```
% kill[ - sig] pid
```

此处，sig 表示所发送的信号。若省略此项，则表示发送 15 号信号将当前进程终止。另外，UNIX 系统还规定，普通用户只能向自己创建的进程发送信号，超级用户才有权向其他上下层进程发送信号。

2. 信号捕获及处理策略

在 UNIX 系统中规定，一般情况下，进程捕获到一个信号后，其默认的操作是终止这个进程。这时就如同在进程的执行中临时加入了一个 exit 系统调用。对于该进程的执行情况，其父进程可以从该进程的返回代码中了解到。但在有些情况下，进程是不允许随意被打断的，比如在写数据库操作中，如果用户不小心按了 Delete 键，就会给当前正在运行的数据库写进程发出一个终止信号，如果该进程真的被中断了，则有可能对数据库造成灾难性的破坏。针对类似的情况，UNIX 操作系统提供了相应的信号捕获和判断处理系统调用，可以实现，若捕获到的中断信号 signal 会对系统、系统资源、用户程序及用户资源造成破坏，则会提出有效的处理措施，比如给出提示信息或挂起这个正在执行的进程等。

UNIX 中使用系统调用 signal 接收指定类型的信号，并可以编写程序实现对这种信号作特殊的处理。具体做法如下：

```
#include <signal.h>
int sig, func( );( * funcp)( );
…
funcp = signal(sig,func( ));
…
```

在 signal 系统调用中，参数 sig 用来指定进程接收信号的类型，信号的类型可以是 signal.h 中定义的除 SIGKILL 以外的任何一种信号(因为 SIGKILL 是强行终止信号，它不需要被进程捕获并作其他处理)，func( )是用来指定当进程接收到信号后执行的动作函数。动作函数的取值有以下 3 种情况：

① SIG-IGN。表示当进程运行中接收到指定信号时，忽略它。

② SIG-DFL。表示恢复对信号的默认处理。通常系统会对给出的信号设立一个默认的处理动作，如果系统调用中动作函数选择默认处理时，就自动转去完成系统自带的默认处理程序。大多数自带的处理程序就是终止接收到信号的进程，但也有一些信号的默认处理程序是将进程的内存映像记录下来。这里所指的恢复信号默认处理功能是说，使用系统自带的处理程序完成信号的处理动作，而不是使用指定函数完成接收到信号的处理动作。

③ func 函数名。对接收到的信号处理可以用一个整数地址形式表示一个执行函数。在这种取值情况下，当进程接收到类型为 sig 的信号时，无论当前进程正在执行哪一部分程序，都立即把控制权转给 func 函数。当 func 完成后，进程的控制权将返回到原进程的中断处。

使用系统调用 signal 后的返回值是用 funcp 表示的，它是一个指向 int 类型的函数指针。如果系统调用 signal 正确，funcp 中保存的是处理 sig 信号设定的函数地址(>0)；若系统调用失败，则 funcp 等于－1。用户在编程时可以根据这些返回值的量进行下一步的判别和处理。

3. 一个捕获和处理 SIGINT 信号的程序实例

下面给出一个捕获和处理 SIGINT 信号的 C 程序，SIGINT 信号可以在程序运行中通过键盘输入 Ctrl＋C 键生成。大家可以在自己的运行环境中编写并调试该程序。

```
/* 例信号处理程序 test_signal.c. */
#include <signal.h>
#include <stdio.h>
#include <unistd.h>
int main( )
{  void  catchint(int signo );          /* 引用函数可以放在主函数内部或外部说明 */
   int i;
   signal(SIGINT,catchint( ) );         /* 捕获 SIGINT 信号,并转去执行 catchint( )函数 */
   for(i=1,i<5;i++)
   { printf( "sleep call # %d\n",i); /* 按十进制方式输出 i 值 */
     sleep(1);                          /* 等待 1 秒钟 */
   }
   printf("Exiting.\n");
   exit(0);
}
   void catchint( int signo)            /* 设定当捕捉到 SIGINT 信号的处理函数 */
   {
   signal(SIGINT,SIG_IGN);              /* 采用此语句时再有 SIGINT 时不采取任何动作 */
   printf("\n CATCHINT; signo= %d\n;", signo);          /* signo 是接收到的软中断信号 */
   printf("CATCHINT,returning \n");
   signal(SIGINT,catchint( ));          /* 保证每个 Delete 键都转向指定函数,在 Linux 中可省略 */
   }
```

此程序编译、链接完成后，应进行多次运行。运行中请注意观察不同情况下程序的执行结果，比如当程序执行时不使用 Ctrl＋C 键干扰时会是怎样的执行效果；当使用 Ctrl＋C 键干扰时又会是怎样的执行效果；当多次用 Ctrl＋C 键干扰时又会是怎样的执行效果。

6.6.2 实践 2——用消息传递实现进程通信

下面设计一个用消息传递方式实现进程间通信的程序。为了便于说明，这里假设系统是采用阻塞式的 receive 和无阻塞的 send 方式管理消息传送的；另外，假设多个并发进程可以使用一个类似于共享消息缓冲区的信箱 mutex，完成进程间的信息交互。

假定，一批需要访问临界区的进程，使用一个消息信箱进行通信，以达到对临界区的互斥访问。规定需要访问临界区的进程，首先需要从信箱中接收一条消息，若信箱为空，说明临界区被占用，该调用进程将被阻塞；否则将允许进程进入临界区，进入临界区的进程负责将信箱中的内容清空，当进程用完临界区操作后，再将消息放回信箱 mutex 中，以保证其他需要进入临界区的进程可以进入。该程序的设计结构如下：

```
/* 互斥程序设计 */
const int n= x                          /* n表示进程数 */
```

```
void P(int i)
{
    message msg;                        /* msg是消息变量 */
    while(true)
    {
        receive(mutex,msg);             /* 接收信箱中的消息 */
        <临界区>;                        /* 当接收到消息时就可以进入临界区了 */
        send(mutex,msg);                /* 使用完临界区后将消息放回到信箱中 */
        <其余程序>;
    }
}
Void main( )
{
    create_mailbox(mutex);              /* 在主程序中首先要建立信箱 */
    send(mutex,null);                   /* 信箱初始化时存放的是一条空消息 */
    parbegin(P(1),P(2),…,P(n));
}
```

请注意，在主程序中将信箱中的消息 mutex 初始化成一条空消息，以备想要进入临界区的进程接收消息。这段程序中，消息的内容并不重要，重要的是信箱里是否有消息，信箱里的消息在互斥进程中就相当于一个通行证，谁拿到，谁就被允许进入临界区，而且这个通行证是被多个进程使用的，当一个进程用完后要把它放回原处。另外，在本方案中若有多个并发的接收进程等待接收消息时，若有一条消息到来，则仅传给一个进程，其他等待进程继续被阻塞；如果信箱中没有消息，则阻塞所有接收消息的进程。

利用上述程序设计结构可以实现对生产者-消费者问题的控制，具体做法是考虑将消息作为一个信号传递，以此实现生产者-消费者问题中的信号交互；同时还将消息作为数据进行传递，实现生产者-消费者进程之间的数据交换。具体实现过程如下：

```
const int
   capacity = /* 缓冲区的容量 */;
   null = /* 空消息 */;
int i;
void producer ( )
{   message pmsg;
    while(true)
    {
        receive(mayproduce,pmsg);       /* 接收消息判定是否可以生产数据 */
        pmsg = produce ( );             /* 若可以,则生产数据并构成生产者消息 */
        send (mayconsume,pmsg);         /* 给消费者发送消息 */
    }
}
void consumer( )
{
        message cmsg;;
        while (true)
        {
            receive(mayconsume,cmsg);   /* 接收消息判定是否可以消费数据 */
            consume(cmsg);              /* 消费数据 */
            send (mayproduce,null);     /* 给生产者进程发送一个空消息 */
```

```
        }
    }
void main ( )
{
    create_mailbox(mayproduce);            /* 创建用于传递生产者信息和数据的邮箱 */
    create_mailbox(mayconsume);            /* 创建用于传递消费者信息和数据的邮箱 */
    for (int i = 1; i <= capacity; i++)
        send(mayproduce,null);             /* 将生产者信箱中放入初值空消息 */
    parbegin(producer,consumer);
}
```

在本程序中，通过对信箱 mayproduce 的信息接收，可以了解能够存放生产者信息的空闲容量数；而信箱 mayconsume 中存放的是可消费的消息，当内容为空时，将无法消费；当其中有一条消息时，就允许一个消费者进程消费，该信箱的大小由变量 capacity 的值来确定。

6.7 本章小结

在多道程序环境中，进程并发执行时需要访问临界资源。为了保证临界资源能够被正确访问，就需要对并发进程进行控制。这些控制包括建立进程的同步与互斥机制，而在进程的同步与互斥管理过程中都离不开进程间的通信。

建立进程互斥机制是保证正确使用共享资源的基础。可以采用软件方式建立进程互斥机制，也可以使用软、硬件结合的方式建立互斥机制。软件互斥实现的方法有多种，例如忙等待模式或信号量控制方式。在忙等待模式中，利用一种标志判断临界区是否忙，若临界区正处于繁忙态，则请求的进程就需要等待，若临界区空闲，请求进程就可以进入临界区。在使用信号量建立互斥机制时，利用信号量完成进程间的通信，以此相互通知临界区是否可用；在通信过程中，信号量的值会发生改变，通常对信号量的操作只能通过 down(s)，up(s) 原语完成，这些原语具有原子操作特性，它们也被称为 P，V 操作原语。

有硬件支持的进程互斥机制更加高效，并且利用一些硬件提供的特殊指令或硬件机制，可以使进程互斥的控制过程更加简单和方便。

进程同步也是并发进程间的一种管理方式，同步中需要管理的是，对于一些有关联的进程进行协作运行控制，使多个进程合作来完成一些大型任务。实现进程间的同步可以利用对信号量的操作与访问来完成。

对进程同步与互斥管理的一个比较完善的解决方案是利用管程实现控制。管程是一种程序设计语言结构，利用它可以使进程的同步与互斥更容易实现，而且不易出现错误，因为在使用管程进行程序设计时，同步与互斥的管理完全由操作系统内部机制控制，用户程序中无需再作额外管理。

在操作系统的并发管理中存在着许多典型的控制问题，为了便于管理，将其进行了抽象处理，并对其设计了专门的解决方案。由于这些典型问题的控制具有一定的普遍指导意义，所以它们的实用性很强。比如包含进程同步与进程互斥的典型问题是生产者-消费者问题，对决生产者-消费者问题的管理包含了多个进程对共享资源的两种访问需求管理，这种解决方案可以被直接应用在操作系统对多种资源的管理控制中。

在实现进程互斥和进程同步管理中，都包含了进程间的通信。进程通信就是在进程之间建立一种交互方式，可以是包含低级通信的模式，也可以是包含高级通信的模式，低级通信主要用来传递简单的控制信息，而高级通信可以传递大批量的信息。进程间通信的最简单形式是判断事先约定好的一些标志，多个进程间通过对这些约定好的标志进行判断和调整，可以达到进程间最简单形式的信息交互。还可以利用消息传递方式、共享存储区方式实现进程间的通信，这些通信机制可以用来传递大批量信息，实现比较复杂的进程间信息交互需要。

本章中还给出了读者-写者、哲学家就餐等问题管理策略。这些典型问题都是对实际进程并发管理中特定情况的高度抽象，理解它们所描述的问题实质，并掌握这些问题的解决方法，可以对实际问题中的并发程序设计起到很好的指导意义。

在本章的最后，给出了几个典型的进程通信编程例子，这些例子都是具有实际应用需要的问题，希望读者能够通过这些程序的设计与实践，加深对进程通信问题和进程并发管理的理解，并能掌握一定的进程通信编程方法。

练 习 6

1. 在并发进程执行中，存在着哪些相互制约的关系？

2. 在什么情况下需要建立进程互斥机制？

3. 在什么情况下需要建立进程同步机制？

4. 可以用哪些方式实现进程的互斥管理？

5. 什么是管程？它与进程、线程有何区别？

6. 若使用信号量完成进程通信，对信号量的操作有怎样的限制？

7. 什么是P,V原语？分别说明它们对信号量将进行怎样的控制。

8. 请用自然语言描述并发进程间存在的一般性互斥问题。说明其中存在哪些进程的同步与互斥问题。

9. 请用自然语言描述生产者-消费者问题。说明其中存在哪些进程的同步与互斥问题。然后用信号量和P,V原语控制进程的同步和互斥，说明在生产者-消费者问题中的生产者过程 producer(data)及消费者过程 consumer(data)的执行步骤。

10. 请用自然语言描述读者-写者问题。说明其中存在哪些进程的同步与互斥问题，然后用信号量和P,V原语控制进程的同步和互斥，给出读者 reader(data)及写者 writer(data)过程的执行步骤。

11. 请用自然语言描述哲学家就餐问题中说明的抽象问题，指出其中存在哪些进程的同步与互斥问题。

12. 设有进程 Pa,Pb,Pc 分别调用过程 get,copy,put 对缓冲区 S 和 T 进行操作，其中 get 将数据块输入缓冲区 S 中，copy 从 S 中提取数据块并复制到缓冲区 T 中，put 将缓冲区 T 中信息取出并打印，操作过程如下图所示：

get → Buff S → copy → Buff T → put →

请用 P,V 原语写出 3 个进程的执行过程。

CHAPTER 7

第7章

处理器调度

本章要点

多道并发环境是现代计算机系统的基本环境。当多个进程在单处理器系统中运行时，因为处理器也是一种共享资源，进程会竞争处理器的使用权。本章主要论述操作系统如何通过对并发进程的调度与管理，使多个进程合理地共享处理器资源，并发地完成多项任务的技术和方法。学习本章应重点理解单处理器中的并发进程是以什么样的方式运行的，在系统调度管理过程中应考虑哪些基本需求，处理器调度中需要完成哪些基本任务，以及如何提高处理器的利用率等概念。要对处理器调度中所采用的调度算法有一个比较全面的认识，并能够针对实际问题加以应用。还应对克服调度中出现死锁的技术有比较清楚的理解和掌握，并可以使用其中的关键技术，描述解决死锁问题的方法和过程。

7.1 处理器调度的基本概念

对处理器的调度实际上就是对并发进程的运行管理，其中的主要任务就是在当前的并发进程中找出一个最合适的进程，使其占有处理器完成它的工作。因此，对处理器的调度管理是构造多道并行环境的一个关键技术，调度算法的优劣、调度程序的设计质量将直接影响系统并行的整体效率。

7.1.1 处理器调度与操作系统的关系

系统的并发调度是一个复杂的问题，其中包含进程调度、线程调度、单处理器调度和多处理器调度等问题。为了便于理解，这里将本章讨论的问题限定在对单处理器的进程调度管理上，因为这些是处理器调度的基本知识，在此基础上才可以开展对其他调度问题的讨论。

首先介绍并行调度的方式问题。在本书的前面章节中曾提到，在单处理器系统中构造并发环境是通过让多个并发进程交替使用处理器而实现的。在这个过程中，系统会采用不同的调度算法和调度方式。而调度方式和调度算法的不同，形成了不同类型的操作系统，所以各种操作系统在处理器调度方式上各具特色，比如：

(1) 多道批处理系统。由于批处理系统主要追求的指标是单位时间内进程处理数和进程在系统中的最小周转时间,因此在处理器调度中采用脱机方式实现。所谓脱机是指进程提交给处理器后,系统将不再与外部进行交互,只按系统调度需要安排它的运行,直到进程完成为止。这种调度方式可以极大地减少外部干预的机会,提高处理器的执行效率;因为一旦处理器接到任务后便可以立即投入运行,无需考虑其他交互问题。

(2) 分时系统。在分时系统中通常要同时关注多个用户的请求,为了使多个用户的操作能够得到及时响应,应严格避免某个进程长时间地占用处理器。因此,在调度中需要采用交互方式,即在分派处理器的过程中不断地与用户进程交互,在交互中不断调整处理器分派的各种要求。这种调度方式可能会损失一些处理器的时间,进程执行时间也会拉长,但因为分时系统主要关注的是交互性和对所有进程的均衡性,而进程执行速度不是主要考核指标,因此这种调度方式是符合系统要求的。

(3) 实时系统。在实时系统中,首先要满足的指标就是对特殊进程的请求要做到即时响应。比如要满足进程的截止时间要求,可以允许某进程长时间地占用处理器。在这种调度中,只要满足实时调度要求,其他指标就可以做出让步。

(4) 一般通用系统。对于一般通用系统来讲,因为没有特殊限制和要求,所以在进程调度中追求的是处理器使用上的公平性及各种资源的均衡利用率。因此,通用系统在选择调度算法时比较注重均衡性和公平性指标。

7.1.2 调度所关注的问题

在处理器调度中需要选择调度算法和制定策略,在这个阶段中有一些需要关注的问题,这些问题对处理器的执行效率会产生较大影响。

1. 对有不同行为进程的调度

进程的执行行为是指进程主要偏重于做什么具体工作,比如进程是计算型的还是I/O型的?计算型进程一旦占用处理器后会马上投入运算,而且一般需要处理器的时间也会比较长;而当I/O型进程占用处理器后,在简短的使用后可能会因为需要与外设打交道而主动放弃对处理器的使用权。针对进程的这些行为特点,调度程序应该采用不同的调度策略,满足它们的不同行为需要。

2. 进程调度时机安排

在处理器调度中,要考虑调度程序的执行时机,即调度程序安排在哪里最合适。调度程序虽常驻内存,但它一般是处于睡眠态,只有当调度时机到来时才会被激活。安排调度时机也就是设置调度程序的激活点,这个问题与系统调度机制的建立关系重大,它将直接影响到调度性能的优劣。常见的调度时机包含:

(1) 新进程创建后。

(2) 进程终止时。

(3) 正在运行的进程被阻塞时。

(4) I/O中断发生时。

(5) 特定的时钟中断到来时。

不同类型操作系统所设计的调度时机可能是不同的，这取决于设计者对进程管理各方面的考虑和进程并发管理的实际需求。

3. 抢占式或非抢占式调度

在进程调度中，还有抢占式调度及非抢占式调度之分，所谓抢占式调度是指，在进程执行过程中，如果在等待的队列中出现有比当前正在运行进程的优先级更高的进程，则无论当前进程是否结束，系统都允许高优先级进程抢占当前进程所占有的处理器。而非抢占式调度是指，即便是在当前等待队列中出现了高优先级的请求进程，通常也不允许它立刻抢占处理器；而是要等到当前进程的本轮执行结束后，在进入下一轮调度时，才允许高优先级进程占用处理器。

4. 调度算法选择

因为不同操作系统所要完成的系统性能不同，在不同的系统中所强调的运行指标也可能有很大的差异，因此，不同的操作系统需要采用不同的调度算法，在选择和使用调度算法时要结合不同的系统性能和不同的系统环境加以综合考虑。比如多道批处理系统，因为是采用脱机方式工作，那么在设计中可以不考虑与用户的交互问题，只考虑系统处理性能如何，应选择追求最大的吞吐量和最小的周转时间的算法；而对于分时系统，因为需要在不断地与用户交互过程中获得运行参数和执行目标，因此系统对交互性要求比较高，就应该考虑使用响应及时并且可均衡对待所有进程的算法来管理进程；而实时系统中通常需要追求最大的即时响应效率和可靠性，因此应考虑使用实时性好并能保证可靠性的一些算法，这时，对于算法是否能够满足进程的均衡调度，需要考虑的就比较少甚至于可以不考虑。

7.2 处理器分级调度

下面介绍关于处理器分级调度的问题。为了便于处理器调度管理，通常在处理器调度中采用分级调度方法，这样，一方面可以使调度问题简化，另一方面也有利于调度程序的设计与实现。

7.2.1 长程调度

长程调度是指对处理器的宏观调度管理过程，在长程调度级别中主要完成的是程序执行中的"宏观调度"或是"作业调度"管理工作。在早期的操作系统实现中，长程调度所包含的工作内容有作业的提交、作业收容、作业运行结束处理。在现代操作系统中，由于程序装载的方式发生了较大的改变，使长程调度的任务被其他管理模块所替代，因此这种概念已逐渐淡化。

从技术角度看，长程调度主要管理用户提交任务的流程。在用户方可能一次提交若干个工作流程，而系统要对每个流程按一个作业进行管理。一般来讲，长程调度需要花费的时间比较长，比如在早期的批处理系统中，长程调度所占的时间比例很大，由于当时处理器速度较低，当有大计算量的任务提交时(比如编译一个大程序)会耗费处理器几个小时甚至几天的时间。在长程调度中，系统要对用户提交的任务进行内存保存、执行步骤控制、执行状态监测以及输出信息管理等多项管理。

7.2.2 中程调度

由于在多道环境中，进程轮流使用处理器并不允许长期占用处理器，因此即便是一个进程被调度后，它也有可能会从内存中换出，这就使中程调度有了实际意义。中程调度主要负责当进程运行中发生进程切换时的控制与管理，即实现进程存储空间的换入、换出操作。因此，中程调度又被称为内外存转换管理。

在处理器的中程调度过程中，主要考虑进程如何在主存中存放，当内存空间不够时应如何完成进程切换，如何将有关进程转储到外存储器的制定区域中。内存资源的有限性使多道并发管理困难重重，为了保证正在调度的进程能够正确执行，许多情况下需要将内存中的进程换出到外存中。但是，哪些进程能被换出，哪些进程不能被换出，这是需要用算法来测定的。除此以外，还需要指定一系列的换入、换出策略，才能使进程的切换过程有效。

在实现中程调度时，还要考虑进程在内、外存中的存放方式。因为所有进程都应该让操作系统感知到它的存在，无论它现在是在内存中还是在外存中。那么进程的各种信息在内存中应该如何存放？进程切换时是换出全部信息还是部分信息？当进程再被调度时如何从外存中将它们重新放入内存？这时的地址变换将如何进行等等，这些问题构成了中程调度的复杂性。

我们可以将中程调度所完成的工作看成是为进程占用处理器所提供的预处理服务。通过中程调度，可以将有限的内存空间提供给最急需的进程使用，而将不急需的进程所占内存资源提前加以回收。严格地讲，这个预处理应该不属于处理器调度的内容，但是，没有一定的工作基础，将无法保证进程被正确、有效地调度，处理器的分派也很难实现。从这层意义上讲，将这部分工作也划归为处理器调度的范畴是合情合理的。

7.2.3 短程调度

短程调度是进程执行中对处理器资源分配的具体过程，短程调度又称为“微观调度”或“底层调度”。只有在这一级调度中才真正实现了处理器的分派，被分派占用处理器的单元可以是进程也可以是线程，这将依据操作系统的并行管理机制来决定。

为了符合处理器调度的不同需要，在短程调度中需要使用调度算法来选择可占用处理器的进程或是线程。正如 7.1.1 节中描述的那样，调度算法的不同，就形成了不同类型的操作系统。

在短程调度中要考虑调度算法的合理性、调度程序设计的高效性，因为短程调度控制着处理器的具体分派。另外，还要根据系统特性安排一个使用处理器的时间单元(无论是针对进程还是线程)，一般来讲，占用处理器的时间单元是毫秒或微秒级的时间单位。

这里所谈的处理器分级调度管理，存在着一个特点，那就是这些分级调度中存在着嵌套关系，这种嵌套关系如图 7.1 所示。图中的最外层椭圆框说明了长程调度的工作步骤，而在长程调度的“作业执行态”一框中又包含了中程调度和短程调度的操作过程，各调度之间的关系也可从图中一目了然。

按照这种分级调度管理，对于用户提交的任务可以看成是一个需要经历多级管理才能

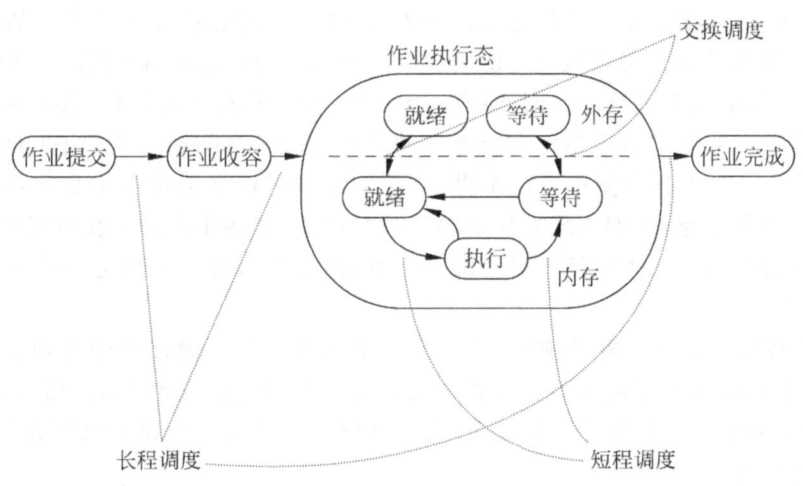

图 7.1 处理器分级调度示意图

完成的工作，这些级别中包括长程、中程和短程调度。在长程调度中包含了作业提交、作业收容、作业执行和作业完成等步骤；在中程调度中包含的是结合短程调度的需要，不断进行内外、存之间的交换；而短程调度是具体对进程状态的管理与控制。

7.3 衡量处理器调度的标准

一个系统中，处理器调度的优劣会对整个系统造成很大影响，因此应该制定有关的标准进行衡量。但是由于处理器调度的特性以及调度中存在的复杂内容和复杂过程，一直以来对于处理器调度的好坏很难给出准确评价。通常是从用户使用角度、处理器管理角度和算法实现角度来评判系统调度的优劣，只有那些在这几个方面都表现比较突出的调度才能称为优良的调度系统。与操作系统管理中的其他处理方法一样，处理器的调度也是在追求一种综合指标，仅一方面的高指标不能说明其调度的优良性。下面从这几个角度来分析并发调度的衡量标准问题。

7.3.1 面向用户的性能指标

对于使用计算机的用户来讲，在程序执行过程中最希望的是进程能够尽快被调度、快速完成指令、尽快给出反馈信息。所以进程周转时间、进程响应时间、进程截止时间以及对所有进程是否公平对待的问题，是用户所关心的主要问题。面向用户使用的调度指标有：

(1) 周转时间。周转时间指的是从进程提交到进程完成所经历的时间。该时间越短，用户感觉越良好，在批处理系统中，这项指标可以完成得非常好。在实际系统评判中，为了更科学地表示进程周转时间，会提出一些更合理的指标，比如平均周转时间和平均带权周转时间，关于这些指标的具体计算将在 7.3.4 节中给出。

(2) 响应时间。响应时间是指从进程的请求输入给计算机，直到系统给出首次回复的时间。不同系统对响应时间的要求有所不同，比如，在分时系统中，对该项指标要求就比较高，因为分时系统总是希望对用户提出的请求能快速给出回复。

(3) 截止时间。截止时间是指进程在运行中用户或其他系统可以容忍的最大延迟时间。这项指标通常是对实时系统而言的,比如在一个数据采集的实时系统中,如果进程不能快速地完成运算,那么新采集的实时数据就会丢失,当时限差距较大时,系统生成的结果可能就失去了意义。系统中这项指标主要考核的是开始截止时间和完成截止时间的效率。

(4) 公平性。对于普通操作系统来讲,一般不希望因作业或进程本身的特性而使上述这些完成指标过分恶化,比如出现长作业等待时间过长、有些用户请求长时间得不到响应等现象。人们所希望的是一种对所有进程的公平性,而不是调度算法偏好一些进程而又冷落了另一些进程。

(5) 优先级确定。在各种系统中,用户都会希望对一些关键任务能得到优先关注和快速处理,因此系统应对有不同需要的进程采用的方法是建立优先级排队管理。建立了分级队列之后,就需要给各个队列分派优先级,在分派优先级的过程中要考虑与所实现的操作系统分类特性相匹配。

7.3.2 面向系统的调度指标

从计算机系统的角度看,并发调度是要追求高效率的,在满足用户请求的基础上,还要考虑如何保证计算机系统中的资源能够得以充分利用。因此,面向系统的调度指标与面向用户的指标会有所不同,这时要考虑的问题包括:

(1) 吞吐量。吞吐量是指在单位时间内系统所能完成的作业/进程的总数量。透过这个指标通常可以考评一个系统的最大处理能力,应该说这是对系统考评的一项硬性指标。但是,在实际考评中,为了增加合理性,对参与计算的作业或进程需要增加一些限定,因为该项指标的计算与进程本身特性和使用的调度算法有很大的关系,比如有些系统对短作业有特殊关照,那么在考评中若只放入短进程,则会得到极大的吞吐量测评值,但这种系统对一般作业的处理能力可能并不高。

(2) 处理器利用率。处理器利用情况在大、中型计算机中都很受重视,因为在这些机器中处理器是紧缺及昂贵的资源,尤其是在早期计算机系统中,CPU 的价格非常昂贵,管理中若没有利用好 CPU 资源,就会产生很大的浪费。在当今的计算机系统中,由于处理器速度加快、价格下调,再加上多核技术,使这一矛盾略有缓解。但在操作系统设计中还是要注意处理器的利用率问题,毕竟处理器是系统中的重要部件,忽视它的利用效果,会对整个系统性能带来影响。

(3) 系统中其他设备的均衡利用问题。在操作系统内部,要关注的另一个重要问题就是各种设备的均衡使用问题。系统中要管理的进程会包含多种类型,比如有些是 CPU 繁忙型,有些是 I/O 繁忙型,在进程调度时要考虑到它们对处理器的实际需要,最好是能够形成不同类型进程相互搭配运行的情况,使处理器和各种 I/O 设备都能得到均衡的利用。

不难看出,在面向系统的调度性能中主要考虑的是内部特性,这些特性对于普通用户来说可能并不会直接关心,但是这些指标完成得好坏也会对用户关心的指标造成直接或间接的影响,所以设计中这两方面的考核指标均应综合考虑。

7.3.3 调度算法评测指标

为了满足以上所述的用户和系统希望达到的调度指标,在处理器调度中需要选择或设计一些算法，这些算法是落实各项指标的基础。多年来，有许多处理器调度算法被长久引用，也有一些算法在使用中被不断地更新和完善。

在为一个系统确定处理器调度算法时有一定的难度，因为衡量一种算法的好坏通常包含两方面的内容：

(1) 算法是否能够有效地解决实际问题。要对算法进行各方面的测评，看它是否能够满足系统的各项调度特性；另外，还要考虑算法的优化和简化性如何，因为算法的运算也是要占用处理器时间的。

(2) 算法本身是否易于实现。算法的合理性固然很重要，但是算法的可实现性应该更为重要，因为在实现中一种算法的执行开销是不容忽视的。操作系统研究的是一门工程学，而非纯理论学，计算机的实现技术有一定的局限性，一个理论价值很高的算法有时可能并不是一个很实用的算法，这一点应引起设计者的高度注意。

综合看来，算法本身的评测指标中前一个是选择算法是否满足需求的基础，后一个是保证算法运行有效性的基础。两者缺一不可，从某种意义上讲，后一个指标可能显得更为重要，因为一种算法再好，如果它极不易实现或是在实现中开销过大，会直接影响到调度的性能，或者会使整个系统的调度工作无法进行下去。

7.3.4 调度指标的量化与计算

除了以上所说的对进程调度的衡量概念和准则以外，在调度中还需要给出一些量化指标和这些量化指标的计算方法。这些指标应具有代表性、公正性，同时还要适应不同类型操作系统的特征。这里说明几个进程调度管理中的量化指标含义和这些指标的计算方法。

1. 进程周转时间

进程周转时间是评定进程调度性能的一项基本指标，它可以从一个比较概括的角度衡量进程的调度性能。对进程 i 来说，进程周转时间是指假设 Te_i 是进程的完成时间，Ts_i 是进程的提交时间，那么进程 i 的周转时间是 T_i，表示进程从提交到完成在系统中所经历的总时间，该指标的计算用公式是

$$T_i = Te_i - Ts_i$$

2. 进程平均周转时间

对于单个进程来说，可以用进程周转时间来表示它的调度情况，但在一个系统中，通常要考察的并不是某个进程的调度情况，而是一批进程的调度情况，这时就需要计算进程的平均周转时间。假设进程流中有 n 个进程，那么进程的平均周转时间 T 的计算公式为

$$T = 1/n\Sigma T_i$$

该值表述的是一批进程的总体周转时间的情况。

3. 进程带权周转时间

进程在被调度期间，并非可以保证进程总是占用处理器的，所以在进程的周转时间中应

该包含了两部分内容，即进程等待时间 Tw_i 和进程运行时间 Tr_i。因此，可以将进程周转时间 T_i 写成如下计算公式：

$$T_i = Tw_i + Tr_i$$

那么，一个进程在被调度的过程中，若其周转时间 T_i 不变，则其中的等待时间 Tw_i 越短，说明它所包含的运行时间就越长。当一个进程的运行时间比较长时，说明进程在周转时间内比较多地占用了处理器，这也就说明消耗这段时间是比较有意义的。反之，若在一个周转时间中等待时间 Tw_i 比较长，则说明进程在周转时间中做了大量的无谓等待，这时周转时间将无法准确地表征进程的调度特性。基于这个原理，需要建立一种带权周转时间指标 W_i，用它来更准确地表征进程被调度的时间。进程的带权周转时间是作业周转时间与作业执行时间之比，用公式可表示为

$$W_i = T_i/Tr_i = (Tr_i + Tw_i)/Tr_i = 1 + Tw_i/Tr_i$$

从该公式的最后换算结果表达式可以看出，这种表示方式更清楚地说明了进程调度的特性，因为当进程在调度中的等待时间 Tw_i 较大时，W_i 的值就一定较大，而当运行时间 Tr_i 较大时，W_i 的值就一定较小。那么在调度中，用 W_i 值来分析进程调度中的内在特性更能反映处理器的调度效率，因此，进程的带权周转时间在许多操作系统中被使用。对于批量进程流的调度情况分析，可以用平均带权周转时间 W 来描述，根据其含义，平均带权周转时间 W 的计算公式如下：

$$W = 1/n\Sigma W_i$$

7.4 处理器调度算法

本节将给出一些处理器调度中经常采用的算法，这些算法各有所长，适应于不同的操作系统特性，这里对它们有一个总体的概览。需要注意的是，这里所述的有些算法至今还在许多操作系统中沿用，它们有些是原算法被引用，有些是经过改良后被引用，还有一些是在算法中被添加了新内容而用来解决一些所面临的新的调度问题。

在进程调度中最重要的工作，就是根据系统的实际状况寻找出最需要使用处理器的进程，让它去占用处理器。在这个寻找过程中需要用到一些算法，通过这些算法可以将有些进程从就绪队列中选出让其占用处理器，而将不符合运行条件的进程调度到就绪或阻塞队列中，等待以后再进入处理器中工作，这就是调度算法的主要任务。

下面给出进程调度的一些算法，当然，这些算法有些也适应于线程的调度。在描述一种算法时可能会有一些派生算法，为了便于描述和理解，将在同一类算法中加以说明，不再作另行分类。

7.4.1 先来先服务(FCFS)

先来先服务(first come first service，FCFS)算法描述的是一种比较简单的公平调度策略，其主体思想是按照进程的某种顺序进行排序，然后按照这个排序进行调度。比如可以按照作业提交时间或进程变为就绪状态的先后次序来排序，让排在前面的进程首先占用处理器，直到该进程执行完或由于某种原因被阻塞后才让出处理器(注意：这里指的是非抢占式的 FCFS 策略)，该算法调度方式如图 7.2 所示。

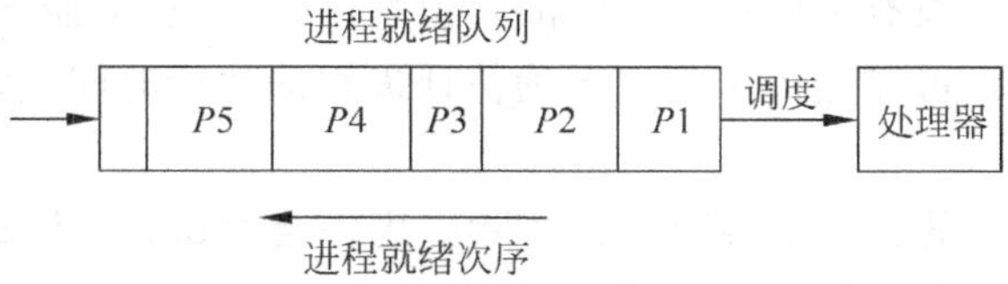

图 7.2 FCFS 调度算法示意图

通常，在 FCFS 调度策略中会给出一些规定，比如在调度中，当有一个事件发生时，会有若干进程被唤醒（比如在一个 I/O 操作完成时），这些被唤醒的进程并不能立即恢复到执行态，而是需要等到当前运行的进程让出处理器后才可以被调度执行。采用 FCFS 调度算法进行处理器调度有以下几个特点：

(1) 该算法比较有利于长进程运行，而不利于短进程运行，尤其是不利于排在长进程后面的短进程运行。因为对排在长进程后面的短进程来讲，其周转时间会比较长，而且在周转时间中进程等待占据了大部分时间。

(2) 这种算法比较有利于 CPU 繁忙型进程，而不利于 I/O 繁忙型进程。因为对于 CPU 繁忙型进程来说，一旦被分派了处理器后就可以全力投入运算工作而不会有其他干扰；而对于 I/O 繁忙的进程来说，也许刚占用处理器就碰到 I/O 操作，这时不得不又要放弃处理器，所以执行效率会比较低。

7.4.2 短进程优先（SPN）

短进程优先（shortest process next，SPN）算法的思想与短作业优先（shortest job first，SJF）算法相似，这种算法在早期的处理器调度中普遍采用，主要被用于作业调度管理。后来将这种调度算法应用在进程的调度管理中，因此改称其为短进程优先算法。

SPN 算法是对 FCFS 算法的一种改进，改良的目的是为了减少进程调度中的平均周转时间。其主体思想是：对预计执行时间短的进程优先分派处理器，同时规定后来的短进程不抢先正在执行的进程（这里主要是针对非抢先方式而言）。短进程优先调度方式如图 7.3 所示，由图可以看出，尽管进程 $P1$ 就绪得比较早，但是由于进程 $P3$ 比较短，所以它将被排在前面被调度。调度中使用 SPN 算法完成处理器调度时有以下优、缺点：

(1) 优点

改善了 FCFS 调度中的平均周转时间和平均带权周转时间，缩短了进程的等待时间；提高了系统的总体吞吐量。

(2) 缺点

对于长作业非常不利，甚至会导致长作业长时间无法得到关注而使整体执行性能下降。

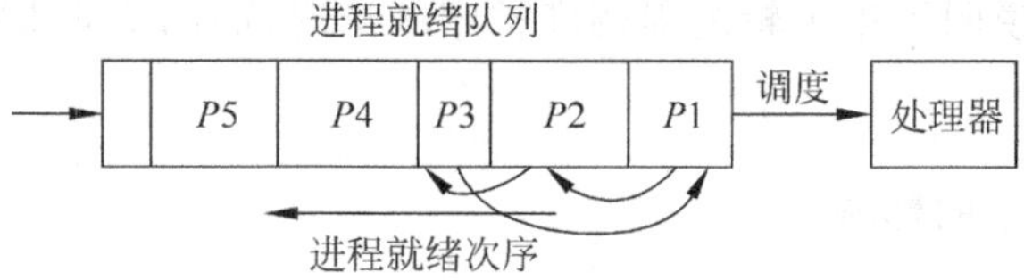

图 7.3 SPN 调度算法示意图

因为在这种调度安排中，没有考虑进程实际的紧迫程度，这将有可能导致调度结果与实际需求的重大差异。另外，还可能会由于难以准确估计进程的执行时间，从而影响了系统的调度性能。

鉴于以上 SPN 算法的这些优、缺点，在实际应用中会对这种算法进行一些改造和变更，产生出一些基于 SPN 的更有效的实用算法。例如：

1. 最短剩余时间优先(shortest remaining time，SRT)

SRT 算法的基本思想是调整原来 SPN 算法的思想，在短进程优先的基础上允许比当前进程剩余时间更短的进程抢占当前进程的运行。这样可以加快进程调度频率，增加进程被调度的机会。

2. 最高响应比优先(highest response ratio next，HRRN)

在这种算法里提出了一个新概念——响应比，所谓响应比就是在当前进程中找出最有运行价值的进程，并让其占用处理器。用 R 表示一个进程响应比的计算公式如下：

$$R = (\text{等待时间} + \text{要求执行时间}) / \text{要求执行时间}$$

其中，等待时间是进程当前等待的实际时间，而要求执行时间是进程创建时预测的时间。通过分析不难看出，该算法是 FCFS 和 SPN 算法的一种折中处理。

7.4.3 时间片轮转(RR)

本小节从以下几个方面讨论时间片轮转算法中的有关问题。

1. 时间片轮转算法描述

时间片轮转(round robin，RR)算法的思想是将系统中所有就绪进程按照 FCFS 原则进行排队，每次调度时将处理器分派给队首进程，而当该进程执行了一个时间片后，无论进程是否做完都必须将处理器让出，再将处理器分派给下一个队首进程，一个进程的执行可能需要若干个这样的轮转过程才能完成。

在 RR 算法中，时间片的长度通常是系统事先约定好的，可以是几个毫秒或几百毫秒。为了实现该算法，需要在一个时间片结束时发生时钟中断，中断时调度程序将暂停当前进程的执行，并将其送到就绪队列的末尾，然后通过进程上下文切换将队列中的下一个进程切换成可以运行的进程。

这种算法还允许进程在未使用完一个时间片时就让出处理器，比如出现了进程阻塞或进程的任务结束，这时同样需要重新切换当前的队首进程。时间片轮转调度的过程如图 7.4 所示，其中，图 7.4(a)说明了第 1 轮进程调度排序的情况，而图 7.4(b)说明了第 2 轮进程调度排序的情况。

2. 时间片对该算法的影响

在时间片轮转算法中，时间片长度的确定是很有讲究的，因为时间片过长或过短都达不到该算法想要的效果，时间片对该算法的具体影响如下：

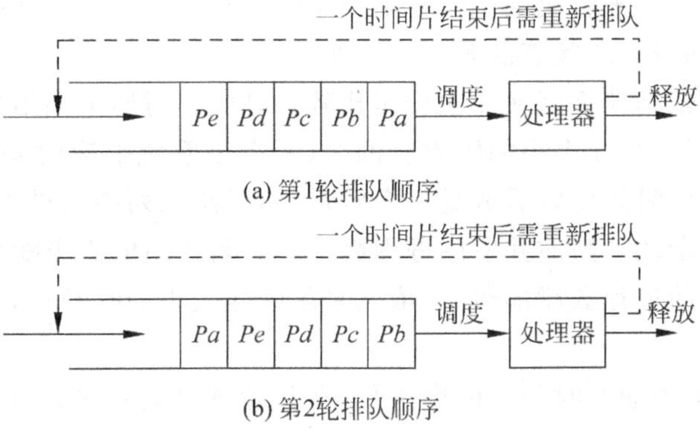

(a) 第1轮排队顺序

(b) 第2轮排队顺序

图 7.4 时间片轮转调度算法示意图

(1) 如果时间片过长(注意,衡量时间片是否过长的方法是看时间片是否超出了大部分进程执行的要求),那么绝大部分进程的工作在一个时间片内都可以被执行完,这时,该算法就退化为 FCFS 算法。这样也就失去了使用时间片轮转的意义。

(2) 如果时间片过短,将会出现大多数进程的运行都需要太多的时间片才能完成所包含的工作这样的情况。这时,需要的进程上下文切换次数就会增加,随之带来的另一个问题是进程的无谓调度增加,系统耗费在进程调度上的时间增多,这样,系统的响应时间增加,系统的执行效率就会降低。

3. 系统响应时间与时间片关系

在该算法中涉及了系统响应时间的问题,这里还需要说明几个概念。

(1) 系统响应时间该如何确定的问题。对于一个指定的操作系统来说,系统响应时间是有要求的,将其看成是一个固定值。这个值是系统设计的一个重要考核指标,比如通用操作系统中的系统响应时间可能会被设定成 10s,而实时操作系统的系统响应时间如果超出 5s 可能就无法容忍了。

(2) 时间片是依据什么设定的问题。在系统设计时,系统的响应时间可以确定,但通常无法预知进程的并行数,因为进程并发是随机产生的,这时需要综合考虑调度问题。系统的响应时间与进程数及时间片之间的关系可以用如下公式来表示:

$$T(\text{响应时间}) = N(\text{进程数目}) \times q(\text{时间片})$$

如果规定 T 是一个不变的值,则可以分析出时间片长度的确定因素:

① 首先从公式中可以看出,时间片大小与允许就绪进程的数目有关。就绪进程数目越多,时间片就会越小。

② 另外,确定时间片大小,还需要考虑系统的处理能力。在设计中应当尽量使用户进程在一个时间片内完成所处理的任务,因为如果不是这样,随着进程数目的增加会急剧延长系统响应时间、进程平均周转时间和进程平均带权周转时间。

4. 动态时间片

由以上分析可以发现,在该算法中,将时间片确定得过大或过小都存在一定的弊端。如果采用静态时间片方式(即时间片一旦确定将不在改变),则很难做到两全其美,因此需要考虑采用动态时间片的方法来解决问题。所谓动态时间片是指时间片在处理器调度过程中并不是一个定值，它会随着系统状态的改变而改变。

下面说明时间片依据什么因素而改变是比较合理的。对照上面给出的系统响应时间计算公式可发现，影响时间片 q 大小的因素有两个，一个是系统响应时间，另一个是当前的进程个数。由于系统响应时间可以看成是一个常量，而就绪队列中的进程数是动态变化的，那么影响 q 值的主要因素就是当前并发的进程数了。时间片的值应当随着进程数的变化而变化，否则，当动态增长的进程数增加时，若依然采用同样大小的时间片，就很难保证系统的响应时间不被改变。

通常，在系统中采用动态时间片的做法是，在每轮调度时计算一次 q 值，并且在下一轮调度中应用新的 q 值。动态时间片计算公式为

$$q = T/N_{\max}$$

其中，T 为系统响应时间，$N_{\max}$ 是当前最大进程数，T 除以 $N_{\max}$ 得到了当前应该使用的时间片的值。

7.4.4 多级队列(MLQ)

多级队列(multiple-level queue)算法提出了一种新的思路，它考虑在调度中引入多个就绪队列。在前面描述的几种算法中，无论就绪进程有多少个，系统都将其安排在一个就绪队列中，若需要调度时就从一个队列中选择可使用处理器的进程。这样做，对就绪队列中具有不同特性的进程没有作特殊考虑。多级队列算法希望将这个因素考虑进去，在系统中建立多个就绪队列，而且使一个队列与某类进程特性相对应，在调度时用于区别对待就绪队列的方法，可以达到高效的综合调度目标。多级队列调度算法的具体工作包括以下内容：

(1) 根据就绪进程的性质或类型的不同，将它们安排在不同的就绪队列中，使系统中形成了若干个就绪队列。

(2) 在每个队列中按照时间片轮转法(RR)进行调度。

(3) 规定每个进程在调度时只能在某类指定的队列中进行轮转或等待。

(4) 调度中对不同队列采用不同的处理方式，包括不同的优先级、不同的时间片长度、不同的调度算法等。

这里，对进程作分类是需要加以判别的，应该将那些有相似性的进程安排在同一个就绪队列中，比如可以将进程分成系统进程、用户交互进程、批处理进程等等。对于有相似性的进程采用同一种调度方式，不同类型的进程采用不同的调度方式是一种有价值的处理器调度算法改进，这样可以使系统的综合调度性能得到提高。

7.4.5 优先级法(PS)

所谓优先级(priority scheduling，PS)算法是指在多级队列算法上作进一步的改进，根据各类进程对响应时间方面的要求，给它们分派不同的优先级，调度时按照多级队列的不同优先级进行调度。

优先级调度策略是一种比较有意义的调度方式，它不仅可以适用于进程和线程的调度，在早期的操作系统中也用于作业调度。实际应用中，优先级算法还可以被分成可抢先式优

先级调度和非抢先式优先级调度两种类型,在抢先式调度中允许高优先级进程抢占当前正在运行的进程;而对于非抢先式调度,当出现高优先级进程时必须要等待当前进程执行完成后才允许新的进程占用处理器。

因为优先级调度算法在操作系统中应用比较广泛,这种调度算法也在应用中得以发展和改进,比如在现代操作系统中,除了静态优先级调度方式以外,还可以采用动态优先级调度方式。下面分别说明这两种调度策略。

1. 静态优先级调度

所谓静态优先级调度,是指进程的优先级是在创建进程时就确定的,该优先级会伴随进程的整个生命周期,在进程终止前不发生改变。在这种调度策略中,优先级是一个常数,在进程被调度的过程中,只按进程的最初优先级考虑即可。当然,优先级的建立也是有一定依据的,比如可以依据进程类型规定系统进程优先级较高、用户进程优先级较低;也可以依据进程对资源的需求情况规定进程对CPU和内存需求较少的进程有较高优先级,反之就获得较低的优先级。还可以依据用户要求来分派,比如按请求的紧迫程度或是某个用户付费多少(这种情况在过去的分时多用户系统中存在)来进行优先级分派。但是无论用哪种分派方式,一旦确定后,其优先级就不再发生改变了。

2. 动态优先级调度

动态优先级的分派思想与静态方式不同,一般在进程创建时给进程赋予的优先级只作为进程调度的初始优先级,在进程运行过程中优先级会不断地被修改。进程优先级的修改是为了适应不断变化的系统内部环境,使进程调度增加可控性。另外,优先级修改必须要依据一定的策略,比如在就绪队列中等待时间长的进程其优先级可能被提高,这样可以使优先级较低的进程在等待足够的时间后,随着其优先级的提升而可以被调度执行;另一方面,当一个进程被调度后,每执行一个时间段就降低一些它的优先级,使进程在持续占用一段处理器后,其优先级就会被降低,从而达到让出处理器的目的。这样可以使就绪进程都得到关注,增加进程调度的公平性,同时系统的设计也比较容易实现。

7.4.6 多级轮转反馈法(RRMF)

多级轮转反馈(round robin with multiple feedback)算法是将时间片轮转算法和优先级算法进行综合,并加以改良而得到的一种算法。该算法的具体描述如下:

(1) 在进程调度中设置多个就绪队列,并对它们分别赋予不同的优先级,比如采用自上而下逐级降低的方式进行优先级排序。

(2) 每个优先级队列的时间片长度可设置成不同的值,同时规定优先级越低,则其时间片越长,例如采用自下而上逐级加倍的方法。

(3) 当有新进程就绪时,它首先会被投入到优先级最高的就绪队列末尾,在该队列中按照先来先服务(FCFS)算法进行调度。

(4) 若某进程在所在队列中被调度的一个时间片内未能完成所包含的任务,则该进程的优先级就被降低,使其下一轮会被投入到次一级优先级队列的末尾,继续按照FCFS算法调度。如此循环下去,进程优先级最低可以被降到最次优先级队列中。

(5) 调度程序仅当较高优先级的队列为空时，才调度较低优先级队列中的进程。

(6) 在进程执行时，若有新进入队列的进程有较高优先级，则允许抢先，并把被抢先的进程投入原优先级队列的末尾。

这种调度算法的示意图如图7.5所示，图中所给出的3个就绪队列，它们在调度过程中会交互进程。这里，处理器应该只有一个，出现在不同的就绪队列之前是为了说明处理器可以被多个队列所使用。

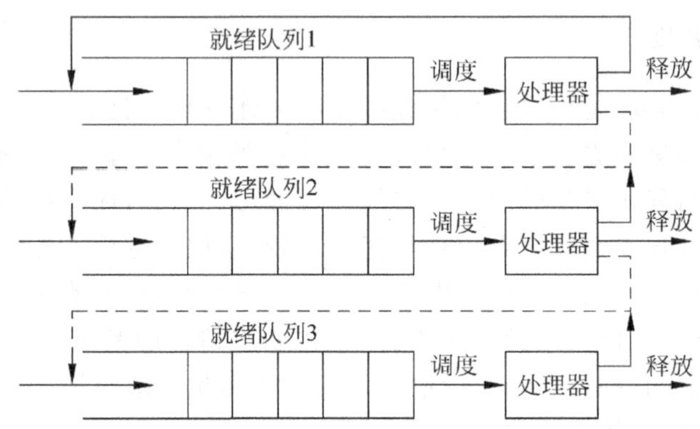

图7.5 多级轮转反馈调度法示意图

在实际应用中，这种算法的效果比较好，而且调度效率也比较符合实际需要，许多现代操作系统就是采用类似策略完成进程调度的。若在这种算法的分级中再加上一个调整，即将时间片按照级别的增加而增大，将会取得更好的执行效果。下面分析这样改进后算法的执行情况，这种算法无论是对I/O型进程还是CPU型进程都增加了可适应性，因为：

(1) 对于I/O型进程。进程首先进入到最高优先级队列中，可以保证及时响应I/O交互。通常这种进程在执行一个小的时间片后就会要求处理I/O请求，然后进程被转入到阻塞队列中等待I/O的运行，这样可以满足I/O型进程的需要。

(2) 对于CPU型进程。因为进程需要运行的计算比较多，在短时间片中运行效率会比较差。但是由于每次进程执行完一个时间片后都会被调整到更低一级的优先级队列中，同时再被调度时使用的时间片也会加长，因此有可能最终采用最低的优先级、最大的时间片来执行，对于这样的进程使用减少调度次数，一次完成大部分计算任务方式是有益的。

这种算法对系统的调度性能也有保证，因为在可以提高系统吞吐量和缩短平均周转时间的前提下同时还照顾到了短进程的执行特性，具有较好的合理性。另外，在获得较好的I/O设备利用率和缩短响应时间方面进行了改进，但同时也照顾了I/O型进程的执行特点，可以符合不同类型进程的需要。更为重要的是，这种算法在实现中也有优势，因为它不必估计进程的执行时间，而是依据实际执行状况采用动态调节方式来完成操作。

在实现中为了保证该算法的调度效果，还可以作进一步的调整，比如对I/O次数不多、主要是完成计算处理的进程，可以采用在I/O完成后，依然放回原优先级队列中，以免每次都回到最高优先级队列后再进行逐次下降操作。还可以考虑针对进程在不同时间段运行的特点，修正它们的排队方式，比如在I/O完成时，提高进程的优先级；在时间片用完时，降低进程的优先级等方法。

7.4.7 调度算法性能比较

一种调度算法的性能如何主要是通过实践来验证的，在调度评价体系中有一些指标必须通过实际运行和大量测试才能得到。由于不同算法的适应环境不同，它们产生的调度效果各有所长，因此有时又很难评价一种算法的好与坏、优与劣。在实际中操作系统对调度算法的选择并不能用一种公式固定下来，而是要根据具体情况作具体分析和处理。另外，算法选择还需要作综合性考量，因为有些算法在一种系统中不适合但可能在其他系统中却是最佳的，原则上说没有绝对好的调度算法，也没有绝对不好的调度算法，任何算法的引用都是要经过实践来检验的，只有那些在实践中经得住考验的算法才称得上是好算法。

因此，在设计系统时只有不断地将理论与实际相结合，不断地进行尝试才能达到希望追求的效果。这里，针对常用的几种调度算法对系统响应时间方面的效果作一个简单的比较，以此来说明不同算法会在不同环境中有不同表现的事实。

针对先来先服务(FCFS)、时间片轮转(RR)、短进程优先(SPN)这 3 种算法来讲，在响应时间方面存在着以下差异：

(1) 对于长进程来说，响应时间存在以下关系：

$$T(\mathrm{FCFS}) < T(\mathrm{SPN}) < T(\mathrm{RR})$$

因为长进程中主要的消耗点在进程运行中，所以采用 FCFS 算法会取得较好的效果。

(2) 对于短进程来讲，其响应时间存在以下关系：

$$T(\mathrm{RR}) < T(\mathrm{SPN}) < T(\mathrm{FCFS})$$

因为对于短进程来说，调度中发生的等待时间可能会比较长，这时采用循环调度法会收到比较好的系统响应时间。由此说明，采用何种算法完成调度确实需要综合考虑，有时在一个系统中可能需要对多种算法综合利用，才会收到较好的效果。

7.5 死锁问题

在操作系统对系统各种资源进行管理时，会出现一些意想不到的情况，机器会出现停滞不前的状态，称这种状态为机器被死锁了。死锁状况在现实生活中经常会有，如交通的阻塞、经济发展停滞、社会问题爆发等等。当某一领域出现这些状况时，就使该领域的发展无法畅通或处于死锁状态。因此，现实生活中死锁情况的发生，会扰乱事物原有的正常运转和发展规律，造成交通阻塞、经济衰退或社会矛盾激化。

在计算机管理中也有死锁问题。当系统中多个进程无限制地等待永远不会发生的情况出现时，就称计算机系统出现了死锁。本节将讨论造成计算机系统死锁的原因，以及死锁的避免、死锁的预防和死锁的综合处理问题。当然，这里所讨论的死锁防范问题不仅适合操作系统，也适合网络、数据库及其他应用系统的管理。

7.5.1 死锁概述

计算机系统也会发生死锁，尤其是在对系统性能要求不高的 PC 系统中，会经常见到。由于多道并发环境对资源的共享和竞争，使控制问题复杂化，因此引起死锁的机会也增加了。但是，在计算机中发生死锁的情况并不是必然的，经过调整和改善，死锁可以少发生或不发生。如何进行调整呢？这就需要了解一些死锁问题的实质，下面说明有关死锁问题的基本概念。

1. 资源的可抢占特性

计算机管理的资源种类很多，在这些资源中有些是具有可抢占性的，而有些是不具有可抢占性的。对于具有可抢占性的资源管理，当资源被多个进程竞争使用时，可允许进程交替使用，而且在使用中不会出现硬件损坏或程序异常的现象。计算机中的内存，就是一个具有可抢占性的资源，进程可占用内存或是将所占用的内存替换给其他进程，只要系统中建立了完善的内存数据保存机制，就不会造成任何的损失。

而有些计算机中的资源是不具备可抢占性的，因为这种资源被多个进程抢占使用后，会出现一些无法挽回的副作用，像打印机、绘图仪、CD 刻录机等都属于不可抢占的资源。如果一个进程正在使用打印机输出信息，突然被另一个进程抢占了打印机使用权，这时打印输出的内容就会紊乱，输出的结果将毫无意义，当然也就破坏了进程的正常运行。

2. 死锁定义

计算机系统发生死锁的情况可以定义为：当一个并发进程组中每个进程都在等待只能由该组进程中的其他进程才能引发的事件发生时，就称这组进程处于死锁状态。在资源共享时，无论是硬件资源还是软件资源，只要它们是有条件地被共享，就都有可能发生死锁，处于死锁状态的进程在没有外来干预的情况下，将永远无法运行下去。

3. 死锁并非必然

在多道并发环境中资源共享是必需的，但是资源共享并不一定造成死锁，资源共享使用中的不可抢占性是造成死锁的主要原因。因此，要想控制死锁不发生或者少发生，就需要对不可抢占性资源的使用加以控制，比如考虑在使用这些资源时将其使用顺序调整得更加合理，躲开发生死锁的机会，就有可能避免死锁。以城市交通中的十字路口为例，路口的 4 个象限是车辆行驶的共享资源，若 4 个方向同时来车而且互不相让，这时就会发生死锁；如果让 4 个方向上的车辆按顺序行进，将 4 个象限的资源两两分别调配给不同方向上行驶的车辆，通常不会发生死锁，如图 7.6 所示。所以并发环境中死锁并非是必然的。

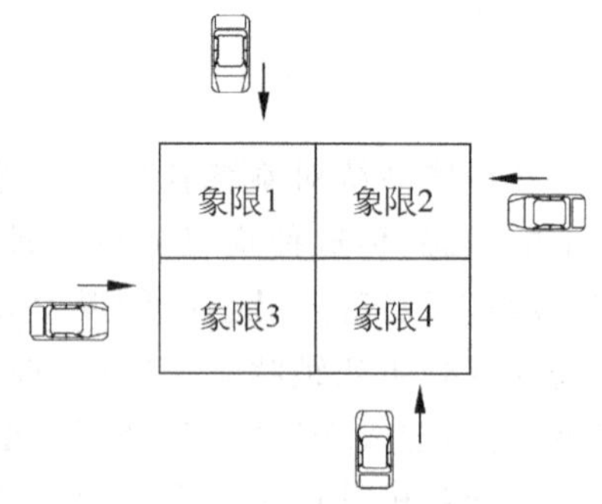

图 7.6　交通路口的死锁状况示例

7.5.2　死锁问题分析

为了解决死锁问题，需要对死锁情况进行分析，了解死锁发生的充分必要条件，并考虑可以用哪些方法解决死锁问题。

1. 发生死锁的充分必要条件

首先了解在计算机中什么情况下会发生死锁。通过分析发现，多道并发的进程发生死锁的充分必要条件包括：

(1) 互斥运行。任一时刻只允许一个进程使用某种资源。

(2) 请求和保持。当进程在请求其余资源时，不主动释放已经占用的资源。

(3) 非剥夺性。对进程已经占用的资源，不能被强制性地剥夺。

(4) 资源与进程形成环路等待。当采用建模法分析死锁时，以方框表示资源，圆框表示进程；由资源指向进程的箭头表示资源已分配，由进程指向资源的箭头表示进程请求某资源，如图 7.7 所示。在分析中这些箭头形成了一个环路。

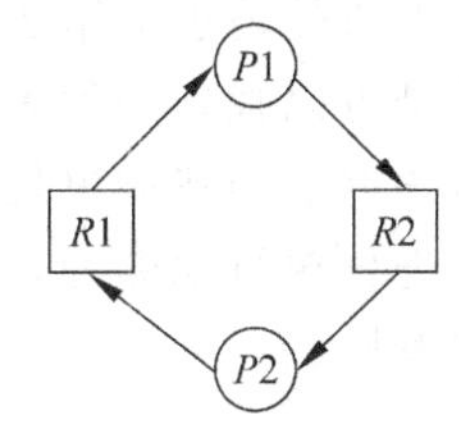

图 7.7 进程与资源的分配与请求形成了环路

当以上这些条件同时存在时，系统中的并发进程就极有可能发生死锁；而若有可能打破这些条件中的某个条件时，就可能避免死锁情况的发生。

2. 克服死锁的策略

面对可能出现的死锁情况，操作系统要给出具体的解决方案。不同操作系统面对死锁的策略会有所不同，归纳起来，大致可以采用以下几种应对策略：

(1) 预防法。死锁预防所采用的策略是，对可能出现的死锁状况提前加以预防，使问题尽量不出现。比如在资源分配时采用比较保守的方法，宁可造成资源浪费，也尽量保证不出现死锁的条件。例如，规定进程必须一次提交所有要申请的资源以及资源使用允许剥夺等方案。

(2) 避免法。采用这种方法是想在进程的调度中不断地加以判断，尽量避免可能出现的死锁状况。其主要思想是找出一条不出现死锁的调度顺序，按照这种顺序执行就可以避免死锁的发生。

(3) 检测法。检测法是采用一种比较宽松的死锁应对策略，其主要思想是面对进程对资源的请求，只要资源够用就进行分配；另一方面，定时地对并发进程进行检查，如果发现有可能出现死锁情况，就进行资源剥夺或其他现场处理，使死锁情况无法形成。

(4) 忽略法。这种方案是以一种消极的态度对待死锁，对于可能出现的死锁问题采用视而不见的态度。因为有人认为死锁是无法避免的，不必为此耗费精力和资源；或者认为出现几次死锁无关紧要，不会对系统造成很大的伤害，因此可以不予理睬。

以上所提出的克服死锁策略，在不同的系统中都有采纳，下面将分别介绍这些死锁处理策略的具体实施方法。

7.5.3 死锁预防实现方法

为了预防死锁情况的出现，在进程调度中，主要考虑排除发生死锁的可能性。一种比较直接的设计思想是：限制并发进程对资源的请求，使系统在任何时刻都不满足死锁的必要条件。因此，预防死锁有两种有效的实现方法：

(1) 采用预先静态法分配资源。该方法打破的是死锁发生的充分必要条件中的第 2 条

(即资源的请求和保持),给进程预先分配所需的全部资源,保证进程执行中不再需要等待资源。这样做显然是可以破坏死锁条件的,但却会降低对资源的利用效率,降低进程的并发程度。另外还有一种可能就是,由于进程的动态性无法预先知道进程所需的全部资源,因此造成这种方法在实现上有一定的困难。

(2) 采用有序资源使用法分配资源。这里针对的是死锁发生的充分必要条件的第 4 条(即形成环路等待),主要考虑破坏形成死锁的环路等待条件。实现中,可以将资源按照使用特性进行分类及编号,并将它们按顺序排列;分配资源时,对编号进行检测,若满足不会形成环路等待的请求就给予分配,否则,就拒绝分配。这种做法对于限制死锁发生是有效的,因为总是可以找到一种算法,对请求的资源序列进行测定,保证不会形成环路等待的情况。但是这种方法的缺点也是显然的,因为任何一种算法都会限制进程对资源的请求顺序,这是不符合进程执行规律的。另外,调度时对资源进行排序会占用系统的一定开销,从而影响系统的并发性。

7.5.4 死锁避免实现方法

在死锁避免实现中,要遵守的主要原则是:在分配资源时就判断是否会出现死锁,若不会出现,则给予分配,否则,将拒绝分配。

1. 进程启动拒绝法

调度之前将系统中各种资源的总量、每个进程对资源请求的总量、当前资源分配情况等都用矩阵加以描述,在调度中不断地进行矩阵测算,以决定该次资源请求是否允许分配。这里,计算的主要依据是,系统中的资源总量是不变的,无论怎样分配都应该满足总量恒定等式:

$$总量=分配+未分配$$

测算的原则包括:

(1) 当前进程对资源的请求不能超过系统中该资源的总量值。

(2) 已经分配的资源数不应超过进程的总请求数。

(3) 当前进程请求量+新进程请求量=资源总数量。

每次分配时进行以上等式测算,若满足上面 3 条原则,就允许启动该进程运行,否则不启动进程运行。

2. 资源分配拒绝法

对于这种分配算法还有另一个名称,即银行家算法。因为这种算法极其类似于银行家在管理他的资金时所采用的方法,管理中需要保证所拥有的资源能够被多个进程使用,同时还要保证运转中不出现死锁状况。

一个银行家的职责是利用他所掌控的资金一方面为各界提供资金保证,另一方面也从中获得合理的利益。他的做法是把手中的钱贷给需要使用的顾客,只要不出现一个顾客需要贷的资金超过了银行家所拥有资金的总数情况,银行家就可以让手中的资金周转起来,在帮助别人的同时收取一定的费用。正常情况下,银行家在发放贷款时需要做一个测算,看自己是否能够满足客户的贷款额度,客户在多长时间内需要归还这笔资金,客户的偿还能力如何等。银行家这样做的目的是为了保证资金放贷的安全性，不出现贷款无法收回的情况，这一点与进程并发管理中的资源分配很相似，这里将请求贷款过程看成并发的进程，而将银行资金看成系统管理的资源，按照银行家管理资金的原则，可以实现资源的安全分配。

3. 拒绝资源分配的算法

根据资源分配拒绝法的原则，假定进程可以将资源申请分多次完成，而且在第 1 次申请时就可以将它所需要的最大资源数说明。系统就可以对进程请求作测算和判别：安全时，分配资源；不安全时，暂不分配资源。这里需要建立一些数据结构，它们是：

- 请求矩阵 claim 用来说明多个进程对多种资源的请求数量。
- 分配矩阵 allocation 用来说明当前已分配的情况。
- 资源向量表 resource 用来说明系统所拥有各种资源的总量。
- 剩余向量表 available 用来说明各资源当前剩余量。

一个安全的分配过程如图 7.8 中的分列图所示，其中 Rn 代表不同的资源，Pn 代表不同的进程，向量单元中的数字代表资源的个数。

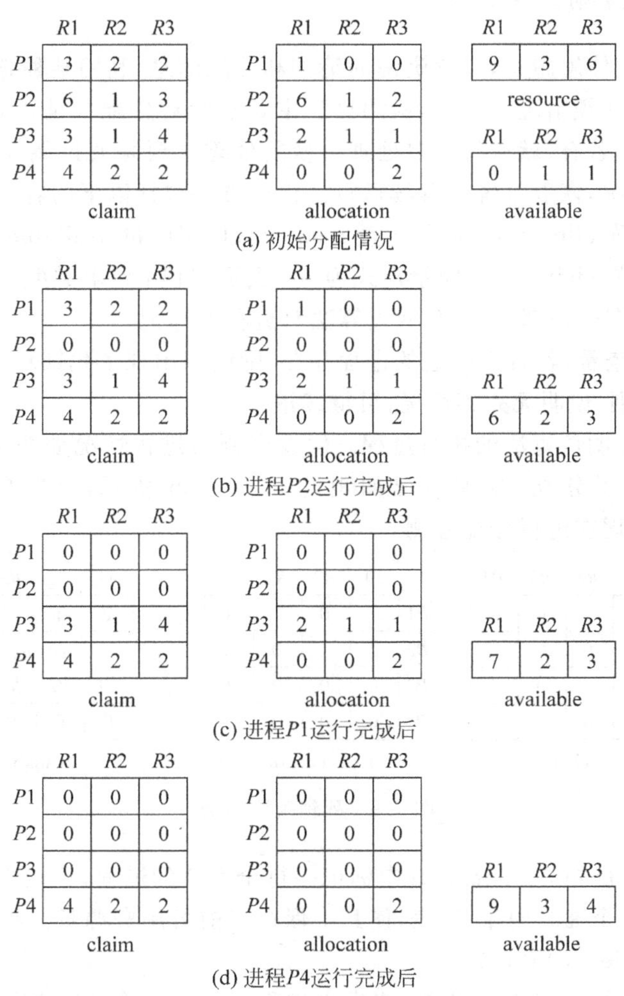

图 7.8 银行家算法的测算过程

图 7.8 给出了一个可实现资源安全分配的测算过程，其中在图 7.8(a)中给出了 4 个进程($P1$,$P2$,$P3$,$P4$)对 3 种资源($R1$,$R2$,$R3$)的总需求，具体内容由矩阵 claim 表示；以及初始分配的情况，由矩阵 allocation 表示；还包含 3 种资源的总量和分配后的剩余量，由两个向量表示。经过比较和测算后发现，可以将剩余的资源首先分配给进程 $P2$，让其运行，该进程运行完后将所占用的资源归还回系统，这时就变成了图 7.8(b)所示的情况。再分配给进程 $P1$ 使用，该进程运行完成后变成图 7.8(c)所示的情况。这时，剩余资源已经比较充裕了，可以给剩余的其他任一进程使用，假设先分配给 $P3$，再分配给 $P4$。由此确定这种分配是安全的，可以进行分配。但是若在本例中首先满足了 $P1$ 进程的需要时会是何种情况呢？请大家自行测算。

死锁避免算法的优点是，允许进程互斥使用资源，可以进行部分资源分配以及具有资源使用的不可抢占性，可以有效地提高资源利用率，而且其中的限制比死锁预防方法中的少一些。但同时该算法也存在一些缺点，比如进程须事先声明请求资源的最大量、进程执行中不能有同步要求、资源分配数是固定的以及当占有资源时进程不能退出等等。

7.5.5 死锁检测实现方法

死锁检测法的主体思想是，保存资源的请求和分配信息，利用某种算法对这些信息加以检测，判断是否存在死锁情况。这里，检测算法主要是针对分配中是否有循环等待的条件，若没有，就进行分配，若有，就进行恢复处理。恢复处理主要是通过剥夺一些进程已经占有的资源，解除死锁状况，恢复系统的继续运行。检测算法包括以下内容：

- 设定分配矩阵 allocation、资源向量 resource、可用向量 available；
- 设定请求矩阵 claim，其中向量形式为 q_{ij}，表示进程 i 请求类型 j 的资源量；
- 初始态下所有进程都无标记，通过算法对进程做标记；
- 标记完成后查看，若有无标记的进程存在，则说明出现了死锁环路，需要进行死锁恢复处理；否则，说明无死锁情况，可继续进行。

下面以实例来说明该算法的执行过程。假设资源与进程情况如图 7.9 所示，初始态下已经对进程请求作了分配，分配情况如矩阵 allocation 所示，这时的剩余可用向量表 available 已经为空，现在进行分配检测：

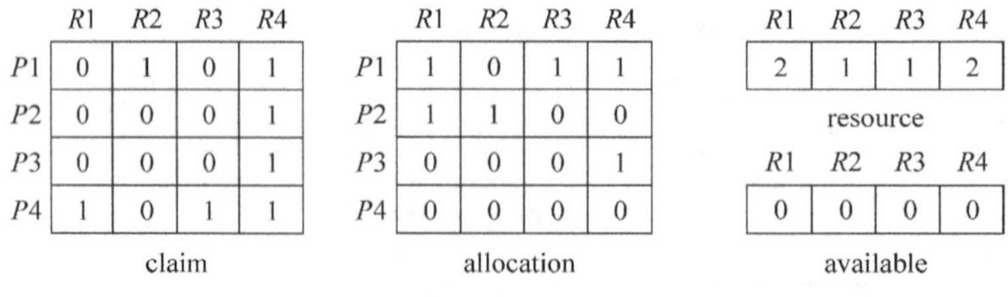

claim

	R1	R2	R3	R4
P1	0	1	0	1
P2	0	0	0	1
P3	0	0	0	1
P4	1	0	1	1

allocation

	R1	R2	R3	R4
P1	1	0	1	1
P2	1	1	0	0
P3	0	0	0	1
P4	0	0	0	0

resource

R1	R2	R3	R4
2	1	1	2

available

R1	R2	R3	R4
0	0	0	0

图 7.9 死锁检测实例

(1) 按要求在分配矩阵 allocation 中标记一行全为 0 的进程，显然 $P4$ 被标记。

(2) 然后建立一个临时向量 W 表，使其中保存当前可用资源量。根据具体情况分析可知，当前 W=available=(0 0 0 0)。

(3) 接着根据下标 i=1 进行查找，当发现进程 i 未标记并且该进程的请求向量小于等

于 W 时，就进行标记，否则就不标记；若找循环结束未找到这样的行，该算法终止。

(4) 显然，这轮查找中标记了进程 $P3$，然后将分配矩阵中的相应行中资源数添加到 W 向量中，此时 $W=(0\ 0\ 0\ 1)$。

(5) 返回步骤(3)继续查找。但是发现已找不到可标记的进程了，因此说明出现了死锁。

在这种检测死锁的算法中，若需要进行死锁恢复，通常依据的原则是：通过撤销代价最小的进程来解除死锁状况。可以挂起某些死锁进程，并抢占其所拥有的资源，直到死锁情况被解除。这里所撤销的进程，可以按照进程优先级来确定，或者按照系统会计过程给出的结论，将运行代价最小的进程解除。

死锁检测恢复算法的实用性很高，实现起来也比较容易。其主要缺点是，当解除死锁时，会造成进程终止或系统重新启动，给系统运行带来不便。

7.5.6 死锁解决综合方法

在以上描述的死锁解决方案中都存在一定的不足，那么在实际应用中如何解决这些矛盾呢？通常系统采用的方法是用综合方法解决死锁，具体做法是：

(1) 对资源进行归类。将各种资源归入若干个不同的资源类中，比如外存交换区空间、进程资源(设备，如磁带机，文件)、主存空间、内部资源(I/O 通道)分别进行分类。

(2) 对资源进行排序。对不同的资源类别规定先后次序，对相同资源类中的资源采用线性按序申请的方法进行分配。

(3) 在死锁判别中对不同种类的资源，采用适当的方法进行分配测算，优化死锁检测过程。比如进程资源采用死锁避免法处理；对外存交换区空间、主存、内部资源等采用死锁预防法处理等。

7.6 UNIX 进程调度实例

上面介绍了处理器调度管理的基本概念和实现方法，下面以 UNIX 系统为例说明进程调度的基本策略以及在实现这些策略时可能采用的具体算法。UNIX 系统利用处理器调度的基本原理，为进程占用处理器制定了一套专门的调度算法和调度策略，这些是保证 UNIX 系统正常、高效运行的基础，本节将分几个方面分别加以说明。

7.6.1 调度时机安排

在 UNIX 中，设定在以下两种情况下产生进程的调度时机。第 1 种情况是，当进程执行时自动放弃了处理器运行时进行一次进程调度。进程可能会在多种情况下自动放弃处理器，如当进程等待系统分配的资源未得到时、当进程由于执行中需要与其他进程保持同步时、当进程的时间片未到但进程的工作已提前结束时，等等，UNIX 将在这些时机中安排进程调度管理。第 2 种情况是，当进程由系统态转入用户态时，安排进行一次进程调度管理。这样做的目的是，使那些被设置了高优先级调度标志且在内存中就绪的进程，可以有机会抢先进入执行状态。调度时，由 0 号进程中的调度程序 Switch 开始工作(注：0 号进程是

UNIX 系统中的一个特殊进程，该进程在系统引导阶段负责系统的引导与配置，生成 1 号进程；在系统引导完成后变成进程调度管理的后台进程)，该程序负责完成进程调度中的各项管理与控制工作。

7.6.2 调度标志设置

在 UNIX 中，对进程的管理可以标注 3 种用于调度和交换的标志，它们是 runrun，runin，runout。这 3 种调度标志将告诉进程调度程序，当下一轮调度执行时，该如何对该进程进行操作。这 3 个调度标志的含义分别如下：

runrun 是请求 CPU 调度程序进行调度的标识。在进程的时间片结束时经过优先数的计算，当发现某个进程的优先级高于当前进程优先级时，用唤醒原语 wakeup、运行设置原语 setrun 和优先级设置过程 setpri 为进程设置 runrun 标志。另外，系统中的时钟中断处理程序也要检查进程的优先级，同时也能够完成对进程作 runrun 标志的设置。已设置了此标志的进程，在下一个调度时机来临时，switch 程序就会调度其中具有最高优先级的进程进入执行状态。

runin 是进程换入内存的标志。有这种标志的进程在下一次调度时机到来时，会从交换区中换入到内存。

runout 是进程换出内存标志。对于具有这种标识的进程在下一个调度时机中会被换出内存。

第 1 种标志是为了选择调度进程而设立的，后两种标识是根据进程存储管理中置换算法的结果和进程交换的需要对进程进行标识的。

7.6.3 进程调度策略及优先数计算

UNIX System V 的进程调度是采用动态优先级算法完成的，进程调度遵循的原则是：进程的优先数越大，其优先级就越低。系统采用定时计算来更新进程的优先数，因此调度时总是从内存就绪队列中取出优先数最小的那个进程，让其开始运行。在进程调度中，首先要计算进程优先数，UNIX 系统中进程优先数的计算公式为

$$P_{pri} = P_{cpu}/2 + P_{USER} + P_{nice} + N_{ZERO}$$

公式中的 P_{USER} 和 N_{ZERO} 表示基本用户优先数的阈值，不同的 UNIX 系统版本可以赋予它们不同的值。例如，SYSTEM V 中 $P_{USER}=25$，$N_{ZERO}=20$。也就是说，在系统版本确定后，这两个值可以看成是一对常数。P_{cpu} 表示的是进程最近一个时段中使用 CPU 的时间，当进程使用 CPU 时，系统会在每个时钟周期对 P_{cpu} 值加 1，用它记录进程使用 CPU 的时间。P_{nice} 是系统允许用户设置的进程优先数的偏置值，它可以取 0～40 之间的一个数。通常情况下，系统一旦设定了 P_{nice} 值以后，除了超级用户可以将该值减小以外，其他用户都只能对该值做增大的操作。也就是说，在 UNIX 系统中，实用系统调用 nice 时只能对进程的优先数做增值操作。例如，在 C-shell 中输入如下命令：

```
% nice - 5 myprog& ↙
```

此命令表示可以将 myprog 程序的执行优先数在原基础上加 5，以降低 CPU 对其调度的优先级。在日常处理中，用户可以利用此命令通过对后台执行进程优先级的降低来提高前台

进程的执行速度和增加 CPU 的占用时间。这样看来，相对于被频繁调度的进程来说，P_{nice} 值改变的几率也很小。

通过对进程的优先级计算公式进行分析后发现，在公式中有两个常量 P_{USER} 和 N_{ZERO}，还有一个参数 P_{nice} 也接近于常量，那么公式中唯一的变量就是 P_{cpu} 了。因此，该公式所反映的情况是：对于一个新创建的进程来说，由于它从未使用过 CPU，所以 P cpu/2 这一项为 0，那么它的优先数应该是最小值，这样，对新创建的进程来说，就极有可能被调度。但随着进程被调度，进程的 P_{cpu} 值会不断地增加，因为系统规定在每个时钟周期中要进行一次 $P_{cpu}+1$ 赋给 P_{cpu} 的操作，这样，进程优先数就会增大，而且随着进程占用 CPU 时间的增加，进程优先级将会降低。当进程的 P_{cpu} 值增加到一定程度时，在时钟中断处理时有可能被其他 P_{cpu} 值较小的进程抢先，该进程将进入到下一个等待调度队列的轮转中。另一方面，由 UNIX 系统的进程调度原理和调度策略可知，在每个时钟中断中，系统都会对每个进程的 P_{cpu} 进行除以 2 再赋给 P_{cpu} 的操作，这样，对不占用 CPU 的进程来说，P_{cpu} 值衰减得很快，因此其优先数也会不断地产生变化，当其值小于当前被调度的进程及其他进程时，它就有机会重新抢占 CPU 并被系统调度程序调度。显然，UNIX 系统的进程调度策略和优先数计算公式可以做到以下几点：

(1) 进程优先级随进程调度情况的变化而动态发生变化。

(2) 每个进程都有机会被系统合理地调度，同时，这些调度策略和算法对所有的进程是公平的。

(3) 调度策略和优先数计算满足多用户、分时系统的基本需求。

7.6.4 进程调度实现

按照 UNIX 进程调度策略和优先数计算公式，可以实现进程调度的管理与控制。由操作系统管理原理可知，进程调度的实现过程实际上是完成进程之间上下文的切换过程，UNIX 系统中的进程上下文切换是由 0 号进程中的 switch 过程实现的。进程调度大致可分为以下 3 个步骤：

(1) 检查系统有关参数，决定是否需要作上下文切换及系统是否允许进程进行上下文切换。如果条件满足，则将当前进程的上下文及有关寄存器和栈指针的内容保存起来。

(2) 根据算法，0 号进程中的 switch 过程从内存就绪队列中选取一个优先级最高的进程，使其占据 CPU。如果内存中没有这样一个满足条件的进程，则 switch 将循环等待其中某一进程的状态发生转换。

(3) 被选中的进程变为当前进程，从其系统栈和 user 结构中恢复与该进程有关的寄存器的内容和栈指针，使新的进程开始执行。

7.7 本章小结

多道程序环境中的进程并发管理是一项重要工作，而并发管理的重要内容是对处理器的调度与管理。本章主要讨论了与单处理器调度有关的问题，首先说明了处理器调度方式与操作系统分类之间的关系，然后介绍了处理器的分层调度的概念，还给出了处理器调度的衡量标准、常用调度算法以及调度中出现死锁问题的解决办法。

由于不同类型的操作系统追求不同的系统性能指标，在调度中需要采用不同的调度方式和调度算法，经过调度可以形成符合批处理、分时或实时系统的各项特性和系统指标。为了提高处理器的调度效率，要考虑占用处理器的进程行为方式，对偏重于I/O操作或偏重于计算操作的进程要分别加以处理；还需要考虑进程是否允许以抢占方式占用处理器，以及采用何种调度算法选择占用处理器的进程。处理器调度程序将在何时被运行，是系统中安排调度的时机，应该在进程运行的恰当时间引发调度程序的执行，使需要调度的进程得到及时的调度。这些因素对处理器调度都会产生很大的影响。

处理器的分级调度给出了一个整体的概念，因为操作系统中的各个控制模块之间有着许多不可分割的联系，就像I/O控制、存储管理以及进程调度模块，它们分别承担着不同的管理任务，同时相互之间还存在着密切的联系。对这些模块的管理，实际上形成了对处理器的3级调度结构，长程调度对应于程序的输入/输出控制，中程调度对应于存储控制，而进程或线程调度是具体的处理器控制过程。只有这3方面的管理协同工作，才能形成有效的处理器调度与管理的机制。

处理器调度的性能如何，可以通过一些系统指标来衡量，这些调度衡量指标包括进程的周转时间、带权周转时间、进程响应时间、系统吞吐量、系统调度的公平指数等等，它们被划分成用户使用关注的指标、系统设计关注的指标以及调度算法实现的指标等几个方面。每一方面的指标都从一个侧面反映了处理器调度的情况，评价一个系统调度的优劣应该从多方面综合考虑。

本章所给出的处理器调度算法是比较常见的算法，它们各具优点和不足，适应于不同的处理器调度需求。学习这些算法时，应注重了解算法特点及其适应范围，还应善于综合利用这些算法去解决实际问题，提高分析问题和解决问题的能力。

针对计算机系统中可能出现的死锁问题，在本章中还阐述了死锁的基本概念，死锁产生的充分必要条件。应该注意理解，计算机系统中死锁情况时有发生但却并非是必然的，通过管理和控制可以减少或避免死锁的发生。本章阐述了死锁预防、死锁避免、死锁检测恢复的具体策略和实现方法，其中的核心算法和实现步骤，应该做到与具体应用问题相结合，根据不同情况采用不同的克服死锁技术和方法，解决不同的死锁问题。

本章的最后以UNIX系统的处理器调度为例，介绍了在一个典型的系统中，处理器调度管理的具体实现过程。通过这一部分内容的学习，可以帮助读者将处理器调度中的理论和概念具体化，通过了解对具体问题的具体解决方案，加深认识处理器调度的基本策略，掌握处理器调度的实现技术。

练 习 7

1. 处理器调度中的长程、中程、短程调度，分别包含哪些不同的调度意义？

2. 什么是作业周转时间？什么是作业响应时间？

3. 系统采用多道程序设计的主要优点是什么？当多道程序中的“道”数过多时会出现什么问题？

4. 当系统中存在I/O繁忙型进程、CPU繁忙型进程以及I/O与CPU均衡型进程时，你将如何安排它们的优先级？安排这些进程优先级的理由是什么？

5. 批处理作业与交互式作业在运行时分别有什么特点？针对这两种作业特点，在管理中应采用什么方式进行控制？

6. 请说明当时间片轮转法中的时间片无限增大时，该算法将演变成什么算法？当优先级算法中的优先级按照进程本身的长短进行安排时，该算法将演变成什么算法？

7. 为什么说进程 i 的带权周转时间 W_i 会比进程周转时间 T_i 更好地反映处理器的调度效率？这两个值的计算公式是怎样的？

8. 在时间片轮转调度算法(RR)中，当时间片设置得过长或过短时，将分别会发生什么状况？

9. 通常在什么情况下，能够确定系统中一组并发进程发生了死锁情况？

10. 请阐述进程发生死锁的充分必要条件有哪些？

11. 在一个单处理器系统中，假定有 3 个进程 A，B，C，它们的调度数据见表 7.1，当使用下面列出的调度算法对这 3 个进程进行调度时，请分别计算出在每种调度算法中进程平均周转时间。

a) 优先级调度法

b) 短进程优先调度法

表 7.1 进程调度数据表

进 程	进程到达时间	估计执行时间	优先数
A	10:00	15	2
B	10:00	5	6
C	10:00	13	8

提示：(1)假设系统规定优先数越大其优先级越低；(2)计算中忽略进程回收和进程切换的时间；(3)表中描述的时间按计算机的标定时间单位计算，无需进行时间换算；计算结果要求精确到 1%。

12. 针对图 7.10 给出的实际问题，说明在用这种算法完成资源分配时系统是否处于安全状态。若处于安全状态，则使用矩阵和向量方式给出安全分配的步骤和方案；若处于不安全状态，请说明理由。

假设系统中有 4 个进程，它们需要 3 种资源才能工作。进程对资源的请求情况以及初始分配情况由图 7.10 中的“请求矩阵”和“初始矩阵”描述，资源总量和第 1 次分配后剩余情况由“资源向量”和“还可利用向量”表示。请说明，在资源分配过程中是否会出现死锁状况，并用矩阵和向量表示法描述分配步骤。

请求矩阵

	R1	R2	R3
P1	4	2	3
P2	5	1	2
P3	3	1	4
P4	4	2	2

初始矩阵

	R1	R2	R3
P1	2	0	0
P2	3	1	2
P3	2	0	3
P4	1	0	0

资源向量

R1	R2	R3
9	3	6

还可利用向量

R1	R2	R3
1	2	1

图 7.10 4 个进程对资源请求及初始分配情况图

CHAPTER 8

第8章

存储管理

本章要点

存储管理是对计算机的物理主存储空间进行分配和管理的技术。在本章中，主要讨论进程装入内存时的重定位问题，存储空间的分区管理、分页管理和分段管理方式，以及虚拟存储管理的基本理论和实现技术。读者在学习本章时，应注意理解一个计算机系统的存储器结构是由哪些存储介质组成的，操作系统可以用哪些存储管理方式实现内存管理，它们各自有什么特点。还要注意掌握实现存储分配的一些实用技术，包括分区和分页管理以及虚拟存储的实现方法和设计技术。更重要的是，注意将操作系统存储管理的思想与日常应用编程相结合，增强利用系统机制解决实际问题的能力。

8.1 存储器组成结构

对于计算机的存储器，通常期望它容量足够大，访问速度尽量快，存储内容不易丢失。这些要求对于今天的存储介质来讲，还是要求过高了；因为在今天的市场上，无法找到集中了以上所有优点的存储器。但是这些要求对于今天的计算机系统来说，却并不过分，虽然没有集中以上 3 个优点的存储介质，但通过对存储介质的多层结合和有效管理是可以满足这 3 方面要求的。因此，就提出了计算机存储器的多层结构理论。

今天使用的计算机存储器，通常是由多种存储介质组合而成的，这些存储介质由操作系统进行统一管理，对用户形成了一个完整的、可存储各种信息的功能部件。本节主要介绍计算机存储器的配置策略和基本的组成结构。

8.1.1 存储器配置策略

可以被计算机使用的存储介质有多种，不同的存储介质可以满足不同信息存储的需要。一个计算机系统中通常包含多种存储介质，它们被整合成系统的整体存储器，为系统和用户提供存储服务。一个系统的存储器配置策略会因系统的服务目标不同而不同，但在配置中有一些基本原则需要遵守，如：

(1) 包含少量快速而昂贵的存储介质。这类存储介质构成了系统中最快的存储部件，包括寄存器、高速缓存(cache)等硬部件,由于它们价格昂贵,因此配置的量通常比较有限。

(2) 包含一些具有中级存储速度的存储介质。这类存储介质是整个存储器的主体部件,通常由价格适中的内存储器构成。目前随着存储技术的进步,内存部件变得越来越便宜,这也促使了今天计算机内存配置的成倍提升。

(3) 包含大量低速、便宜的辅存介质。这类存储介质构成了存储器中的后备存储体,通常由硬盘、软盘、磁带光盘或 U 盘构成,它们可以为系统提供大容量后被存储支持,同时,由于它们的廉价特性,使存储器的整体价格得到了改善。

因此,存储器中包含的存储介质大致可分成 4 类,它们是寄存器、高速缓存、内存以及辅存。由于高速缓存技术今天已经非常成熟,在系统中配置高速缓存已很常见,所以计算机系统的存储结构通常有以下两种配置结构形式:

① 寄存器＋内存＋辅存的三级结构。

② 寄存器＋高速缓存＋内存＋辅存的四级结构。

这些不同级别的存储介质搭配在一起,它们的访问速度和操作特性是有很大差异的,这就需要操作系统对其加以管理。实际上,正是在操作系统的管理下才使进入计算机的程序和数据,可以在以上所说的三级或四级结构间移动,并保证信息在移动过程中的有效性、正确性和高效性。

在计算机的存储管理部件中,实际上包含硬件和软件两部分内容。硬件提供了信息存储的基本平台,软件负责信息存储的正常进行和信息存储的有效性,同时还控制主存和辅存的协调使用。硬件和软件两部分,通过处理器的寻址技术和内存管理方法形成了系统的存储访问机制。

8.1.2 PC 存储器结构

PC 是目前应用最为广泛的一种机型,对它的存储管理实际上代表了当今流行的存储管理模式,所以,这里以 PC 的存储器为例说明计算机的存储体系结构。

典型的 PC 存储结构如图 8.1 所示,图中包含了寄存器、快速缓存、内存和外存储器。

在图 8.1 中,PC 中包含的存储介质构成了金字塔方式。这表明 PC 中包含着多种存储介质,而且它们是从上向下逐渐增多的。这个金字塔模型可以满足个人计算机的存储需要,同时也可以有效地控制 PC 的销售价格,因为这里所包含的存储介质之间,存在着逐层访问速度变慢、逐层容量增大、逐层价格便宜的特点。

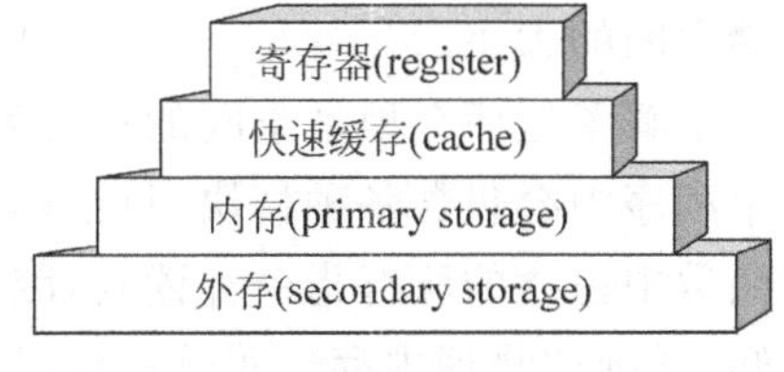

图 8.1 PC 存储结构示意图

8.2 地址重定位

大家知道,只有进入内存的程序和数据才可以被调度到处理器上运行。因此,应保证放入内存的信息是一些可被处理器识别的二进制代码,存放它们的地址是实际的物理内存地址。但是另一方面,编写程序时通常不关心指令所存放的地址,而会使用一些便于记忆或方便查询的标注符进行编程,例如汇编语言中的标号和逻辑地址,高级语言中的变量名、函数名的定义和引用等。这些内容在程序被编译、链接成可执行程序之前必须要作变换，通常需要将它们变换成可以访问的地址信息，而这些地址信息通常是以一种逻辑地址的方式保存在可执行程序中。因此，当可执行程序被转入内存时，必须将程序中的逻辑地址和标识信息转换为实际运行时的物理地址，这个过程就称为地址重定位。

8.2.1 地址空间

为了理解地址重定位的技术和方法，首先要建立两个地址空间的概念，即逻辑地址空间和物理地址空间。

1. 逻辑地址空间

用户编写的程序经过编译或汇编后会形成目标程序，在这类程序中，指令运行和数据访问会被限定在一个地址范围内，这个地址空间就被称为逻辑地址空间，有时也被称为相对地址空间或虚地址空间。在这个地址空间中，程序中所使用的地址单元编号具有一种逻辑关系，通常所有的地址都与该程序的第1条指令形成对应关系。该地址空间具有以下特征：

(1) 程序的首地址为0，其他地址相对于首址进行编址。

(2) 程序中所描述的地址只说明了指令的逻辑执行关系，并不能作为实际运行时的地址进行读、写访问。

由于程序员在编写程序时，其主要任务是描述所要解决问题的逻辑关系。对程序作编译时，也只是检测这些逻辑关系是否合理，这两个阶段都不关心程序的具体执行。而逻辑地址空间对逻辑关系表述有利，所以在程序执行之前，通常都采用逻辑地址空间描述问题。

2. 物理地址空间

物理地址空间有时也被称为绝对地址或实地址空间。这种地址空间描述的是一个计算机系统可实际寻址访问的存储单元地址集合，在该空间中，处理器可以直接对地址进行寻址，完成各种指令的执行和数据的读写。通常将系统内存总容量的大小定义为机器的物理存储空间的大小。

了解了这两个地址空间的概念后可发现用户编写的程序是具有逻辑关系的。比如，在一个程序中会包含各种模块，每个模块将完成不同的功能，在执行函数调用时通常希望一次将函数中包含的所有指令都读到，因为这些指令之间是有逻辑关联的。而由内存编址方式可知，系统的物理内存空间是一种线性空间，所谓线性空间是指该空间是由一系列的存储单元组成，而这些存储单元之间没有层次和逻辑关系。

如何将这些有逻辑意义的程序代码和数据信息存入到无逻辑关系的线性内存空间中？如何保证存入线性空间的信息能够满足程序运行时的逻辑访问需要？这是我们需要面对的两大问题。

根据实际需求，操作系统提出了对这两个空间的管理与控制方法。显然，程序在这两个空间中的存放及转储是存储管理中最基本的任务，其中需要建立相应的存储管理策略，需要采用合适、灵活的内存分配算法，还需要完成具体的存储空间分配和回收操作等工作。

8.2.2 地址重定位的意义

由于程序在运行之前被放在逻辑地址空间中，只有当程序需要运行时才被分配到物理地址空间中。因此，程序在逻辑地址空间的位置，与其将要调度到的物理地址空间位置可能会发生变化，而这个变化会对程序中的地址访问产生一定的影响。所以，当一个程序从逻辑地址空间转储到物理地址空间时，需要进行必要的地址映射和地址转换。这就是地址重定位的意义。

根据地址重定位的意义，可以想象到，在地址重定位时需要完成一系列的地址映射和地址变换操作。为了保证地址重定位操作的高效和准确，在系统中需要提供一些硬件机构作支持。操作系统的任务是，负责完成根据不同的硬件变换机制完成内存管理的程序设计，协助实现进程的调度与管理。一个程序从源程序经过编译链接后形成可执行程序，该可执行程序以文件方式存储在磁盘上，这个文件中是按照逻辑地址方式描述其中所包含地址的。当该可执行程序被装入内存准备运行时，要经过地址变换机构形成物理地址空间中的内容，这时地址所表示的应该是实际的物理地址。这个变换过程如图 8.2 所示。

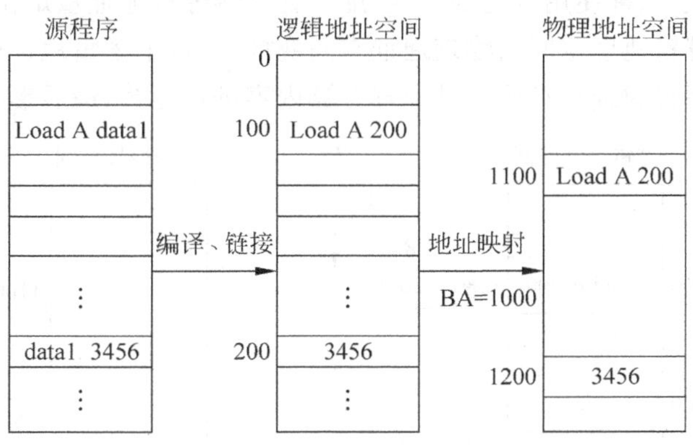

图 8.2 程序从源码-逻辑空间-物理空间的变换过程

图 8.2 给出的是一个程序变换示意图，其中在源程序中有一个变量名为 data1，它在程序中被赋值为 3456。在源程序中，如果需要使用该变量时，可以直接用变量名进行引用；当经过编译、链接后形成了可执行程序，在可执行程序中，所有的变量名都被替换成了地址，比如 data1 被地址 200 替换。但同时也注意到，在可执行程序的描述中所采用的是相对地址方式，即程序的起始地址是 0。可执行程序在被装入内存地址空间时，要进行地址变换和映射，这样就成为真正可访问的物理地址，在该图中，假设地址变换基址 BA 是 1000，这样，原来的 100、200 地址就变成了 1100 和 1200，这个地址才是程序运行时访问的真正地址。

8.2.3 地址重定位的实现

地址重定位是在系统的两个地址空间中作数据转储时必须要完成的一项工作。那么地址重定位该如何实现呢？

在计算机系统中，地址重定位可以采用静态处理方式，也可以采用动态处理方式。静态地址重定位是指在程序被调度时一次性地将所有的地址进行重定位处理，以后在程序执行中地址不再发生变化；而动态地址重定位是指在程序被调度时，随着当前调度的内容不断地进行地址重定位，对于当前没有运行部分的程序，暂时不进行地址分配和地址重定位处理。由于动态地址重定位比较符合系统管理需要，因此现行计算机系统中通常采用动态地址重定位方式。在实现地址重定位时，可以用纯软件方式完成，也可以用软、硬件相结合的方式完成。常见的方式包括：

(1) 当程序从外存向内存装载时直接完成地址变换。这种处理方法通常要求程序在作链接时由链接程序给出程序中需要作重定位的标志，装载程序在装载时用“起始址”+“原址”计算的操作就可以实现地址重定位。

(2) 对内存地址按块进行管理和保护。这种实现方法是将内存地址分块，当程序装载时也按块进行分配，在分配时记录下所使用的块标志，并且将这些块标志作为保护码放在程序状态字 PSW 中，在每条指令执行时要进行地址块的判断，以实现物理地址的定位和保护。

(3) 设立专用的寄存器管理地址分配与保护。这种实现方法采用的策略是，在计算机中设立一些专门的寄存器，比如基址寄存器和虚址寄存器或界限寄存器，它们专门用来为地址重定位和地址保护提供服务，操作系统在管理中可以借助这些寄存器实现地址管理和地址判别。图 8.3 给出了这种使用专门的基址、虚址寄存器进行地址重定位和地址变换的方法，在这种方式中，当从逻辑地址空间向物理地址空间变换时，每个逻辑地址取出后都会被放到一个虚址寄存器中，然后将虚址寄存器与基址寄存器内容进行运算，最后形成实际的物理地址。

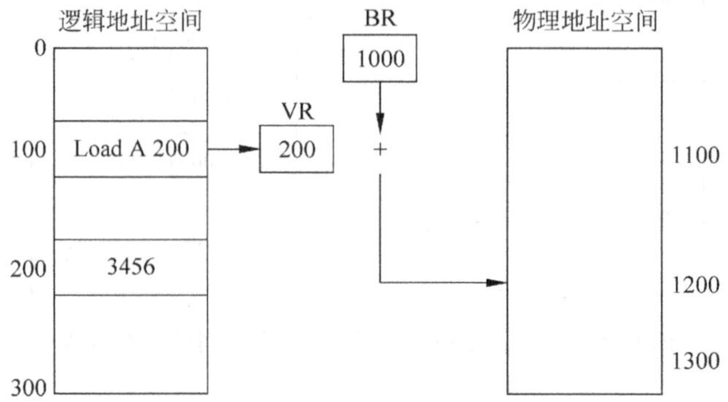

图 8.3 专用寄存器实现地址重定位过程

另外，在实现地址重定位的过程中，有些系统还会加入一些对地址访问的保护和判断机制，这样可以更有力地防范程序执行中遭到恶意或无意的侵扰。还需要指明的一点是，目前在计算机系统中使用的重定位方法，通常都与系统硬件提供的寻址机构有关，所以计算机系统中的地址重定位方法通常是一机一制，几乎无法进行统一而详细的说明。但是，重定位想要达到的目标和它们所管理的主要内容基本上是一致的。因此，了解重定位的实现策略和设计思想还是比较容易的。

8.3 进程交换技术

由于系统内存的有限性，多道并发环境中的进程通常不能随心所欲地长期占用处理器。为了保证处理器能够高效地工作，就需要不断地将那些近期不使用处理器的进程放入辅存的交换区中，而将需要占用处理器的进程从交换区中交换到内存中。因此，存储管理中的进程交换也是一项重要的工作，本节主要讨论与交换技术有关的问题。

8.3.1 进程交换的意义

在一个正在运行的系统中，随着进程数的增加，当前内存空间可能会出现不够用的情况，这时为了保证系统能够正常运行下去，就需要对内存中的进程进行调整，将那些暂时不能运行的进程换出内存，再将亟待运行的进程换入内存。

进程被换出内存后放在哪里？这些进程与内存中的进程有什么区别呢？实际上，对进程作内、外存的调整，主要是指将内存中的进程交换到硬盘的交换区中。而硬盘交换区是指从硬盘中划出的一部分特殊存储区域，这部分存储区将被投入到内存管理中而不再作为硬盘存储区提供给文件系统使用。存储管理中的进程交换操作，就是针对这类存储区及实际内存区域的管理与控制技术。进程交换技术使被激活的进程可以合理地占用内存，但当内存不足时，进程也可以暂时在交换区中停留，待内存空间缓解后再换入内存被调度执行。这种方法在现行的操作系统中非常流行，交换技术也给操作系统的内存管理带来了很多便利。

在存储管理方式中，如果包含进程交换技术，那么内存分派将如图 8.4 所给出的过程来完成。当存储空间比较富裕时，可按照进程派生的先后次序进行内存分派，如图 8.4(a)～图 8.4(c)所示；当存储空间不够用时，可以根据某种策略，将不太紧急的进程交换到系统的交换区中；当存储空间得到释放后，再将在交换区中的进程交换回存储区中。这样保证了多进程对主存空间的合理使用，在图 8.4 中，给出的是一个随着时间的变化，存储空间会随进程进入、离开而不断产生变化的示意图。

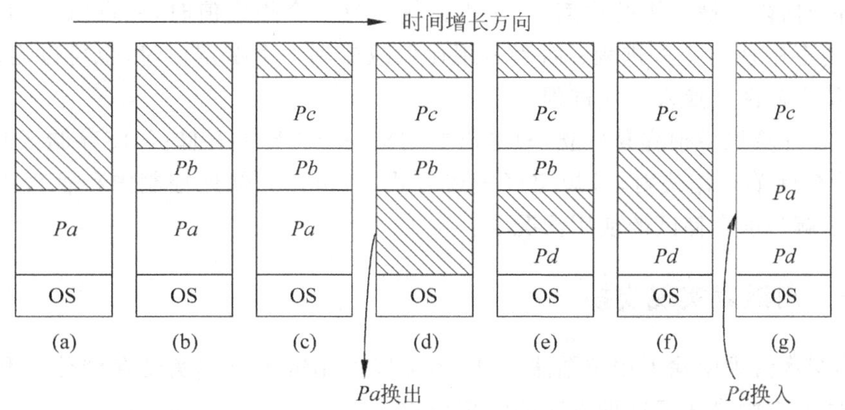

图 8.4 多进程被换入、换出示意图

8.3.2 用位示图控制交换

如上所述，进程在内、外存之间的交换，达到了存储空间的合理使用。这个管理过程就是不断地分派和回收存储空间，记录和掌握内存空间的当前状况，这些构成了存储管理的基础功能。显然，正确记录存储空间的状态是至关重要的。如何解决这个问题呢？这里给出一种常用的管理方式，即用位示图法标识内存的分配情况，进而实现对进程交换的控制。

位示图是一个在内存中开辟的特殊区域，在这个区域中的每一位（每个二进制码）都表示一个内存分派单位的状况，这个内存分派单位可以是一个分区、一个分段或是一个分页。该特殊区域中的每一位表示的值，用来说明内存中这个分派单位是否被占用，比如用 0 表示该存储单位空闲，用 1 表示该存储单位已被占用。位示图的一个具体表述可以如图 8.5 所示。

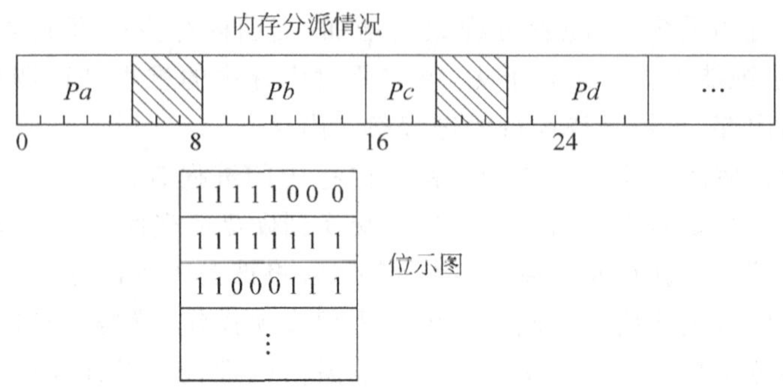

图 8.5 用位示图表示内存分派情况

在图 8.5 中，针对现有进程 Pa，Pb，Pc，Pd 对内存空间的占用情况，用下面的位示图给出了具体的描述，其中，在内存区中用小刻度表示内存分派的基本单位，阴影部分表示内存中的空闲区域。位示图上为 1 的位表示该内存单位已被分派，为 0 的位表示该内存单位还处于空闲状态。

采用位示图方式，内存当前的分配情况将一目了然。当在系统中建立了位示图后，若需要进行内存分配时可直接查询位示图，了解内存中空闲区域的情况；当需要进行内存回收时，可根据回收内存的情况对位示图中的标注进行修改。更为重要的是，可以通过对位示图的查询了解当前内存被占用的比例，当占用比例超过一个指定值时，就可以启动内、外存交换程序，从内存中换出一些进程；而当占用比例减少到一个指定值时，也可以启动内、外存交换程序，从交换区中换入一些进程。

位示图在计算机中很容易建立，只是需要划出一个特殊的存储区，将存储区的每一位与内存空间的存储单元作映射，并规定好表述方式，就可以方便地控制内存管理中的进程交换，并及时了解当前存储区的使用情况了。

8.3.3 用链表实现交换

在存储交换管理中除了用位图法以外，还可以使用链表方式实现存储分配和进程交换的控制，在图 8.6 中描述了这种方法的实现思想。

当使用链表方式管理内存分配情况时，首先要建立链表结构。图 8.6 中给出的链表结构是由 4 个部分构成的，其中第 1 部分是 P/H 区，用来说明该链接单元是否被进程占用，P 表示已分配的进程号，H 表示空闲；第 2 部分说明链接单元的起始地址；第 3 部分说明该链接单元长度是多少；第 4 部分是指明下一个链接单元的指针。该图说明了如图 8.4 所示的 4 个需要分派内存的进程，用链表方式进行内存分配控制情况。

当使用链表方式管理内存交换与分配时，有一个较大的优势，就是当一个进程被移出内存时，该进程所占用的区域很容易被回收，因为在回收中可以采用如图 8.6 所示的回收方式，只需移动链表中的首尾指针就可以完成。

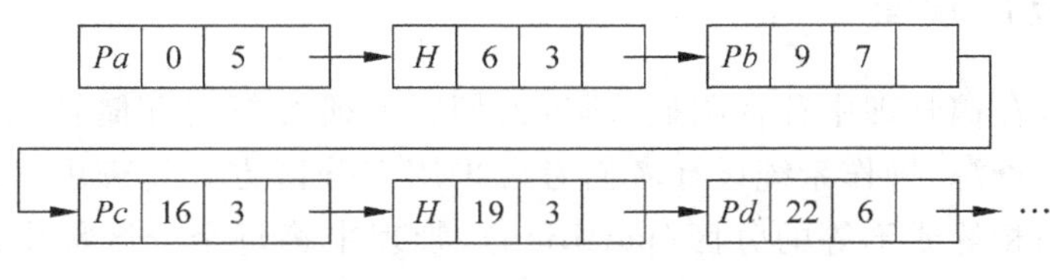

图 8.6 使用链表法实现内存分派控制

8.4 分区存储管理

对于计算机存储器的管理，不仅仅包含对可执行程序的地址重定位，还应包含存储区的合理分配和回收。本节将介绍一种比较简单的存储管理技术，即分区存储管理，包括分区存储管理的基本思想及其实现方法。

8.4.1 单一分区存储管理

在早期的单用户、单任务操作系统中，对内存管理通常采用一种非常简单的方式来完成，即将系统的内存分为两个区域，一个是系统区，一个是用户区，在系统区中存放一个对用户程序进行管理的软件，在用户区中存放的是当前要运行的一个用户程序。在这种管理方式下，一个用户程序将会占用系统中用户区的整个空间，而在一次调度中只允许一道用户程序装入内存准备运行。因此单一分区管理方式体现的是一种简单的内存管理，它只适用于对单用户、单任务的控制管理。

单一分区管理方式的最大优点是设计简单，易于实现，而且需要的软、硬件支持也很少。在 PC 的 MS-DOS 系统中就采用了类似的管理方式，并且流行了相当长的一段时间。这种管理方式也存在着很大的缺点，比如内存空间浪费大，处理器无法得到充分的利用，程序间的代码或数据共享性很差，几乎没有考虑系统的安全性问题等。

单一分区的内存管理方式如图 8.7 所示，图中给出了 3 种单一分区的简单内存布局结构，它们的一个共同点是将内存区进行简单的划分，其中用户程序将占用一个分区，其余空间留给系统程序使用。用户程序进入内存时将占用整个用户存储空间，即便是用户程序很小，也只能如此。系统程序可能占用单一分区（如图 8.7(a)或图 8.7(b)所示），也可能是占用两个分区（如图 8.7(c)所示），MS-DOS 系统是按照图 8.7(c)的方式实现内存布局的。

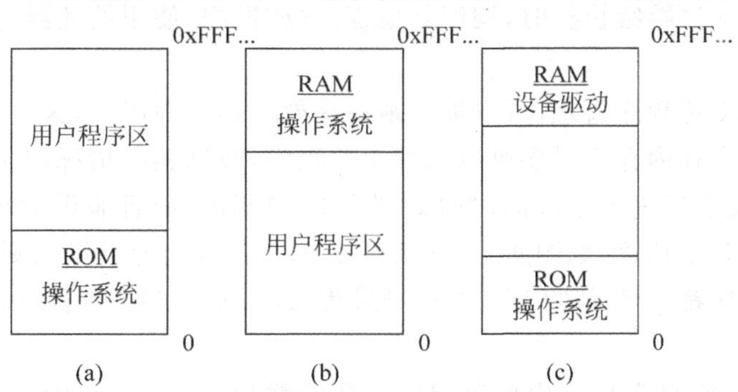

图 8.7 单一分区内存管理方式

8.4.2 多分区管理

由于单一分区存储管理中存在明显缺陷，人们开始研究新的存储管理方法。为了充分利用处理器和内存资源，操作系统设计者们考虑采用多分区方式管理内存。具体做法是将内存分为一些大小相等或不等的分区(partition)，管理中将每个分区提供给一个应用程序使用，操作系统也占用其中的一个分区，如图 8.8 所示。图中所给出的分配方式，称为固定大小的多分区管理模式。

固定大小的多分区内存管理模式在多道分时系统中比较常见，由于这种模式可以为多个程序的并发执行提供支持，因此相对于单一分区方式，这种分区管理可以有效地提高处理器的执行效率，同时也有效地利用了系统的内存资源。

在这种管理模式下可以针对不同进程对内存需求量的不同，进行大小不等的内存分配，比如针对不同分区安排不同的进程队列，每个队列都有一个管理程序实现进程内存分派与调度，这种内存管理调度方法如图 8.8(a)所示；也可以将需要不同内存大小的进程安排在同一个分派队列中，在内存分派时由统一的调度程序管理，这种内存管理调度方式如图 8.8(b)所示。这两种分派方式各有所长，而且两种方法在不同的操作系统中都有被采用的实例。

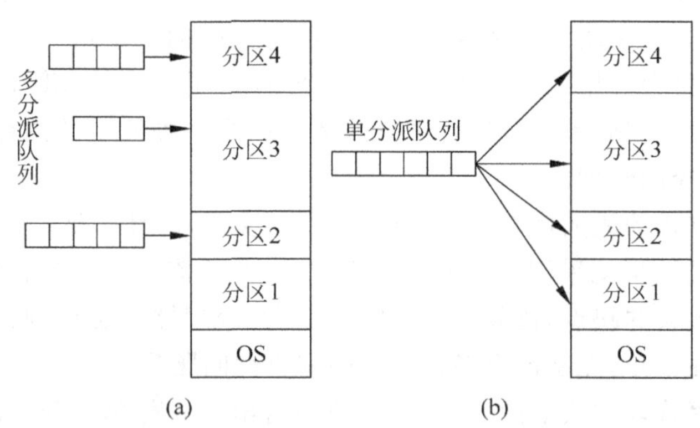

图 8.8 固定大小的多分区内存管理方式

在内存中同时保存多道程序(或进程)的做法，为实现并行管理提供了基础。因此，可以说固定大小的多分区管理方式提供了在内存中保存多道程序的机制，这样有可能做到当一个进程出现阻塞或无法继续执行时，调度其他程序(或进程)使用处理器，从而提高处理器利用率。

在内存中实现多道程序管理，可以极大地提高处理器的利用率，这一点可以用下面的管理实例来说明。假定在内存中最多可以保存 4 道程序，根据实际情况，4 道程序进入系统的时间可以不同，假设它们进入系统的时间如图 8.9(a)所示，而且假设对每道程序需要处理器的时间也有一个基本估算，如图所示，分别是 4,3,2,2 秒。为了保证测算的合理性，假定所有进入系统的程序都是 80%的 I/O 等待型进程，这时来看多个进程运行与处理器利用率的关系是如何的。

由图 8.9(b)看到，随着内存中保存程序道数的增加，CPU 的空闲时间在减少，CPU 被占用的时间在增大，而单位时间内每个进程可得到的 CPU 时间在缩短。这说明，在这个例子中，当内存中只保存一个进程时，CPU 的空闲时间是 80%，CPU 的占用时间是 20%；当保存两个进程时，这两个值分别改变成 64%和 36%；当内存中保存 4 个进程时，这两个值分别变成了 41%和 59%。说明在内存中有 4 个进程时 CPU 的空闲时间几乎减少了一倍，当然，它的被利用时间也就大大提高了。图 8.9(b)表示的是当并行进程增加时，每个进程每次占用 CPU 的时间在缩短，从这些信息中可以发现，当内存中保存足够量的进程时，可以充分利用处理器的资源，使系统性能得到合理的提升。

进程	到达时间	运行时间
*P*1	10:00	4
*P*2	10:10	3
*P*3	10:15	2
*P*4	10:20	2

(a)

CPU情况	进程号 *P*1	*P*2	*P*3	*P*4
CPU空闲	0.8	0.64	0.51	0.41
CPU忙	0.2	0.36	0.49	0.59
CPU/进程	0.2	0.18	0.16	0.15

(b)

图 8.9 内存中保存多道进程对 CPU 的影响

从以上描述中发现，采用固定大小的多分区方式对内存进行管理，可以较好地改善处理器的被利用情况。但是在这种管理模式下还存在着一些不足之处，比如不同分区之间的进程很难做到代码和数据的共享，在各分区存储中会存在一些内碎片无法得到利用。所谓内碎片是指占用分区之内的未被利用的存储空间，而相应的外碎片是指占用分区之间的难以利用的空闲分区，也就是一些划分的过于碎小的空闲分区。因此，在分区管理中又提出了动态分区管理方式，这是下一节要讨论的重点问题。

8.4.3 动态分区管理

采用固定大小的多分区管理方式可以提高处理器的利用率，但是仍然存在一些问题，除了上面提到的会存在内碎片以外，还存在一些其他问题，比如进程在运行之前要事先知道它所需要的内存空间，系统中划分的每个内存分区只能被一个进程所使用。当进程个数不定、进程大小不确定时，采用固定大小的多分区方式很难做到有效管理内存。因此，在内存管理技术中又派生出动态分区管理方法，动态分区管理的主体思想是在装入进程时，系统按其初始要求进行分配，在进程执行过程中，允许通过内存管理程序对进程的存储区进行调整，实现在运行中逐渐满足进程对内存需求的控制。

采用动态分区管理，可以更好地利用内存和处理器，在内存分配中不会出现内碎片，而可能会有一些外碎片。但与固定分区管理方法相比，动态分区的分配算法要复杂些。下面具体说明动态分区的管理方式。

图 8.10 中给出了采用动态分区管理的最初几种状况。因为最初内存中除了操作系统程序外，整个用户程序区 896KB 是完全空闲的，这时，若有一个需要 320KB 存储区的进程到来时，就会按存储空间的起始位进行分配；当进程 2 到来时，若空间够用，就继续分配。经过一段时间后，随着进程的增长和内存的不断分配，内存空间可能会发生比较大的变化，

如图 8.11 所示。这时内存中有些进程可能已经执行完成，其占用的内存空间已经被收回，又有新的进程产生了，但系统中后续的分区已不够给该进程分配了，如图 8.11 中新到来的进程 4 就属于这种情况，这时就需要考虑回收后的存储空间利用问题。

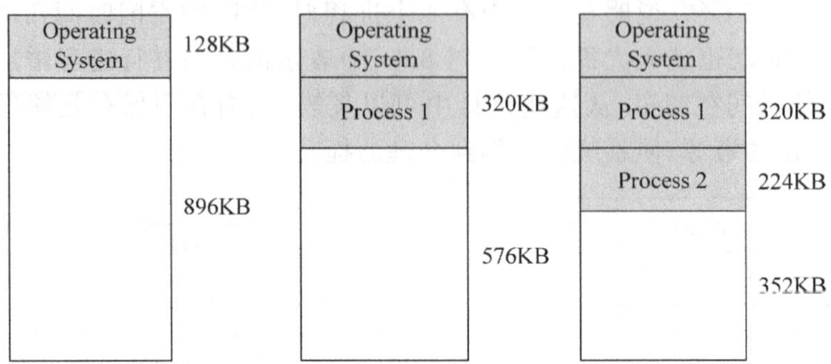

图 8.10　动态分区管理开始状态

在进程终止时操作系统需要对进程占用的存储区进行回收，在回收时需要用到分区释放算法，这种算法在后面会加以讨论。实际上，随着进程的产生与终止，内存不断地被分配又不断地被回收，内存中将会出现多个外空闲区碎片，如图 8.11 所示。这时，为了有效地利用内存，还需要对内存区进行整理，使零散的空闲区合并成较大的空闲区，这样有利于作进一步的内存分配。当然，在内存整理过程中需要用到一些复杂的重定位技术，而且必须要保证重定位后程序的正确性，否则将会给系统带来灾难性的破坏。

Operating System
Process 1　320KB
Process 2　224KB
Process 3　288KB
64KB

Operating System
Process 1　320KB
224KB
Process 3　288KB
64KB

Operating System
Process 1　320KB
Process 4　128KB
96KB
Process 3　288KB
64KB

图 8.11　经历一段时间后内存的分配情况

从以上描述中看到，在动态分区管理中需要不断地使用分区释放算法来整理空闲分区，这样才可以保证内存空间有足够的空闲区提供给新的进程使用。分区释放法通常采用如图 8.12 所示的算法来完成，当需要释放一个空闲区时，需要考虑如何将相邻的空闲分区合并成一个新的空闲分区。这里要解决的问题是合并条件的判断和合并时机的选择，在合并条件上无外乎有 4 种情况需要判别，即被释放的存储区其上下相邻的存储区都是空闲区，被释放的存储区其上相临区是空闲的而下相邻区不是空闲的，被释放的存储区其下相临区空闲而上相邻区不是空闲的，被释放的存储区其上下相邻区都不是空闲的，在图 8.12 中给出了一个空闲区 X 释放前后的这 4 种状况。针对这 4 种情况，在回收处理时只要编写 4 个合并调整程序即可完成对这些情况的分别处理。比如在情况(a)时，将在 A,B 区域之间增加一个新的空闲区；在情况(b)时，只需移动原空闲区的上指针；在情况(c)时，只需移动原空闲区的下指针；在情况(d)时，需要移动原空闲区的两个指针，将原来的 3 个区合并成一个空闲区。

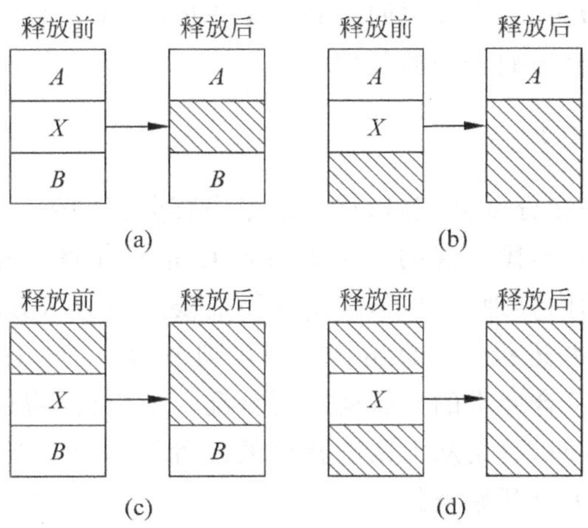

图 8.12 空闲区 X 释放算法示意图

8.5 分区管理的分配算法

当在动态分区管理中要实现分区的分配与回收时，需要用到两种类型的算法，一种是分配算法，另一种是回收算法。回收算法已经在 8.4.3 节中作了描述，本节重点介绍分区管理中用到的分配算法，并介绍各分配算法的含义以及它们的使用特点。

8.5.1 分配算法描述

当采用动态分区方式分配存储区时，主要任务是在当前的空闲分区中寻找合适的空闲区为请求的进程分配存储空间。这里所说的合适的空闲区是指分区大小应大于或等于进程请求的容量，若找到这样的分区，则通常做法是将该分区分割成两个分区，其中的一个分配给请求的进程，并将其标志位标记为“占用”状态；另一个仍标记为“空闲”分区(注：因为分配时通常很难找到一个与请求分区完全一致的分区)，留作以后分配时使用。而分区分配中使用的算法，就是指导选择分区时使用的策略和方法，下面给出常用的分区分配算法。

1. 最先匹配法(first-fit)

最先匹配法是指在进行分配时，按照内存分区的地址先后次序，从头开始查找大于、等于进程请求分区的空闲分区，当找到第 1 个满足要求的分区时就进行分配。正是基于这一特征，才将这种分配算法称为最先匹配法。

最先分配算法在应用中有一些优势，首先是这种算法的分配和释放的时间性能比较好，因为在查找空闲区时总是在找到的第 1 个比请求分区大的分区时就进行了分配，所以通常花费在查询上的时间不会太长。第 2 个特点是在使用这种算法进行分配时，总会将比较大的空闲分区保留在内存高端上，因为查询时总是从内存地址的底端开始查找，那么一旦有比较大的分区请求时，就可以有足够的空间为其分配。

同时，这种算法也有一定的不足，因为随着低端分区的不断利用和多次划分，在该区间中产生较多的小分区。于是在每次进行分配时，由于总是要求从头查寻符合条件的分区，这时查找的时间开销就会增大，当查找时间大到一定程度时，就需要添加其他算法来辅助解决这种分配的问题，否则将会影响分配的效率。

2. 下次匹配法(next-fit)

下次匹配法的策略是在分区分配时，首先根据内存分区的先后次序进行查找，当找到一个合适的分区时(注：这里寻找分区的合适条件与最先匹配算法相同)，就可以完成分配；同时还记载下当前寻找的内存地址位置，等下次再需要进行分区分配时，就从当前查找到的分区位置开始继续查找，并进行空闲区分配；当找到最后一个分区时再折回到存储区的开始位置循环查找，直到有符合要求的分区就进行分配。所以说，将这种算法称为下次分配法是因为每次查找合适分区时，总是从上次查找到的位置开始向下查找，直到找到一个匹配的分区，而不是从存储区的头上开始查找。

下次匹配算法的特点与最先匹配算法有相似之处，比如分配的时间性能是比较好的，同时这种算法还可以使系统内存中的空闲分区分布得比较均匀，不仅仅是将大的空闲区保留在存储区的尾部。但是，该分配法也存在一个较大的缺陷，那就是在整个存储区中可能无法保留较大的空闲分区，因为随着对整个存储区的多次查找，一定会将系统中原有的大的空闲区消耗掉。

3. 最佳匹配法(best-fit)

最佳匹配算法的分配策略是，在完成分配之前先将内存中的分区从小到大按顺序进行一轮排序，然后再开始进行匹配查寻，当找到的第 1 个满足条件的分区时，实际上就找到了内存中一个大小与进程要求最相适应的空闲分区，这时就进行分配。正是基于这一特点，这种算法才被称为最佳匹配法。

虽然该算法的名称是最佳匹配法，但通过对算法执行效果的分析，会发现这种算法也同样存在着不足。因为从分配出去的分区来看，产生的分区外碎片比较小，这一点是好的一方面；但从内存分配的整体情况来看，在存储区中会形成许多分区外碎片，而这些外碎片几乎是无法再被利用的；从这一点来看，这种算法对整个内存的分配又是十分不利的。另外，这种算法还有一个特点是，存储空间中较大的空闲分区可以被保留下来，这又是有利于大存储区分配的。

从算法的实现过程可发现，要完成该算法实际上还需要增加一个环节，即在进行分配之前必须要将内存中的分区进行排序，这样才能保证查找时按分区大小的顺序进行。显然，进行这项排序操作是需要花费大量的时间和资源的，这一点是该算法实施的不利因素。

4. 最坏匹配法(worst-fit)

最坏匹配算法的策略与最佳匹配法正好相反，它的主体思想是分配之前须将分区按内存分区从大到小进行排序，分配时也是从头开始查起，当查找到第 1 个大于需求的分区时就进行分配。由于采用这种排序方式找到的正是整个分区中最大的空闲分区，从这个意义上讲，这时分配的应该是最不合适的分区，因此称其为最坏匹配法。

但事物都有其两面性，非常有意思的是，最坏匹配法产生的分配效果并不一定是最坏的，通过分析发现，这种算法有以下几个特点：分配中基本不会留下无法被再利用的小空闲分区，当然也不会留下大的空闲分区；从时间消耗上看，它与最佳匹配法相似，分配前的排序操作需要耗费一些时间。

关于分区分配算法先介绍以上几种，这些分配算法只是一些基本的方法，它们不仅适应于分区管理的分配，大部分也可以用于其他方式的存储分配。另外，在实际系统中，还会对这些算法进行一些调整和改变，以创造出更有效的新型分配算法，使之适应具体系统存储分配的特殊需要。

8.5.2 算法应用效果

通过对分区分配算法的了解可发现，针对同一个分配请求，采用不同的分配算法会产生不同的分配效果。这也给了我们一个启示，即在设计分配算法时，一定要结合实际情况测评一种算法，一般来讲，算法没有好坏之分，只有是否合适的差异。只有满足系统整体要求的算法才是最合适的算法。

下面用一个分区分配的实例来说明在内存分配时由于使用算法的不同产生的分配效果情况，具体情况可结合图 8.13 来查看。假设在一个存储管理中，按照动态分区方式分配内存，在某一时刻，有些存储区已被分配，还有一些存储区是空闲的，如图 8.13(a)所示阴影部分是已占用分区，空白部分是空闲区；这时又有一个进程请求分配 14KB 的内存，由图可知，当前分配指针所处的位置在一个 8KB 空闲区之上。那么该如何完成这次分配请求呢？

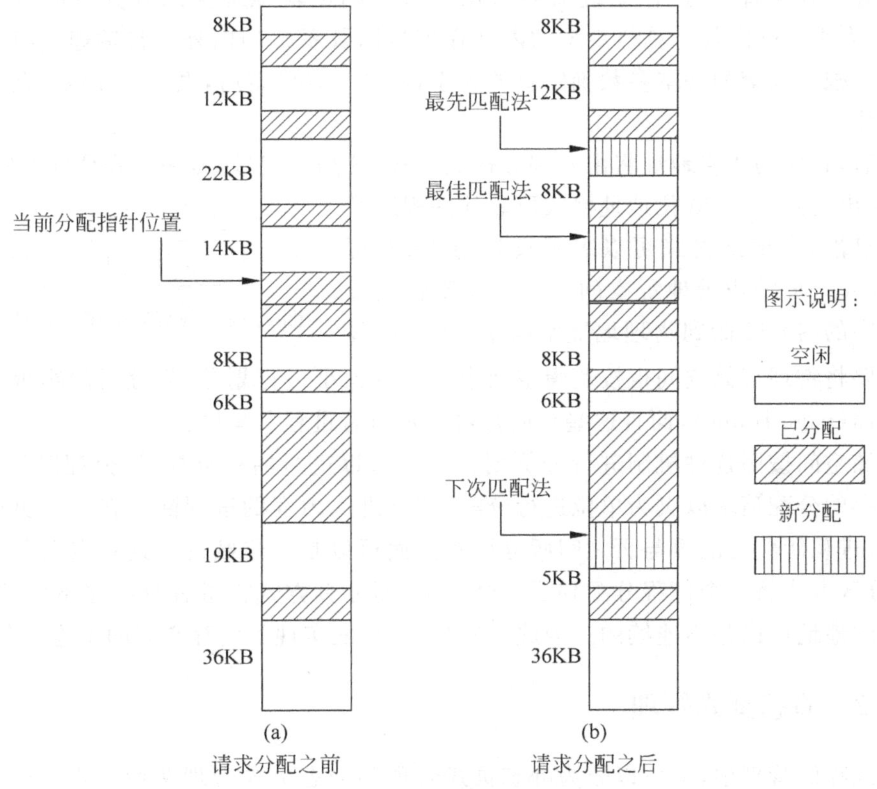

图 8.13 分区分配算法使用举例

图 8.13(b)给出了采用不同分区分配算法所产生的分配情况。图 8.13(b)中给出了多个指针位置,这些指针位置分别说明一种分配效果。说明针对同一个分区请求,当采用不同的分配算法时,找到的可适应内存空闲区的位置是不同的;而且分配后,对现有内存的影响也有所不同。比如最先匹配法找到的是地址空间中的小地址区域的一个 22KB 空闲区,最佳匹配法找到了一个大小完全相同的空闲区域,而下次匹配法找到了地址空间中大地址区域的一个 19KB 空闲区。

根据分配的效果可以看出,虽然这里只给出了一个分配请求,但也已经出现了不同的分配效果。当分配请求比较多时,采用不同的分配算法必然会对内存管理产生不同的影响。比如分配后的内存空闲分区会比较零碎或比较完整,内存利用比较集中或是比较分散等。分配效果会对内存的访问查询带来一定的影响,也会对内存利用率产生影响,所以在制定分配策略时要注意考虑这些因素,选择合适的分配算法。

8.6 分页管理

除了分区管理以外,在现代操作系统中,大多采用分页方式管理存储区。分页管理与分区管理相比有比较显著的优点,本节主要讨论分页存储管理的基本思想和实现方法。

8.6.1 分页基本思想

采用分页存储管理,操作系统需要将用户进程的逻辑地址空间划分成固定大小的页(page),页大小的确定与计算机系统的内外存容量以及系统的内外存传输速度有关。通常操作系统会根据系统的基本参数确定页的大小,而且一旦确定后,页大小在以后的管理中将不发生变化。

分页后,程序的逻辑地址将由两部分构成,一部分是页编号,另一部分是页内偏移量,如图 8.14 给出的是一个 20 位地址格式所表述的程序逻辑地址。显然,该地址格式可以表示页长为 1KB,可以包含 1024 个页的逻辑地址空间。为了便于将逻辑地址空间中的内容转储到物理地址空间中,在页式管理中还需要将物理存储空间也按逻辑空间中的分页大小进行划分,划分后的物理存储空间被称为页面(page frame),而且这些页面是可以被所有进程共享的。

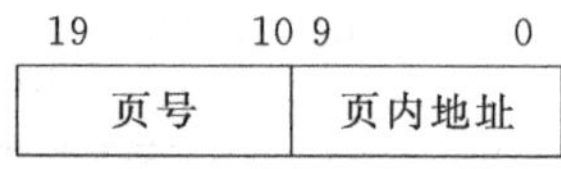

图 8.14 分页后的逻辑地址表示形式

将存储空间按照这种机制进行分页划分后就可以进行内存分配了,分配时规定:对于用户对内存的分配请求以页为单位进行分配,请求进入内存的进程除了在一个页面中是连续的以外,进程所包含的页与页之间所分配的页面可以是不连续的。这一点与分区分配方式不同,分区方式将一个进程分配到了一个区中,而分页方式将进程分散在不同的页中,页与页之间的地址可以是不连续的。因此,采用页式分配实现了内存空间的不连续分配。

8.6.2 静态页式管理

在页式存储管理中,又可以分为静态页式管理和动态页式管理两种方式。首先介绍静态页式管理,后面再讨论有关动态页式管理的问题。

静态页式管理的思想是，对于被选中的进程，在开始执行之前必须将其程序段、数据段一次性装入内存的页面中，对于程序中包含的与地址有关的内容也必须用页表和地址变换机构完成从逻辑地址到物理地址的转换。而且进程进入内存后，地址将不再发生变化，直到执行完成或是被阻塞后无法运行而被交换到存储交换区为止。

静态页式管理是一种相对简单的分页管理方式，同时具有一定的实用性。分页管理方式解决了内存的不连续分配问题，同时还克服了分区管理中存在大量外碎片的问题；分页管理中依然存在内碎片，但是内碎片可以缩小至一页以内。这些特点说明静态页式存储管理可以较好地解决一般复杂度的存储管理问题。

在静态页式分配中，需要建立一些专用的数据结构和管理规则，而且这些数据结构和管理规则有些也适合动态页式管理机制。下面介绍页式管理中的主要数据结构和管理规则。

1. 页式管理中使用的数据结构

在页式管理中，操作系统要建立一些专用的数据结构，并通过这些数据结构可以实现对内存页面的管理与控制。这些数据结构包括：

(1) 进程页表。系统将为每个产生的进程建立一个页表，在该表中主要描述该进程占用的物理页面以及物理页面与逻辑页之间的对应关系。进程页表格式见表8.1。

表8.1　进程页表（进程/张）

页　　号	页　面　号

(2) 进程请求表。为了便于操作系统掌握进程对内存需要的整体情况，在系统中为所有进程建立一个请求表，该表中主要描述系统内各个进程的逻辑地址空间页表个数及它们在物理地址空间中的位置，进程请求表格式见表8.2。通过这张表还可以了解到哪些物理页面已经被哪些进程所占用。

表8.2　进程请求表（系统/张）

进程号	请求数	页表始址	页表长度	状态
1	20	1034	20	已分配
2	34	1044	34	已分配
3	25			未分配
4	30			未分配

(3) 存储页面表。存储页面表也是针对整个系统来描述的，它用来指出系统的每个物理页面是否被分配，还有多少未被分配的页面。存储页面表通常采用位示图或空闲链方式实现，其中位示图方式见表8.3，位示图中的每一位都对应于一个页面，当此位为0时，表示该页面未被分配，当此位为1时，表示此页面已被分配。空闲链方式是将所有的空闲页面用链表连接在一起，当有分配请求时，就从该链表中分配页面，当页面使用完后再将页面挂在该链表上，空闲链方式如图8.15所示。

表 8.3 存储页面表(系统/张)

1	0	…	1	0
1	1	…	1	0
0	1	…	0	1
0	0	…	0	0

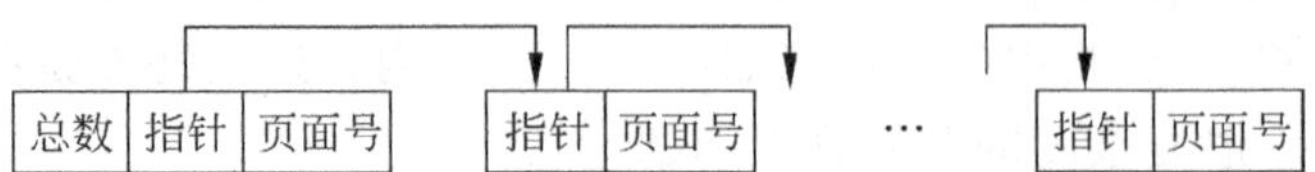

图 8.15 用空闲链方式记录页面分配情况

2. 分页管理地址变换

采用页式管理,当将用户程序从虚址转换成实址时,首先要面对的就是完成地址变换。由于内存地址按分页处理时非常规则,因此分页地址变换过程也可以按标准方式完成。具体做法是,若系统可以进行分页管理,就意味着处理器具有分页地址变换功能,操作系统配合处理器的硬件地址变换机构实现地址变换管理,图 8.16 给出了页式管理中地址变换的实现过程。

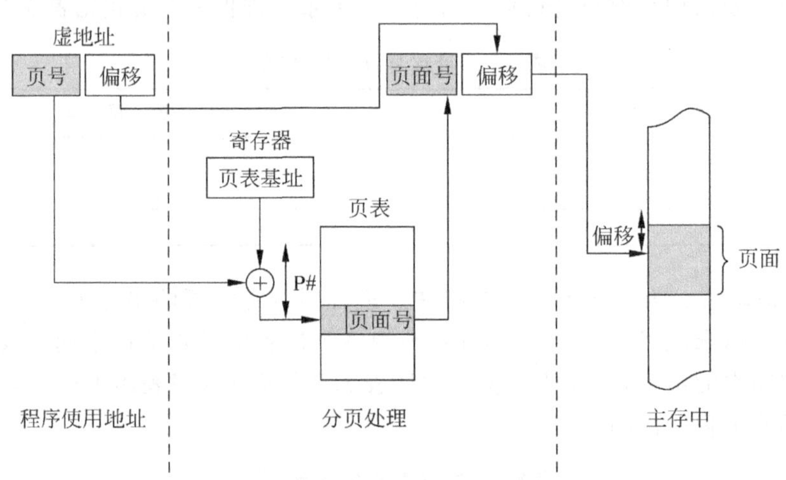

图 8.16 页式管理中地址变换模式

图 8.16 中给出了分页管理的地址变换步骤,在完成分页地址变换时,经历了 3 个阶段,即从程序的虚址描述阶段,到分页处理阶段,再到物理内存表示阶段。变换时首先取出虚地址中的页编号值,让它与页表寄存器中的内容相加(注:页表寄存器中保存的是页表起始地址),这时就找到了该地址在页表中的描述位置;读出该页表项中的内容,就可以知道该逻辑页对应的物理页面号是多少;将页面号作为页号描述,再取出逻辑地址中的偏移量,就构成了物理地址描述格式,按照这个物理地址描述就可以对应到物理地址的位置。

以上给出的分页管理地址变换过程,每个将要进入内存的程序和数据都要经过这个地址变换过程将虚地址对应到系统的物理地址上。这种地址变换过程可以适用于静态分页方式,也可以适应于动态分页方式,因为无论采用哪种页式管理模式,其地址描述方式和变换方法都是相同的,所不同的只是变换的时机。在静态页式管理中,是在程序装入内存时一次完成所有地址变换处理，而在动态页式管理中，是随着程序被装入并被运行，而逐步完成地址的变换处理。

3. 页式管理的分配策略

在页式管理中，内存的分配情况与分区存储管理有着较大的差异，下面用分配中的实际例子来说明这一点。在图 8.17 中给出了一个页式分配的实例，假设内存被划分成为 15 个页（当然这个比喻可能相对于实际内存显得太小了，这里只是为了描述方便而做的一种假设）。当有进程 A,B,C 请求分配内存时，系统将按照它们的需要进行分配，这时，进程 A 占用了 4 个页面，进程 B 占用了 3 个页面，进程 C 占用了 4 个页面，如图 8.17(a)所示。

页	(a)	(b)	(c)
0	*A*.0	*A*.0	*A*.0
1	*A*.1	*A*.1	*A*.1
2	*A*.2	*A*.2	*A*.2
3	*A*.3	*A*.3	*A*.3
4	*B*.0		*D*.0
5	*B*.1		*D*.1
6	*B*.2		*D*.2
7	*C*.0	*C*.0	*C*.0
8	*C*.1	*C*.1	*C*.1
9	*C*.2	*C*.2	*C*.2
10	*C*.3	*C*.3	*C*.3
11			*D*.3
12			*D*.4
13			
14			

图 8.17 页式管理中内存分配实例图

经过一段时间后，可能进程 B 的任务就完成了，它应释放掉所占用的内存空间，这时在内存中进程 A 和进程 C 之间就有了 3 个空闲页面，如图 8.17(b)所示。这时，若又有一个新进程 D 请求分配内存，进程 D 共需要 5 个页面，这时由于系统对进程 D 作内存分配时是按页进行的，所以分配后的内存情况如图 8.17(c)所示，其中进程 D 的 5 个页面被分散在两个区域中。这种分配效果说明，采用页式管理实现了内存分配的不连续性。可以看出，这种分配方式有效地利用了内存空间，减少了内存碎片的产生。如果按照分区方式完成这些进程的分配，则因为进程 D 需要安排在一个连续的地址空间中，所以进程 B 所释放的空间就无法被立刻利用起来。

4. 分页大小的确定策略

前面说过，分页管理中页大小的确定与系统的资源配置有关，其主要依据是内、外存的容量，内、外存之间的传输速率。那么分页究竟多大合适呢？在不同的系统中，页大小的变化也是比较大的。有些系统规定一个页是几 K 字节，有些系统规定一个页可以是几十 K 字节。对于内存较大的系统，一个页可以确定得大些；而对于内存较小的系统，页就可以划分得小一些。

内存管理的性能如何，不能用分页的大小一概而论，这里需要衡量的指标是页大小与系统的适应性如何。比如当分页较小时，那么分配时产生的内碎片就会比较小，这是好的一面；但是，如果系统内存的总容量较大，为了描述进程占用内存情况所使用的页表就会比较长，而页表本身也需要占用内存空间，页表长带来的直接问题就是页表占用空间大。同时，另一个问题就是当页表较长时，对页表的查找时间也会加长，这些会对系统性能产生负面影响。如果将页划分得较大，则进程的页表会比较短，那么对内存的管理开销就会减小，而且在实现内、外存交换时，I/O 的响应效率也会比较高。但是另一方面，由于页比较大时，内存分配的内碎片就会增大，又会带来一定的内存浪费，这又是其不好的一面。

鉴于以上种种原因，目前当在计算机系统中采用分页方式管理内存时，都会制定一套专门的分页方法，分页的大小也会有较大的差别，可以见到的就有 4KB～256KB 之间的多种分页标准。但是，为了有效地管理内存，在实际中通常都不主张将页划分得过大。

通过以上对分页策略和实现技术的描述，可以将静态页式管理的优缺点作一个归纳。其优点包括：

(1) 在页式管理中没有外碎片，而且每个内碎片也将不会超过一页。

(2) 使用分页管理可以实现内存的不连续分配，可以有效地使用内存空间。

(3) 使用分页管理后，当进程占用的存储空间改变时(比如进程中的数据增长时)，可以比较方便地实现存储空间的大小调整和管理。

其缺点包括：

(1) 使用静态页式分配时，要求进程使用的地址空间必须一次性地全部装入内存，这时，如果占用内存后的进程暂时无法运行时会出现内存空间浪费的现象。

(2) 由于静态分配采用的是整个进程的换入和换出策略，这会造成不必要的系统性能损耗。

(3) 进程使用内存的情况有时是无法提前确定的，因此有些问题在静态管理中可能是无法解决的。

8.6.3 动态页式管理

虽然静态页式管理可以有效地解决内存分配中的存储区利用问题，使内存分配实现了不连续方式，而且使分配中取消了外碎片，减少了内碎片。但在静态页式分配对多进程并行存储并没有给出好的解决方案，比如当一个进程包含的内容比较多时，有限的内存中就无法装入过多的其他进程，这时处理器资源很可能就无法得以充分利用，因此需要考虑采用动态页式管理来完成内存分配。

相对于静态页式管理，动态页式管理在进行内存分配时不要求一次性地将进程的所有页都装入内存中，而只是将进程最需要的一部分页装入内存后，就允许进程开始运行。在运行中，当所需的页不在内存时，就产生一次缺页中断，将需要的页调入内存，使进程可以继续执行。所以有时也将动态页式管理方式称为请求调页技术。采用这种页式管理方式可以按照进程的当前需要分配内存，从而有效地利用了系统的存储空间。另外，动态分页方式还可以为虚拟存储提供基础(关于虚拟存储将在本章的 8.9 节中加以描述)，而静态页式管理是无法支持虚拟存储机制的。

在实现动态分页方式管理内存时，需要及时地进行内存分配和地址变换操作，这些操作是在程序执行过程中进行的。为了保证快速地址变换，仅靠软件技术通常无法完成，因此需要硬件机构的支持。图 8.18 给出了一种支持动态页式管理的系统硬件结构，这时，在处理器中必须包含MMU(存储管理单元),指令执行中的地址只有采用软、硬件相结合的变换方式才能满足动态页式管理的需要。

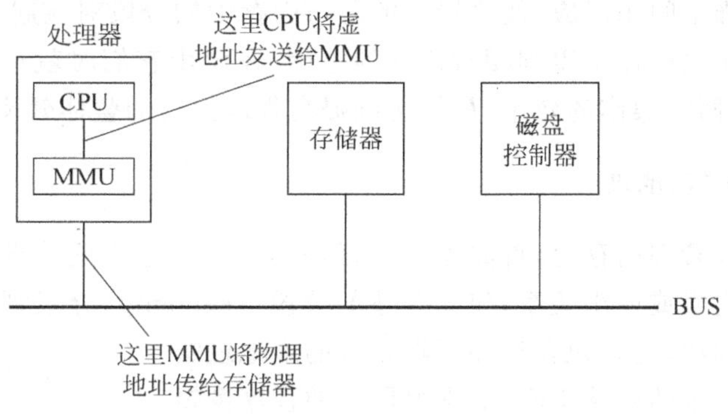

图 8.18 支持动态页式管理的系统结构

图 8.18 描述了将虚地址变换成实地址所需要经过的步骤,其中,在处理器模块中,CPU读出的是虚地址程序指令,它与存储管理单元MMU交互,MMU负责完成虚地址到实地址变换的处理。具体变换过程包括:CPU将从程序中读到的虚地址发送给MMU;MMU接收到这个虚地址后按照事先规定好的变换逻辑完成地址变换;然后将变换后的物理地址发送到总线上供存储器或其他参与内存管理的部件使用。

这里,动态页式管理中采用的页式地址变换方法与静态分页管理中的方式相似(参见图 8.14),所以,程序的虚址结构和进程页表项也可以采用与静态页式管理中基本相同的数据结构,地址变换逻辑也基本相同,只是动态地址变换是在进程运行过程中逐步完成的,而不是在进程装入内存时一次完成的。

8.7 段式管理

在采用分区和分页方式管理内存时存在着一个共同的特点,即在这些管理中都是把内存看作是一维线性空间,在完成内存分配时根本不考虑实际进程中包含的程序逻辑关系,只考虑内存的分配和利用问题。所以,在以上两种内存分配管理中需要重点考虑的是:如何满足进程对内存单元的需要,如何有效地利用内存空间,需要制定怎样的分配与回收策略等等。程序是依照语句的逻辑关系建立的,所以进程中包含的程序段也一定具有逻辑含义,比如程序中的子程序、循环体部分等,它们在运行中应该是一个整体。如果在存储分配时能够考虑到语句中的逻辑含义,并能够将其分配在一个相对集中的区域中,必定会给程序的调度执行带来便利。

8.7.1 段式管理基本原理

分段管理内存有许多优点,但其实现技术与前面的分区和分页存在较大差异,这里,首先介绍简单段式管理的基本原理,然后再学习具有实际意义的动态分段管理技术。

1. 分段管理内存的思路

考虑程序逻辑关系的思想,促使人们对分段内存管理技术的研究。由于在分区或分页管理中没有对物理存储区进行分级划分，所以无法实现对程序中包含逻辑关系的关注。分段内存管理中主要考虑对物理内存区进行分级，将内存视为一个二维空间，分配时将程序的逻辑关系与这个二维空间相对应，使逻辑上的段与内存中的分段对应起来。这样，就可以使具有逻辑含义的程序在内存中得到相对连续的存储，在调用它们时就可以加快内存访问效率，以及提高分配与回收操作的效率，最终达到提高程序执行的整体效率。

2. 分段管理的逻辑地址

当采用分段方式管理内存时，首先需要将程序的逻辑地址空间作分段处理。分段时可以结合程序的具体内容或逻辑关系，建立合适的分段(segment)，分段划分完成后要对每个段进行特殊的命名标注，这时包含程序逻辑含义的虚地址空间可以看成是一个二维的线性空间，通常分段后的程序逻辑地址空间如图 8.19 所示，其中包含了两部分内容 S 和 W。也就是说，按照分段管理，程序的每个逻辑地址都由两部分构成，一个是段号 S，另一个是段内偏移量 W。在进行分段内存分配时，每次分配时应将一个段的内容调入到内存中，这样就可以保证一个有逻辑意义的段被整体地存入到内存的一个区域中。由程序执行中的逻辑关联性可知，这样做可以保证进程在调度时比较便捷，因此进程的执行效率就会得到提高。

段号	段内相对址
S	W

图 8.19　分段的逻辑地址格式

3. 分段管理的方法

在段式管理中，进程的加载是以段为单位进行的，因此内存分配时系统必须将物理地址空间也划分成相应的段。这些段中的地址是由 0 到最大的线性地址空间组成，而且管理中可以允许它们随着段中保存内容的改变而加以调整。一个进程中所包含的多个段在分配时可以不连续存放，但一个段内的内容在内存中的地址通常是连续的。

按照这种分段管理模式可发现，段式管理中的物理内存分配方法与动态分区中的分配方式有许多相似之处，只是这里的段与程序中的逻辑段有了一种对应关系，而非是为了方便内存分配而划分的分区。事实上，分段管理的大部分算法可以参照动态分区管理中的算法进行，许多分配策略也可以借鉴使用。

在分段管理分配中，不同的段之间可以无顺序关系，每个段的长度也可以不同，通常以适应程序的实际需要进行调整，比如可以将程序划分成主程序段、子程序段、数据段和工作区段等等。一个典型的程序分段方式如图 8.20 所示，这些段中随着内容的增加或减少，所占用的地址空间会随之发生改变。

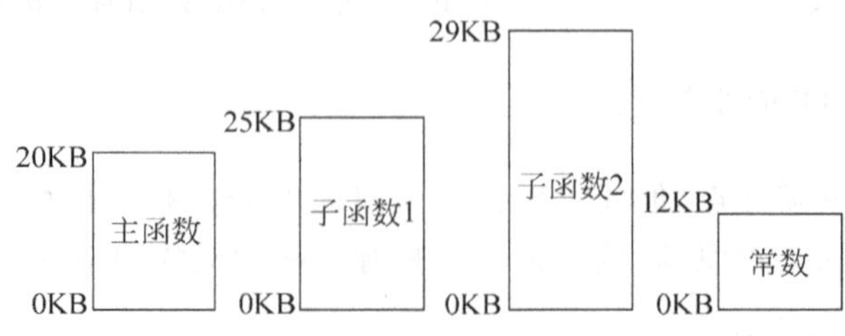

图 8.20　一个典型程序的分段方式

8.7.2 段式管理中的地址变换

在段式分配管理中，地址变换依然是整个分配中的一项重要工作。段式分配与页式分配中的地址变换方式有些相似，为了有效地实现段式管理的地址变换，同样也需要 CPU 的硬件提供支持，而这部分地址变换硬件被称为段式地址变换部件，操作系统通过对这些部件的控制达到地址变换的目的。分段管理的地址变换方法如图 8.21 所示。

由于分段管理中的逻辑地址是由段号和段内偏移量两部分构成的，为了实现地址变换，段表起始地址被放在一个专用的寄存器中。图 8.21 表示，当完成地址变换时，首先将逻辑地址中的段号取出来让其与段表寄存器中的表初值相加，这时就在段表中找到了该段所对应的基地址和段长度；然后取出基地址让其与逻辑地址中的偏移量值相加，这时就形成了物理地址中的段号和偏移量，从而构成了内存中的物理分段地址。

分段地址变换过程虽然看起来比较复杂，但是由于其变换规律性较强，完全可以由 CPU 中的地址变换硬件机构自动完成，这样，地址变换的实现过程也就比较简单了。另外，采用软、硬件相结合的方式实现地址变换，其执行效率较高。若再加上动态分段技术，那么，采用分段的存储管理也可以实现虚拟存储管理。

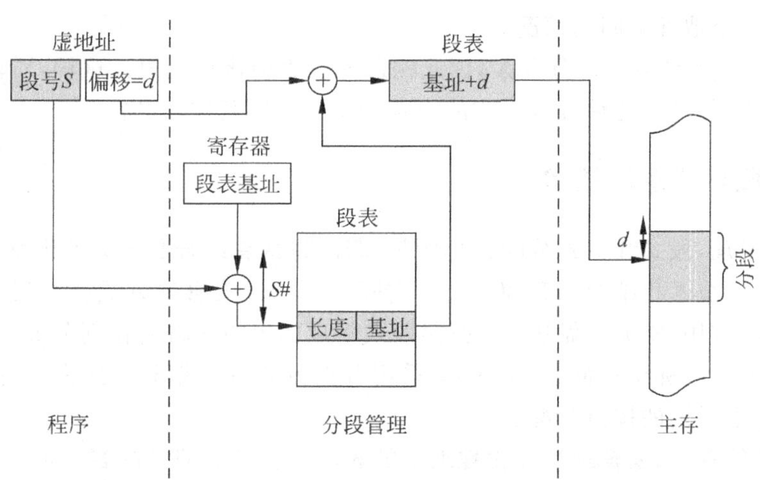

图 8.21 分段管理地址变换方式

8.8 段页式管理

由于分页和分段对存储管理问题的分析视角不同，因此解决问题的侧重点也就不同。在分页或分段存储管理中各有特长，各有不足。实际上，这两种方法分别解决了存储管理中的两个重要问题，即存储区的有效利用和对内存进程的有效调度。鉴于这个原因，实际的存储管理系统通常会采用两者相结合的技术，这就是段页式管理方式。本节讨论段页式结合的内存管理技术，首先分析分页和分段管理的区别与特点，然后再介绍段页式管理的实现技术。

8.8.1 分页与分段的主要特点

分页和分段管理方式中提出了两个不同的存储管理问题，一个是基于系统内存的有效利用而提出的，是分页管理主要关注的问题。分页管理希望通过分页技术可以使内存得到充分的利用，减少空间的浪费，便于内存信息的规则化查询等。另一个是基于程序的逻辑关系和程序执行性能而提出的，这是分段管理要考虑的问题。分段希望在保证存储器被合理利用的基础上，充分考虑用户程序的执行特点，使进程调度更加便捷，进程执行更加高效。分页与分段管理技术存在以下主要区别：

(1) 按照分页方式分配内存时，一条指令或一个操作数可能会跨越两个分页的分界处；但按照分段方式，却不会出现跨越两个分段的分界处情况。

(2) 通常，分页管理中的页大小是系统预先设定好的，而且不允许改变(因为页的改变会增加内存分配算法的复杂度)；但分段管理时其段的大小是可以根据需要调整的，段的长度并不是一个常量。

(3) 在分页和分段管理中它们的逻辑地址表示方式不同，因此地址变换方法和所需要的硬部件有所不同。

(4) 采用分页管理最终实现的是一维存储空间的分配与回收，每个进程使用的内存地址模块通过一种方式被组织成一个地址空间。

(5) 分段管理可以实现内存地址的二维管理，进程中的不同模块在分配内存时可以实现每个段构成一个地址空间的情况。

(6) 通常意义上分段会比分页大，因此构造的段表会比页表短。这样，对段表查询所花费的时间就会比页表短，这种分段方式的内存的访问效率就比较高。

8.8.2 段页式管理技术

通过分析发现，段式和页式分配各具所长，若能将两者结合必定会产生良好效果。因此就诞生了段、页式技术相结合的管理方式。实际上，段、页式管理方式在现代操作系统中得到了较为广泛的应用，常见的做法是：按照段式管理的思想是将内存划分成不同的段，每个段都会有唯一的名称标识；而每个段内又采用分页方式进行划分。当为进程分配内存时，先分配段，再考虑段内的按页分配。

在段、页式管理中，逻辑地址和物理地址的表示包含了3部分内容：即段号、段内页号、页内偏移量，如图8.22所示。为了实现段、页式管理，在系统中需要建立段表和页表，每次完成地址分配和回收时，这些数据结构都要参与管理。具体到每个系统，所建立的段表和页表可能不尽相同，所包含的段表项和页表项也会根据实际需要设立，图8.23给出了一个简单格式的段、页式管理所使用的段表项和页表项的主要设置内容。

段号	页号	页内偏移量

图8.22 段页式管理的逻辑地址格式

段表项

其他控制位	段长度	段基址

页表项

P	M	其他控制位	页面号

图8.23 段表项和页表项主要内容

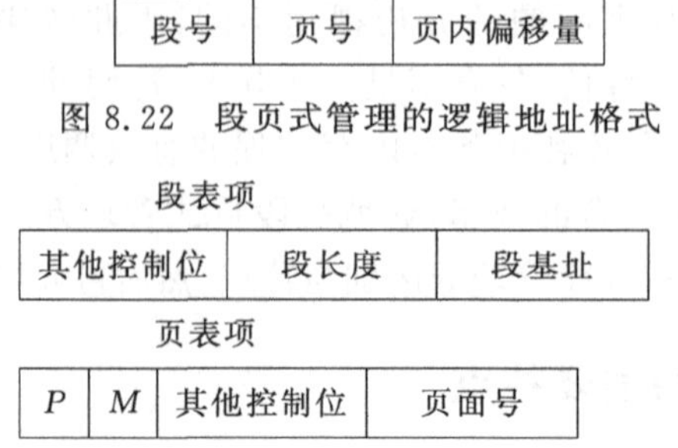

由图 8.22 和图 8.23 可以看出，段页式管理中的程序虚地址由 3 部分构成，即段号、页号、页内偏移量；段表项中除了其他控制位以外，对于段的管理还应包含段长度、段基址等内容；而页表项中除了包含其他控制位以外，还包含 P，M 标识，其中 P 表示该页是否在内存中，若在，就应该有内存页面号说明，而 M 用来表示该页在内存中是否被改变过，以决定该页面在释放时是否需要写回外存储区。

采用段、页式相结合的方式进行内存管理，不仅可以有效地利用内存空间，还可以兼顾到程序调度的有效性，提高程序的执行效率。这种方法已经在实际中得到了广泛的应用，并取得了不错的效果，如新版本的 UNIX 系统、Windows 2000 系统等，都是采用段、页式技术实现内存管理的。

8.9　虚拟存储技术

下面介绍存储管理中的另一个重要内容——虚拟存储技术。虚拟存储技术为计算机的存储管理注入了新的理念，为大型程序运行和并发任务调度提供了保证。本节将首先介绍局部性原理，然后说明虚拟存储实现的基本条件，最后说明虚拟存储的实现技术及有关算法。

8.9.1　局部性原理

任何事物的发展过程都具有自己的规律，在程序运行中始终遵循着的一个规律就是局部性原理(principle of locality)。利用程序运行的局部性原理，可以有效地解决存储管理中的许多难题，可以对多道并行进程进行有效的控制和存储分配。因此，在了解虚拟存储技术之前，首先需要了解局部性原理。

局部性原理是对程序执行中存在的一种内在特性的揭示，该原理指出：在一个较短的时间内，程序所执行的指令和执行指令中需要的操作数都具有一定的局部性。这种局部性表现在两个方面：

(1) 时间上的局部性。程序在执行时，其中一条指令的被执行与该指令的下一次被执行，一个数据的一次被访问和该数据的下一次被访问，在时间上是相对集中的。

(2) 空间上的局部性。程序中所安排的相邻近指令和相邻近数据，在执行时通常会被处理器集中地调用到，即程序执行时使用的指令和数据在地址空间中具有局部性。

局部性原理可以从理论上加以证明，同时也在实践中得到了验证。为了对问题的集中描述，这里对原理的证明过程省略，承认这一事实的存在。另外，可以列举一些程序编写和应用的实际情况，来说明局部性原理存在的真实性。

情况 1. 在编写的应用程序中，大部分的语句都是按照顺序执行方式安排的。若按程序量的比例来测算，一段程序中通常只有少部分语句是转移和过程调用语句。而程序中的顺序执行语句在分配存储空间时，其地址位置通常是相对紧密关联的，这一点显然是符合局部性原理的。

情况 2. 在设计程序时，为了解决一些有相同操作的处理过程，通常采用的策略是编写一些循环结构或函数结构。这些结构在程序中可以被调用，为重复执行提供帮助。程序中的循环元素在执行时被多次调用的结果，就形成了少量指令组被多次执行的效果，因此，这也是符合局部性原理的。

情况 3. 一般程序中会包含相当多的针对特定数据结构的操作过程，比如对数组的操作、对公共变量的操作，这些就形成了对局部数据的多次引用过程。程序中存在这些特性显然也是符合局部性原理的。

由此可认为，在一般程序中存在着符合局部性原理的因素，所以局部性原理是真实、有效的。在操作系统理论中建立了局部性原理，就可以用它指导存储分配管理和进程调度进行。

8.9.2 虚拟存储的基础

局部性原理揭示了程序内部执行的一种特性，即无论编写的程序有多大，但在一段相对短的时间里，所执行的代码和数据都是集中在一个有限范围内的，而且这种状况具有一定稳定的规律。利用这个特性，可以考虑调整存储管理策略，使系统对存储区的分配与回收符合局部性原理特性，进一步完善存储管理过程，达到灵活、高效的目标。

根据局部性原理，可相信：当部分地装入程序代码和数据后，就让程序开始运行是不会影响程序执行结果的。这样，操作系统就可以利用不太宽余的内存空间完成更多的事情，这就是虚拟存储的现实意义。

内存分配时，根据虚拟存储策略对准备运行的程序，无需将它的全部代码和数据装入内存中，只要将当前需要的一部分内容装入，就可以让程序开始执行，在执行过程中，根据需要不断地将后续指令和数据装入内存，这将可以保证程序运行的正确性。另一方面，当装入新内容时，若存储空间不够用，完全可以将暂时用不到的程序代码或数据移出内存，使有限的内存空间为更多的程序运行提供服务，这样做也不会影响程序执行的正确性。

显然，当系统采用虚拟存储策略时，必须要进行内、外空间的交换操作。因此，虚拟存储管理必须建立内、外存之间有效的交换机制，这种机制一方面可以保证程序的正确执行，另一方面，还可以打破机器物理内存对编写程序大小的限制。

实际上，虚拟存储管理的实现问题亦即操作系统如何建立存储机制的问题，具体地，可以通过分页或分段技术来完成。无论是分页还是分段管理，都是将存储区中包含的内容划分成多个小的连续单元，这些小单元可以是一个页也可以是一个段。在进行存储分配时，以这些单元为基本单位进行内存分派和回收，当给一个进程分配了足够多的存储单元后，就可以让该进程开始运行，而无需将进程中需要的分页或分段全部装入内存中。

采用虚拟存储技术管理内存时，除了需要建立基本的存储管理机制外，还需要建立相应的配套管理方法。比如，在并发管理中，采用虚拟存储技术可以使内存中保存多道进程，这样会有利于处理器的高效使用；但由于内存的有限性，分配给每个进程的内存量要精打细算。在操作系统中，对分配给进程的基本内存容量称为常驻集，常驻集的大小要调整得合适，才会有利于进程执行，否则会影响到进程的正常执行。另外，因为虚拟存储中要经常处理内存与外存之间的数据交换，因此若要保证进程中包含的内容可以被快速调入到内存，则需要硬件提供一些支持机制，比如动态地址重定位部件、后备存储功能模块等。

在系统中建立的虚拟存储策略和有关硬件支持机制，是虚拟存储管理得以实现的基础。只有将硬件支持模块和存储管理策略有机地结合，并纳入操作系统管理之中，才有可能发挥各方面的积极作用，为计算机系统建造一个良好的存储运行环境。

8.9.3 分页式虚拟存储管理

前面曾说到，在采用虚拟存储策略管理内存时，被调用的进程只需将当前需要的部分读入到内存，就可以开始执行。那么调入的程序代码和数据以什么为单位呢？还有换入、换出时又是以什么为单位呢？这些是虚拟存储管理的具体实现问题。实现虚拟存储可以有多种方式，比如用动态分页管理法、动态分段管理法，都可以达到虚拟存储的目标。下面阐述用动态分页管理方式实现虚拟存储的具体解决方案以及其中将要采用的一些算法。

1. 虚拟页式存储的地址转换

采用分页方式实现虚拟存储管理，首先需要解决的就是地址转换问题。通常，这时会采用动态页式管理中的地址分配和地址变换策略，在地址变换过程中需要有硬件支持机构。其他的处理过程参照动态分页管理的思想和策略进行，在 8.6.3 节中介绍了动态页式管理的基本思想，同时也说明了动态页式管理的地址变换方式，可参照进行。

2. 选择页面置换算法

当采用动态页式管理技术实现虚拟存储时，除了在管理中按页式管理策略完成地址分配和地址变换外，还需要选择合适的页面置换算法，保证进程在内存和交换区中进行有效交换。其中所使用的虚拟地址结构和页表项内容，需要认真考虑。这些也可以参照动态页式管理中给出的描述分别加以建立。

3. 调整页表项内容

为了适应虚拟存储管理的需要，通常在实现虚拟存储管理时会对系统的页表项进行一些调整。在 8.6 节中讨论过一般的页式管理虚地址结构和页表项的格式，如表 8.1 及图 8.14 所示。其中包含的内容都比较简单，为了满足虚拟页式管理的需要，通常都要进行一些调整。经过调整后的页表项内容会比原来的多，图 8.24 给出了调整后页表项的简单形式，其中包含的内容含义如下：

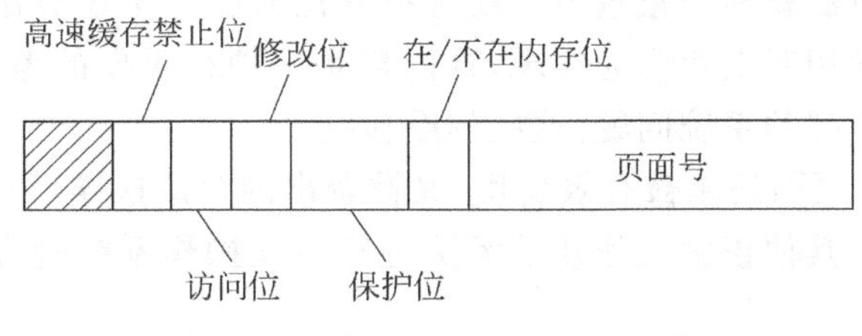

图 8.24 一个改进后的页表项内容

- 高速缓存禁止位。这一位是为了保证访问到的数据被映射到设备寄存器上，它们不是一般意义上的页面，而是 I/O 设备的反馈信息；通常与 I/O 设备交互的信息是不允许放入高速缓存的。
- 访问位。该位用来记录该页面在内存阶段是否被访问过，当进行页置换时会用到这个参数。

- 修改位。该位记录该页在内存中是否被改变过，以此来决定在进行页置换时是否需要将该页内容写回磁盘中。
- 保护位。这一位指出该页面的访问权限，一般会包含读、写、执行等权限。
- 在/不在内存位。该位用来指明该页是否在内存；当该位为1时，表示该页已在内存，可以使用，若该位为0，表示该页已换出内存，无法进行访问。
- 页面号。若该页在内存，则部分内容用来说明其占用的物理页面号是多少。

采用分页方式实现虚拟存储管理，在实现上是没有问题的。但是由于这种方法是基于动态页式管理来完成，因此页式管理中存在的问题在这里依然存在。比如下面的问题在分页虚拟存储管理中，还需要制定相应的克服措施：

(1) 一条指令的执行可能会产生多次缺页中断。比如有一条汇编指令：swap A, B，当指令，操作数A、B都恰巧跨越相邻存储页的分界处时，该指令的执行中最多有可能产生6次缺页中断。这显然对指令的执行效率会造成很大的影响，应采取相应的方法避免这种情况发生。

(2) 当系统的虚地址空间很大而设定的每个页较小时，进程页表会很长，这样，地址变换的查询时间会增大。为了加快页表查找速度，有可能需要采用多级页表的策略，比如采用两级页表来管理，那么这时指令所给出的地址将被分为3部分，即根页表、页表项、偏移地址；这种解决方案可以部分地解决问题，但这时地址变换过程会复杂很多。

8.9.4 页面置换算法

基于页式管理实现的虚拟存储机制，在内存分配时首先要装入一些常用页面，然后进程就开始执行，在执行过程中再根据需要将其他内容逐步装入内存。但是，在进行页面装入时会碰到内存空间不够用的情况，这时就需要用页面置换算法选择一些页面换出内存，腾出空余空间给急需的进程使用。页面置换算法就是在选择换出页面时所使用的具体策略和计算公式。

1. 算法选择原则

由于淘汰页面在虚拟存储管理中很频繁，置换算法对页面置换的执行效率会产生较大影响，因此，选择置换算法就显得很重要。在选择算法时除了考虑算法本身的有效性以外，还要考虑置换算法在使用时是否容易实现，这同样是一项很重要的考核指标。页面置换算法选择不当会出现一系列的系统问题，这些问题包括：

(1) 刚调入内存的页面还未被有效使用，又被调出内存。这样，处理器的大部分时间都用于内、外存的交换中，其他正常工作几乎无法进行。在操作系统管理中，将这种现象称为“页面抖动(thrashing)”。

(2) 选择算法对不同类型的进程不够公平，有些进程可以被快速调度，有些进程需要长期等待，系统可能出现了严重的不均衡状态。

(3) 选用的算法理论价值比较高，但却不容易实现，为系统设计带来了一定困难。

由此看来，选择置换算法是一个需要综合考虑的问题。必须对算法本身有透彻的了解，同时结合实际中需要解决的问题加以分析，才能做到选择恰当、实现容易。下面对分页管理中常用的页面置换算法进行一些简述，希望读者对常用置换算法有一个比较全面的了解，以便在以后的存储管理设计中进行选择。

2. 常用页面置换算法

(1) 随机淘汰算法(random glongram)。随机淘汰算法在选择淘汰页时，是按照一个机器生成的随机数来确定淘汰页面的，这种淘汰页面的方法带有极大的随机性，但却是选择页面的一种最简单的方法。虽然这种算法在选择页面的策略上没有合理性可言，但它的最大优点就是实现起来比较容易，每次只需按照随机数的指定就总能找到一个页面进行淘汰。如果对于淘汰的页面不计较合理性，这种方法不失为一种切实可行的策略。

(2) 最近最少使用算法 (least recently used,LRU)。最近最少使用算法在每次淘汰内存页面时，总是选择那些在内存中最久未被使用过的页面。这种选择页面的算法考虑到了内存中页面的被使用情况，因此符合局部性原理，选中的被淘汰页面应该是比较合理的。但将该算法用于解决实际问题时，会发现一个问题，即为了实现这种算法，需要随时记录页面被使用的时间以及页面被使用的先后次序。这需要花费一定的工作量，在实现中要有一定的应对措施，比较好的解决方案是在系统中设立相应的硬件机制，让它们完成页面使用记录，测算时直接从硬件中读数，这样就增加了该算法的实用性。

在系统中增加硬件是有一定开销的，但是，增加一个这样功能的硬件也许并不复杂，比如为了实现该算法，可以设立以下软、硬件合作方式：

① 在系统中增加一个特殊的栈，在栈中保存被访问过的页面，而且使最近访问过的页面总是被移到栈顶，使那些最久未使用过的页面被保存在栈底。

② 为每个页面设立一个移位寄存器，页面被访问时左边最高位为1，定期右移并且将最高位补0，于是寄存器中保存数值最小的就是最久未使用过的页面。

③ 在内存中维护一个所有页的链表，始终保持最少使用的页被链在表尾。当然，链表移动操作是很费时的，因此这种方法不一定是最有效的。

(3) 先进先出法(first in first out,FIFO)。采用先进先出算法有一个前提，那就是认定先调入的页面没有新调入的页面被访问的几率大，因此，在淘汰页面时，总是将最早调入的页面换出到交换区中。但在进程运行时，通常首先是将常用的页面调入内存，较早调入的页往往是那些经常被访问的页。而 FIFO 算法中却要首先将这些页换出，显然，这种算法的认定前提有些不够合理，该算法的内存利用率会比较低。

另外，在采用 FIFO 算法实现页面置换时，会出现一种被称为 Belady 的怪现象，这种现象是指：在内存分配过程中，如果对一个进程未分配给它所要求的全部页面，则在调整分配页面数时可能会出现当分配的页面数增多，其缺页率反而提高的异常情况。

为了清楚起见，这里用一个实例来说明这种情况。比如一个进程 P 有 M 个页，操作系统给它分配了 N 个内存页面，$M>N$。这时针对一个对该进程的访问序列 S，假设 S 在执行时共发生缺页次数为 $PE(S,N)$。这时调整分配页面，但当 N 增大时，$PE(S,N)$的结果出现了不稳定现象，时而增大，时而减小。在下面描述的分配实例中，就出现了内存分配管理中的 Belady 现象。

假设进程 P 中包含有5页程序内容，这些页的访问顺序 S 为1,2,3,4,1,2,5,1,2,3,4,5；假如开始分配时给该进程分配了3个内存页面，则按照访问顺序产生的缺页情况如图8.25所示。在图中，缺页状态一行中打叉的位置表示此次访问产生了缺页，打勾的位置表示此次访问没有产生缺页，总计的结果是12次访问中有9次缺页。

FIFO	1	2	3	4	1	2	5	1	2	3	4	5
页 0	1	2	3	4	1	2	5	5	5	3	4	4
页 1		1	2	3	4	1	2	2	2	5	3	3
页 2			1	2	3	4	1	1	1	2	5	5
缺页	×	×	×	×	×	×	×	√	√	×	×	√

图 8.25　进程 P 被分配 3 个页面时的缺页情况

针对上面的执行序列 S，现在给该进程增加分配页面数，分配 4 个页面，再来观察其缺页情况。这时的访问缺页情况如图 8.26 所示。在图 8.26 所示的 12 次访问中竟然出现了 10 次缺页，这显然是一个奇怪的现象，在增加分配页面后反而增加了缺页次数。

FIFO	1	2	3	4	1	2	5	1	2	3	4	5
页 0	1	2	3	4	4	4	5	1	2	3	4	5
页 1		1	2	3	3	3	4	5	1	2	3	4
页 2			1	2	2	2	3	4	5	1	2	3
页 3				1	1	1	2	3	4	5	1	2
缺页	×	×	×	×	√	√	×	×	×	×	×	×

图 8.26　进程 P 被分配 4 个页面时的缺页情况

经过分析发现，产生 Belady 现象的原因是：FIFO 算法的置换机制与进程访问内存的动态特征相互矛盾，FIFO 算法总是将先调入内存的页换出内存，而实际上，进程中先调入内存的页通常正是最经常被使用到的内容。

(4) 最近未使用算法(not recently used，NRU)。最近未使用算法是综合了 LRU(最近最久未使用)和 FIFO(先进先出)算法的特点后形成的一种新算法。该算法的核心是针对一个时间值找出在一个时间范围内未被使用过的页，并将其淘汰。

NRU 算法虽然在含义上与 LRU 没有太大的区别，但却给实现工作带来了很大的便利。因为在实现中可以采用为每个页设立一个使用标志位(use bit)，用来记录页面的使用情况。比如可以规定，若该页被访问过，就置 user bit＝1，否则，就置 user bit＝0；在系统运行中周期性的安排对所有页面的 user bit 标志位做清零操作；当需要置换一个页时，就用一个指针，从当前指针位置开始，按地址先后检查各页，当寻找到 use bit＝0 的页面时，就确定为被置换的页。这样，选择淘汰页的程序就容易编写了。

(5) 最不常用算法(least frequently used，LFU)。最不常用的算法是指选择一个到当前时间为止被访问次数最少的页面，用做页面置换。这种算法比 NRU 算法选择得更为准确，因为在 NRU 中可能存在多个 user bit 为 0 的页面，算法只是随意选择一个页面作为淘汰对象。而 LFU 算法是希望选择出一个近期使用最少的页作替换，因此合理性更高，也更符合程序局部性原理的运行规律。

那么 LFU 算法的实现性如何呢？实现中可以采用为每个页设置一个访问计数器的方法，每当页面被访问时，该页面的访问计数器就加 1；当发生缺页中断需要淘汰页面时，就将页面计数值最小的那个页面加以淘汰；而且规定每当做完一次页面淘汰操作后，就将所有的页面访问计数值清零，为下一时间段记录做好准备。

(6) 最佳算法(optimum，OPT)。最佳算法的设计思想是，以局部性原理为算法设计基础，选择一个在未来访问中不再被使用的页面作为淘汰对象。如果说在查询中找不到这样的一个页面，那么也要找一个在进程访问页面序列中距离当前访问页面最远的一个页面，并将它作为被置换的对象。

该算法的理论价值显然很高，因为这是一种近乎理想的算法，因此被称其为最佳算法。但是该算法在实现中却碰到了难题，首先是该算法要求事先知道每个进程的所有访问串是怎样的，然后才能在一个不变的访问串中去寻找一个不再被用到的页面。准确知道进程的所有访问串是一件困难的事情，因为在动态页面分配方式中，进程的页面并没有同时被装入到内存中，因此，进程的所有页面访问序列是无法事先预知的；其次，随着执行环境的改变，进程访问的页面序列也可能并不是一个定值，因此更无法确定哪个页面是最不可能访问到的。因此从实现角度考虑，该算法几乎是无法实现的。但是尽管如此，将该算法作为一个算法的考核标准，还是很有价值的，因为在作算法比较时，它可以当作一个很好的参照算法。

(7) 时钟页面置换算法(clock)。时钟页面置换算法是指将进程所占用的页面按照一个类似钟表的环形链表加以组织，设计一个指针，使其总是指向链表中最早被链入的页面，如图 8.27 所示。在页表结构中增加一个使用位 R，当发生页面失效时，就检查指针所指向的页面，当 $R=0$ 时，就淘汰该页；当 $R=1$ 时，就将该页表的 R 位清零，并将链表指针向前移动 1 位，继续查找；直到找到一个 R 位为 0 的页面，再将其定为被淘汰的对象。

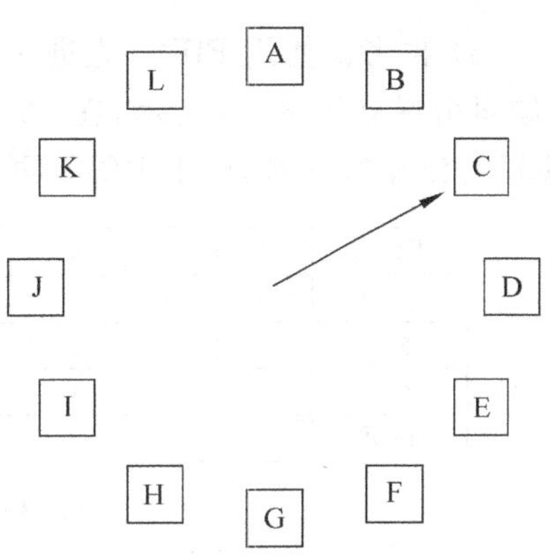

图 8.27 时钟页面置换算法示意图

由于该算法的页面组织结构和指针移动方式，类似于时钟的运转，因此定名为时钟页面置换算法。这种算法的优点是，在进行页面比较时不会发生页面移动，而只是移动指针，这无疑可以提高页面检测效率。

本节共介绍了 7 大类页面置换算法，这些算法基本涵盖了操作系统中常用的页面置换算法。下面针对前面描述的几个典型置换算法，给出一些应用实例，归纳这些算法在使用中都具有怎样的特点。

假设某进程 Pn 共包含有 5 个页，并且它在内存中申请到了 3 个页面；页面的初始内容为空，进程运行中包含的一个页面访问序列是 4,3,2,1,4,3,5,4,3,2,1,5。下面用不同的页面置换算法对进程的存储进行管理，看看进程执行中所产生的不同的置换效果和发生缺页的次数情况。

(1) 在这个问题中，由于页面访问序列已知，所以可以考虑采用 OPT(最佳)算法进行管理。若采用最佳算法，其执行过程和缺页情况如图 8.28 所示，在访问过程中共发生了 7 次缺页，执行效率还比较好。

OPT	4	3	2	1	4	3	5	4	3	2	1	5
页 0	4	3	2	1	1	1	5	5	5	2	1	1
页 1		4	3	3	3	3	3	3	3	5	5	5
页 2			4	4	4	4	4	4	4	4	4	4
缺页	×	×	×	×	√	√	×	√	√	×	×	√

图 8.28 使用 OPT 算法的进程缺页情况

(2) 现在使用LRU(最近最少使用)算法选择淘汰页面。由算法原理可知,这时进程的执行和发生缺页的情况如图8.29所示。在同样的页面访问序列中共发生了10次缺页中断,显然,这比OPT算法效率差一些。

LRU	4	3	2	1	4	3	5	4	3	2	1	5
页0	4	3	2	1	4	3	5	4	3	2	1	5
页1		4	3	2	1	4	3	5	4	3	2	1
页2			4	3	2	1	4	3	5	4	3	2
缺页	×	×	×	×	×	×	×	√	√	×	×	×

图8.29 用LRU算法的进程缺页情况

(3) 再考虑使用FIFO(先进先出)算法进行页面淘汰的情况。进程的执行过程和发生的缺页情况如图8.30所示,在12个页面的访问中,共发生了9次缺页中断。这种情况比LRU算法略好一些,属于中等缺页率情况。

FIFO	4	3	2	1	4	3	5	4	3	2	1	5
页0	4	3	2	1	4	3	5	5	5	2	1	1
页1		4	3	2	1	4	3	3	3	5	2	2
页2			4	3	2	1	4	4	4	3	5	5
缺页	×	×	×	×	×	×	×	√	√	×	×	√

图8.30 用FIFO算法的进程缺页情况

从以上不同算法在同一个问题中的应用可看到,针对同一个进程的页面访问序列,在存储管理中,若采用不同的页面置换算法,其发生缺页的情况有所不同,因此进程的执行效率也会不同。

页面置换算法在虚拟分页管理中很重要,选用时要认真考虑。还有一个问题读者也应该认识到,即页面置换算法也会随着应用的需要而被改变或创建,这里所谈到的只是过去系统中常用的算法。对于一个实际操作系统来说,所建立的内存管理机制,需要面对的问题会有很多,其中也会产生一些更加优良的置换算法和管理策略,这些也正是算法不断更新改进的内容。

8.10 系统虚拟存储配置实践

学习了虚拟存储的设计技术后可知,认识到虚拟存储在进程的调度管理中作用很大。因为若需要执行的程序很大或很多,就会导致内存消耗殆尽,而采用虚拟存储技术则可以最大限度地克服这个困难。但是,在一个实际系统中,用户应如何配置虚拟存储区?下面就来介绍这个最实用的系统配置问题。

这里以Windows系统为例,说明在一个操作系统中应如何配置虚拟存储区,在配置过程中应注意哪些问题,完成虚拟存储配置的实践过程等问题。

8.10.1 虚拟存储区的大小

Windows系统所采用的虚拟存储主体思想是,当内存不够用时,利用一部分硬盘空间来充当内存使用，让操作系统自动调度硬盘中的一个特定空间，缓解内存使用紧张的状况。一般情况下，Windows 系统可以自行安排和管理虚拟存储，但也允许用户对虚拟存储的设置加以干预。Windows 对于虚拟存储的设置主要包括两方面，一个是虚拟存储区的大小设定，另一个是分页位置的设定。设定虚拟存储区的大小是指，用户可以使用某种方式告知系统，用户希望的虚拟存储区的最小值和最大值分别是多少。

现在有一个具体问题摆在用户面前，即如何才能获得虚拟存储区恰当的最小值和最大值？回答这个问题，在不同的系统中会有不同的做法。因为 Windows 系统是一个比较完善的商用系统，在系统配置方面已经作了完善的考虑，而且也设计了友好的用户界面，操作起来比较方便。可以通过下面的步骤获得所需要的数据：

(1) 选择“开始”→“程序”→“附件”→“系统工具”→“系统监视器”(如果系统工具中没有，可以通过“添加/删除程序”中的 Windows 安装程序进行安装)打开系统监视器。

(2) 然后选择“编辑”→“添加项目”，在“类型”项中选择“内存管理程序”，在右侧的列表中选择“交换文件大小”。

(3) 这时，随着操作的变换，可以观察到交换文件值的波动情况。把经常要使用到的程序打开，然后对它们进行使用，同时查看系统监视器中的交换文件值的情况。由于用户每次使用计算机的情况有所不同，因此，应通过较长时间对交换文件的监测找出最适合用户使用的交换文件数值，这样才能保证所设置的虚拟存储区有利于系统稳定地运行。

(4) 当找出最合适的虚拟存储区范围值后，在设置虚拟内存时，用鼠标右击“我的电脑”，选择“属性”，弹出系统属性窗口，选择“性能”标签，单击下面“虚拟内存”按钮，弹出虚拟内存设置窗口，单击“用户自己指定虚拟内存设置”单选按钮。注意，在选择硬盘时，应选择有较大剩余空间的磁盘分区，然后在“最小值”和“最大值”文本框中输入合适的范围值即可。

如果感觉使用系统监视器获得最大和最小值有些麻烦，则可以选择完全“让 Windows 管理虚拟内存设置”，这时，操作系统就会根据当前的系统配置情况，自动地配置一个默认值，并用它管理虚拟存储区的使用。

8.10.2 调整分页位置

指定完虚拟存储区的大小之后，还需要调整分页的位置。分页位置的设定是为了指明，所设置的虚拟存储区实际上是在哪个硬盘中的哪个分区上。在 Windows 9x 中，设置虚拟存储分页位置的参数就保存在 C 盘根目录下的一个虚拟内存文件(也称为交换文件) Win386.swp，它可以存放在磁盘的任何一个分区中，如果系统盘 C 的容量有限，完全可以把该文件调换到其他磁盘分区中。具体做法是：

(1) 使用“记事本”工具，打开文件 System.ini，该文件通常被存储在 C:\Windows 目录下。

(2) 寻找到[386Enh]小节，然后将描述“PagingDrive=C:WindowsWin386.swp”，改为其他分区的路径，比如希望将交换文件放在 D 盘中，则此描述应改为“PagingDrive=D:Win386.swp”。

(3) 如果该文件中没有上述描述语句，则可以直接在文件中添加该内容。

目前大家使用的 Windows 操作系统大多是 Windows 2000 或 Windows XP 系统版本，在这两种系统中，虚拟存储区的调整更加简单，系统在用户使用方便性上又作了改进。通常用户只需利用菜单进行选择即可完成虚拟存储区的配置，具体方法是：

(1) 选择“控制面板→系统→高级→性能”中的“设置→高级→更改”，打开虚拟内存设置窗口；

(2) 在驱动器[卷标]中默认选择的是系统所在的分区，如果想更改到其他分区中，首先需要把原先的分区设置为无分页文件，然后再选择其他分区；

(3) 在 Windows XP 系统中，一般要求物理内存应大于 256MB。如果用户喜欢玩大型 3D 游戏，而内存(包括显存)又不够大，则系统会经常提示说虚拟内存不够，但这时系统会自动进行调整，改变原来的系统虚拟存储区的设置。

如果用户的硬盘空间足够大，也可以自行设置虚拟内存空间，具体步骤如下：

(1) 右击“我的电脑”→“属性”→“高级”→“性能 设置”→“高级”→“虚拟内存”；

(2) “更改”→“选择虚拟内存(页面文件)存放的分区”→“自定义大小”→“确定最大值和最小值”→“设置”。

一般来说，虚拟内存可以选择为物理内存的 1.5 倍，或更大些，如 2 倍。另外，如果不想让虚拟内存出现频繁的改动操作，也可以将其中的最大值和最小值设置成一样的值，这时可以避免系统不断做判别和调整的工作情况的发生。

8.10.3 虚拟内存使用技巧

对于虚拟内存如何设置的问题，微软公司已经给用户提供了官方的解决办案。一般情况下，推荐采用如下方法进行设置：

(1) 在 Windows 系统所在分区设置页面文件，文件的大小由用户对系统的设置决定。具体设置方法是：打开“我的电脑”的“属性”设置窗口，切换到“高级”选项卡，在“启动和故障恢复”窗口的“写入调试信息”栏，如果采用的是“无”，则将页面文件大小设置为 2MB 左右，如果采用“核心内存存储”和“完全内存存储”，则可将页面文件值设置得大一些，与物理内存设置得差不多就可以了。

值得注意的是，对于系统分区是否设置页面文件，这里存在一个矛盾：如果设置，则系统有可能会频繁读取这部分页面文件，从而加大系统盘所在磁道的负荷；如果不设置，当系统出现蓝屏死机(特别是 STOP 错误)时，又无法创建转储文件(Memory.dmp)，从而无法进行程序调试和错误报告。所以折中的办法是在系统盘设置较小的页面文件，只要够用就行。

(2) 在磁盘上单独建立一个空白分区，在该分区设置虚拟存储区，其最小值设置为物理内存的 1.5 倍，最大值设置为物理内存的 3 倍，该分区专门用来存储页面文件，不要再存放其他任何文件。之所以单独划分一个分区来设置虚拟内存，主要是基于两点考虑，其一，由于该分区上没有其他文件，这样分区不会产生磁盘碎片，从而能够保证页面文件的数据读写不受磁盘碎片的干扰；其二，按照 Windows 对内存的管理技术，Windows 会优先使用不经常访问的分区上的页面文件，这样也减少了读取系统盘里的页面文件的机会，减轻了系统盘的压力。

(3) 一般情况下，在其他硬盘分区上不设置任何页面文件。当然，如果有多个硬盘，则可以为每个硬盘都创建一个页面文件。当信息分布在多个页面文件上时，硬盘控制器可以同时在多个硬盘上执行读取和写入操作。这样系统性能将得到提高。

值得注意的是,系统允许设置的虚拟内存最小值为 2MB,最大值不能超过当前硬盘的剩余空间值,同时也不能超过 32 位操作系统的内存寻址范围——4GB。

因为虚拟存储器只是一个构建出来的大容量存储器的逻辑模型,它通常不特指任何实际的物理存储器。其主要作用是借助磁盘或其他辅助存储器来扩大主存容量,使之为更大或更多的程序所使用。由于硬盘是最快的辅助存储介质,因此一般系统中都使用硬盘空间作为虚拟存储的一个主要组成部分。

8.11 本章小结

计算机中的存储器是一个由多种存储介质组成的体系结构,在该结构中,既包含高速访问的寄存器,也包含中等速度的内存,以及较慢访问速度的辅助存储器,这些不同存储介质构成了系统的主存和辅存。操作系统要对所有的存储介质进行管理,以形成一个灵活的系统存储体系。存储管理主要描述的是内存管理技术和方法,它与对辅存管理的文件系统技术形成对应和互补。

程序运行时首先要从辅存装入到内存中,这中间需要完成逻辑地址向物理地址的转换,即地址重定位。可以采用多种方式实现地址重定位,其中利用硬件的地址变换机构或专用寄存器完成地址重定位的方法,是当今比较流行的方法。为了保证内存访问的安全性,在地址重定位过程中,可以通过加入一些对地址访问保护和判断的能力,有力地防范程序在执行中或数据在使用中遭到非法的侵扰。

为了保证多道程序的并发执行,在存储管理中需要使用交换技术将装入内存的进程在内外存中作交换,交换中要不断地进行内存分配和回收,对于内存分配状况的记录可以采用位示图法或链表法进行,位示图法比较容易实现,链表法比较适合动态存储空间的改变。

对内存的管理方法已有比较成熟的技术,包括分区、分页、分段等方式。分区管理在早期的操作系统设计中比较多见,分区管理还可以细分为单一连续分区管理、固定大小的多分区管理和动态的多分区管理方式。动态多分区管理技术的难度较大,但实用价值高。分页管理可以改进存储空间利用效率,减少内碎片,杜绝外碎片,实现了存储空间的不连续分配;使用硬件的分页地址变换部件可以快速完成地址变换和定位过程。分式管理是一种比较流行的存储管理方法,其中的动态分页方式在现代操作系统中被广泛采用。对内存的分段管理技术,克服了线性存储管理模式的弱点,可以兼顾到程序的逻辑关系和执行特性,使内存分配更加合理,程序执行更加高效。页式、段式存储管理方式各具优点又各有不足,因此,在实际中常将它们结合起来使用,这就是常见的段页式管理方式。段页式管理可以有效地对内存区进行分配和控制,在管理方法上也比较便利,因此得到了广泛的推广和应用。

虚拟存储是基于局部性原理完成的一种有效存储管理机制,其主体思想是基于程序运行中的局部性原理和动态内存分配方法发展而来。它利用动态分配和主、辅存之间的交换技术,形成了一种虚拟存储空间。在该空间中存储运行程序,一方面可以保证程序的正确执行,另一方面突破了机器物理内存对程序大小的限制,使用户程序的执行空间得到了极大的改善。通常使用动态分页或动态段页式技术实现虚拟存储的管理。

在实现动态分区、分页或分段管理时，都需要用一些置换算法将暂时不使用的程序代码或数据置换到辅存的交换区中，本章主要针对页面置换算法进行了讨论。值得注意的是，当使用动态分页方式实现虚拟存储管理时，页面置换算法的选择应认真考虑，因为不恰当的置换算法会使系统出现"页面抖动"或出现 Belady 现象，这些情况会对内存管理效率带来一定的负面影响。

本章的最后以 Windows 系统为例，说明了系统虚拟存储区的配置和调整方法，并说明了在虚拟存储区配置过程中应注意的一些实际问题。

练　习　8

1. 在目标程序装入内存时，一次性完成地址修改的方式是(　　)。

A. 静态重定位　　B. 动态重定位　　C. 静态连接　　D. 动态连接

2. 在请求分页存储管理中，若把页面尺寸增大一倍，在程序顺序执行时，则一般缺页中断次数会(　　)。

A. 增加　　B. 减少　　C. 不变　　D. 可能增加也可能减少

3. 在下述存储管理技术中，只有(　　)可提供虚拟存储基础。

A. 动态分区法　　B. 交换技术　　C. 静态分页法　　D. 请求分页技术

4. 把逻辑地址变为内存的物理地址的过程称作(　　)。

A. 编译　　B. 连接　　C. 运行　　D. 地址重定位

5. 在分页存储管理系统中，从页号到物理块号的地址映射是通过(　　)实现的。

A. 段表　　B. 页表　　C. PCB　　D. JCB

6. 在微机的存储器配置方案中通常包括哪些存储介质？这些介质的占有份额如何搭配才是合理的？

7. 在内存管理和文件管理中都可以使用位示图法进行存储空间的分配与回收，请问在操作系统中这两个位示图是否可以合并？为什么？

8. 在分页管理中，将页划分得过大或过小会出现什么状况？

9. 在一个具有 cache 的系统中，CPU 是如何实现对内存访问的？

10. 当系统发生缺页中断时，所缺页面的数据可能在什么地方？用什么寻找方案较为合适？

11. 若某计算机处理器有效地址长度为 16 位，内存容量为 64KB；计算该计算机的逻辑地址空间为多少？物理地址空间为多少？(注：按字节计算)

12. 计算机系统的虚拟存储容量是否是无限的？一个典型计算机系统的虚拟存储器的最大容量通常由哪些因素决定？

13. 假设某系统具有 2^{24} 字节大小的内存，系统规定采用固定分区法管理内存。如果设定每个分区大小为 65 536 个字节。请计算出在进程表中每个表项最少需要留出多少位用于记录分配给进程的分区是合适的。

14. 请描述局部性原理的含义，并说明在存储管理中什么管理策略是基于局部性原理建立的。

15. 设在一台计算机系统中包含了 cache 和主存储器两级存储结构。如果访问的字在

cache 中，存取时间为 20ns；如果访问的字在主存中，应先将其装载到 cache，然后再完成存取，将一个字从主存中装入到 cache 需要 60ns。假设访问中对 cache 的命中率为 0.9，计算该系统中存取一个字的平均时间是多少？

16. 某程序在调入内存执行时采用请求调页式管理，该程序段可分为 6 页，在系统进行存储分配管理时为该程序段分配了 4 个内存页面，且这些页面的初始状态为空。假设该程序的页面调度顺序为 6，4，5，3，2，1，2，3，3，4，5，3，2，请分别使用 FIFO 及 LRU 页面置换算法，描述出页面调度的处理过程并表明缺页处理发生的次数。

CHAPTER 9

第9章

文件管理系统

本章要点

在计算机中保存的信息可分成两大类，一类是正在运行的程序以及中间结果、临时信息，另一类是用户创建的程序、文本、图形图像文件等。第 1 类信息是与进程运行相关的，对其管理技术的介绍已在第 8 章中有所描述。第 2 类信息是保存在辅存中需要长期存储的信息，本章主要讨论这类信息在计算机中的存储与管理方法。读者在学习本章时，应注意理解文件存储的基本概念，了解文件管理系统的主要功能，掌握磁盘文件系统的构建技术和实现方法；还应掌握一些典型文件系统的文件管理实用技术，例如会使用 UNIX 文件管理的系统调用，解决实际编程中对文件管理与控制的问题。

9.1 文件管理概述

用户编写的程序、创建的各种文本是一种需要长期保存的信息，它们通常以文件形式存储在计算机中，对这些信息的管理就是文件管理。说到计算机中的文件，大家可能并不陌生，因为所有使用计算机的用户都会接触到文件。从使用者角度来看，文件是一个高度抽象的实体，可以将需要保存的各种信息组织在一个文件中，并将文件存储在计算机的一种存储介质上，比如硬盘、软盘、光盘等。在需要时可以按文件名对这些文件进行查询、读写、移动或复制。操作系统中，具体完成这些操作功能的软件被称为文件系统。对于文件系统，一般用户需要了解它的使用方法；系统设计者需要理解文件系统的内部设计结构和构造文件系统的实现方法。

9.1.1 信息描述单元

在了解文件系统构造技术之前，首先了解一些有关文件和文件系统的基本概念。在计算机内部，为了便于对存储信息的管理需要建立一些基本信息描述单元，这些信息描述单元会在各种软件中使用，是信息存储的基本元素。常见的信息描述单元包括：

(1) 域(field)。一般在计算机系统中用域来描述一个简单信息单元，在域中包含最基本的数据单元“字节”。通常，一个域包含一个或若干个字节，在有些教科书上也将域称为字段。在域的描述中需要说明域所包含的字节长度和数据类型等内容。

(2) 记录(record)。记录通常是一组由相关域构成的信息单元,记录中可以包含一个或若干个域的信息,对一批记录的描述可指明其包含的域数量是固定的或非固定的等方式。

(3) 文件(file)。文件可以看成是一组相似记录的组成体,是一种比较通用的信息描述单元,在大部分的操作系统中文件是用户和程序访问计算机保存信息的实体。在文件描述中可以包含文件命名、文件访问权限、文件大小、文件存储位置等相关信息。

(4) 数据库(database)。数据库是一个可以包含文件的信息描述集合,它由一组相关的数据结构组成,在数据库中可以包含多种文件,同时还具有对这些文件独立管理的各种描述信息。

在这些信息单元中,操作系统最关注的是文件,与其他信息单元相比,文件具有更广泛的包容含义。文件可以用来存储各种类型的信息和数据,如图形图像文件、声音文件、正文文件、代码文件等。因此,文件是系统中大批量、长期保存信息的主要描述单元。

由于文件存储的信息量可以非常大,它通常被存放在辅助存储器中,因为让文件长期占用内存空间是一种不明智的做法,所以只是在需要时才部分或全部调入内存中。另一方面,文件中保存的信息通常是需要长期使用的,即便是查阅文件的进程运行终止、系统掉电也不会破坏文件中的内容,这一点使用内存空间是无法做到的。还有一个重要原因是,用户所建立的信息可能不仅为一个用户服务,在多用户或网络环境中,有些文件需要被多个用户共享或传递,如果仅在进程空间中描述文件信息(因为内存是以进程请求分派的),则很难实现这种需求。使用辅存空间存储文件可以满足长期存储的需要,因此文件成为辅助存储器中信息存储的基本单元,用户的各种信息都可以被组织在文件中,利用文件系统存储、复制、传递和完成各种访问操作。

9.1.2 文件系统的功能

在计算机系统中,对文件的管理与控制形成了文件系统。通过文件系统,可以将用户的程序或数据按文件名存放在某种存储介质上,可以实现快速、方便、透明的文件信息访问。对文件的透明存取是指当用户对存储介质中的文件和目录进行访问时,无需了解文件存放的物理结构和组织方式,只需给出文件名和文件所在的路径,即可实现对文件的打开、读取或写入操作。这时所包含的具体操作过程,如对指定存储空间的定位、文件的读写过程控制等都由文件系统来完成。文件系统的主要功能包括:

(1) 对磁盘或其他存储器的空间进行统一管理。包括实现当用户创建文件时分配空闲区,当用户删除文件时回收存储空间,以及当用户修改文件时对存储空间进行调整等操作。

(2) 完成文件的按名存取管理。制定一些用户可见的、独立于物理存储介质的文件逻辑结构,让用户使用这些逻辑结构完成他所需要信息的加工和存取。

(3) 制定科学、合理的文件存放结构。即描述文件在物理设备上的存放结构,这种存放结构更便于文件系统对存放在物理存储介质上的文件信息进行访问。

(4) 完成对物理存储设备上文件的查找、读、写等操作。

(5) 提供文件共享和文件保护的功能等。

9.1.3 文件命名规则

用文件系统建立的文件可以被各种用途的软件所使用。在使用文件时,主要是依据文件名对文件进行查询。所以在文件管理系统中，需要针对文件名建立一套命名规则。操作系统一般都可以管理多种用途的文件，比如文本文件、源程序文件、可执行的代码文件、图形图像文件、声音文件等，不同用途的文件也可以在文件名上有所标注，以便各种使用文件的系统能够快速辨别它们。

在文件命名规则中，包含文件名的组成结构、文件名大小、文件名可使用的合法字符以及数字。在早期的文件系统中规定：文件名只允许由 8 个以下的字符或数字组成，并且不允许包含空格、逗号等特殊字符，文件名中的第 1 个字符必须是字母等要求。在新的操作系统中，文件名的长度得到了扩展，比如可以包含 512 个字节，但在字符的使用上依然有一些限制，比如不能出现空格、逗号等。除此以外，文件命名规则中还应包含文件扩展名的使用规则，在大部分系统中允许文件扩展名包含文件内容的含义，通过文件扩展名可以了解到该文件是一个 ASCII 码文件还是二进制码文件，是一个图形图像文件还是一个 C 程序文件等。为了便于理解和使用，文件扩展名有一些约定俗成的规则，表 9.1 给出了一般扩展名的命名及含义。但需要说明的是，这并不是一个需要绝对遵守的规则，不同的操作系统完全可以使用不同的扩展名命名规则，例如 UNIX 系统就不完全遵守文件扩展名的这一规则，在 UNIX 系统中，文件扩展名的设置比较随意，通常无法从文件扩展名上直接了解到文件包含的内容。

表 9.1　典型的文件扩展名定义规则

文件扩展名示例	扩展名含义	文件扩展名示例	扩展名含义
file. c	C 语言源程序文件	file. hlp	通常指帮助文档
file. o	目标程序文件	file. pdf	符合幻灯片格式的文件
file. html	Internet 中使用的超文本标记语言文件	file. txt	普通正文文本文件
file. jpg	符合 JPEG 编码标准的图片文件	file. zip	一种压缩格式文件
file. gif	符合图形交换格式的图像文件		

9.1.4　文件分类

不同的应用目标可能需要不同的文件，不同文件的组成方式也可能不同，那么，对不同文件的管理和控制方式也一定有些差异。因此，为了管理文件，就需要对文件进行分类。文件分类的方法有多种，比如可以按文件的性质和用途来划分，也可以按照文件的组织形式来划分。

1. 按照文件在系统中的用途划分

(1) 系统文件。系统文件是指那些在操作系统管理与运行中用到的文件，这些文件通常需要有较高的访问权限，不允许一般用户或用户程序直接访问。

(2) 库文件。库文件是指与操作系统相关、为用户编程方便而建立的基础函数文件。这类文件需要有统一的引用接口方式，但内部格式可以自行确定，通常可以通过编译和链接程序与用户程序拼接在一起。

(3) 用户文件。用户文件是指由用户编写创建的各种文件或程序。

2. 按照文件的内部组织形式划分

(1) 普通文件。这是指用于存储信息的一般文件。普通文件还可以再分为ASCII码文件(文件内容可见,易理解;可进行编辑的文件)和二进制文件(文件内容不可见,难以读懂;用于特殊用途的文件)。

(2) 目录文件。用于目录查询和文件管理的一种特殊文件。

(3) 特殊设备文件。有特定用途的文件,在UNIX系统中特殊文件是指用于设备管理的文件,比如字符设备文件和块设备文件都属于特殊文件的范畴。

文件的分类方式和文件的内部组成格式与文件的具体应用有关,不同的操作系统对于文件的构造和控制都有自己的内部规定。近年来,随着不同操作系统兼容性的提高,尤其是对不同文件系统兼容性的应用需要,已出现了一些标准的文件格式,按照标准文件格式设计的操作系统就会比较容易实现异类文件系统间的互访和兼容。而早期不同操作系统间的文件兼容,是一件非常困难的事情。

为了保证系统内部信息访问的统一性,操作系统需要提出一些基本要求,而不同操作系统的特定文件格式就属于这类基本要求。文件格式的要求在操作系统内部是强制遵守的一项规则,若不严格遵守,会引起内部管理上的混乱。很长时间以来,不同的操作系统之间形成了文件命名规则不同、文件扩展名含义不同、可执行文件构成方式不同以及可读文件的存储格式不同等等。这种局面在现代操作系统之间正在被打破,一种操作系统可以兼容多种文件格式访问的情况已经出现。但是,由于关联的问题比较多,目前文件格式对操作系统的影响依然留着比较深刻的印迹。

9.2 文件结构及文件访问

文件作为操作系统中对信息管理的基本单元,系统中对一般信息、I/O操作和网络传输等管理都需要文件的支持。为了方便实现文件的控制,需要确定文件的逻辑结构和存储结构。文件系统要对文件做读、写、存储等各种操作,实现这些操作与文件的逻辑结构和存储结构有着密切的关系。另外,如何管理各类文件的策略也影响着文件系统的构建方式和体系结构设计,本节介绍关于文件的存储结构和文件的访问问题。

9.2.1 文件组织结构

不同类型的文件形成了不同的内部表示格式,如果操作系统了解了这些文件的格式细节,就能够有效地支持文件的访问。但是,由于为应用服务的文件格式类型很多,若操作系统关注所有这些细节,操作系统的代码量会急剧增大。另外,当操作系统发布后又产生新的文件格式时,操作系统还必须作相应的调整。显然,这样的策略是不合适的。

通过对问题的分析我们发现,操作系统在管理文件时并不需要过分地关心文件的具体应用和内部格式,只是需要保证文件的正确存储和正确读出。因此,由操作系统层面来看,可以将文件的内部格式简化处理,只看成是一些无格式的信息流或者包含简单格式的记录。将对文件的具体解释过程交给对文件作应用的程序去做,比如命令解释程序、文本编辑程序、编译程序等。这样可以使操作系统代码简洁,问题处理分层清晰。因此,在操作系统层定义的文件逻辑结构通常比较简单，大致包含堆结构、顺序记录结构、索引结构。下面分别加以说明：

1. 堆结构

堆结构文件(pile file)，有时也称为无结构文件。这种文件的内部组成是一系列的字节流，没有结构划分，即文件中包含的内容以字节为单位进行记录，在存储时可以不对文件内容进行长度分割和格式调整，直接按字节进行存储即可。

这种文件格式如图 9.1 所示，由于文件内部没有特定格式说明，因此在对文件内容进行访问时，只能按字节顺序完成。当访问这种格式的文件时，每次的读、写操作指令要求有明确的字节长度说明，否则无法进行访问，但每次访问指定的字节长度可以是不同的。

由于堆文件的结构随意，没有特定的格式规定，因此说这种文件像是一个字节的堆，任何内容的信息都可以由这种文件格式组成。但由于文件的组成格式过于简单，给文件的灵活访问带来了一定的困难，文件访问的效率也不会太高。因为在访问这类文件的内容时，通常需要采用穷举法来完成。

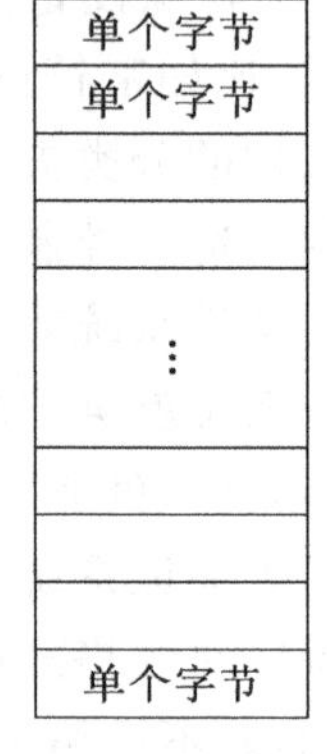

图 9.1 堆结构文件格式示意图

2. 顺序记录结构

顺序记录结构文件(sequential file)是由一些记录序列构成的。文件中包含的是一些记录信息，并且这些记录是按序编号的。与堆结构文件不同，在这种文件中，由记录构成基本访问单元。记录通常是包含一定信息的基本单元，这些信息可以分成若干个字段，每个字段的长度可以是相同的，也可以是不同的。在顺序记录结构的文件中，每个记录有固定格式，而且记录长度也相同，图 9.2 给出了一个标准的顺序记录文件格式的示意图。

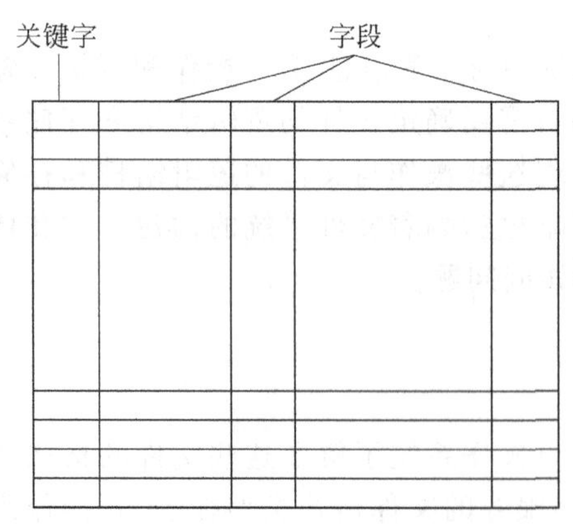

图 9.2 顺序记录结构文件

这种文件信息是以记录为单位存储的，访问时也需按照记录进行操作。比如对文件内容的访问，实际上是对文件进行读出一个记录或写入一个记录的操作。在顺序文件中记录包含固定顺序的字段，而整个文件中记录的顺序可以是按照关键字建立的(比如记录排序号)，因此对这种文件的访问控制，还可以按照关键字对文件中包含固定长度记录的特点，实现对记录的管理与控制。

3. 索引结构

索引结构文件(indexed file)由主文件和索引文件构成。在顺序记录结构文件中，由于信息是按照关键字组成的一个顺序记录结构，因此在需要对文件内容进行修改或删除时，会遇到较大的困难，因为对一处的修改可能会带来整个文件存储内容的调整，这种代价是无法容忍的。因此，顺序结构文件只适合不需要对文件内容进行调整、修改的文件类型使用，比如磁带或唯读光盘存储介质可以采用顺序文件格式建立。对于磁盘存储器，这种方式是不能满足需要的，因此提出了索引结构文件。

索引结构中的主文件用来存放文件中所包含的记录，这些记录的大小可以不相同，也可以不排序，但对其中的每个记录需要建立一个索引指针来说明它的存储位置和与查询相关的内容；文件中所有记录的索引指针就构成了一个索引文件。索引结构文件格式如图 9.3 所示。

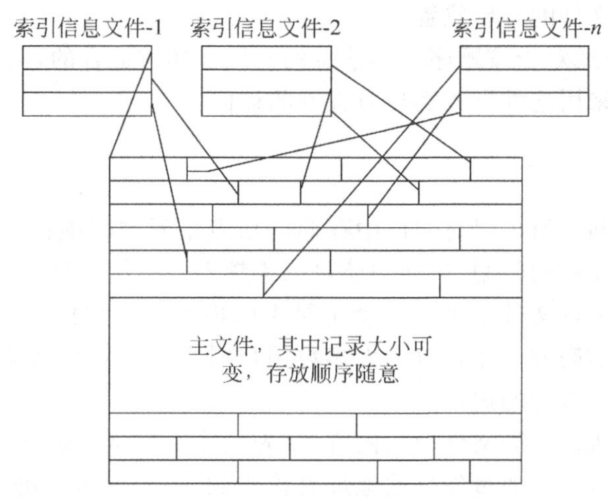

图 9.3 索引结构文件

在索引结构文件中，对文件中记录的访问只能通过索引指针来完成，所以对于整个文件的管理就变成了对索引信息的管理。另外，对同一个存储主文件，可以针对不同的字段建立多个索引，在需要进行文件内容查找时，可以使用不同的索引信息来完成。

按照这种方式组织的文件，由于索引信息中包含的记录项通常比较少，那么对索引信息的查找速度会比对主文件内容的查找快许多倍。而且在索引存储结构的文件中，由于文件中记录的存储位置无需排序，也不需要事先指定前后次序，系统完全可以根据一些算法自动定位，因此对这种文件可以实现直接存储访问。对于文件的直接访问有时也称为随机访问(random access)，所以这种文件格式也被称为随机访问文件格式。从图 9.3 可以看出，按照这种文件格式，实现添加或删除文件中的记录是非常容易做到的，而且完成这些操作的代价也比较小，因此索引结构的文件管理方式在现代操作系统中比较多见。

9.2.2 文件访问

针对文件的访问，也可以采用多种方式完成，比如采用顺序访问方式或随机文件访问方式等。

1. 顺序访问文件

对文件进行顺序访问是指在对文件内容访问时从文件的头开始，逐步读取文件中的全部内容或部分内容。顺序访问方式在读取信息的过程中不能跨越信息单元，也不能不按顺序进行读取。当读到文件末尾时，可以允许重新返回到文件头上重新读取，按照这样的方式对文件进行多次读取操作。

采用顺序方式访问文件，比较符合科学计算的应用需要，因为在科学计算中经常需要成批地处理一些初始数据，并按顺序使用或存储计算结果。这时也希望文件中的信息单元是按顺序存放的，以利于对文件的访问。

为了实现文件信息的顺序访问，需要设置一个访问指针，这个指针通常是可以自动增长的，每当读取一个文件信息单元后，指针值就自动加 1。当指针值增长到文件的末尾时，可以设计成自动反绕回文件的开始位置。

显然，顺序访问方式对于按顺序存储信息的介质是非常适合的，例如早期使用的磁带介质、只读光盘等，通常采用这种方式实现对文件的访问。

2. 随机访问文件

对文件的随机访问是指可以对文件中存储的信息单元进行随机读取，读取期间不受存储单元的顺序和存储先后的限制，访问中还可以跨越若干个信息单元，只对需要的内容进行访问。例如可以首先读取文件中第 100 个记录中的内容，然后再读取文件中第 10、第 5 个记录中的内容。这种访问方式比较符合大多数用户对文件信息的访问需要，可以满足各种对文件内容解释操作的软件的需求。

若能做到可以随机地访问文件中的内容，首先文件的存储介质应该支持随机定位操作，即文件中所包含的信息可以通过编号或地址直接查到，或者通过某种运算函数获得相关的信息存储位置。对于堆结构类型的文件，采用这种访问方式可以对其中任意位置、任意字节长度的内容进行访问。

随机文件访问方式对文件存储介质有特定要求，显然，顺序存储介质是无法满足这种要求的，只有类似于硬盘这样的存储介质才可以实现随机文件访问。

9.2.3 文件的物理存储

将系统定义的逻辑文件结构存储在特定的存储介质上，称为文件的物理存储。在这个存储过程中，需要考虑具体存储器的特性，比如是采用磁带、只读光盘为存储介质，还是采用硬盘为存储介质，不同的物理存储器适应的物理文件存储结构不同，对其文件采用的访问方式也不同，因此，应根据具体情况制定不同的策略。

1. 不同存储器有不同的文件存储结构

(1) 对于磁带存储器，通常采用顺序存储方式存储文件。因为磁带存储器是一种典型的顺序存储设备，对该设备的信息读取也只能通过磁头顺序地访问，所以采用顺序方式构建文件的物理结构是合适的。在简单的磁带存储管理中，只允许一个磁带中存储一个文件，无论文件大小，这显然比较浪费存储介质。在较为复杂的磁带存储管理中，可以允许多个文件存储在一个磁带中，但文件的总长度不应超过磁带的总容量。

(2) 磁盘存储器是一种可以支持大容量和多种访问方式的存储介质，大部分操作系统中都将磁盘作为主要的文件存储介质。因为磁盘中的信息可以通过磁盘的三要素函数直接定位(关于如何定位将在第 10 章中加以介绍)，因此可以支持文件的随机访问。同时，因为磁盘也是由一些连续的存储单元构成的，所以也可以进行顺序访问。因此，当在磁盘中构建文件的物理结构时，可以有多种选择方式，如顺序结构、链式结构或索引结构等(具体存储方式将在9.4节给出描述)。

(3) 对于光盘存储器来说，由于它的定位速度比较快，并可支持随机访问方式(其中的信息也可以通过函数直接定位)，理应可以采用多种方式构建文件的物理存储结构。但是，由于光盘一般都只用做唯读设备，写入的信息通常不需要进行修改和删除，文档之间的顺序结构很固定。另外，大多数光盘都是用来备份文件及数据或是作为发布软件成品的，对信息随机访问的需求不大，因此通常光盘上的文件也是按照顺序结构建立的。

2. 逻辑记录与物理块的映射

因为特定逻辑结构的文件最终是要存储到物理存储器中的，这时应记载每个文件的具体存储位置，对于随机访问结构还应记载每个逻辑记录的具体位置，这些信息是文件逻辑记录到物理存储器中的映射。

如何实现这种映射管理呢？通常的做法是将物理存储器进行最小存储单元的分割，分割后的单元称为物理块，对于存储器的访问通常按物理块进行。理论上讲，逻辑记录的长度可能并不等于物理块的长度，一个物理块中可能存放多个逻辑记录，也可能多个物理块才存储一个逻辑记录。这中间需要进行二者的长度匹配，通常，这个匹配处理是由操作系统完成的。匹配完成后，就可以将逻辑文件中的逻辑记录按照物理块进行存储了，存储后记录它们的物理位置，就实现了逻辑记录与物理块的映射。

9.2.4 文件属性及文件控制块

一般地，用户在使用文件时，注重的是文件中所包含的具体内容。但是对于文件管理系统来说，它所注重的是文件的存储方式及文件的控制信息。一个存储在计算机中的文件通常由两部分组成，一部分是文件信息体，另一部分是由文件说明信息组成的文件控制体。因此一个文件的存储内容可以简单地看成如图9.4所示的情况，在一个文件存储区的前一部分包含着文件控制块(FCB)，在文件控制块后面才是真正的文件信息体。

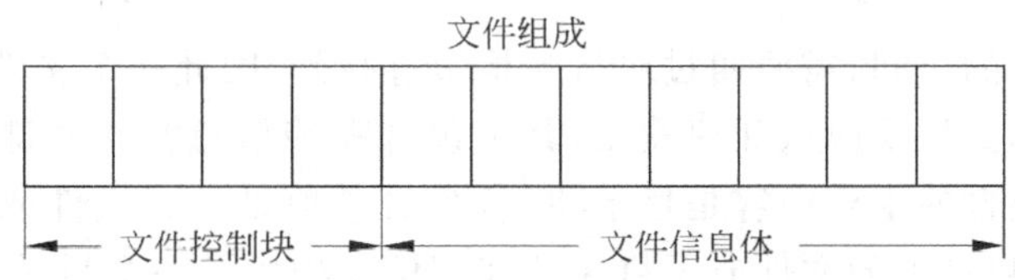

图9.4 文件中包含文件控制块和文件信息体

文件信息体中包含的是文件中包含信息的具体内容，比如源程序文件中包含的程序代码、文本文件中的文本内容、图形文件中的矢量表示信息等。

文件控制块中包含的是对文件本身的一些说明信息，一个典型的文件控制块中要包含文件的名称、文件的内部ID、文件的存储块地址、文件的所有者、文件的访问权限等内容。图9.5描述了文件可能包含的主要属性信息，但是文件所具有的属性信息是因系统不同而不同的，所以图9.5中的这些属性信息并不会在一个文件中都出现。

属性	含义
文件访问保护	表示谁可以对文件做何种访问
文件访问口令	访问文件时需要的口令
文件创建者	创建文件的用户 ID
文件所有者	文件当前的拥有者 ID
文件的读写标志	表示文件是否只读、只写或可读可写
文件的隐藏标志	表示文件是否在目录列表中出现
文件的分类标志	说明文件的类型：普通、特殊、系统
ASCII/二进制	标志文件是可见的 ASCII 或二进制
随机存取标志	标明文件是顺序存取或随机存取方式
加锁标志	通常 0 表示未加锁，1 表示加锁
记录长度	一个记录中包含的字节数
文件创建时间	文件创建日期和时间
最后访问时间	文件最后被访问的日期和时间
最后修改时间	文件最后被修改的日期和时间
文件当前大写	当前文件的字节数
文件最大长度	文件可能增长到的字节数

图 9.5 文件可能包含的属性信息

操作系统主要通过文件控制块实现对文件的管理，包括实现文件的按名存取，对文件的读、写、修改操作，对文件进行保护和多文件之间的信息共享等。

9.3 目录管理

文件系统中的目录就像图书馆中的书目检索卡，通过它可以从庞杂的书库中找到所需要的图书。一般的文件目录是由文件的说明和文件的索引信息组成的，主要用于对文件检索和控制文件的访问。在有些系统中，目录本身也可以是一个文件，对目录的管理可以像对文件一样进行管理。

9.3.1 目录中的信息

对计算机中文件的访问，需要通过对目录检索查找到，因此一个文件系统的目录结构决定了文件的检索机制。目录应该如何建立，其中包含哪些信息？这些都是应该认真考虑的问题。通常目录中包含的主要内容是目录项，每个目录项是一个文件或一个子目录的控制信息，所有归并在该目录下的文件或子目录的控制信息构成了一个目录文件。因此，一批文件属性信息的集合构成了文件的目录，通过目录可以了解到该目录中文件单元的基本情况，比如文件或子目录的名称、文件的大小、文件的存储位置、文件占用的存储块是多少等内容。

目录文件中包含的这些信息在文件管理中是必不可少的，文件系统通过对这些信息的查询和修改来实现对文件的管理。但是，并不是只有文件系统管理需要这些信息，用户和应用程序也需要目录中的有些信息，比如下面这些信息，就可能是用户需要了解的：

- 文件的基本信息。包括文件名、文件类型等；
- 文件的存储状况。文件的存放位置，如存储的设备或文件卷（volume）以及各个存储块位置；文件的长度（当前长度和上限长度），以字节、字或存储块为单位来表示。

而且文件的长度需要随着对文件的创建、写入、打开、关闭等操作而变化；

- 文件访问控制信息。包括文件的创建者、文件的适应范围以及文件的访问权限等；
- 文件的使用情况信息。这部分信息包括文件创建时间、最后被访问时间、最后被修改时间等。

一般的操作系统，比如 DOS 和 Windows 系统，都将目录设计成文件的检索信息表，其中几乎包括了文件的所有特征信息，如文件名、文件长度、文件修改日期、文件访问权限等等。这就使得目录项的内容很繁杂，包含的字节数也会比较多，对目录项的查询也会比较麻烦。而 UNIX 系统采用的方法与其不同，在 UNIX 中首先构造一个简单的目录文件，在目录文件的基础上增加一项数据结构即索引节点(i_node)，用索引节点指向描述文件各属性信息的位置。这样，就使得目录项的内容很少，文件的大部分说明信息都放在索引节点 i_node 结构中，使 i_node 成为 UNIX 文件管理中的重要数据结构之一，但在检索文件目录时，可以做到快速、便捷。在 Linux 系统中，继承了这种目录结构，比如典型的 EXT2 文件系统的索引节点数据结构如下：

```
Struct ext2_inode {
        _u16 i_mode;            /* 文件模式 */
        _u16 i_uid;             /* 文件所有者 uid 的低 16 位 */
        _u32 i_size;            /* 字节的大小 */
        _u32 i_atime;           /* 访问时间 */
        _u32 i_ctime;           /* 创建时间 */
        _u32 i_mtime;           /* 修改时间 */
        _u32 i_dtime;           /* 删除时间 */
        _u16 i_gid;             /* 组 id 的低 16 位 */
        _u16 i_links_count;     /* 链接数 */
        _u32 i_blocks;          /* 块计数 */
        _u32 i_flages;          /* 文件标识 */
        union {
            struct {
                _u32 l_i_reserved1;
            } linux1;
            struct {
                _u32 h_I_translator;
            } hurd1;
            struct {
                _u32 m_I_reserved1;
            } masix1;
        } osd1;
        _u32 i_block[EXT2_NBLOCKS];         /* 指向块 */
        _u32 i_generation;                  /* 文件版本 (对于 NFS) */
        _u32 i_file_acl;                    /* 文件 ACL */
        _u32 i_dir_acl;                     /* 目录 ACL */
        _u32 i_faddr;                       /* 分段地址 */
        union {
            struct {
                _u8 l_i_frag;               /* 分段号 */
                _u8 l_i_fsize;              /* 分段大小 */
                _u16 l_i_pad1;
```

```
            _u16 l_I_uid_high;      /* 两个字段 */
            _u16 l_i_gid_high;      /* 保留的 2[0] */
            _u32 l_i_reserved2;
        }linux2;
        struct{
            _u8 h_i_frag;           /* 分段号 */
            _u8. .h_i_fsize;        /* 分段大小 */
            _u16. .h_i_mode_high;
            _u16. .h_i_uid_high;
            _u16 h_i_gid_high;
            _u32 h_i_author;
        }hurd2;
        struct{
            _u8 m_i_frag;           /* 分段号 */
            _u8 m_i_fsize;          /* 分段大小 */
            _u16 m_pad1;
            _u32 m_i_reserved2[2];
        }masix2;
    }osd2;                          /* 依赖于操作系统 2 */
};
```

从该结构中可以看出，索引节点中包含的文件属性信息非常全面，同时，这些属性信息也是与 EXT2 文件系统的管理机制密切相关的，了解它们需要结合 EXT2 文件格式和文件管理机制的有关内容。

9.3.2 目录结构

通过以上描述可知，目录中包含文件的属性信息，这些信息在文件访问中会被经常用到。那么目录应如何组织呢？怎样的目录结构才会有利于文件的管理呢？对于目录结构的研究，实际上是对如何构建目录才有利于文件管理、提高文件检索效率等问题的研究。下面分别介绍基本的目录组成结构及其特点。

1. 一级目录结构

在组织文件时，可以采用一种最简单的方式，那就是一级目录结构。在一级目录结构中，对所有的文件按照线性结构组织，即将系统中所有文件属性信息存放在一张目录表中，不对文件作分层处理。这种结构在早期的个人计算机系统中可以见到，由于它结构简单，管理成本低，比较适合单用户对简单文件管理的需要，因此被一些早期的个人计算机操作系统所采用，该结构中的文件关联如图 9.6 所示。

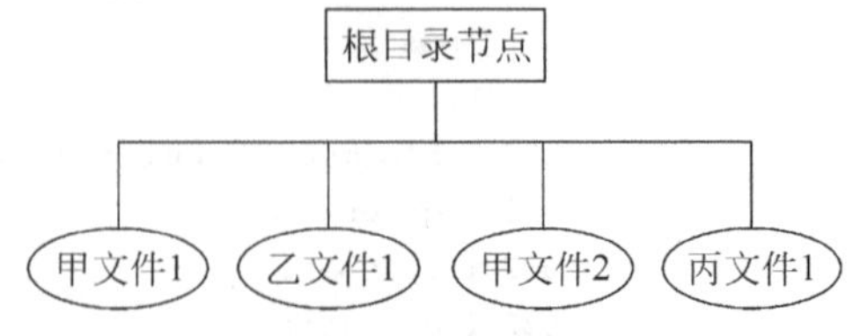

图 9.6 用一级目录结构管理文件示意图

但是，正是由于这种目录管理结构过于简单，当系统中文件创建得比较多时，对目录的检索时间就会变得很长(因为查找时必须按线性模式进行，查找时间与文件增涨量成正比)。另外，这种结构在文件创建时无法克服文件名冲突的问题，也就是说，系统中的所有文件不能重名，也不能实现别名管理(注：别名是指对一个文件可以建立多个不同的文件名列表)。

图 9.6 是一个一级目录结构的组成特例，图中说明了如果一个文件系统中希望包含 3 个用户的文件，建设这 3 个用户分别称为甲、乙、丙，若用一级目录结构对这些文件进行管理，就如图 9.6 所示，即在根目录中包含 4 个文件，它们分别属于 3 个用户甲、乙、丙所有。因为在一级目录结构中，3 个用户的文件同属于一层结构，对它们的管理只能在根目录节点上完成，无法针对用户对文件作分类，也不允许不同用户的文件有重名情况，显然，这种构造方法存在着很大的不便性。

2. 二级目录结构

为了克服一级目录结构中存在的问题，可以采用二级目录结构组织文件。二级目录的组织方式是在根目录下为每个用户建立一个用户目录，在用户目录下构建该用户的文件，这样可以形成两级管理结构，如图 9.7 所示。显然，这种结构与一级目录相比具有一定的优势，不同用户的文件可以分列在不同的用户目录下，这样比较适合针对用户的文件分别进行访问和控制管理。

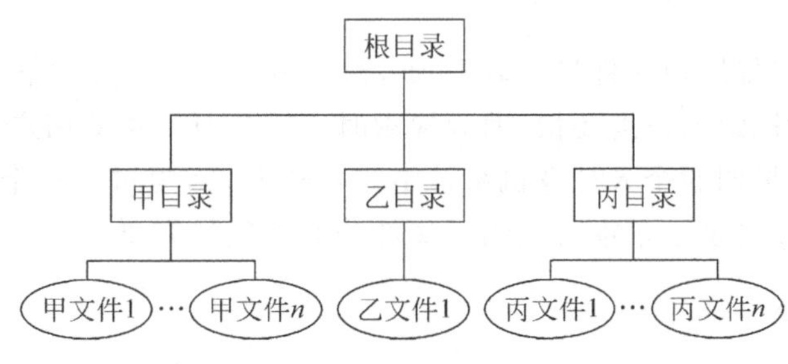

图 9.7　二级目录结构示意图

从图 9.7 中可以看出，还是针对甲、乙、丙这 3 个用户的文件，采用二级目录结构就可以形成两级目录节点，其中一个是根目录节点，另一个是用户目录节点；用户目录名在根目录中描述，用户的文件在各自的目录节点下描述。这样管理起来层次清楚，分类明确。管理上二级目录结构相对于一级目录结构而言，需要增加一类节点描述表，因为在目录跳转过程中需要了解不同的目录信息。下面来说明二级目录结构的目录节点描述及目录管理问题。

假设在一个文件系统中包含 3 个用户的文件，按照二级目录结构将它们进行分类，形成了张、王、李用户级目录，在这些目录下包含用户自己的文件，这就需要两级目录描述表对所管理的文件进行说明。一种简单的二级目录描述方法如图 9.8 所示，其中包含主目录文件描述 MFD 和用户目录文件描述 UFD，它们与实际的磁盘文件信息形成了图中所示的关联方式。

在图 9.8 中包含的两种目录文件描述表，主目录文件描述 MFD 主要包含与用户名相关的表项，如用户名、用户目录的大小、用户文件目录表存储位置等等；用户目录文件描述表 UFD 中主要是针对每个用户目录中包含文件的属性信息描述。

显然，使用二级目录结构管理文件可以解决不同用户间的文件重名问题，而且如果不同用户需要共享某个文件，也可以利用文件物理地址指针进行关联，使其在系统中只保留一个文件的版本，但同时可以通过不同的方式查找到，为不同的用户所使用。另外，由于不同用户的文件在系统中进行了分类，查询文件时首先需要对主目录表 MFD 进行检索，找到相应

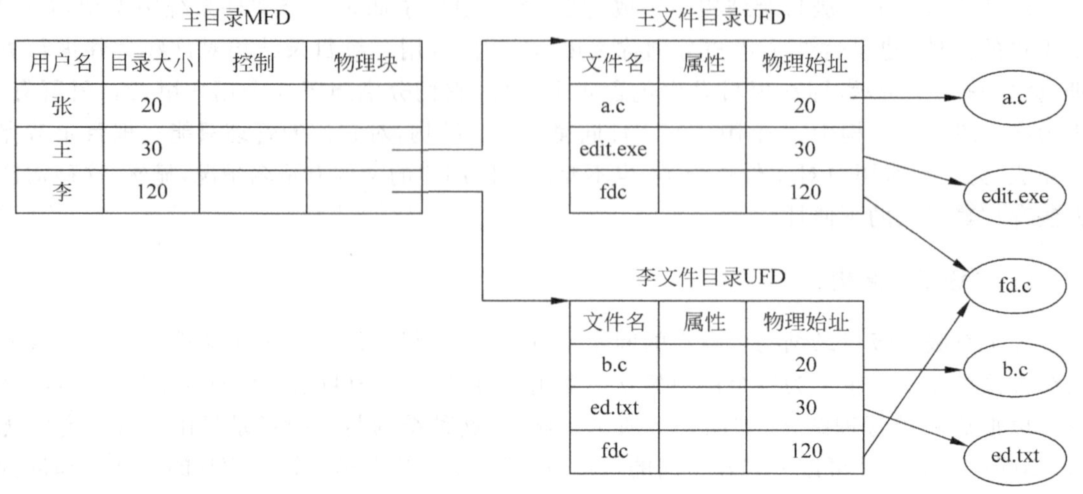

图 9.8 二级目录文件描述结构及关联示意图

的用户记录项后，再查找用户文件目录表 UFD，检索出所需要的文件信息。从理论上讲，使用分级检索会比线性检索的速度要快，因为检索时不需要对无关的用户文件进行查询。

二级目录结构在早期的个人计算机系统中非常普遍，因为对于一个功能要求不高的文件系统来说，采用二级目录已基本可以满足文件分类管理的需要。

3. 多级目录结构

二级目录结构可以解决一部分文件分类管理的问题，但在使用时还不够便利，因此在现代操作系统中，一般采用多级目录结构管理文件。多级目录结构也被称为树状目录(tree-like)结构，从以上描述的内容可看出，二级目录结构比一级目录结构更灵活，可以在用户之间解决文件重名问题，检索时也比一级目录结构的效率要高许多。但是，采用二级目录结构在一个用户目录内部依然不能彻底解决文件重名问题；而且当一个用户目录下创建的文件比较多时，对文件的检索效率也还是会降低的。

采用多级目录结构，可以满足复杂文件系统的文件管理需要。因为在多级目录结构中，可以将文件进行任意的分类组织，对于用户创建文件的分类没有数量和分层的限制，是一种比较符合实用情况的文件系统管理策略。图 9.9 是多级目录结构的示意图，图中除了有根目录、用户目录外，还可以在用户目录下创建新的子目录。原则上说，这种多级目录的分级深度是没有限制的，用户可以根据自己对文件管理的需要创建所需要的目录层次。但从管理角度上来说，当创建的目录级别太多时，必定会增加文件查询中的路径检索复杂度和查询时间，而且对目录描述的内容也会增多，占用的系统资源也会比较多。因此，一般文件系统在实现时都会有一个限定值，当创建的目录深度超出范围时会给出报警，或是挂起相关进程，阻止目录深度的无限制延伸。

因为多级目录结构比较复杂，所以对文件的查询策略需要认真设计，下面我们来谈谈关于多级目录结构的文件查询问题。

采用多级目录结构显然增加了目录管理的复杂度，其中最基本的问题之一是，如何表示一个文件或一个子目录在目录树中的位置。可想而知，这种表示会比二级目录结构的要复

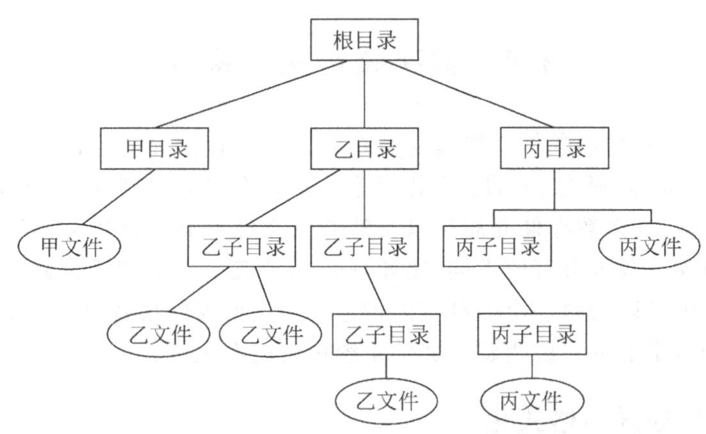

图 9.9 多级目录结构示意图

杂，因此对文件的访问控制也会复杂许多。归纳起来，在多级目录结构管理中需要建立以下概念和描述说明：

(1) 目录树。这是一种有根节点和中间节点(目录/子目录)以及叶子节点(文件)的数据结构。

(2) 目录名。用来表示目录树结构中的一个节点的位置描述。

(3) 路径(path)。由根目录或当前目录开始，依次经由的各级目录名，加上最终的目录名或文件名表示的相对或绝对路径，对于每个目录或文件都可以生成唯一的一个描述路径。

为了准确地描述多级目录结构中文件的位置，对目录也进行了分级和关系约定，利用这些约定可以清楚地表述当前查找位置及目录与所查找目录之间的关系。

(1) 当前目录。这是指当前访问所处于目录结构中的位置，有时也称为当前工作目录；

(2) 父目录。这是指当前目录的上一级目录；

(3) 子目录。这是指当前目录的下一级目录，比如用户子目录就是针对用户目录而言的下级目录；

(4) 根目录。这是指树形目录结构中的顶级目录，它是结构中所有目录的父目录，是描述绝对路径的根节点。

利用以上给出的树形结构表述方式，对树形目录结构中的文件和目录可以用两种准确的方式来表示，一种是采用绝对路径表示法，另一种是采用相对路径表示法。所谓绝对路径方式是指从根目录开始逐级描述到文件所在的位置，以下列出的就是用绝对路径表述方式给出的绝对路径名：

- /usr/bin/ls——UNIX 系统中采用的描述方式；
- D：\usr\bin\ls——Windows 系统中采用的描述方式。

相对路径表述方式是指从当前查找到的目录开始描述到文件所在位置的方法。比如在 UNIX 系统中，文件 ls 是在目录/usr/bin 之下，若当前的工作目录跳转到了/usr/bin，这时对文件 ls 的访问可直接用文件名 ls 实现，不需要再指出它的全路径在哪里。这时，若需要对其他文件进行定位描述，也可以用当前目录作为相对基点进行相对路径描述，比如“../lib/c.lib”就是一种从当前目录位置开始描述文件 c.lib 所在位置的方法，说明从当前目录开始，查找到上一级目录(即父目录“..”)，然后再查找 lib 目录下的文件 c.lib。

9.4 构建磁盘文件系统

文件作为信息管理的抽象体最终是要被存储在一个存储介质上的，用来存储文件的介质有多种，如软盘、光盘、硬盘、磁带、U 盘等等。针对不同的存储介质，可能会需要不同的物理文件存储格式。大多数存储介质是以文件卷为文件存储管理单元的，但在不同的存储介质上，文件卷描述方式也会有所不同，比如一张光盘或一盘磁带通常就构成一个文件卷，而在一块硬盘中，则可以按照一个磁盘分区构造一个文件卷的模式进行。通常，硬盘是最常见的文件存储介质，本节主要说明磁盘文件系统构造的有关问题。

9.4.1 磁盘分区与格式化

当需要在磁盘中存储文件时，首先要对磁盘进行分区，分区完成后才能在其中建立相应的文件系统。对磁盘的分区就如同在一张将要作画或写字的白纸上划分出大的格局一样，按照这些格局作出的画或写出的字才可以保证比例合适、漂亮、规整。要保证一个磁盘被有效使用，需要对磁盘作一个整体规划，不同的分区可以用作不同的用途，保存不同的信息内容。

每种操作系统都提供对磁盘进行分区和格式化的命令，比如在 Windows 系统中，可以使用 FDISK（早期磁盘适用的磁盘分区命令）或 GDISK（大型磁盘分区命令）命令完成磁盘分区。对磁盘进行分区也有一定的规则约定，这里介绍几个与磁盘分区和磁盘格式化有关的概念和常识。

1. 规划磁盘分区

为了有效地利用磁盘资源，在进行磁盘分区之前，需要对磁盘作一个基本规划，比如准备在磁盘中划分几个分区，每个分区的大小是多少等等。当准备使用 Windows 系统时，还需要了解主分区、扩展分区、逻辑分区的意义和功能，然后再进行各种分区的大小规划，再进行分区划分。若准备安装 UNIX 系统，则需要考虑主分区和交换分区的配置原则，按照它们的分工定出合适的磁盘分区数量，再完成磁盘分区。

在磁盘上建立不同的分区类型，是为了给磁盘管理提供方便。一般来讲，一个硬盘的主分区是用来存放包含操作系统启动代码的文件和数据的，如果需要在硬盘上安装操作系统，就必须在硬盘中建立一个主分区，主分区有时也称为基本分区，每个物理磁盘可容纳的主分区个数会有一些限制，比如 2 个或 4 个。在磁盘中划分多个主分区的主要目的是为了分隔不同的操作系统，再有就是用于存放不同类型的数据。一般在主分区中不能再划分子分区，在 Windows 系统中还规定主分区只能占用一个盘符。

除了主分区以外，在磁盘上还可以建立扩展分区，在 Windows 系统中定义的扩展分区通常是指除主分区外的所有分区。但是扩展分区不能直接被使用，必须再将它划分为若干个逻辑分区才能被使用，而 Windows 系统中的逻辑分区就是在操作系统中的“D:”，“E:”，“F:”标识盘。当主分区、扩展分区和逻辑分区划分完成后，就可以对磁盘分区进行格式化并建立文件系统了。

UNIX 系统与 Windows 系统不太一样，它通常需要划分出一个系统分区和一个交换分区。这两种分区在系统安装和文件存储中将起到不同的作用，系统分区用来存放系统文件和划分系统目录,交换分区是为操作系统在存储管理中支持虚拟存储而设置的分区。交换区的大小通常应该大于或等于机器内存的总和。另外,UNIX的文件系统是动态生成的,用户可以根据实际需要,随时加载或卸载任何一个特定的文件系统。

2. 完成分区格式化

当对磁盘进行分区划分后,实际上只相当于对磁盘作了大格局的划分,而在大格局的内部还需要进行格式化处理。对磁盘进行格式化,就相当于在前面作画的格局中再打出坐标格子来,而这个格子的间距大小、坐标方向可以不尽相同,通常应根据不同格局中作画的需要来建立。

不同的操作系统,在进行分区格式化时采用的方式也可以不同。以Windows系统为例,它所采用的分区格式主要有FAT16,FAT32,NTFS,其中大部分Windows版本都可以支持FAT16格式,但是由于采用FAT16格式化的硬盘其利用效率较低,因此,如今大部分磁盘都改用FAT32格式进行磁盘格式化。另一方面,在FAT32格式化中将采用32位的文件分配表记载文件分配情况,从而使其对磁盘的管理能力大大增强,而且这种格式的兼容性也比较好。NTFS是在Windows NT系统以后提出的格式化方式,其主要特点是提升了磁盘访问的安全性和稳定性,但该格式的兼容性做得不够好,除了Windows NT/2000/XP以外,其他Windows版本都不能识别这种分区格式。

选择好不同的分区格式化方式,按照操作系统提供的格式化命令,就可以对磁盘进行格式化了。在完成格式化后,系统会提示磁盘中可用的磁盘块数,同时还会指明磁盘中的坏块信息等。

3. 有关的操作策略

无论是使用操作系统命令或是用功能强大的磁盘分区软件(注:近年来,市面上出现了一些功能强大的但不属于操作系统部件的磁盘分区软件)完成磁盘分区和进行磁盘格式化,都需要事先制定一定的策略。以Windows系统为例,为了在计算机中安装Windows系统,要对磁盘进行分区和格式化,在对Windows系统的磁盘分区和格式化时,通常应按照以下操作顺序进行:

(1) 首先建立主分区;

(2) 再建立扩展分区;

(3) 再建立逻辑分区;

(4) 然后激活主分区;

(5) 再对所有分区进行格式化。

在划分这些分区时可采用的策略是,每个分区的大小可以根据系统的需要来确定,比如需要在系统中安装多种操作系统或大型操作系统,可以将主分区划分得大一些;否则就可以划分得小一些。Windows系统中的其他分区主要是用来存储用户的文件信息,可酌情设定其大小。当磁盘分区划分完成后,可以用操作系统命令对分区进行格式化,格式化中选择的方式应尽量统一。

而对于Linux系统来说,需要的分区策略与Windows系统不尽相同。前面提到对Linux进行分区时,可将系统安装在一个大的单一分区中。但更好的策略是采用多分区方式进行，因为这样会使系统更加灵活。结合单一分区的简单性和多分区的灵活性，对 Linux 系统的分区可以采用以下配置策略：

(1) 建立一个交换(swap)分区。如前所述，交换分区是用来支持虚拟存储的，假如计算机内存小于 16MB，就必须创建交换分区。即使内存空间足够大，也仍然推荐建立交换分区。交换分区的最小尺寸是内存的大小或更大些。创建过大的交换分区是对磁盘空间的一种浪费。另外，还可以创建多个交换分区，事实上，在大多数服务器上都会采用多个交换分区的方式工作。

(2) 建立一个根(root)分区。根分区是根目录“/”所在地，它用来存储需要启动系统所需的文件和系统配置文件。对于大多数 Linux 系统版本来说，50MB～100MB 的根分区就可以很好地工作了。

(3) 一个/usr 分区。/usr 分区通常是 Linux 系统用来保存各种应用软件的地方。根据所需要的交换安装包的数量，这个分区应该在 300MB～700MB 之间。如果可能，应该可以将该空间划分得更大些，因为以后需要安装的基于 RPM 的包都会占用/usr 空间。

(4) 一个/ home 分区。这个分区是用户的 home 目录所在地，该分区的大小取决于 Linux 系统将要拥有多少个用户，以及这些用户将存放多少数据。比如，若该系统将用作 E-mail 服务，则为每一位用户预留 5MB 左右的空间是比较合适的；若系统还将提供个人主页存放空间，则应至少为每位用户预留 20MB 的空间。

9.4.2 建立文件物理存储格式

当磁盘完成格式化后，磁盘分区中就被划分出了一个个可用来存储信息的磁盘块，文件信息将在这些基本存储单元中进行存储。磁盘块有时也被称为磁盘物理块，当文件需要在硬盘中存储时，首先要申请磁盘块，这时文件系统要对磁盘空间进行管理。下面介绍文件在磁盘中采用的存储方式，以及如何建立目录和实现文件共享。

针对文件对磁盘空间的请求，文件系统要负责磁盘块的分配，文件在磁盘中的物理分配可以有多种方式，包括连续、链式或索引格式。

1. 文件连续分配方式

文件连续分配方式是指针对文件请求的磁盘块按磁盘中的连续地址进行分配，即将文件中的信息按磁盘块大小划分成一系列的单元，按照磁盘中的地址连续地存放在一系列的磁盘块中。同时将存放文件的第 1 个磁盘块地址位置记录下来，并将其存放在文件的说明信息中。由于存放地址是连续的，管理中只需保存第 1 个磁盘块的地址，其他磁盘块地址将尽在控制之中。连续分配方式的效果如图 9.10 所示。

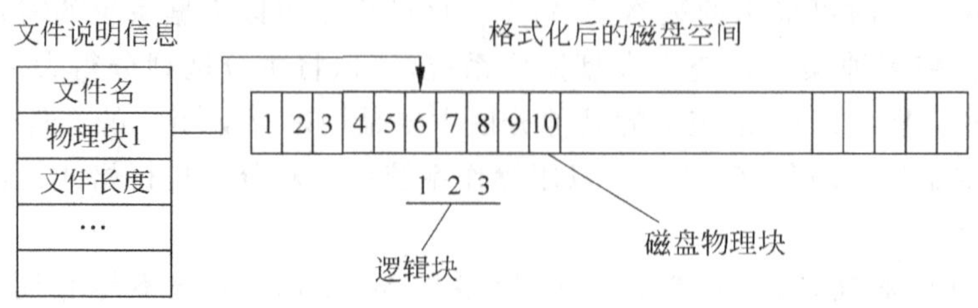

图 9.10 文件连续分配方式

图 9.10 指明，在文件连续存放格式中，文件所包含的信息被存储在磁盘的物理块中，针对该文件还需建立一个相应的说明信息，在说明信息中需要对文件在磁盘中的存储情况进行说明，比如文件的名称、文件存放的第 1 个物理块地址、文件占用磁盘物理块的个数(即文件长度)等。

采用连续分配方式实现文件在磁盘中的分配，其优点是显然的。首先，在对文件进行管理时，这种分配方式的地址对应关系非常简单，只需记录第 1 个磁盘块位置，文件中的其他内容几乎无需做运算就可以找到(注：比如使用查表方式就可以实现快速文件内容的定位)。但是这一特点同时也带来了负面的影响，一个文件除了具有只读属性外，具有其他属性的文件内容在使用中是极易发生改变的，比如对文件信息进行调整、删除、添加等操作都会改变文件的大小。当文件大小改变时，按连续存放方式将如何调整文件在磁盘中的存放位置呢？显然，若文件长度发生了改变，原来的存放空间就不够了，需要改变存储位置；若文件长度发生改变，原来的文件说明信息也要作修改。因此，当文件内容改变时牵扯到的修改内容是比较多的，这就是连续分配方式的致命弱点。

按照图 9.10 所示的用连续分配方式分配文件时，需要事先知道文件的长度，当文件由于修改调整了长度后，若文件总长度减小了，还可以继续在原来位置进行存储；但若文件总长度增大了，原有位置将存放不下该文件，这时必须要将整个文件调整到另一个大一些的磁盘空间中存储，那么系统需要耗费较多的时间去完成文件"搬家"操作，搬家完成后还要调整文件说明信息。另外，即便是文件长度减小也会带来一些问题，最常见的问题是造成磁盘碎片。当磁盘碎片很多时会造成磁盘资源的浪费，也会影响到文件的访问效率，在图 9.11 中说明了在磁盘中可能产生碎片的情况。

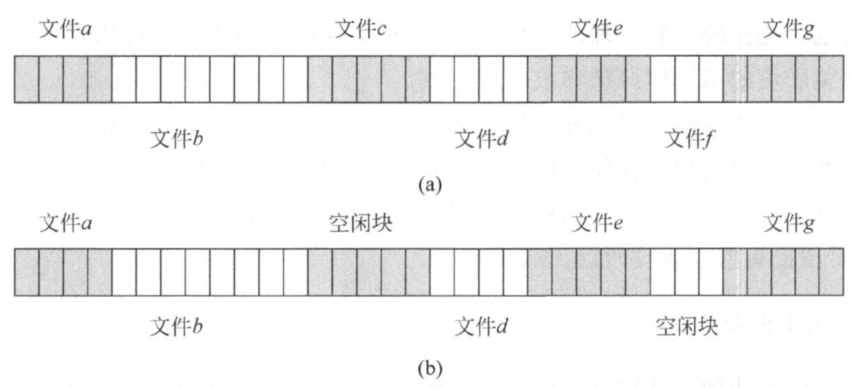

图 9.11 连续文件存储方式磁盘碎片产生情况

在图 9.11(a)中，文件 a,b,c,d,e,f,g 严格按照连续方式存放在磁盘中，磁盘空间利用得很好；但随着进一步的使用，可能文件 c 和 f 被删除，这时它们所占用的磁盘空间会被释放，如图 9.11(b)所示，在磁盘中空出了两个空间，除非有合适大小的文件请求分配，否则这两个空间将会变成磁盘碎片不能得到利用，一旦这种遗留的空间多了，就会造成磁盘空间的浪费。

2. 文件链式分配方式

文件在磁盘中还可以采用链式分配方式。所谓链式分配是指一个文件所分配的物理块之间不是按顺序连续存放的，它们可能是散布在整个磁盘空间中的，在每个已分配的磁盘块中会包含一个指向下一个磁盘块的指针，文件中最后一个磁盘块中的链接指针是 0。与连续分配方式相似，对于每个文件都有一个文件说明信息，在说明信息中也是只需保存第 1 个磁盘块信息即可，链式文件存放结构如图 9.12 所示。

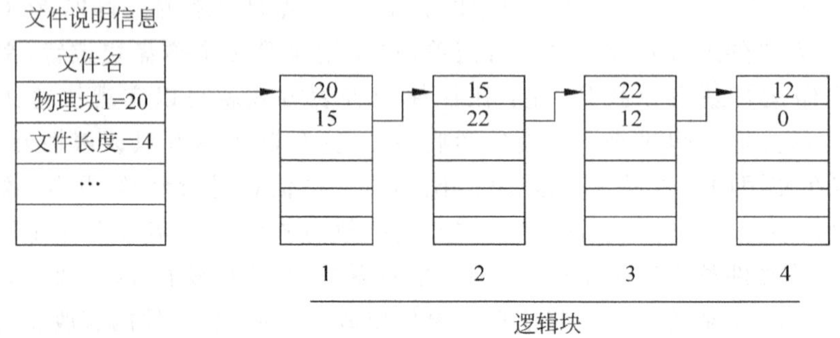

图 9.12 文件链式存储方式

由图 9.12 可看到，在文件说明信息中保存着存储文件信息的第 1 个物理块的地址，而在第 1 个分配的物理块中保存着一个指针结构，该指针结构指明文件中第 2 块信息存储在磁盘的哪个物理块中，第 2 块中又指明第 3 块的位置，这样块块相连就形成了整个文件的存储空间。这种分配方式的优点是，当文件长度发生变化时不会造成太大的调整工作量，比如当文件总量缩小时，只需去掉几个磁盘块链接的指针链；当文件总量增大时，需要扩展几个磁盘块的链接指针链即可。另外，由于块和块之间是通过指针关联的，当文件包含的中间块发生变更时也还是比较容易处理的，比如当需要对文件中间的信息进行插入或删除操作时，只要将两个关联块的指针作调整修改即可完成。

但是文件的链式存储方式也并非尽善尽美，这种结构存在一个无法克服的缺点，那就是用指针关联的数据块比较适合作顺序访问，当需要访问文件中间的数据信息时，必须要从文件的第 1 个磁盘块开始查询，否则将无法定位需要访问信息的位置。这样对于文件内部检索来讲，当希望提高检索速度时就比较困难了。

3. 文件索引分配方式

为了克服以上两种文件物理分配方式中的问题，又提出了文件的索引分配方式。文件索引分配的做法是，在每个文件的第 1 个信息块中建立一种特殊的数据结构，该结构中记录了本文件中每一个存储块的地址信息以及其他与文件管理有关的数据，这个记录结构在文件管理中叫做文件的索引表。对于整个文件系统来说，需要建立一个索引指针表。索引指针表中包含的是对文件基本情况的描述和一系列的指针，因此文件系统的索引指针表也被称为文件的基本说明信息表。在系统构造时，将这些指针指向本文件系统中的每个文件的索引表(即文件说明信息数据结构)在磁盘中的位置上，这样就形成了文件系统与各个文件之间的关联关系。同时由于文件的索引表中记录着每个文件所包含数据块占用磁盘块的具体位置，这样就可以形成对文件信息的全面控制，文件的索引存储方式如图 9.13 所示。

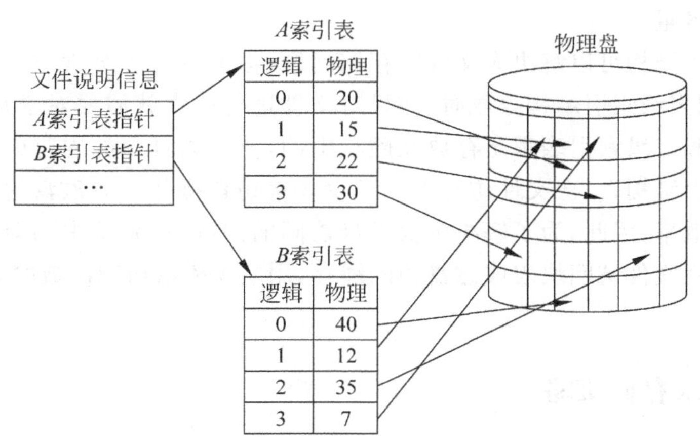

图 9.13 文件的索引存储方式

从图 9.13 中可以看出，采用索引方式存储文件信息，既保持了链接存储方式的优点，同时还克服了链接方式中需要顺序检索文件信息的缺点。因此，索引存储方式在文件系统中被广泛采用，当然，不同的系统在采用索引方式存储文件时也会有一些扩展处理手法，以保证文件管理中的实用性和系统实现的方便性。

在采用索引方式存储文件时，如果文件比较大，而磁盘的物理块大小固定，就需要增大文件的索引表；那么当文件索引表大到一定程度后就会出现新的问题，即这时对文件索引表的查询会变得很慢。因此，关于索引存储结构还需要继续改造，这样就提出了文件存储的多重索引结构这一概念。

文件的多重索引结构如图 9.14 所示，图中说明存储中针对文件 A 建立了两级索引表，第 1 级索引表中描述的物理块地址，如 20，15，22，30，这些物理块中并没有存放文件中包含的数据信息，而是一些地址指针。这些地址指针指明的是一个个物理块地址，通过这个指针找到的物理块中的内容才保存着文件中的数据信息，如图 9.14 中所示的 20，15，22 磁盘块中被划分成一个个磁盘块指针，由它们指向了磁盘的物理块位置。

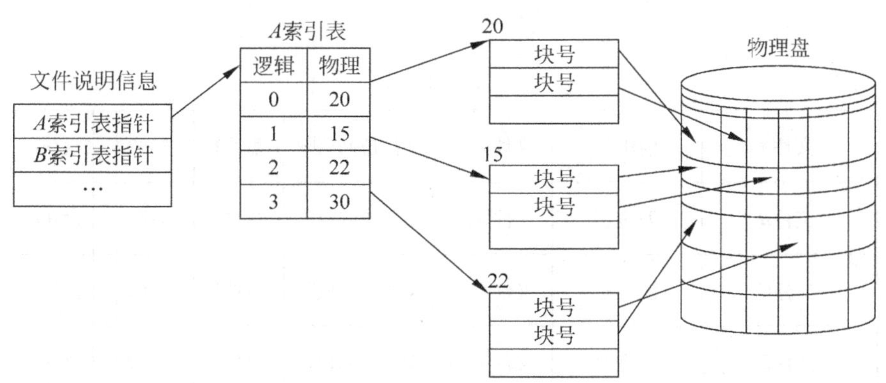

图 9.14 文件多重索引存储结构

采用多重索引结构可以扩大文件的存储容量，假设一个物理磁盘块可划分成 n 个物理块址，经过一级多重索引后可寻址的文件长度为 $n \times n$ 块；若再增加一级索引，就可以呈幂次级的扩大文件容量。

采用多级索引结构可以解决大文件的存储问题，但通过对多级索引结构组成方式的理解可知，文件采用多级索引结构存放时，如果对文件进行检索就需要对磁盘进行多次访问，因为一级索引表和二级索引表都是存放在磁盘中的，要检索其中的内容就需要多次访问磁盘。针对二级索引结构，一次文件访问需要至少 3 次访盘操作。对磁盘的多次访问肯定会降低文件的访问效率，因此，为了解决多次磁盘访问的问题，在系统中都会采用一些特殊处理技术。比如建立文件访问块表或磁盘访问缓存，用减少磁盘访问次数的方式，可以增加文件的访问效率。

9.4.3 目录存储策略

在 9.3 节中介绍了目录的作用和目录的组成，从中了解到目录中包含的是文件的属性信息。文件属性信息包含的内容非常广泛，所有对文件的访问都会关系到对文件属性信息的查阅和调整。以最简单的情况来说，当访问文件时，首先需要找到包含该文件的目录，通过目录中的描述进一步找到文件的存储位置、文件的访问权限信息、文件的所有者是谁等等，这时才可以确定是否允许对该文件进行访问，以及从哪里能够访问到该文件。因此文件系统中的目录管理很重要，目录中的信息组织和它们在系统中的存储方式需要认真研究，管理好它们才有可能保证文件的有效访问。

由于操作系统不同，文件系统的目录组织格式和存储策略也会不同，常见的有以下两种形式：

(1) 目录项中包含比较完全的属性信息

这是一种比较常见的目录管理策略。在目录文件的数据项中，除了文件名以外，还包含文件的所有属性信息，查阅到文件的目录项就可以找到文件所有的属性信息。比如早期的 Windows 系统就是采用这种方式实现的，具体目录项表如图 9.15 所示。采用这种设计方式，目录中包含固定大小的目录项列表，目录中包含的每个文件占用一项，其中包含文件名在内的所有属性信息，当然也包含说明该文件存放位置的一个或多个磁盘地址等信息。

目 录 项

文件*A*	创建者	文件大小	文件访问权限	盘块1	盘块2		盘块*n*
文件*B*	创建者	文件大小	文件访问权限	盘块1	盘块2		盘块*n*
文件*C*	创建者	文件大小	文件访问权限	盘块1	盘块2		盘块*n*
文件*D*	创建者	文件大小	文件访问权限	盘块1	盘块2		盘块*n*

文件其他属性信息

图 9.15 完全属性目录项策略

(2) 目录项中包含简单的属性

另一种目录存储策略是在目录文件中只包含比较少的关键属性信息，比如只包含文件名和文件描述信息数据结构的地址指针，其他的文件属性信息都存放在文件描述信息的数据结构中，如图 9.16 所示。

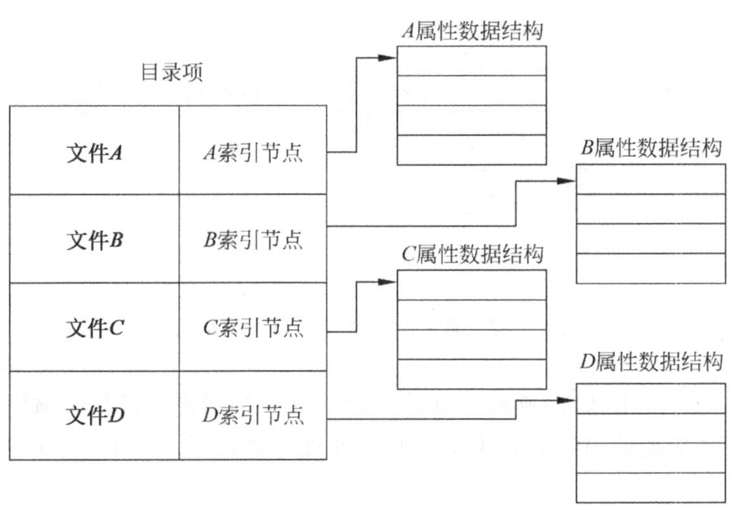

图 9.16 简单属性目录项策略

在第 2 种目录存储策略中，文件的目录项中包含的内容很少。可以想象到当目录项比较短时，是比较有利于对文件进行检索和查询的。在 UNIX 系统中，就是按照第 2 种目录存储策略实现对目录信息的管理的。

9.4.4 多级目录中文件共享

一个文件被存储在一个目录树中，可能由于种种原因会需要共享。在多级目录管理中，当然可以将共享的文件复制在需要共享的子目录下，形成多个文件备份。但是这样做显然是不经济的，会浪费许多不必要的磁盘空间。比较合理的方法是在文件存储的目录结构中建立共享关联(链接)，使多个共享的文件在磁盘中只保存一个存储副本，但同时能被多处共享。

为了管理文件共享，建立共享关联后的目录树会发生改变，如图 9.17 所示。有文件共享关联的目录树上在不同子目录中的叶节点上会发生关联，对这种关联在目录查询中该如何控制呢？解决好这个问题就可以解决具有共享功能的目录树管理。

通常可以采用建立共享链接的方式实现文件共享，如图 9.17 所示。这时在磁盘中对共享文件只需保留一个文件副本，在有共享需要的目录中对这个共享文件建立一个链接指针，通过对目录中指针的访问就可以形成对同一文件的访问。

但从实现角度来看，为了实现文件链接，原来的目录树结构已经变成了一个“有向无环图(directed acyclic graph)”，即允许目录间在叶节点上有交叉出现。这个看似不起眼的变化却增加了文件管理上的复杂度，因为对这种用链接方式形成的文件共享访问，若能够通过

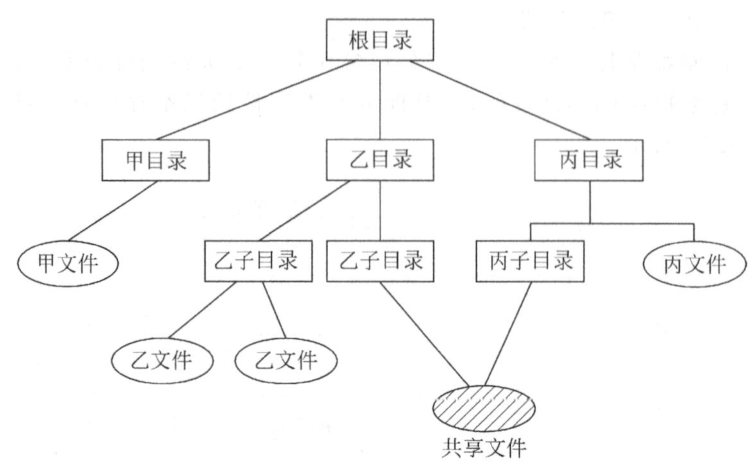

图 9.17 具有共享文件的目录树结构

不同的路径查找到同一个文件，就需要在共享的节点上知道该文件在磁盘中存放的位置，而文件在磁盘中存放地址的描述方式决定了共享处理方式的差异，以下是几种实现文件共享的管理方式。

1. 用文件的磁盘地址管理共享

可以利用文件在磁盘中的地址实现共享管理，如果文件存放在磁盘中的地址在目录中作了说明，那么共享时就需要将目录中的这部分描述信息复制给需要共享的对方。比如图 9.16 中丙目录中的一个文件需要被乙目录共享，就需要将丙目录中该文件存放磁盘信息复制给乙目录，这样，当乙目录需要访问该文件时就可以从自己的目录中找到该文件的存储信息。

但是这种共享管理存在一些弊端，因为在使用该共享文件时，若丙或乙又添加或删除了一些文件中的内容，磁盘的存储信息就会改变，但是这些信息的改变都只有修改目录自己知道，而其他共享目录是无法知道的，这样，在对文件共享时就会产生错误，显然这是不符合共享原则的。

2. 用索引节点管理共享

可以利用文件的索引节点 i_node 管理文件共享，即在每个文件的目录中建立一个指向自己索引节点的指针，文件具体磁盘存储的位置放在该节点中描述，同时在索引节点中建立一项描述文件被引用的个数，该值的默认值是 1，每当文件被创建链接时就增加引用数；当删除链接时就减少引用数。使用索引节点管理文件共享的做法如图 9.18 所示，图的左边说明丙目录创建了一个文件 A，该文件在乙目录中进行了链接，如图 9.18 右边所示；这时文件 A 的目录项中表明文件所有者是丙，但文件的引用数增加为 2，无论哪个目录对文件 A 操作时都是通过同一个索引节点完成的，因此两个共享目录丙和乙都会随时知道文件 A 的变化情况，从而在文件共享使用时不会出现信息不对称的错误。

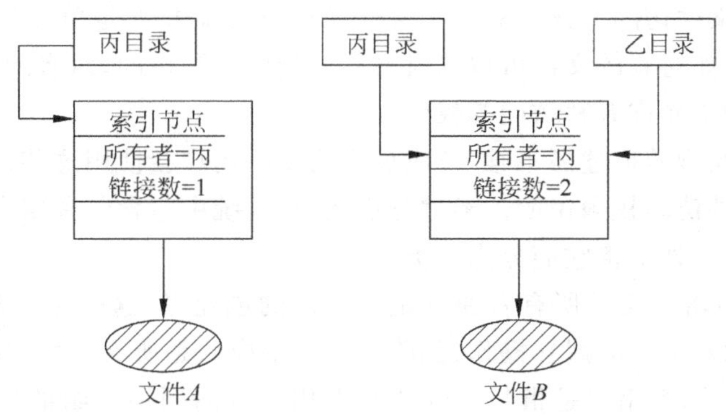

图 9.18　用索引节点实现文件共享示意图

3. 用符号链接管理文件共享

还有一种管理文件共享的方式是使用符号链接来完成的，符号链接的思想是：当需要文件共享时就在本目录中建立一种新的文件，这个文件不是一个普通意义上的文件，而是一个链接(link)文件；该文件中只包含一个指向共享文件的指针。比如，在乙目录中建立了一个指向丙目录中文件 A 的链接指针，当乙目录需要访问文件 A 时，操作系统看到它是一个链接文件，就不对它的内容作文件访问，而是将其中的内容解释成一个访问路径，然后再通过这个路径访问到共享文件 A 中。使用符号链接管理共享的策略示意图如图 9.19 所示，图中的乙目录通过建立符号链接的方式，可以访问到丙目录中的文件 A。

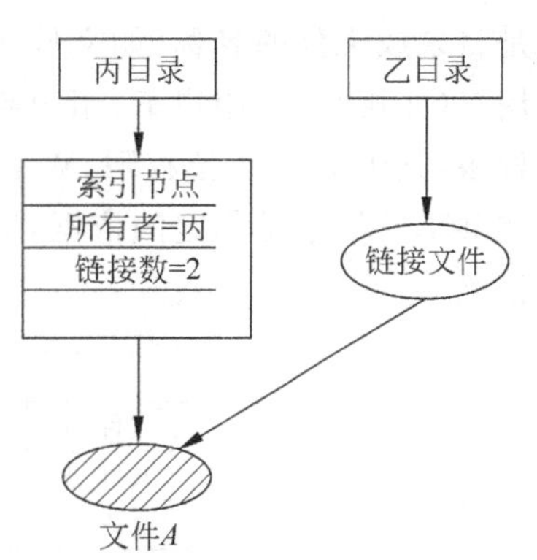

图 9.19　用符号链接实现文件共享

除了上述问题以外，在解决文件共享时还有需要关注的问题就是文件访问权。每个文件都会有特定的文件访问权限，在具有共享机制的文件系统中，除了建立对共享文件的查询机制外，还要建立与之配套的文件访问类型以及文件访问权限机制，只有这样才能保证多个用户间或多个进程间对文件的有效共享访问。下面来谈谈关于文件访问类型及文件访问权限的问题。

首先来看文件访问类型，设立文件访问类型是为了说明对某个文件通常可以有多少种不同的访问方式，比如对于文件可以有以下几种访问类型：

(1) 读访问(read)：这是指对文件内容具有读操作权；

(2) 写访问(write)：这是指对文件内容可以进行写入操作，在写操作中其实还隐含了对文件内容的修改操作(update)或添加文件内容操作(append)，这些操作都需要将新的数据写入文件中；

(3) 执行访问(execute)：这是指对文件具有执行权，表示文件可以被读出并完成运行；

(4) 删除访问(delete)：这是表示对文件具有删除权，只有对文件具有删除访问权时才允许对文件做删除操作；

(5) 修改权限访问(change protection)：这是指对文件的一些属性信息可以做调整操作，包括对文件所有者或文件的访问权进行修改等。

这里所给出的文件访问方式在对一个文件操作时可能并不是单独列出的，有些访问方式可以组合设定，比如对有的文件可以同时具有读访问和写访问，对有的文件可能会有读访问和执行访问，但却不允许有写访问等权限。

仅有文件访问类型的描述还不够，还应该指明哪些用户会使用这些访问类型，这样才能构成比较完整的文件访问权限说明。经过分析发现，系统中包含各种用户，但针对存放在计算机中的文件来说，无外乎将它们分为3类，分别是：

（1）文件的所有者。文件所有者通常是指文件的创建者，这类用户对文件有一些比较高的访问权限，比如对文件的属性操作、删除操作等都应该是所有者用户拥有的权力。

（2）同组用户。同组用户是指与文件所有者用户分属同一个组的用户，这类用户与文件的所有者用户会有比较密切的关系，因此他们可以拥有一些所有者用户相似的权限。

（3）其他用户。除了以上两种用户外，系统中的其他用户都属于其他用户。他们不是文件的所有者，也不与所有者用户在一个组中，因此他们对文件的访问权限是一种最为一般的权限。

在管理文件访问时，可以将各种用户类型及文件的不同访问权限建立起一些组合关系，这些组合关系构成了对文件的访问矩阵，如图9.20所示。在访问矩阵中，一维信息中包含的是目录或文件的名称（如文件A、文件B、文件C等），另一维信息中是与文件或目录有关的用户（如用户张、用户王、用户赵等）。矩阵中的每个元素说明的是文件针对用户的允许访问权限，其中R代表读权限，W代表写权限，X代表执行权限。这种访问矩阵在文件访问操作或共享访问中是判定的依据，对于有访问权限的请求可以允许，对无访问权限的请求则加以拒绝。

	用户张	用户王	用户赵	用户刘
文件A	RWX	RX	X	RWX
文件B	RX	X	X	R
文件C	RWX	RWX	R	R
文件D	X	R	RWX	X

图9.20 文件访问矩阵

关于多级目录树中文件共享的问题暂时讨论到这里，在实际系统实现中应该还包含更具体的解释，比如共享文件的所有权该如何设置？谁最终对文件具有删除权？如果共享文件被删除，索引文件或链接文件将如何回收？等等，诸如此类的问题在系统设计中都需要认真对待，并给出明确的答复。由于篇幅所限，这里不再详述，有兴趣的读者可以结合一款操作系统的文件系统实现源码，进行具体的解读和分析，掌握一个实际磁盘文件系统的实现方法。

9.4.5 文件系统的分层构造

因为对文件的管理要面对多种问题，不仅要管理各种文件的存储，还要为用户提供方便而灵活的使用接口，因此文件系统必然是一个复杂的管理软件。为了便于文件系统的实现，需要将待解决的各种问题进行分解，然后作分层处理，使得每一层都只包含一些简单的逻辑，再对各层进行分层设计。所以说，一般文件系统是按照分层设计方式实现的，文件系统的分层结构如图 9.21 所示。当然,在不同操作系统中所采用的层次划分方法会有一些差异,但各层所包含的基本功能是相似的,因此图 9.21 给出的文件系统分层方法具有一定的参考价值。

堆文件	顺序文件	索引顺序文件	索引文件	散列文件	顶层
逻辑输入/输出管理层					2层
基本输入/输出管理层					3层
基本文件系统					4层
字符设备驱动		块设备驱动			5层

图 9.21 典型文件系统分层结构

在图 9.21 中描述的顶层即最上一层,是文件的逻辑结构层,该层是用户的可见层。在这一层中,包含对文件系统中可支持的各种文件格式的说明,通常,一个文件系统中可支持的文件格式有多种,图中列出了 5 种只是一种示意性说明,在具体的文件系统中,可支持的文件格式可能是这些结构中的一个或几个结构的组合。

图中第 2 层是逻辑输入/输出管理程序层,在该层实现从文件到文件记录访问的管理。一般来讲,该层提供一种通用的记录访问能力,并可维护原有文件的基本数据格式,实现的是用户文件或用户程序进入文件系统后在内部进行的第 1 轮处理过程。

图中给出的第 3 层是基本输入/输出管理程序层,该层完成对文件的输入/输出控制。这里需要设置一定的文件控制数据结构(比如,在 UNIX 系统中设立的索引节点 i-node 就是这类数据结构),用于维护设备的输入/输出、实现文件调度、保存文件的状态及完成文件存储区的分配与管理等功能。

第 4 层是基本文件系统层,这一层构成了系统核心与外部环境间的基本接口模式。在该层中要实现操作系统与磁盘或磁带等设备进行数据块交换的操作,该层完成的核心工作是主存储器与辅助存储器的数据传递与控制管理,但在交换中并不关心文件的组成结构和文件所涉及的具体内容是什么。

图中给出的组成文件系统的最下一层是设备驱动程序层。该层中包含的是系统直接与外部设备进行通信的处理,其中包括解析 I/O 操作指令、控制 I/O 操作步骤,完成 I/O 的各种请求任务等。

9.5 UNIX 文件系统技术介绍

UNIX 的文件系统是一款极具代表性的文件系统,本节针对 UNIX 文件系统的构造技术和设计技术特点加以说明,目的在于增强大家对文件系统的理解和认识。

9.5.1 UNIX 的文件与目录

在 UNIX 系统中,文件是一个包含广泛意义的名词,它除了是一般意义上的文字、程序、数字信息的抽象体外,还可以是系统中 I/O 设备和其他资源的抽象描述体。为了便于管理,UNIX 将计算机系统中的硬设备、管道控制、链接定向描述等资源也看成文件,在对这些资源的管理过程中采用与文件同等的控制机制。这样做一方面可以简化文件系统设计，另一方面也使得设备具有与文件同等的安全保护机制。

另外，UNIX 的目录管理与其他系统不太一样，在系统中将目录作为一种特殊文件看待。目录文件中包含目录项，每个目录中至少包含两个目录项，即当前目录和父目录项。每个目录项中包含文件名和文件的索引节点，而索引节点是指向文件描述信息数据结构的一个指针，一个目录中的所有信息构成了该目录文件的内容。目录文件中一个目录项的构成如图 9.22 所示，其中包含的主要信息是索引节点号 i-node 和文件名。索引节点号 i-node 可以由 4 个字节构成，它所表示的是存储在磁盘中的一个数组的索引号。在目录中，每当创建一个新文件时就增加一项这样的目录项，而被创建的每个文件都有唯一的索引号与其对应。

i-node	文件名

图 9.22 UNIX 目录项结构

在 UNIX 系统中，目录是按照一个分层倒置的树结构建立的，在该结构中包括一个主目录，也称为根目录，以及在其下的任意多个文件或子目录。典型的 UNIX 目录结构如图 9.23 所示，其中根目录“/”下包含若干个一层目录，这一层目录大多数是系统目录，它们可以包含下一层目录或文件；而且除了根目录以外，每个子目录都可以是一个独立的文件卷或文件系统，它们都可以被随机安装到文件系统中或从文件系统中卸载下来。

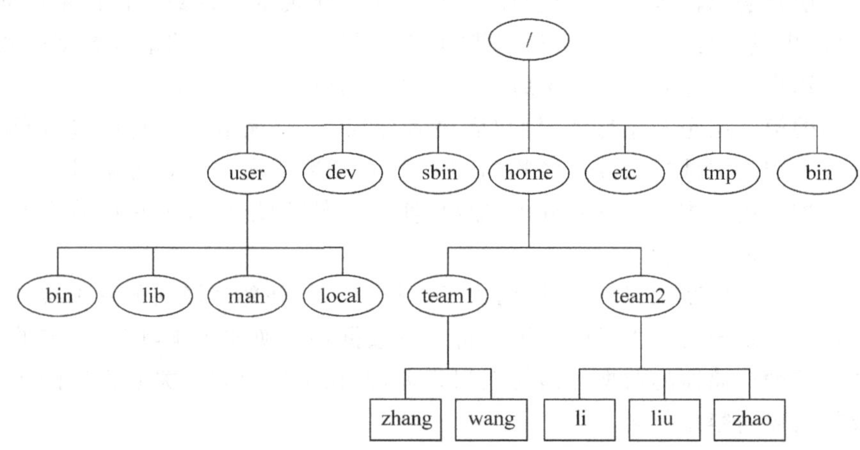

图 9.23 典型的 UNIX 目录结构

9.5.2 文件系统的安装与卸载

UNIX 系统按照如图 9.23 所示的方式建立基本的文件系统结构，而且这个结构中的主体内容在操作系统安装过程中就已构建起来，其中包含根目录和根目录下的一些系统文件目录，如/dev,/etc,/bin,/home 等等，这些是文件系统的基本结构。除了文件系统的基本结构外，其他结构都可以通过安装及卸载操作被装入到系统中或从系统中卸载下来。比如可以使用 mount 命令将一个文件系统安装到一个目录节点上，也可以通过 umount 命令将一个文件系统从目录结构中卸载下来。

在操作系统引导时，通常是依据一个描述每个文件系统的“文件系统表”文件，实现对文件系统的安装与配置。在该文件中包含对所有需要自动装载的文件系统描述，该文件名称为 fstab，被存放在/etc 目录下。在描述文件系统装载的信息中，包含设备名、将被装载的装载点、该存储介质的读/写权限等信息，一个典型的文件系统描述项如下：

/dev/device	/dir/to/mount	ftyp	parameters	fs_freq	fs_passno
(1)	(2)	(3)	(4)	(5)	(6)

按照上面描述项中的标识编号，各个字段的含义是：

(1) 该项标志要安装的设备名。比如可以是"/dev/hda4"，具体说明一个设备的逻辑名。

(2) 该项指明了文件系统的安装点。这个安装点可以是新创建的，也可以是已有的。若使用已有的目录作安装点，则原有目录中的内容会被覆盖。

(3) 该项指明了文件系统的类型。比如文件系统可以是 solaris 4.2，UNIX system V 可识别的 ufs 格式，或 Linux 可识别的 ext2 格式，也可以是 Windows 系统可识别的 nfs 格式等。

(4) 该项用来说明在 mount 命令中使用-o 选项时使用的参数信息。

(5) 该项用来说明建立的文件系统是否使用了垃圾信箱。

(6) 该项确定系统引导时检查磁盘的顺序是怎样的。

为了给用户的安装配置提供便利，UNIX 系统允许在文件系统装载时选择多种格式，比如一个文件系统可以被安装成只读(read-only)格式，对于有些重要的文件系统采用只读格式安装后，可以有效地阻止一般用户对文件系统进行任何修改，以达到对文件系统的保护目的。

9.5.3 UNIX 文件系统组成结构

UNIX 中通常用文件卷(也就是逻辑卷)来描述一个文件系统，因为文件系统是建立在一个存储介质上(典型的介质是磁盘)的，一个特定的磁盘介质中可以建立一个或若干个文件系统。UNIX 中规定所有的文件系统中包含相同类型的模块，这些模块就是 UNIX 文件系统的基本组成结构，其中除了有文件和目录的数据信息外，还包含用于文件系统管理的控制和管理信息。这些内容由 4 部分构成，它们是引导块、超级块、索引节点表和数据区，如图 9.24 所示。

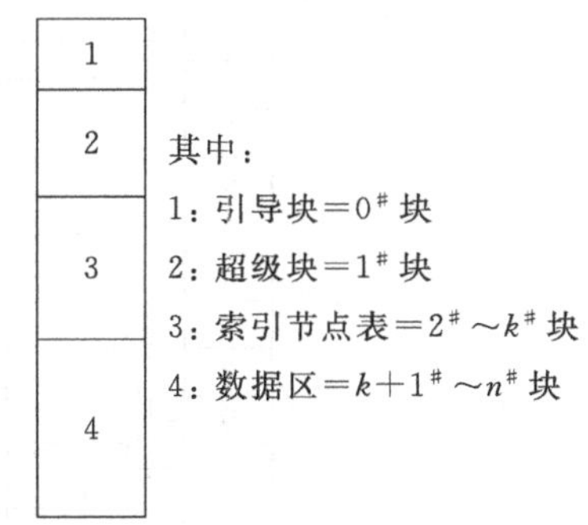

图 9.24 UNIX 文件系统结构

文件系统中的每一部分内容和它们的作用描述如下：

(1) 1 是引导块(bootblock)。该块处于文件系统的开始部分，其中存放操作系统引导信息或系统的启动代码。

(2) 2 是超级块(superblock)。此块中存放文件系统中的文件和目录在磁盘上的静态分布描述信息，超级块对文件系统的维护很重要，通常系统会采用冗余的方式对其作备份处理。超级块中包含的主要内容有：文件系统的状态，如标号、名称、物理存储块和逻辑存储块的数目，超级块的修改标记，上次修改的日期和时间等；索引节点信息包含被分配的索引节点数目和空闲索引节点数；存储块信息，如本文件系统可管理的空闲存储块的数目、编号、数组及索引号等。

(3) 3 是索引节点表(i_node table)。这部分存放的是文件系统中包含的所有文件的描述信息和数据结构，其中除了包括描述文件特性的基本数据项以外，还包含每个文件在存储介质上的存储信息。

(4) 4 是数据区(data area)。这部分存放本文件系统中包括的文件数据及目录文件数据等信息，若文件系统中有空闲区，则这部分内容中还含有空闲块的信息。

9.5.4 UNIX 文件存储策略

在 9.2 节中介绍了一般文件的物理存储策略，不同操作系统可以采用不同的文件存储策略。这里给出 UNIX 文件系统所采用的存储策略，这个策略从传统的 UNIX 系统版本一直延续到现代的 UNIX 系统版本，堪称为 UNIX 的经典策略之一。

因为在 UNIX 系统中是采用索引结构管理文件的，为了使系统能够对不同大小的文件进行访问，传统的 UNIX 系统在文件的索引节点中设置了 13 个具有 4 字节的区域，它们用来存放本文件的数据块指针(即指向文件内容存放的磁盘块地址)。而这 13 个指针中的前 10 个被设置为直接寻址指针方式，后 3 个被设置成间接指针方式，如图 9.25 所示，说明了这种多重索引结构存放文件信息的方式。在直接指针中存放的是该文件数据中包含的一个物理块地址，假设每个物理块为 512 字节，那么一个直接指针就指向了一个具有 512 字节的磁盘块地址。对于后 3 个间接寻址指针来讲，每一个指针都形成一级的间接寻址方式，共有 3 级间接寻址结构。一个间接指针，并不会直接指向存储信息的物理块，因为在间接指针指向的磁盘块中包含的是一批间接访问地址，通过这些地址而找到的物理块地址中才是实际文件信息存放的位置。

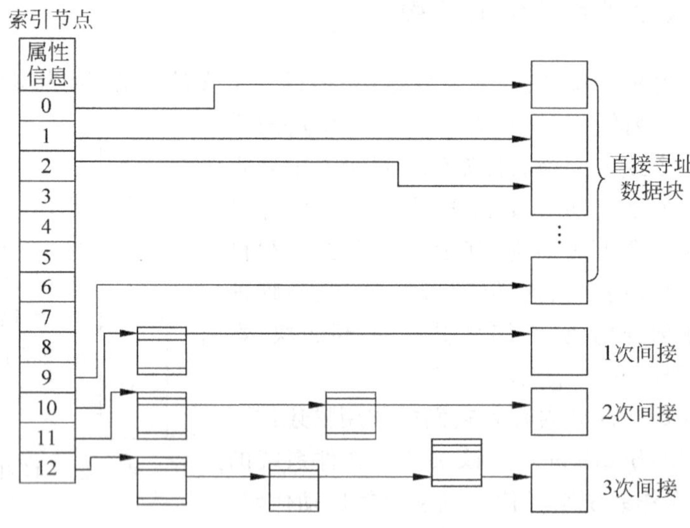

图 9.25　文件的多重索引存储结构图

对于一个 UNIX 文件来讲，如果其长度不超过 10 个物理块的大小，则文件的物理地址空间用 10 个直接寻址指针就可以表示出来。同时，对文件的检索可以直接通过查询这 10 个地址指针来完成。当一个文件长度超过了 10 个盘块大小的内容时，对文件存储描述方法就改变成直接寻址指针加上间接寻址指针的方式，对于超出 10 个磁盘块范围的信息，其超出部分的内容要从第 11 个以后指针给出的地址中去寻找，而第 11 个指针指向的物理块中存放的内容不能直接用作地址寻址，它与指向的一个磁盘块构成了一次间接寻址方式。比如，物理磁盘块大小为 512 字节，而当每个地址指针需要用 4 个字节表示时，那么第 11 个指针指向的块中存放的是 128 个物理磁盘块的地址指针，通过这些指针才能寻找到文件的实际物理地址。

因此，对于一个不超过 138 个磁盘块大小的文件来讲，系统可以使用一次间接寻址方式存储该文件，查询时对超出 10 个直接寻址方式的内容也按照间接寻址方式完成。类似地，第 12、13 个指针中分别存放第 2 次、第 3 次间接寻址结构的磁盘块指针信息。假定系统中的磁盘块大小为 512 字节，每个地址指针由 4 字节组成，可以计算出，采用这种寻址方式，一个文件可占用的最大容量是 $10+128+128^2+128^3=2\,113\,674$（块）。

对 UNIX 的这种文件存储策略进行分析，可以得出以下结论：UNIX 系统管理大型文件的能力比较强，同时，对于常用的小容量文件有较好的访问效率。若以磁盘块大小为 1KB，存储地址由 4 个字节构成的系统为例，其直接寻址方式可包含 10 块，即 10KB 的文件内容；一级间接方式可以增加 256 块，即 256KB 的容量；二级间接方式可增加 256×256 块，即 65MB 的容量；三级间接方式可增加 256×256×256 块，即 16G 的容量。另外，对于大批量的小容量文件来说，系统可以采用直接或一次间接寻址方式完成文件的存储和访问，这样可以节省文件访问的时间；而对于大容量文件，可以采用多级间接寻址方式实现存储和访问，虽然多级间接寻址需要耗费较长的时间，但是由于在系统中大容量文件所占的比例通常比较小，因此也不会对系统造成太大的影响。

9.5.5 文件访问动态管理

在 UNIX 文件系统中，为了使文件系统的访问能够做到灵活、便捷，除了文件系统管理的静态数据结构以外（静态数据包括文件系统超级块、索引节点等），还增加了运行中的动态数据结构，图 9.26 描述了动态数据结构关联的示意图。

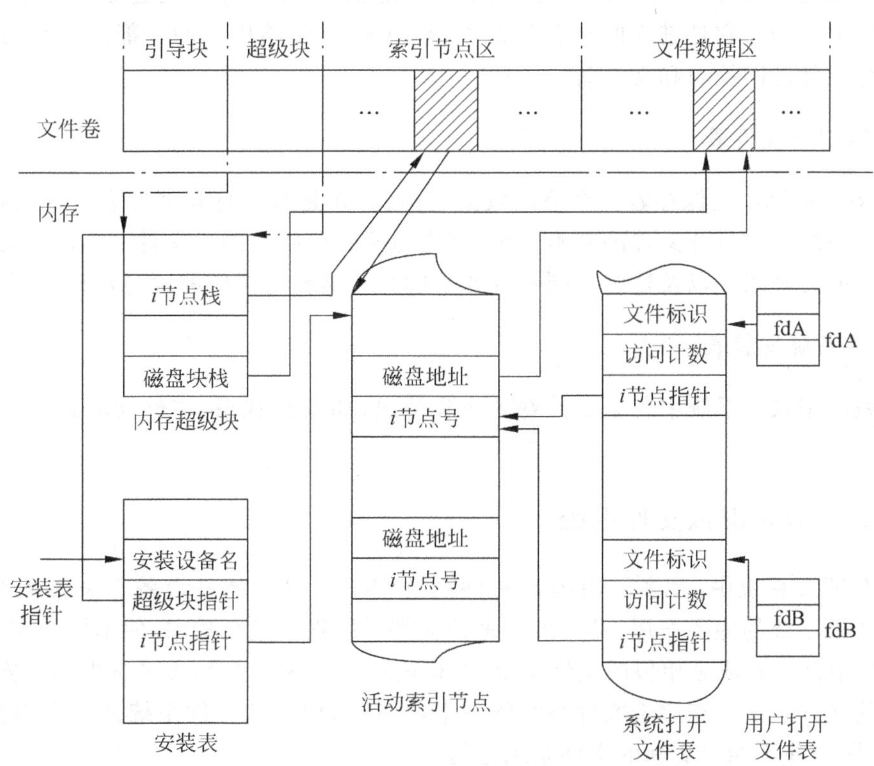

图 9.26　动态数据结构关联示意图

1. 内存超级块

内存超级块中包含的数据信息主要是针对文件系统的超级块信息而建立的。在文件系统的超级块中存放的是文件系统资源管理信息。系统运行时，为了保证这部分信息的正确性、完整性和管理的便利性，在内存中给每个已被加载的文件系统的超级块划出一个特定区域，这个区域被称为该文件系统的内存超级块。这样，当文件系统工作时，对文件的管理操作就可以在内存的超级块中进行了。而当一个文件系统（文件卷）用完后被卸载时，系统再将内存超级块中的内容复制回文件系统的超级块中（即磁盘中的指定位置中），以保证被访问过的文件系统与磁盘中保存的文件系统内容一致。

2. 活动索引节点表

由于文件索引节点中保存的信息非常重要，当系统需要对文件进行各种操作时都离不开文件系统索引节点表中指出的索引节点信息。因此，在实现中也将被访问文件在磁盘中的索引节点复制到内存中，内存中这部分信息保存着当前所有活动文件的索引节点表，从而使其对文件的访问更加便利和快捷。

3. 用户打开文件表

用户在使用文件系统功能时，可能在某一时段中，某个用户要对多个文件进行访问，而多用户系统中的文件是允许在同一时刻被多个用户或进程打开的。这时系统内部为了记录并控制用户或进程打开文件个数及使用共享文件的情况，在内存中还建立了一个用户打开文件表的数据结构。它是进程的私有数据项，是进程 user 结构中的一部分内容，系统使用它可以进行文件访问控制和文件共享管理。

4. 系统打开文件表

在 UNIX 系统中还保存着一个公用数据结构，它就是系统打开文件表。此数据结构中记载着整个系统中被打开文件的基本情况，其中包括指明打开同一文件的不同进程、不同进程使用的不同打开路径以及这些不同进程和不同打开路径所对应的读写指针，等等。

5. 文件系统安装表

安装表中记录了系统中各个文件卷的安装情况，如安装状态、文件卷的索引节点、超级块的指针等。

9.5.6 UNIX 虚拟文件系统

现代 UNIX 系统中，大多使用虚拟文件系统（VFS）建立物理设备与文件系统间的接口。虚拟文件系统的主要作用，是实现对每种文件系统细节进行抽象，使不同的文件系统在 UNIX 系统中都被看成是相似的文件系统，这样就可以实现在 UNIX 系统中同时安装、支持多种类型的文件系统。在虚拟文件系统管理下，提供给用户的文件系统是一个虚拟的文件系统接口，用户并不能与实际的文件系统进行交互。

严格地讲，虚拟文件系统并不是一个真正的文件系统，它只是存在于内存中在操作系统启动时被临时建立的一种运行环境，当系统关闭时，该运行环境会自动消亡。虚拟文件系统完成的功能包括：

(1) 记录可用文件系统的类型。

(2) 建立设备与文件系统的联系。

(3) 实现面向文件的通用性操作。

(4) 将对特定文件系统的操作映射到一个物理文件系统管理中。

虚拟文件系统与实际文件系统的逻辑关系如图 9.27 所示。图中标注的虚线以上是虚拟文件系统模块，其中，VFS inode 缓存是虚拟文件系统的索引节点缓存区，用来保存虚拟文件系统可识别的文件描述信息；VFS 目录缓存是虚拟文件系统的目录存储区，保存管理中的目录信息，这些缓存都是为了加快系统访问速度而设立的。虚线以下是实际文件系统模块，因为毕竟不同文件系统对文件的管理操作不同，文件的组成格式也有很大差异，所以对文件的具体管理还是应由不同的物理文件系统来支持。

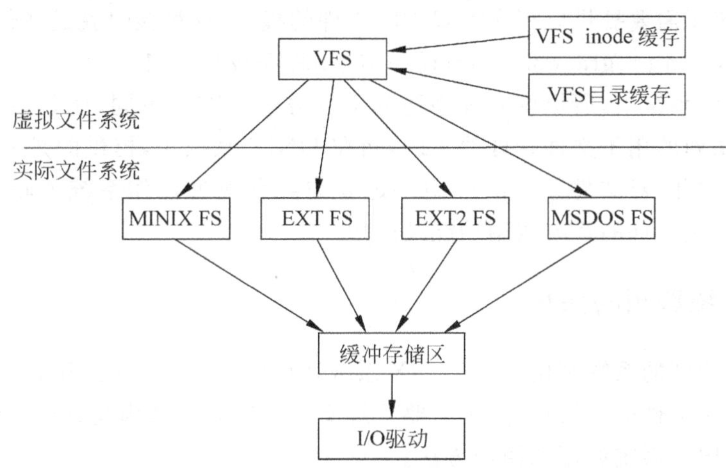

图 9.27 VFS 与实际文件系统的逻辑关系

在虚拟文件系统的控制下，可以建立用户请求访问文件与实际文件系统的关联，这些实际文件系统又可以与操作系统的缓冲存储区建立联系，具体实现物理的文件管理过程。采用虚拟文件系统策略，可以比较彻底地解决不同文件系统间文件的识别问题。例如，在 Linux 系统中就可以识别多种文件系统，如下：

- affs Amiga 文件系统
- extfs 新版 Linux 特有的扩展文件系统
- hpfs OS/2 文件系统
- iso9660 CD-ROM 文件系统
- minix 原来的 Linux 文件系统
- msdos DOS 文件系统
- nfs 网络文件系统
- proc Linux 进程信息文件系统
- romfs 只读内存文件系统(为支持嵌入式系统设立)
- sysv UNIX 系统 V 文件系统

- ufs BSD 和 Digital UNIX 文件系统
- umsdos 可支持 DOS 和 Linux 文件共存的文件系统
- vfat Windows 文件系统
- xenix Xenix 文件系统

如此多种类的文件识别,若没有虚拟文件系统技术的支持是很难以完成的。因此,虚拟文件系统技术使得今天不同类型的文件信息交互变得比过去更容易。

9.6 文件管理的系统调用及应用实践

在文件系统建造完成后,最终要为使用文件的用户或用户程序提供访问接口。文件系统一方面要为访问文件的命令服务,提供以命令方式访问文件的接口,比如在每种操作系统中都会提供对文件访问的命令,这些命令可能是命令行方式的也可能是图形界面方式。另一方面,文件系统还需要提供以程序方式访问文件的接口,这种接口就是文件管理的系统调用或 API(application programming interface,应用程序设计接口)。

在不同的操作系统中,所提供的程序访问文件方式会有所不同,比如在 Windows 系统中,提供的是一系列的用于文件管理的 API,而在 UNIX 系统中,提供的是一些用于文件管理的系统调用。因此,对文件系统的应用一定要与某种典型操作系统关联,这里以 UNIX 系统为例,说明有关文件的系统调用功能及应用。

9.6.1 系统调用的作用

实现对文件管理的系统调用属于 UNIX 系统调用的一部分。在 UNIX 系统中,要做到能够得心应手地对文件进行管理,除了需要了解文件系统内部结构及管理特性之外,还应掌握相关的系统调用和系统调用的使用方法。

前面也介绍过其他用途的系统调用,UNIX 中的系统调用功能强大,包含内容广泛。对系统调用的使用类似于一般软件设计中用到的函数,它有特定的系统调用关键字、调用参数和调用选项值等。在 C 语言中有标准输入/输出库函数,如 fopen,fclose,fread,fwrite 等,它们可以为程序员提供对文件访问操作的服务。但是这些函数与系统调用是不同的,其中最大的差异就是,这些函数是一种高层次的文件服务包,使用它们时首先应在程序中包含类似“stdio. h”的头文件描述,这时 C 编译程序就知道将这些标准函数库中的程序段与用户程序编译在一起,由它们来实现对文件的访问。而系统调用提供的是一种操作系统层的文件 I/O 服务功能模块,编程中对系统调用的使用几乎不需要附加其他条件,只要操作系统能够正常运行,这些服务就应该有效。另外,高级语言中的标准函数库程序的执行,归根结底也还是要调用到底层系统调用服务来完成的,因此,UNIX 中的系统调用可以看成是操作系统提供的基础功能函数。

9.6.2 UNIX 的文件描述符

当使用 C 语言编写对文件访问的程序时,通常会使用 C 语言为用户提供的标准输入/输出函数库实现对文件的操作。但值得注意的是,在函数库中所有对文件的操作都是基于一种 FILE 类型的指针完成的，而系统调用是针对文件描述符完成的。

在操作系统启动时，为了方便与外界进行交互，系统会自动打开 Stdin，Stdout 和 Stderr 这 3 个文件，这些文件是 UNIX 系统中定义的标准输入、标准输出和标准错误流文件，它们被赋予的文件描述符分别是 0，1，2，系统调用可以实现对这些文件的直接操作。而函数库通常需要针对这些文件描述符再建立相应的指针变量，然后通过对这些指针变量进行操作而实现对文件的操作。

在 UNIX 系统中，为了方便对已打开的文件进行访问和管理，通常用一个正整数来代表所打开的文件名，这个正整数就是“文件的描述符”。在文件系统中，文件的描述符与打开的文件名之间有着一对一的关系，因此对文件的操作可直接变换成对文件描述符的操作，这样做的直接好处是省去了对文件名的解释和识别过程。

用户在编写程序完成对文件操作时，需要注意以下几点：当创建文件并完成文件读写操作时，要理解系统中已自动打开了 3 个标准文件，它们的描述符是 0，1，2，分别对应于标准输入流、标准输出流和标准错误流，它们在默认状态下是与键盘和显示器这两种设备相对应的。用户编码时可以直接使用这些标准文件，而不必对其再执行打开操作。另外，当用户创建新文件时，应避开这 3 个文件描述符的使用，以免产生不必要的混乱。

9.6.3 文件创建及文件链接

在文件使用中，经常需要创建或建立文件之间的链接，这里介绍 UNIX 系统中使用系统调用创建或链接文件的方法。

1. 系统调用 creat

系统调用 creat 用来创建一个空文件或将一个已有的文件截为空文件，调用格式为：

```
fd = creat(filename, Pmode);
```

fd 是文件描述符，一般系统会为该系统调用生成一个大于等于 3 的文件描述符。当该调用被正常执行时，返回生成的文件描述符；当调用失败时，fd 中的值为 −1。filename 是希望生成文件的文件名。参数 Pmode 用来描述文件的访问许可机制。

关于 Pmode 参数的使用有一些特色，它对文件许可机制的建立采用一种命令叠加的方式来完成，比如在这之前若已用 umask 命令限制了建立文件默认的许可机制，则此命令实际产生的许可机制是((～ umask) & Pmode)的运算结果。举例说明，假设在程序中写了以下语句：

```
fd = creat("abc",777);
```

现在希望建立一个文件 abc，它的访问权限位放置的是全 1 值。此命令执行结果会结合已执行过的 umask 命令来产生，如果在前面或系统中已用“umask 027”命令对文件生成权限做过规定，则此时该文件建立的权限值为

```
～027 = 0750
0750 &777 = 0750
```

因此，该命令实际建立的文件访问权限为 0750，而非 0777。这种表示方式是将文件的所有

者用户、所有者的同组用户和其他用户对文件的访问权限分别用一个八进制数表示(即0-111-101-000),而第1位的0用于描述对文件的特殊访问位,其他3组分别与文件所有者、同组用户和其他用户相对应。在该标识中,说明文件的所有者可以完成对文件的读、写、执行;同组用户对文件具有可读和可执行权,但没有写权限;其他用户对文件没有访问权力。

2. 系统调用 link

在UNIX中,系统调用link的功能是用于建立文件之间的链接关系的,调用格式为

```
status = link(name1,name2);
```

正常情况下,该系统调用返回值为0,当链接发生错误时,返回值为-1,并在全局变量errno中记录着系统调用出错的代码。值得注意的是,这里创建的文件链接是一种在文件系统内部形成的文件链接,这是一种硬链接关系。

3. 系统调用 unlink

该系统调用用来删除一个链接文件,执行该系统调用后,将从目录文件中删除指定文件的登记项。调用格式为

```
status = unlink (name)
```

其中,status表示系统调用的返回状态,name表示被删除的链接文件名。

9.6.4 文件打开及文件关闭

1. 系统调用 open

在UNIX中使用系统调用open打开一个已存在的文件,其调用格式为

```
fd = open(name,rwmode[, pmode]);
```

其中:name是文件名;rwmode是描述文件被打开的模式值,当该值为0时,表示打开文件只为读,当该值为1时,表示打开文件是只可写的,当该值为2时,表示打开的文件既可读也可写。参数pmode用来描述被打开文件所限定的许可机制,该参数只有在文件是新创建时才被指定。

系统调用返回值fd的含义是,正常情况下,返回值fd≥3,表示打开文件的描述符;当系统调用出错时,返回值fd=-1。

2. 系统调用 close

close系统调用可以用来关闭一个被打开的文件,调用格式为

```
status = close(fd);
```

其中,fd表示欲关闭文件的描述符。通常在编程中的良好习惯是,打开一个文件并使用完成后,要及时关闭文件,这样可以让其他程序或进程快速获得文件的使用权。如果在程序中没有对打开的文件做关闭操作,则只有当一个程序结束时,系统才会自动关闭所有被打开的

文件。

9.6.5 对文件的访问操作

1. 系统调用 read 和 write

UNIX 中使用 read 和 write 系统调用完成对文件的读、写操作，read 和 write 系统调用使用格式如下：

```
n = read(fd, buffer, size);
n = write(fd, buffer, size);
```

其中：n 是一次读、写操作的返回字节数，正常情况下 n 是一个正整数，当读写到文件尾部没有内容可读或可写时，将返回 0，当读写操作失败时，返回 -1。参数 fd 是文件描述符。参数 buffer 是指向读/写缓冲区的指针。参数 size 是请求读/写的字节数。

值得注意的是，UNIX 的文件读写操作系统调用 read 和 write，在功能上与高级语言中的库函数 fread，fwrite 有许多相似之处，比如在使用 C 语言编程时，会用以下的库函数完成对文件的读写操作：

```
n = fread(buffer, byte, record, fp);
n = fwrite(buffer, byte, record, fp);
```

这里，n 也是一次读写操作返回的字节数，但在系统内部处理中，这两者却有着较大的区别，系统调用和库函数的主要区别在于：

(1) 系统调用 read，write 是对文件描述符(fd)进行操作，而函数 fread，fwrite 是对 FILE 类型指针(fp)进行操作。

(2) 系统调用 read，write 的操作中没有记录长度的概念，而函数 fread，fwrite 中包含说明记录长度的参数。因为 read，write 是操作系统提供的服务功能，其中不具备缓冲功能；而 fread，fwrite 是高级语言中提供的高层服务，其中包含缓冲功能。

(3) 使用系统调用 read，write 进行文件读写操作时，考虑到程序的执行效率，应尽量使每次读写的字节数 size 为盘块大小的整数倍，这样可以使文件读写速度加快；而库函数调用需要按照函数使用中的要求完成，无需作内部调整。

2. 系统调用 lseek

在一般的文件使用中，当需要对文件进行访问时，通常使用 open 系统调用打开文件，按照打开文件时的访问指针位置实现对文件内容的读写操作，这时的文件指针通常会停留在一个固定的位置上，比如文件的首部或文件的尾部。但在有些文件访问中，可能需要访问文件中的某个指定位置上的信息，这时若只是用一般的文件打开操作，就无法实现，还需要利用文件的随机存取技术实现文件访问指针的移动。

在 UNIX 系统中，当需要调整文件访问指针的位置时，可以使用系统调用 lseek，其调用格式为

```
newpos = lseek(fd, offset, origin);
```

其中，newpos 是一个长整型量，用来存放系统调用的返回值，若 lseek 调用成功，则该返回值表示的是文件指针的新位置，若系统调用失败，则该值为－1。参数 fd 是指明被打开文件的描述符。参数 offset 是一个长整数，它用来表示指针从指定位置开始的位移量是多少。注意，这个值与指定位置的参数有关，它说明的是从指定位置到移动目标位置的偏移量。参数 origin 就是指针移动中的指定位置，该位置是确定文件指针偏移量的基准点。在系统调用中规定：origin＝0 表示从文件首部开始移动；origin＝1 表示从文件当前位置开始移动，这时，文件指针偏移量可以为正值，也可以为负值；origin＝2 表示从文件尾部开始移动，这时文件指针偏移量也可以为正值或为负值，当为正值时，文件指针会超出文件的原有长度，这种超出在系统中是允许的，这时会增加文件的长度。当跨过文件的尾部指定新的位置存放内容时，就会在文件中形成一个空洞。在使用中还可以用符号常量 SEEK_SET，SEEK_CUR，SEEK_END 来表示相应移动文件指针的基准点，这种改变是由于版本的改进而造成的。

3. 系统调用 tell

在对文件的访问操作过程中，不仅需要移动文件的当前指针，大多数情况下，还需要了解文件访问指针的当前位置在哪里，在 UNIX 中使用 tell 系统调用可以报告当前文件的指针位置，系统调用格式为

```
pos = tell(fd);
```

其中，pos 是系统调用后返回的指针位置值，它是一个长整数。参数 fd 是文件标识符。

在实际应用中，常将 tell 和 lseek 系统调用结合起来使用，通过查询文件的当前指针位置，然后调整文件访问指针位置，以达到对文件内容随机访问的效果。

9.6.6 编程应用实践

下面以 C 语言为设计工具，对以上所描述的这些文件管理系统调用进行应用实践。需要指出的是，这里给出的实例仅供读者编程参考及上机测试，希望读者能对给出的程序实例进行分析，最好做到举一反三，进而可以自行编制一些利用文件管理系统调用完成文件管理的程序，掌握 UNIX 文件管理系统调用的使用方法和编程技术。

1. 关于文件读写操作实践

编写一段 C 程序，程序名为 ccp。当输入下列命令时：

```
% ccp file1 file2
```

可以完成将文件 file1 复制成文件 file2 的操作，无论该文件中包含的内容如何(也就是说，文件可以是可见的 ASCII 码字符文件，也可以是不可见的二进制码文件)，此命令都能够完成文件的复制操作。

使用 UNIX 系统调用完成程序设计，程序参考代码如下：

```
main( argc,argv)
int argc;
```

```
char *argv[ ];
{ int fd1,fd2, n;
   char buf[512],ch = '\n'
if (argc <= 2)                        /* 当输入的命令行信息少于两项参数时给出提示 */
     {printf("you forgot the enter a filename\n");
       exit(1);
     }
fd1 = open(argv[1],0);                /* 打开第 1 项参数指明的文件,用做读 */
fd2 = creat(argv[2],0644);            /* 建立第 2 项参数指明的文件,并说明使用权限 */
While((n = read(fd1,buf,512))> 0)     /* 完成文件的复制过程 */
           write(fd2,buf,n);
close(fd1);                           /* 文件使用完毕要进行关闭 */
close(fd2);
}
```

请读者上机调试该程序,并查看其运行结果。有兴趣的读者还可以调整该程序的内容,完善程序的各项功能。

2. 关于移动文件指针的实践

编写一段C程序,实现通过对文件指针的测试,来判定对该文件指针查询是否有效。该程序参考代码如下:

```
#include <sys/types.h>
#include "ourhdr.h"
int
main(void)
{
    if (lseek(STDIN_FILEEND,0,SEEK_CUR) == -1)
          printf("Cannot seek\n");
    else
          printf("seek ok\n");
    exit(0);
}
```

该程序不长,但利用lseek系统调用可以判定输入流中的文件是否允许进行访问指针的移动,主要判别在进行文件指针移动时是否会出现错误这一效果,以便确定对文件的指针移动是否允许。假设该程序经过编译、链接后形成了可执行文件a.out,这时就可以如下执行该程序:

```
$ a.out < /etc/motd
seek ok
$ a.out < /var/spool/cron/FIFO
cannot seek
```

以上的两次程序执行中得出了不同的结果,那是由于在第2次程序执行中传入的输入流是一个管道文件,显然,对于管道文件进行指针移动时会出现错误,但对一般文件做指针移动操作时是允许的。

另外,需注意,系统调用lseek与C语言库函数fseek的功能很类似,使用时可参照进行。还有，由于该系统调用的返回值是指定文件的当前访问指针位置，因此，对于普通文件来说，它是一个正整数，但对于某些特殊设备文件来说，它可以是负数，比如当对管道文件进行这种操作时，就会返回－1值，表明对管道文件不能做文件指针偏移操作。因此，当使用该系统调用移动文件访问指针时，要注意对返回结果的判别，判别时不要只是简单地判定返回值是否小于0，而是要测定返回值是否等于－1以确定系统调用是否出现了异常。

3. 创建空洞文件的实践

编写一段C程序，通过指针的移动和写入操作创建一个空洞文件。该程序的参考代码如下：

```
#include <sys/types.h>
#include <sys/stat.h>
#include <fcntl.h>
#include "ourhdr.h"

char buf1[] = "abcdefghij";
char buf2[] = "ABCDEFGHIJ";
int
main(void)
{
    int fd;
    if ( (fd = creat("file.hole", FILE_MODE))< 0)
          err_sys("creat error");
    if (write(fd,buf1,q0) != 10)
          err_sys("buf1 wrire error");
    if (lseek(fd,40,SEEK_SET) == -1)
          err_sys("lseek error");
    if (write(fd,buf2,10) != 10)
          err_sys("buf2 write error");
    exit(0);
}
```

实践中，在对该程序进行编译、链接后，还要让其运行。观察程序运行后的情况，看是否在当前目录中生成了一个新文件file.hole。进一步使用“od -c”命令查看此文件的内容，是否达到了程序设计的效果。应该看到，在文件中保存的两组数据中间有30个空位被0填充了，因为在程序中使用指针移动，已将文件形成了一个典型的空洞文件。

4. 指针移动与内容填写综合实践

编写一段C程序，实现创建一个文件，然后对文件的访问指针进行动态修改，在合适的位置写入内容，同时，针对已完成写操作后的文件，报告出文件指针的当前位置在何处。该程序参考代码如下：

```
#include< stdio.h>
#include< unistd.h>
char buf1[] = "the is test text";
char buf2[] = "12345";
```

```
main( )
{
    int fid;
    if((fid = creat("Test",0644))< 0)       /* 创建一个文件 test */
{
        printf("creat file error\n");
        exit(1);
    }
    else
    {
        if(write(fid,buf1,16) == -1)        /* 向文件中写信息,写入的是 buf1 中的随机值 */
        {
            printf("buf1 write error\n");
            exit(1);
        }
        post = tell(fid);                   /* 查询写操作后文件的指针位置 */
        printf("file postis_1: % d",post);
                                            /* 当前文件指针移动的偏移量 = 16 */
        if(lseek(fid,30,0) == -1)           /* 强行改变指针位置 */
        {
            printf("lseek error\n");
            exit(2);
        }
        if(write(fid,buf2,5)!= 5)           /* 再输入 5 个字节 */
        {
            printf("buf2 write error\n");
            exit(3);
        }
    post = tell(fid);                       /* 报告当前的文件指针位置 */
    printf("file postis_2: % d",post);
    close(fid);
    }
    exit(0);
}
```

在本程序的实践中,读者应重点理解以下问题:用户可以根据需要,在了解文件当前指针位置的基础上,将指针位置调整到合适的地方,然后写入有关信息,之后可以再进行指针位置调整,继续写入新的内容等重复性操作。这样可以实现对文件内容的直接干预和自行调整操作。

9.7 本章小结

用户对文件的访问需求很多,将信息以文件方式存储在计算机系统中是所有操作系统都必须完成的工作,通常,操作系统支持用户对文件的读、写、修改、复制、删除、移动等各种操作。为了完成用户对文件的各种访问,文件管理系统需要进行各种内部存储格式和各种处理机制的设计与实现,因此,文件系统中包含的管理任务比较繁重。

文件的物理存储结构说明的是文件在具体存储介质中将如何存放的方式,堆结构对文件内部组织要求不高，存放管理简单，但在实现检索访问时会遇到较大的困难；顺序文件结构是可以按记录进行存储、按记录进行访问的一种格式，在该格式中还可以按照关键字实现文件中记录的访问；索引文件结构是由一个存储信息的主文件和一个对信息描述的索引文件组成的存储结构，在这种结构中可以实现通过索引指针对文件中记录的访问，是一种比较灵活、方便的文件存储结构，在现代操作系统中得到了广泛的采用。

对文件的访问，主要是通过文件的目录和目录结构来实现的。目录中包含文件的各种属性信息，对目录的控制就是对文件属性信息的管理与控制。现代操作系统中一般支持多级目录结构，即文件按照树形目录机构进行文件组织管理，用户可以创建或删除目录，也可以将文件从一个目录移到另一个目录中，当然，这些是需要在文件权限许可的情况下进行的。

磁盘是存储文件的主要介质，对磁盘文件的管理是文件系统中最重要的内容之一，对磁盘的管理包括对磁盘分区划分、磁盘格式化、目录文件的存储、多级目录的管理和文件的共享管理等问题。操作系统会对磁盘分区和磁盘格式化给出具体要求，并以命令方式提供给用户使用。

目录文件中包含的内容是用来实现对文件的控制的，可以用目录数据项或索引文件方式表示。在多级目录结构中，使用索引节点方式实现文件共享管理，是一种比较好的控制机制，可以保证在文件共享时不出现信息不对称的情况。对于文件共享的管理，还应考虑文件的访问权限，对于文件的访问权限，可以用文件访问矩阵来管理，其中包含可能访问文件的人和对文件的各种操作方式，并用矩阵表方式列出，当需要访问某个文件时，可以通过查表法实现文件权限的控制。磁盘文件系统通常以分层方式完成设计，分层可以使复杂问题得到简化，并可以通过分层保证系统的整体设计性能。

不同的操作系统都会给用户提供访问文件的基本操作方式，UNIX 系统以系统调用方式提供对文件的操作，通过系统调用，用户可以实现对文件的各种访问。

本章最后安排了对文件管理的应用实践，提出了需要解决的问题，并给出了参考代码。读者应注意在编程和使用文件管理的系统调用时，力求将已学过的基本概念和理论加以应用，在理解操作系统文件管理方法的基础上，编写出可以解决实际问题的高质量的代码。

练 习 9

1. 在文件管理中，使用位示图主要是为了实现(　　)。

A. 磁盘的驱动控制　　B. 磁盘空间的分配与回收
C. 文件目录的查找　　D. 页面置换

2. 在下列的文件物理存储结构中最不便于进行文件扩充的结构是(　　)。

A. 散列文件　　B. 链接文件　　C. 索引文件　　D. 顺序文件

3. 在下列文件系统目录结构中，能够用多条路经访问同一个文件(或目录)的目录结构是(　　)。

A. 单级目录　　B. 二级目录　　C. 纯树形目录　　D. 有向无环图目录

4. 操作系统中的文件系统主要完成哪些工作内容？

5. 在文件管理中，文件的逻辑结构可分为哪几种，它们分别具有哪些特点？

6. 文件目录的作用是什么？文件目录中应包括哪些基本信息？

7. 假定某文件是由长度为80个字符的100个逻辑记录组成，当前磁盘存储空间被划分成长度为2048个字符的磁盘块。请问该文件至少需要占用多少个磁盘存储块？若用户需要使用第28个逻辑记录，系统需要读入哪个磁盘块？

8. 在UNIX系统中，每个文件都会与某个用户或某个用户组关联，对于文件来说，用户被界定为所有者、同组用户、其他用户；用户对文件的操作包括读、写、执行。假设系统中有2^{16}个用户及2^{8}个用户组，请问在该系统中为管理每个文件访问权限，数据需要多少位是比较合适的？

9. 请分别说明UNIX及Windows系统的目录文件中包含了哪些数据项，并比较这两种系统的目录管理策略差异。

10. 假设系统中有文件a.c，b.c，abc.exe，file.dat，系统中的各用户对这些文件的访问权限分别为

(1) 用户wang：对a.c可读、写；对b.c可读、可执行；对abc.exe和file.dat有执行权。

(2) 用户组A：对a.c可读；对b.c可读、写；对其他文件可执行。

(3) 用户组B：对a.c及b.c可读；对其他文件有读、写、执行权。

请用存取控制矩阵法管理这些文件，并描述管理的具体办法，同时给出在这种管理方法中需要使用到的文件控制表的数据结构。

11. 有一文件系统的目录是多级结构的，若其具体结构如图9.28所示：

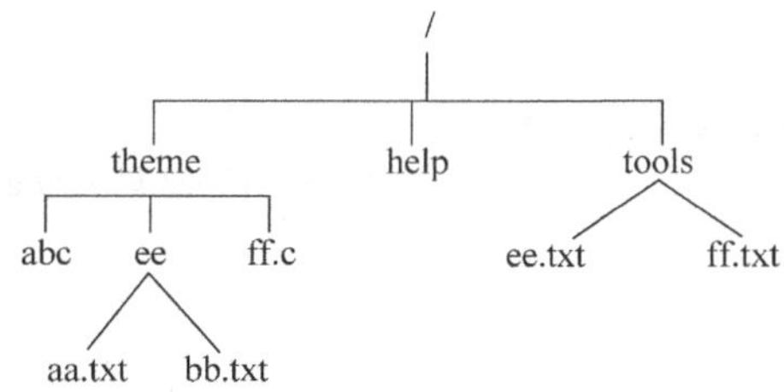

图9.28　第11题文件系统目录的多级结构

请说明使用多级目录管理方式，该系统中应包含几种目录信息，并请设计出适应该文件系统管理的目录结构。

12. 阅读并分析下列程序，完成以下工作：

(1) 在程序中标有"/＊　＊/"处回答问题，说明该段代码的意义；

(2) 说明该程序可以完成什么任务；

(3) 指出该程序应如何被执行，执行中应输入什么参数，运行结果将是怎样的。

```
#include <stdio.h>
#include <unistd.h>
char buf1[] = "the is test text";
char buf2[] = "12345";
main( )
{
    int fid;
```

```
    if((fid=creat("Test",0644))<0)  /* creat完成什么操作,产生什么效果? */
{
        printf("creat file error\n");
        exit(1);
    }
    else
    {
        if(write(fid,buf1,16)== -1) /* write完成什么操作,产生什么效果? */

        {
            printf("buf1 write error\n");
            exit(1);
        }
        post=tell(fid);
        printf("file postis_1:%d",post);
                                        /* 此处输出的文件当前指针位置应该是多少? */
        if(lseek(fid,30,0)== -1)
        {
            printf("lseek error\n");
            exit(2);
        }
        if(write(fid,buf2,5)!=5)
        {
            printf("buf2 write error\n");
            exit(3);
        }
    post=tell(fid);
    printf("file postis_2:%d",post);
                                        /* 程序执行到这里文件的当前指针位置又在哪里? */
    close(fid);
    }
    exit(0);
}
```

CHAPTER 10

第10章

I/O技术与设备管理

本章要点

计算机系统中与外部设备进行信息交互的部分称为 I/O(input/output)接口。对 I/O 接口进行控制和管理的策略叫做 I/O 管理技术，操作系统中包含控制和管理各种 I/O 外设的软件，它们被统称为设备管理模块。在本章中主要讨论这些设备管理模块的设计方法和实现策略，以及 I/O 子系统的总体设计目标和需要采用的各种算法。学习本章应重点理解，I/O 管理子系统的构建策略、设备管理软件的基本实现技术以及典型 I/O 设备的控制与管理方法等内容。

对外设的管理历来是操作系统设计中最繁杂的部分之一，这一方面是由于现代计算机系统的应用面越来越宽，支持计算机使用的各种硬设备种类越来越多。另一方面也是由于 I/O 设备自身的复杂性，外设通常是机电相结合的设备，价格都比较昂贵，在系统设计中需要考虑新老设备的兼容性，既要具备添加新设备支持功能，还要考虑到对老设备的支持能力。经常使用 PC 的人员都会遇到一些与 I/O 管理有关的烦心事，比如一旦机器染上病毒或者出现了重大操作失误致使需要重新安装系统软件时，如果是一个对系统管理不太在行的人，就会因配置众多的 I/O 设备而大伤脑筋。有数据表明，一般用户使用计算机时花在 I/O 配置上的时间和精力是最多的。直到最近几年，在微软公司的操作系统管理中增加了即插即用和自动安装配置功能模块，才使这种状态得到了较大的改观。

在不同的操作系统设计中，设备管理模块通常都各具特色，因为很难用一种通用的方法来解决众多设备的管理问题。就设备管理模块的设计而言，它与其他计算机系统软件设计相似，通常采用结构化方式进行设计，设计中需要研究 I/O 设备的控制技术和 I/O 设备的管理方法。对操作系统设计而言，I/O 管理技术历来是操作系统领域研究的一项非常重要的内容，因为一个操作系统的内部性能如何，大多数情况下都需要通过 I/O 设备表现出来。所以世界上大多数研究、设计操作系统的科研机构都在 I/O 设备的管理方法和控制技术方面投入了大量的人力和物力。

对于 I/O 设备控制和管理有许多值得研究的技术难点，近年来，随着许多新型 I/O 设备的投入使用，新的控制技术和管理方法也应运而生，这些已经或正在改变着传统的管理技术和设计策略。比如 USB 接口技术和 U 盘的出现，使得随机备份信息资料更加容易，与传统磁介质设备(如传统的 5 寸/2.5 寸软磁盘)相比，它不仅速度快，而且价格便宜。在短短几年的时间里，它几乎完全取代了在计算机系统上使用30多年的软磁盘和软磁盘驱动器。可以预计，今后还会有更多的新型I/O设备出现，所以I/O管理技术的应用前景是非常广阔的。

10.1 I/O设备硬件

与其他计算机技术一样，I/O控制部件的功能和控制技术也是随着计算机技术的发展而不断完善的。例如I/O通信传输方式，在早期只有并行或串行两种，后来发展成为可以使用直接存储器访问方式(DMA)或专用I/O通道访问方式。近年来，大部分计算机，特别是高档PC、图形图像处理机以及工作站系统中的I/O模块都增设了专用I/O处理部件，以便从硬件和软件两个方面保证日益繁杂的I/O处理能够高效运行。随着I/O部件智能化程度的提高，计算机系统中的主处理器参与I/O控制的工作越来越少，外设管理与控制过程逐渐在独立，计算机的各功能部件，特别是I/O管理部分，越来越朝着专业化、高效化方向发展。这样的发展趋势必将使计算机的各功能部件设计更加专业，也更加高效，从而导致计算机系统的整体性能得到极大的改善。

I/O设备可以完成各种信息接收与发送、信息格式的转换、信息传送类型的转换，I/O设备种类繁多，操作功能或性能的差异很大。研究操作系统I/O管理技术，就应该透过I/O设备造型新颖、功能各异、令人眼花缭乱的表象，观察到I/O控制的实质；从功能各异的设备控制中找出设备管理的基本方法和I/O设备控制软件解决的核心问题。

10.1.1 I/O设备分类

由于不同的外设有着不同的应用目标，这就决定了它们的内特性和使用方式会有很大差异。要实现对设备的管理，首先要了解它们的特点。通过分类可以方便地对I/O设备的特性加以描述，设备分类的方法有多种，这里给出3种分类思想：

(1) 按设备的交互对象分类

根据设备的交互对象可以将设备分为用于人机交互的设备、与其他电子设备交互的设备和计算机与计算机之间通信使用的设备等。其中，人机交互设备包括视频显示设备、键盘、鼠标、打印机等；与其他电子设备交互的设备包括磁盘、磁带、传感器、控制器等；计算机间通信的设备包括网卡、调制解调器等。

(2) 按设备的交互方式分类

计算机设备还可以按设备的交互方式分类，可以分成输入设备、输出设备、既可作输入又可作输出的设备。输入设备是指只用来作读入的设备，包括键盘、扫描仪等；输出设备是指只用于完成写的设备，包括显示器、打印机等；具有输入/输出双重功能的设备是指既可用于读又可用于写的设备，包括磁盘、U盘、网卡等设备。

(3) 按设备本身的某些特征分类

不同设备具有不同的内在特征。按照不同的特征可以形成多种分类方式，比如可以按使用特征将设备分成存储设备、输入/输出设备、终端设备等；按数据传输频率可分为低速(如键盘)、中速(如打印机)、高速(如网卡、磁盘)设备；按信息组织特征可分为字符设备(如打印机)和块设备(如磁盘)等。

对多种设备进行管理是对操作系统设计的一个挑战，因为设备之间功能和性能的差异太大，在设备管理软件设计中必须采用特殊的管理策略和设计方法。不同 I/O 设备之间的差异体现在以下 6 个方面：

① 数据传输速率可能相差几十个数量级。如键盘可能是每秒传送十到几十个字节，而一个 PCI 总线的传输速率可能是每秒几百兆字节。

② 同一设备会有不同的应用目标。比如磁盘设备可用于文件管理，也可用于内存交换，显示器可以在不同的环境中显示不同级别的信息等。

③ 对设备控制的复杂度不同。系统中包含的设备有些控制逻辑比较简单，如鼠标等；而有些控制逻辑可能非常复杂，如高性能图形显示器等。

④ 设备采用的信息传送单位不同。比如有些设备是按字符流传递的，而有些设备是采用数据块传送的。

⑤ 设备使用的数据表示方式不同。由于设备应用目标不同、制造厂商不同，大部分设备中都会采用专用的数据编码方案。

⑥ 设备产生错误的条件不同。不同设备出现错误的性质不同，通常它们也会采用不同的报错方式。

在使用中，若将设备之间存在的这些差异完全暴露给使用者，一定会给用户操作带来极大的不便。因此，操作系统的目标是通过 I/O 控制模块，尽量掩盖不同设备之间的差异，尽可能地为用户提供比较统一和简捷的使用方式，为用户带来最大的操作上的便利。

10.1.2 设备控制器

在 I/O 管理中，经常会提到“设备控制器”，那么 I/O 设备中哪一部分是设备控制器？一般的 I/O 设备都是由机械和电子电路两部分组成的，机械部分主要用来完成 I/O 处理中的具体操作，比如一个打印机，机械部分负责纸张的传送、墨盒和打印机头的机械移动；而电子部分负责对这些机械运动的定位和启动、停止控制。因此，I/O 设备中的电子控制部分就是该设备的设备控制器，在英文中将设备控制器称为 Device Controller。

I/O 设备控制器的主要功能是控制机械部件动作，进而实现并完成计算机指令发布的控制动作。各种物理设备是通过不同的 I/O 设备控制器接入计算机的，虽然不同设备与计算机系统间的信息交互内容不同，不同设备控制器与计算机的连接控制方式也可能不同，但对于 I/O 设备控制器的管理还是有一些共同点的。比如计算机系统规定了 I/O 设备控制器与物理设备之间的接口标准，以及设备与控制器之间信息交互的标准协议，这样就可以保证不同厂家、不同时期出产的设备可以安全、无障碍地连接到计算机系统上，并进行标准化的信息交互。另外，接入方式的统一还有利于不同产品的兼容性设计，从理论上讲，无论计算机系统或 I/O 设备若干年后会有怎样的变更，对历史的产品和设备仍应该在接口上实现统一和兼容。

一个设备控制器通常具有控制多个物理设备的能力，但在具体接入物理设备时将接入几个设备是需要现场调试的，因此，一般控制器中需要有现场调整接入参数的功能。在设备管理中，操作系统要针对各种控制器的特点或共性分别进行控制与处理，设计出与控制器的能力和特点相适应的控制软件和管理模块。

通常，一种典型的设备控制器都具有明确的控制任务，它们可以实现对某种设备的特殊操作与控制。比如系统中最常见的串行接口控制器，它的控制任务主要包括以下几项：

(1) 输入时,把接收信息传递中串行的位(bit)流转换成字节块信息;输出时,则是将字节信息调制成通信协议规定的串行位流;

(2) 在信息传递中进行一些规则的代码判别和校正处理;

(3) 将接收到并校正后的数据的字节信息发送到处理器中。

串行接口控制器是一款简单的设备控制器,对于比较复杂的设备控制器,其中包含的功能会非常多。对于复杂的设备控制器来讲,可能需要管理的任务量也会很多。因此,在操作系统中有各种专门的模块来实现对各种控制器的管理。

10.1.3 I/O 端口描述与访问

在 I/O 设备管理中会经常碰到一个问题,即 I/O 端口的访问。因为在 I/O 设备的连接与使用过程中要不断地与处理器进行信息交互,这些信息有时简短,有时冗长。那么这些信息将放在哪里呢? 在系统设计中可以采用不同的方式存储,下面分别加以说明。

在传统的计算机体系结构中,如果要新增一种可支持的 I/O 设备,系统中就需要为其建立一系列的支持机制,这其中包括建立专用的设备访问端口并对其进行编址,这些 I/O 端口地址将需要提供给用户,使用户程序可以通过端口访问命令实现对端口的访问。这种方式称为独立 I/O 端口方式,如图 10.1(a)所示。在这种体系结构下,内存地址空间和 I/O 地址空间是完全分离的,在系统中需要设立特殊指令来实现对 I/O 端口的访问。比如,在 Intel 处理器中见到的"in reg,port"或"out port,reg"指令,就是专门用来访问 I/O 端口的指令。另外,Intel 处理器中包含的"mov reg, 6"类指令是对内存空间的访问指令,使用这类指令无法实现对 I/O 端口的访问。在这种体系结构的处理器中,需要针对每一种 I/O 控制器设立专门的寄存器或 I/O 端口地址,操作系统对 I/O 地址空间及系统数据内存空间的管理也需要采用两套方案来完成。也就是说,利用普通访存指令是不能访问 I/O 端口的,必须在处理器的指令系统中设立一些专门的指令来实现对外设端口(地址)的访问。

另一种方式是将 I/O 端口地址与系统内存统一编址,可以将对内存的访问和对 I/O 端口的访问统一起来管理。在这种结构中,将 I/O 端口的各个功能寄存器、控制状态器,统一看作系统内存单元,将它们和系统内存统一进行编址,并且可以用统一的指令集进行访问,这种方式称为内存映射 I/O 端口方式,如图 10.1(b)所示。图中将 I/O 端口的编址放在内存的顶端,访问时由操作系统按内存地址位置来区分访问的是系统数据内存还是 I/O 端口内容。内存中这部分表示 I/O 端口的地址空间就称为内存映射 I/O 端口,它虽然包含在内存中,但代表的却是 I/O 地址。在这种系统结构中,处理器不需要增加特殊的指令,仅用普通的访存指令就可以实现对 I/O 端口的访问。

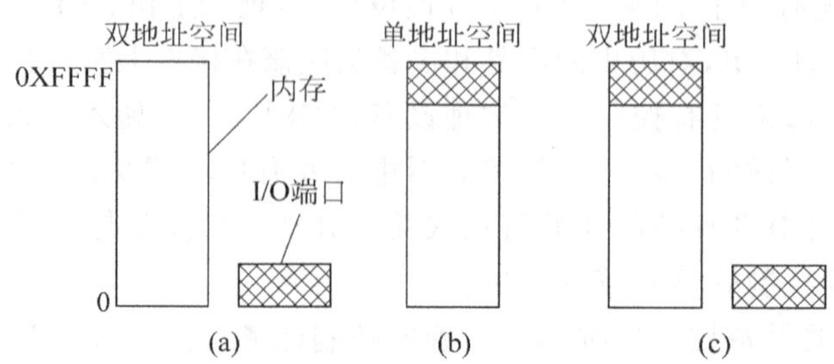

图 10.1 常见 I/O 端口描述方式

第 3 种方式是如图 10.1(c)所示的形式，将以上两种访问设置方式混合在一起，在系统中设有独立的 I/O 端口，同时又建立了内存映射 I/O 访问区。在 I/O 管理中将设备的 I/O 端口设立成独立的区域，而将内存映射的 I/O 空间用来存放与外设交互中的缓存数据。这种设置方式，在当今高档 PC 系统中比较常见。

内存映射 I/O 端口方式有一些优点同时也存在一些缺憾，主要包括以下几点：

(1) 内存映射 I/O 不需要特殊的读写指令访问设备控制寄存器或地址空间，这为用高级语言编写驱动程序提供了便利。

(2) 在操作系统中通过对地址空间的访问限制，就可以阻止用户进程对 I/O 的特殊操作，这将更加有利于驱动程序的设计。

(3) 由于内存映射 I/O 使用统一的内存编址，设备的端口已在内存中分配，所以系统的编码方案也比较简单。

(4) 内存映射 I/O 访问方式有可能影响高速缓存机制的设计。由于 I/O 端口也在内存页面中表示，当使用高速缓存时要加以区别，若将 I/O 访问也执行高速缓存机制，则 I/O 端口的变化信息就不会被查阅到，从而产生严重的错误。所以这时，每个页面要有是否禁用高速缓存的选择控制。

(5) 在内存映射 I/O 方式中，对于每条指令的执行都需要检查所有内存的引用，否则，将无法知道该指令是要作内存访问还是作 I/O 访问。但是系统中若采用具有高速内存总线结构时，这种内存引用检查机制又不合适了，需要重新进行考虑。

以上总结中的前 3 点是采用内存映射 I/O 方式的优点，后两点是这种机制存在的问题。

10.1.4 DMA 访问机制

在 I/O 硬件中有一种称为直接存储器访问(direct memory access，DMA)的管理机制，这种管理机制主要用于实现设备与存储器间的大批量数据传递。在采用 DMA 方式完成数据传递时，系统主处理器只需控制对 DMA 控制器的设置和接收 DMA 控制器的中断请求，其他具体的传递过程交由 DMA 控制器管理，因此主处理器的工作量大为减少，当 DMA 在控制数据传递期间，它可以转去处理其他事务。

DMA 控制方式和处理流程如图 10.2 所示，其中共包含了 5 个主要步骤。这里配合 DMA 控制器工作的控制程序，需要完成初始化时对 DMA 控制字和相关寄存器的设置(比如传送内存的起始地址、传送字节数等)，当 DMA 操作开始后，可以让处理器转去执行其他处理，直到这一批数据传送结束后，DMA 控制器会向处理器发出中断请求并告知本次数据传送的情况，控制程序再对 DMA 进行关注发送下一次的 DMA 处理操作指令。

图 10.2 只是说明了磁盘与存储器之间的直接数据传递步骤，另外还有一个需要关注的内容就是 DMA 控制器。因为在这种传递方式中，系统的所有传递操作都要通过 DMA 控制器来完成，比如 DMA 控制器完成对 I/O 设备的批量数据块调度，完成对所需存储单元的数据与地址格式的转换等，主处理器只对执行该任务操作的进程进行总体控制与管理。

处理器要对 DMA 控制器进行控制，要对 DMA 控制器进行编程，实现对其控制寄存器的设置，包括对传送地址(内存中的)的设定、传送数量(传送块大小)的设定、各种控制寄存器的初始化设定等操作。当执行这一 DMA 操作的进程被处理器调度后，处理器会将内存和实施这一 DMA 操作的 I/O 通道设备挂起(置成“忙”状态)，以脱机方式交给 DMA 控制器进行后续管理。然后 DMA 控制器将这一请求分别传送给内存管理器和磁盘控制器；当磁盘控制器和内存管理器都认可了这一请求后，就可以实施磁盘存储器和内存间的批量数据传递了。这时，内存和磁盘之间按照要求独立完成批量数据的传递，不再需要处理器的干预；这期间 DMA 控制器要不断地监测和判别数据传递是否完成，若传递完成，它就向处理器发送中断请求，提示处理器本次操作完成。而处理器接到此中断请求后就转去完成相应的中断处理程序(如：撤销内存和 I/O 通道“忙”标志，给用户程序返回传递结果等)，并根据程序要求决定是否还需要做下一轮的批量数据 DMA 传递操作。

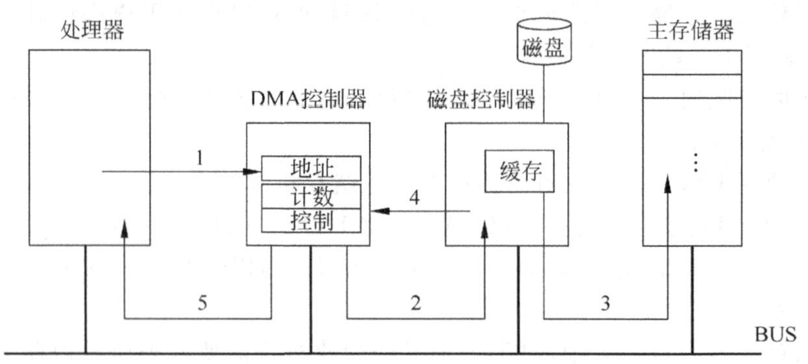

图 10.2　用 DMA 方式完成磁盘与存储器数据传递流程

1. CUP 中程序对 DMA 进行配置；
2. DMA 请求传递给存储器；
3. 数据开始传递；
4. 传递完成后磁盘控制器向 DMA 控制器作应答；
5. 当一次 DMA 结束时请求中断。

DMA 控制器的逻辑结构如图 10.3 所示，其中包含了数字计数、数据寄存器、地址寄存器和控制逻辑等几大部分。一般来讲，I/O 控制器和 DMA 控制器的连接方式如图 10.2 所示，使用单一系统总线将它们连接在一起。在这种连接方式中，处理器、存储器、I/O 控制器、DMA 控制器之间数据占用总线的几率是平等的，但这种连接并不是最佳方式，因为在这种连接方式中，无论进行哪种信息传递都必须经过总线，显然这里的总线是一个瓶颈。

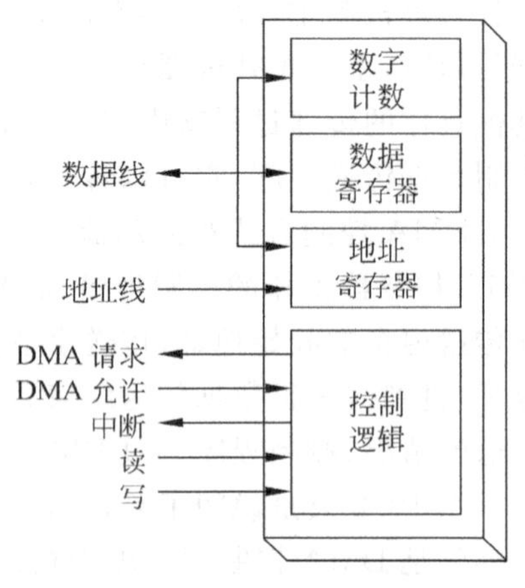

图 10.3　DMA 内部逻辑结构图

因为采用单总线连接方式会影响到数据传递的效果，即便是采用了 DMA 方式完成批量数据传递，也很难实现理想化的并行处理效果。对于功能要求多，特别是 I/O 信息交互量大的系统，使用单总线连接显然是不合适的。可以采用双总线、多总线、I/O 总线等多种连接方式，比如可以用如图 10.4 所示的方式将 DMA 控制器连入系统，图中的含义是针对速度要求相对较低，但种类繁杂、信息交互操作任务频繁的 I/O，可以用专用通道实现连接管理。而设备的 I/O 控制器或 DMA 控制器直接与 I/O 通道进行连接，这时的 I/O 总线有效地缓解了系统总线的传输压力，而且 I/O 通道的高效处理能力也能够满足对 I/O 管理独立处理的要求。所以采用这种连接方式,可以较好地解决 I/O 访问中的并行问题。

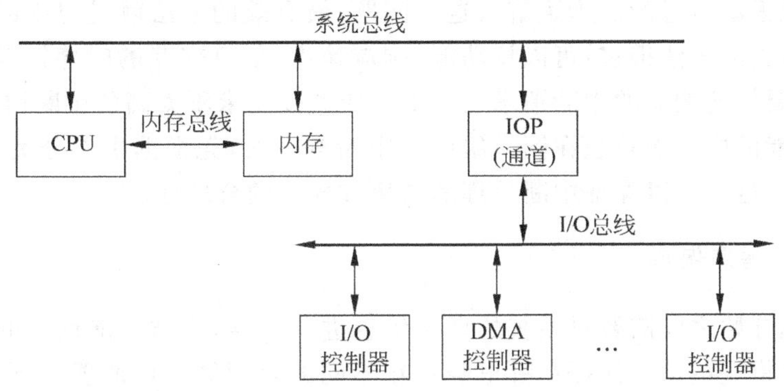

图 10.4 具有 I/O 总线的系统结构

10.1.5 I/O 中断机制

本书第 1 章给出了中断的基本概念,说明了中断的基本功能及管理机制,这里还需要对中断的有关问题进行阐述,重点说明中断技术在 I/O 管理中的应用。

诸如典型的 PC 系统结构,处理器要通过中断方式管理 I/O 操作就需要在系统中增添中断控制器。中断控制器被连接在总线上,它通过总线与处理器交互信息,而设备与中断控制器之间是通过总线上的中断线连接的。通过中断线,中断控制器可以了解到设备操作的情况,确定是否需要向处理器发出中断请求,物理设备与控制器及处理器的基本连接方式如图 10.5 所示。在使用中断机制管理设备的输入、输出的过程中,有一些具体的问题需要关注,下面分别加以说明。

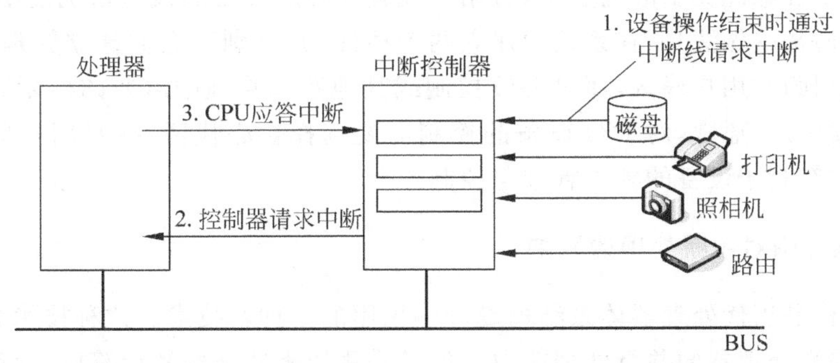

图 10.5 物理设备与控制器及处理器的连接

1. 中断服务程序的选择

对于不同的设备管理或同一设备的不同运行模式,都需要使用不同的中断服务程序进行管理。当发生中断时,需要对中断服务程序作选择,常用的做法是在系统中建立一个中断向量表,将系统中所有的中断都安排在该表中,并确定一个向量值,同时,针对每个中断向量配以简要的描述。在中断向量表的描述中,还可以将中断向量巧妙地作为中断服务程序的入口索引值,这样,通过查询向量表就可以找到中断处理程序的入口地址。

如果上述方法中需要查询的中断类型较多,有关的向量表就会较大。那么,查询中断向量表就是一件很麻烦的事情；不能实现快速查询就会影响中断响应，而中断响应慢，是许多现代计算机系统无法容忍的。为了解决这一问题，最有效的方法就是对中断的种类进行分类管理。中断分类的方法很多，可以按功能、响应速度、信息交互的时序性等进行分类。中断分类后，将需要快速响应的中断请求与相对响应速度要求不太高的中断请求，分别进行排队，使有相似功能的中断请求放在同一组中。中断查询时，先根据中断分类进行查询，再做具体中断的查询，这样可以保证中断处理的效率和控制的合理性。

2. 中断现场信息保存

在中断处理开始之前需要对系统的现场信息进行保存，这样才能使中断返回时执行正确的步骤。但是将这些信息保存在哪里呢？在不同的处理器中可能要求不尽相同。比如，在有些处理器中设立了一系列的内部寄存器专门用来存储这类信息，这些内部寄存器不对一般用户开放，只给操作系统保留访问权。当需要时，操作系统通过对这些内部寄存器的访问就可以了解到现场信息情况。还有一些处理器采用堆栈的方式保存现场信息，这时要通过对栈指针的管理来了解现场信息。这两种方法各有利弊，在大多数计算机系统中，采用后一种方式保存中断现场的信息，因为这种方法的最大优点是信息保存和信息访问的标准化和通用性较好。

3. 用户栈/核心栈的选择

栈结构在系统软件设计中使用得比较多，用户程序或对用户程序进行管理的系统程序都有可能用到栈。在实际应用中，如果将 I/O 中断管理所用到的栈与用户程序或其他程序用到的栈混合成一体，那么只要有一个地方使用的栈发生错误，就会殃及全部，甚至会造成系统死机。为了杜绝此类事故的发生，将用户或其他程序使用的栈与系统使用的栈分开，是明智的做法。通常的做法是，在系统中建立两个栈区，并分别对它们建立管理机制，用户程序中使用的栈划归在用户栈区，而对 I/O 控制或其他系统管理中需要的栈划归为核心栈区（也称为系统栈区）。通常，对 I/O 设备的控制需要选择核心栈区，并对用户的直接访问进行隔离，这样才有利于设备的独立管理与控制。

4. 流水线结构对中断处理的影响

流水线结构是当代处理器体系结构设计中采用的一种新技术。这种技术利用多条指令的异步并行，提高处理器的并行处理能力。但是采用流水线结构和计算机并行体系结构，会对中断处理机制产生影响，而且这是一个比较复杂的系统设计问题。因此，在具有流水线结构的新型计算机系统中必须要对传统的中断处理机制进行改造，否则将无法正确实现中断处理。与这个问题类似的还有超标量结构计算机、多核系统计算机中的中断处理机制改造问题。

由于 I/O 中断管理中包含的知识和概念较多，无法要求读者一一掌握，但是其中有一些是必须掌握的，比如读者应重点理解中断机制是使 CPU 和 I/O 控制器协调工作的一种手段；I/O 控制器或 I/O 通道可以使用中断请求向 CPU 发出干扰信息，以得到 CPU 对其执行情况的关注及控制；而 CPU 是根据产生的 I/O 中断事件来了解当前设备的 I/O 操作执行情况并加以控制管理的，等等。

10.2 I/O软件设计技术

前面说到,输入/输出部件中包含硬件和软件两部分内容,10.1节主要介绍了I/O硬件的有关知识,本节讨论I/O软件的设计问题。

10.2.1 I/O软件的功能

I/O设备大部分是为使用计算机的人服务的,因此,I/O设备的信息表示方式和传输速率应以人的接受习惯为标准。人所能接收的信息是多样化的,因此,外设的种类也是多样性的。但是,无论何种外设都必须与计算机系统连接,设备连入计算机后可以将它们归纳为三大类,即输入型外设、输出型外设和输入/输出型外设。为了适应人的接收习惯,I/O设备接收或向外发送的可能是一些物理信号,比如可能是可见光、无线电波、红外线等,传递的也可能是一些信号、图形、图像、声音、视频等。这些信息和数据可能是数字量,也可能是模拟量。当然,I/O设备中的信息如果能够被计算机系统所识别,那么首先要做的就是数字化处理,然后是信息的存储和传递。

接收信息的数字化过程,一般都在I/O设备的接口部分完成。在设备接口部分实现了物理信息向数字信息的转换处理,从而将这些光学、声学、电学、磁学、各种生物学等的物理量用基础电学电路加以量化(用模拟电量表示),再通过A/D或D/A转换电路完成信息类型和格式的交互。而在操作系统的I/O软件模块中,需要完成的是将外部设备传递来的数字信息进行接收、存储、判别、变换、分类传递等操作。

一个高效的I/O管理软件设计可以提高设备使用效率,从而极大地提高了计算机系统的处理能力。通过有效调度、合理匹配等方法增强系统的I/O处理能力,尽可能地将I/O对信息及数据处理产生的瓶颈状况减少到最小,提高I/O访问或I/O处理的效率,使处理器和外设之间的处理速度更加和谐,用户对外设的使用更加方便,以上即为操作系统管理I/O设备的宗旨。

一般情况下,操作系统会对不同类型、不同功能、不同操作方法的设备使用操作差异的屏蔽,让用户通过方便、简单、统一的操作方法和操作界面使用外设。这一点,在当今的个人计算机上体现得比较突出,比如Windows,Linux等系统都能为用户提供一键式的I/O设备使用机制。

在I/O软件中,通过建立有效的设备管理机制,还可以简化设备的控制和调整过程。这将对设备管理也极其有益。比如,当需要在系统中进行设备的添加、删除、更新,或是进行设备类型变更等操作时,通常可以不通过系统级编程,而是用命令或直观的界面操作来完成。

除了以上工作外,在I/O软件设计中还有另外一个重要任务,那就是要让用户在编写程序和进行程序调试时,感觉到与具体使用的物理设备无关。也就是说,程序员在编程时,可以不用考虑所使用的物理设备的差异和特性,用几乎相同的手段和方法实现从不同的设备中获取信息(比如从软盘、硬盘、CD-ROM、键盘中读取所需数据或文件),或是向各种设备上输出所获得的结果(比如向软盘、硬盘、显示器输出信息)。这期间,当程序要对I/O设备进行访问时,若有操作上的差异,将由输入/输出软件内部处理消化掉。这样就可以为用户和应用程序提供简洁的使用方法和标准的操作过程，最终的效果就是使用户得到上面提到的一键式使用外设方式。综合起来讲，输入/输出管理软件要完成的主要功能包括：

(1) 保持设备的独立性。程序可以方便地访问任何一个 I/O 设备，无需事先指明是什么设备(如指明是软盘、硬盘、光盘等)。

(2) 为用户提供简洁、方便的设备使用接口形式。建立包括用户命令操作、程序设计函数等多种形式的接口模式。

(3) 实现用字符命名设备。当系统中的一个文件或一个设备都具有相似的访问特性时，可以用一个字符串或一个整型量来表示，而这些字符串或数字量不与具体的设备相关。

(4) 完成同步和异步传输功能。实现设备与存储器间的成块传输，同时完成中断驱动模式的控制。

(5) 完成设备的分配、占用与释放管理。当用户请求使用某一外设时，设备管理模块负责进行该设备通道或控制器的分配；当设备使用完成后，负责进行资源的回收和释放。

(6) 帮助用户进行设备的访问和控制。当有多个进程请求使用外设时，设备管理模块要进行并发访问控制和共享设备分配管理，同时还要对出现的错误情况进行处理和提示。

在实现以上这些功能时，I/O 软件设计需要采用一些特定的技术，这些技术包括数据传递中的缓冲技术、出错处理控制方式、共享与独占设备的分别管理等。由于 CPU 与外设间存在很大的处理速率差异，当数据离开某设备后，通常并不能直接存储到目的地，而需要进行缓冲处理。另外，因为 I/O 设备发生错误的几率较大，如果错误处理机制建立得不合适，将会影响到整个系统的运行，需要采用对错误处理尽量放在低层完成的方法来解决。对于共享与独占设备，由于它们在使用上的差异，需要分别进行处理，并附加一些限制条件，比如限定磁盘设备可以提供共享访问，而磁带设备不允许提供共享访问等等。

10.2.2 程序控制 I/O 访问方式

I/O 管理中可以按照程序控制方式实现 I/O 的各种管理。所谓程序控制方式是指对于所管理的 I/O 设备的每一项操作，都由程序发起并由程序监测设备 I/O 操作的具体执行过程，控制并处理执行过程中发生的所有事情。在这种控制方式下，程序对碰到的 I/O 操作要等待每一项操作完成后再决定执行下一步的操作。因此，这种 I/O 控制方式，其外设的每一项动作都在程序的严格控制和监测下进行，设备的每一次数据读、写动作都需要通过处理器的干预才能完成。

程序控制 I/O 访问方式的优点是，所有 I/O 操作都在程序的掌控中，设备的操作过程比较清楚、直观。但缺点也很显然，即处理器要分出很大的精力来应对 I/O 操作；最不能容忍的是，当外设在作数据输入、输出时，处理器只能在那里等待，白白浪费了处理器的宝贵时间。比如需要向显示器输出一个字符串，参照图 10.6 可以看出，采用程序控制 I/O 访问方式需要采取以下步骤：

(1) 假设需要输出一个字符串 ABCDEFG，那么在用户程序中会有对该串的描述，因此它首先应该出现在用户程序空间中，如图 10.6(a)所示。系统要做的事情是将该字符串传递到打印页面上。

(2) 通过用户程序的执行，I/O 系统程序接受了用户的打印请求，这时就将该字符串从用户空间传递到了系统空间中，进入系统空间后，该字符串就进入到输出处理循环中，如

图 10.6(b)所示。

(3) 打印输出程序会按照字符串指针位置逐个地将字符传递到打印页面中,直到字符串输出完成,如图 10.6(c)所示。

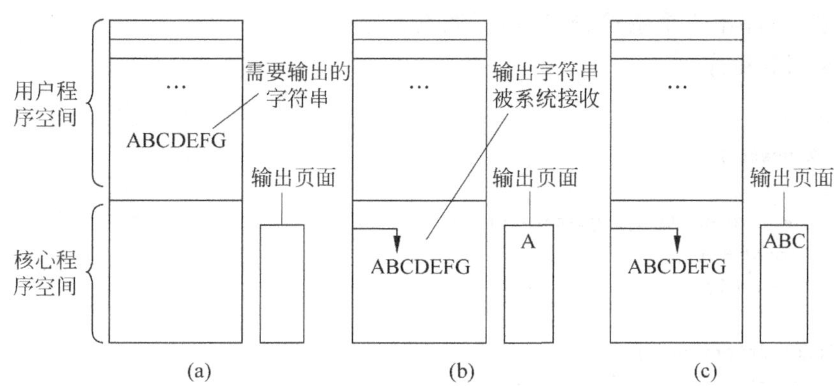

图 10.6 程序控制方式输出字符串示意图

根据以上处理步骤,将字符串传送到输出页面的程序为

```
copy_from_user(buffer,p,count);
for(i = 0;i < count;i ++ )
     { while( * printer_status_reg != READY);
      * peinter_data_register = p[i];
     }
Return_to_user( );
```

这里,参数 p 是核心态的缓冲区,程序语句中对字符串中的每个字符进行循环操作,如果接收打印字符的寄存器没有准备好(有可能正被其他程序占用),程序将在这里循环等待,直到该寄存器准备好为止。通过这段程序,就将缓冲区 p 中的一个字符传入打印寄存器中,也可以完成一个字符的输出操作。

10.2.3 中断驱动 I/O 访问方式

对 I/O 的管理还可以使用另外一种控制方式,那就是中断驱动方式。在中断驱动控制方式中,I/O 操作也是由程序发起的,所不同的是在设备执行某一 I/O 操作时,处理器根据需要可以转去做其他事情。当这一 I/O 操作完成时,由外设向处理器发出中断请求,处理器再转向对它的控制和管理。采用这种方式,虽然 I/O 数据的每次读、写也必须通过处理器来管理,但与程序控制方式不同的是,外设在进行数据处理时,处理器不必循环等待,这样可以节省一部分处理器的时间。

当使用中断驱动方式实现图 10.6 中的字符串输出操作时,其程序操作步骤会有所变化,这时程序执行将分成两个部分,一部分是中断处理程序,另一部分是中断服务程序:

(1) 当 print 系统调用产生时的中断处理程序

```
copy_from_user(buffer,p,count);
enable_interrupts( );
while( * printer_status_reg != READY);
```

```
*printer_data_register = p[0];
scheduler( );
```

这段代码的主要任务是在产生中断时进行前期处理，包括将字符串传递到核心缓存中、打开中断使能、打印第1个字符，然后运行调度程序。

(2) 中断服务程序

```
 if(count == 0)
 { unblock_user( );
 } else {
          *printer_data_register = p[i];
         count = count - 1;
         i = i + 1;
      }
 acknowledge_interrupt( );
return_from_interrupt( );
```

这段代码完成中断处理中的具体操作，首先判断字符串是否已被输出完毕，若已输出完毕，就解除对用户进程的阻塞，否则，就继续打印输出下一个字符，然后应答中断并返回到中断前运行的进程中。

10.2.4 直接存储器 I/O 访问方式

除了以上两种方式外，还可以采用直接存储器 I/O 访问方式。在直接存储器访问方式中，可以通过 DMA 控制器来实现 I/O 设备与内存的直接数据传递。这种传递方式首先由程序设置 DMA 控制器中的寄存器值，如内存始址、传送字节数，然后启动 I/O 操作。这时，DMA 控制器开始控制内存与外设之间的数据交换；当这批数据交换完成后，由 DMA 控制器向 CPU 发出中断请求，进行下一步的操作控制。

直接存储器访问方式的最大优点是，在数据传递过程中，处理器只需干预 I/O 操作的开始和结束两个阶段的工作，其间的设备与存储器之间的一批数据读写过程，无需处理器的干预。这种控制方式比较适合对具有高速传递功能的设备进行控制。如果使用 DMA 方式打印输出一个字符串，则其控制步骤包含以下两部分内容：

(1) 当执行 print 系统调用时运行的代码

```
copy_from_user(buffer,p,count);
set_up_DAM_controller( );
scheduler( );
```

(2) 中断服务程序中的代码

```
acknowledge_interrupt( );
unblock_user( );
return_from_interrupt( );
```

显然，这种控制方式与中断控制方式相比，程序执行步骤更加简单。关于 DMA 的逻辑结构，在 10.1.4 节中已作了说明。DMA 管理方式下的数据传递过程是通过处理器向 DMA 控制器发送指令完成的，结合 DMA 的逻辑结构(参见图 10.3)，具体指令执行过程如下：

(1) 处理器向 DMA 控制器发出读或写操作请求,这类指令是通过读、写控制线传送到 DMA 控制器中的。

(2) 在开始数据传送之前,通过数据线传送 I/O 设备地址。

(3) 然后传送读、写寄存器的起始地址,并且由 DMA 控制器将这些地址保存在它的地址寄存器中。

(4) CPU 再向 DMA 传送读/写字节数,DMA 将其保存到它的地址寄存器中。

当这些操作都完成后,处理器就可以转去做其他工作了,这时 I/O 设备开始与内存间传递数据,直到这批数据传送结束为止,DMA 控制器会向 CPU 发出中断请求,并等待接收下一批数据传送的指令。

10.2.5 I/O软件技术的变迁

I/O 软件与其他软件的发展规律相似,也是从功能单一的雏形逐渐发展为功能完善的系统,因此对 I/O 的控制方式也是从简单型逐渐变迁为复杂型的。在 I/O 软件技术的发展过程中还融入了与 I/O 硬件技术发展相互兼顾的内容,早期的可连入计算机的外设与现代的可连入计算机的外设相比,无论是从类型数量上还是从功能复杂度上都发生了翻天覆地的变化。从这个意义上讲,I/O 软件设计也是在不断适应硬件的改变中发展起来的。

今天的 I/O 控制管理,已不再是操作系统中的一个简单功能块了,它已经发展成为具有软件结构和设计方法的独立软件分支。更值得关注的是,有关这方面的技术研究在近些年来发展得很快,这些技术也为计算机的推广和应用做出了巨大贡献。归纳起来,输入/输出软件的发展包含了以下 6 个阶段。

阶段 1:外设用简单接口与处理器连接,在软件设计中,用处理器直接控制外设的所有操作步骤。

阶段 2:在系统中增加了专用的 I/O 控制器,可以将软件设计成一个 I/O 管理模块,但这时的软件可能是采用无中断方式完成的。

阶段 3:系统中增加了硬件中断部件,在软件设计中将原来的 I/O 管理模块改善成为可支持中断处理的执行模式。

阶段 4:在硬件中有了 DMA 控制模块,相应地,软件也增加了用 DMA 方式管理 I/O 设备的功能模块。

阶段 5:硬件上 I/O 模块增强成为一个单独的处理器,I/O 处理器可以完成一系列的 I/O 活动;这时,对操作系统的 I/O 软件作了较大的改变,将 I/O 处理器与主处理器之间设计成主、从处理器的控制与管理方式。

阶段 6:硬件上 I/O 管理模块被扩展成为一个计算机模式(即 I/O 控制器中既包含指令控制功能又包含存储功能),这时操作系统中的 I/O 管理已设计成为独立系统,在管理上主处理器已极少参与 I/O 设备的管理与控制,主要由 I/O 处理器完成对 I/O 的管理与控制。这时发展了多种软件设计技术,包括分层结构设计、并行处理能力、设备无关性设计、虚拟外设映射等等。

今天的 I/O 系统已实现了多种 I/O 设备的统一管理,接入系统的 I/O 设备可以高性能地运行,接入设备也可以灵活地调整,还可以采用即插即用方式对设备进行链接与自适应设置。

10.3 构建I/O管理子系统

本节重点讨论现代计算机系统中I/O管理子系统的设计问题，由于I/O软件设计中有太多的具体问题要面对，不同类型处理器的内部结构和不同系统的控制机制都会影响到这部分软件的设计，因此，这里主要基于对基本技术和基本解决方案的描述。结合这些内容，读者可以对某个典型的I/O子系统进行源码分析和解读，了解具体的实现方法。

10.3.1 I/O子系统设计特点

I/O设备管理软件子系统的设计与其他软件系统设计相比，存在一些独特性，简单地来说包含以下几个方面：

(1) I/O软件设计中需要考虑与系统硬件有关的一些特性。因为I/O软件设计无论如何调整，最终都无法避免要与有关硬件设备关联，或与硬件设备进行信息交互。

(2) 设计中要考虑如何提高设备和处理器执行效率的问题。在I/O软件设计中要时刻注意提高I/O设备访问效率、外设与处理器执行效率的相匹配性以及不同外设之间的相互匹配性等问题。

(3) 设计中要考虑用户使用物理设备的方便性问题。这里的方便性包含两层含义，一层是方便用户使用，比如为不同类型的设备提供统一的使用方法，以减少用户使用I/O设备的复杂度；另一层含义是要方便管理员用户对设备实行调整与控制的操作，也就是说，当操作系统需要调整对设备的控制方式时能够较容易完成；比如可以方便地增加或删除设备、调整设备的各项参数等。

作为一个I/O管理子系统，需要完成的一般性功能包括：提供设备使用的用户接口，这里包括命令接口和编程接口；实现对设备的分配和释放管理，即在使用设备前，需要分配设备和相关进程共享通道、控制器，当使用完后要负责释放这些资源；完成对设备的访问和控制，包括对多个设备的并发访问和差错处理等管理；完成对I/O缓冲区的管理与调度。

在I/O子系统中，可以对多个设备设立多种缓冲区，因为增加缓冲可以提高I/O设备的访问效率。但是对多种缓冲区的管理又是一个技术难点，因为如果管理不当，不但没有起到积极作用，还会产生负面效果。这些都将是在子系统设计时应该注意的问题。

10.3.2 I/O子系统构建结构

结合现代软件设计技术，I/O管理子系统在设计中通常也是采用分层结构进行设计。一般来讲，可将I/O软件分成4个层面来考虑，如图10.7所示，其中包含了用户I/O软件接口层、设备无关系统I/O管理层、设备驱动程序层、I/O中断管理程序层等。

这里，最上一层是为用户的程序设计提供的I/O访问接口，它们可以是一些标准的I/O访问库程序；第2层是操作系统中的I/O管理软件部分，这部分软件通常实现与具体硬件控制设备的无关性设计，实现标准的接口访问，实现内部设备交互机制

用户I/O软件接口层
设备无关系统I/O管理层
设备驱动程序层
I/O中断管理程序层

图10.7 I/O管理子系统设计分层结构

等；第3层是设备驱动程序层，主要存放所控制管理的设备驱动程序和访问控制软件；最下面一层是I/O中断管理程序层，这一层与具体I/O设备的内部处理机制紧密相关，主要控制具体设备的启动、停止过程，实现设备共享机制等内容。

I/O子系统的分层还可以有其他方法，但是无论采用怎样的分层方法都应掌握一个基本原则，那就是每一层都要有一个明确的任务目标，同时，层与层之间要有清晰的访问机制和依赖关系。这样才能使系统设计目标明确，而且每个分层的功能容易实现。

10.3.3 中断处理程序设计

在10.2节中介绍了以中断方式控制I/O设备的方法，其中也包含了一些中断处理程序设计的问题。由于中断处理程序的作用比较特殊，对它的设计和应用也有一些特殊性。比如中断处理程序通常会被深藏在操作系统的内部，不允许用户程序对它进行直接访问，这样做可以保证中断处理程序使用的安全性；中断处理程序要求代码设计精致，这样可以保证中断处理的高效性。这里讨论中断处理程序的设计概念。

一般地，处理器与系统中的I/O设备交互有两种形式，一种是处理器向设备发送命令，另一种是设备向处理器传递信息。处理器向设备发送命令是比较容易实现的，通过指令或程序就能做到；而设备向处理器传递信息将如何实现呢？大家可能想到了，那就是采用中断方式来完成。系统的中断机制可以允许设备在向处理器汇报自己的工作状况时，打断处理器当前正在做的事情，使设备的工作状况得到处理器及时的关注。

采用中断方式管理I/O设备还有另外一个原因，即在I/O设备中通常会有一个非常小的存储区(一般是RAM)，I/O设备产生的状态信息一般都临时放在这个小存储区中，如果处理器不在这些信息可用的时间段中被及时读出，这些信息就会被新产生的信息覆盖，处理器将无法与硬件设备进行正确的信息交互。因此，在I/O设备与处理器交互过程中，需要设计专门的中断处理程序，管理设备与处理器之间的信息交互。

基于中断的基本概念可知，中断机制要求处理器在接到一个中断时，就要停止当前正在做的一切工作(除非它正在处理一个优先级更高的中断)，接着把当前正在使用的相关参数存储到栈里，然后调用中断处理程序去完成中断处理。当中断处理完成后，再将存储在栈中的数据恢复出来，返回到原来程序的执行中继续工作。若详细区分，则中断处理一般分为中断响应和中断处理两个步骤，中断响应过程由硬件来实施，而中断处理过程主要是由软件完成的。

在实际应用中，操作系统要解决的中断问题可被分成三大类，第1类是由处理器外部事件引起的中断，它们是真正的中断，像I/O中断、时钟中断、控制台中断等。第2类是来自处理器内部的事件或由程序执行引起的事件，这些通常被称为异常；比如由于CPU本身故障(电源电压低于105V或频率在47Hz～63Hz之外)、程序执行故障(非法操作码、地址越界、浮点溢出等)等产生的情况。第3类是由于在程序中使用了系统调用而引发的处理过程，这些通常被称为“陷入(trap，或者陷阱)”处理。前两类事件在大多数系统中统称为“中断”，因为它们的产生往往是无意的、被动的；而后一种被称为是“陷入”，因为它们是系统有意安排的、是主动的，显然，在处理过程中，对不同的中断类型要作不同的处理。

针对系统中可能产生的中断情况，系统要执行中断响应和中断处理。首先介绍中断响应中要完成哪些工作，然后再说明在中断处理中主要解决什么问题。

(1) 中断响应过程

中断请求和中断响应的整个过程，是由硬件和软件相结合形成的一整套实施机制。当有中断发生时，处理器暂停执行当前的程序，而转去处理中断请求。其中，由硬件对中断请求做出反应的过程叫做“中断响应”，一般来说，中断响应执行以下 3 步动作：

(a) 终止当前程序的执行；

(b) 保存原程序的断点信息，主要是指程序计数器 PC 和程序状态寄存器 PSW 中的内容；

(c) 从中断控制器中取出中断向量，转到相应的处理程序中去执行。

系统检查中断是否发生的过程是在指令执行中完成的。由指令执行步骤可知，处理器在执行完一条指令后立即检查有无中断请求，如果有，则立即做出响应。一旦发生中断，系统会立即做出响应，无论中断是来自硬件(如来自时钟或者外部设备)、程序(执行指令导致“软件中断—Software Interrupts”)或是来自意外事件(如访问页面不在内存)，系统都应该有应对措施。

在具有多级中断处理能力的系统中，还需要关注中断处理的优先级问题。如果当前处理器的执行优先级低于中断请求的优先级，那么它就终止对当前程序下一条指令的执行，响应该中断，否则中断请求不被响应。当处理器响应中断请求后，还会提升处理器的执行级别，一般需要提升到与中断优先级相同的级别上，以便在处理器处理当前中断时，能够屏蔽其他同级的或低级的中断发生。在中断响应后要保存断点现场信息，通过取得的中断向量转到相应的中断处理程序的入口地址中。如果当前处理器正在执行指令的优先级高于中断请求的优先级，这时的中断请求是无法响应的，这个中断请求只有等到高优先级指令执行完毕后才再被执行。

(2) 中断处理过程

当中断响应完成后，处理器从中断控制器中获得了中断向量，然后根据具体的中断向量从中断向量表(IDT)中找到相应的表项，该表项包含一个中断入口地址，于是处理器就根据中断入口找到了该 I/O 处理的总服务程序入口地址。在系统内部处理的主要执行动作顺序如下：

(a) 保存正在运行进程的各寄存器的内容，把它们放入核心栈的新页面中。

(b) 确定“中断源”或核查中断发生处，识别中断的类型(比如分辨出是时钟中断还是磁盘中断)和中断的设备号(比如确定出是哪个磁盘引起的中断)。当系统接到中断后，就从机器那里得到一个中断号，它是检索中断向量表的偏移量。中断向量表的格式会因操作系统的不同而不同，但通常都会包括相应中断处理程序入口地址和中断处理时处理机的状态字等信息。

(c) 系统核心模块调用中断处理程序，对中断进行处理。

(d) 完成后自动返回。中断处理程序执行完毕以后，核心模块便执行与机器相关的特定指令序列，恢复中断时寄存器内容并对核心栈进行退栈操作，进程就回到了用户态，继续原来的语句执行。如果这时设置了重调度标志，则在本进程返回到用户态时需要执行一次进程调度程序。

当系统中建立了中断处理程序，用户程序就可以和 I/O 硬件进行通信。中断处理程序不能在用户态中执行，因为在执行中断处理程序时系统是处在一种无控制的状态下，若允许在用户态运行，将会给系统带来极大的安全威胁，系统的可靠性几乎无法保证。因此，需要将中断处理程序深藏于操作系统内部，只有通过操作系统的控制才能访问到中断处理程序。

此外，在中断处理程序设计中还要注意的另一个问题是，中断处理程序不宜写得过长，原则上应该是只让中断处理程序做必须做的事情，这些事情主要包括从硬件读取信息或给硬件发送信息，完成后就立刻返回，把对新信息的处理调度放到中断处理程序以外去做，否则也会增加操作系统的不可靠因素。

10.3.4 设备驱动程序设计

在计算机指令执行中，所有的 I/O 操作最终都会被映射到对一个物理设备的操作上，而除了少数几个特殊设备以外，几乎所有的设备控制操作都是由该设备的特殊可执行代码完成，这些代码就是设备驱动程序。

设备驱动程序将完成对物理设备的操作和控制，它与设备硬件有着直接的关系。在有些操作系统中，设备驱动程序被集成在系统核心模块中，构成了管理或操作 I/O 设备控制器的软件程序；在有些操作系统中，设备驱动程序与系统核心模块相分离，形成独立的功能块。从实质上讲，设备驱动程序是对设备的抽象处理，所有设备驱动程序构成了常驻内存的实现对硬件处理的低级程序共享库。也可以说，设备驱动程序是操作系统内核中具有高特权级的、常驻内存的、可共享的下层硬件处理例程。图 10.8 给出了设备驱动程序在系统的逻辑位置，从中可以看出，设备驱动程序处于核心空间的操作系统中，它通过总线直接实现对设备控制器的连接和控制。

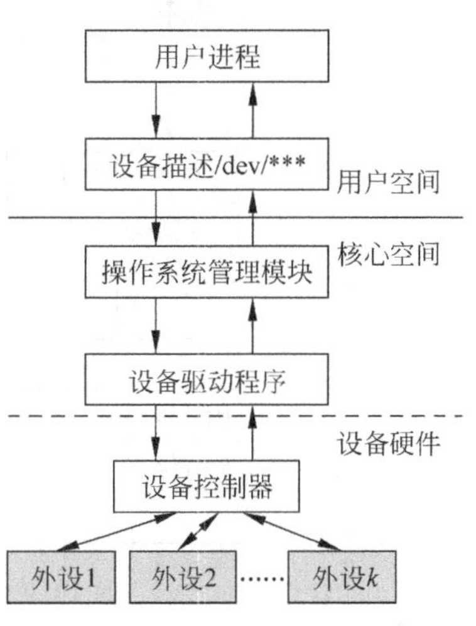

图 10.8 设备驱动程序的逻辑位置

由于设备驱动程序是操作系统内核中的一部分，它起到了与 I/O 设备管理软件相连接的作用。每当内核意识到需要对某个设备进行特殊操作时，就会调用相应的驱动例程；这时也使处理器的控制从用户进程转移到了驱动例程中，当驱动例程完成后，控制又被返回到用户进程中。下面分几个问题来描述关于设备驱动程序的设计问题。

1. 设备驱动程序的主要任务

如上所述，设备驱动程序构成了操作系统内核和设备硬件之间的接口，它主要完成的任务包括：

(1) 接收来自上层软件对设备访问的抽象请求；

(2) 将抽象请求语句转化成对设备的专用请求指令；

(3) 对设备控制器的工作进行监控；

(4) 对专用设备进行初始化；

(5) 对设备的启动与执行状态进行检测；

(6) 完成与上层软件的信息交互，或将执行结果反馈给上层软件。

通常，操作系统通过设备驱动程序，为应用程序使用 I/O 设备的请求提供服务。其中，操作系统屏蔽了硬件动作的细节，为用户提供一种统一的使用方法。而在设备驱动程序中，通常封装了如何控制这些设备的技术细节，并通过特定的接口导出一个规范的操作集合，内核使用这个规范的设备接口。比如在UNIX系统中，可以提供的是字符设备接口和块设备接口，再通过文件系统把设备操作导出到用户空间程序中，图10.9给出了UNIX系统管理设备驱动程序的示意图。图中说明了UNIX系统是在文件子系统的管理下，包含对字符设备和块设备的控制与管理，而在这些标准描述设备之下，进而实现与设备驱动程序的关联，然后再与硬件驱动模块控制进行关联。

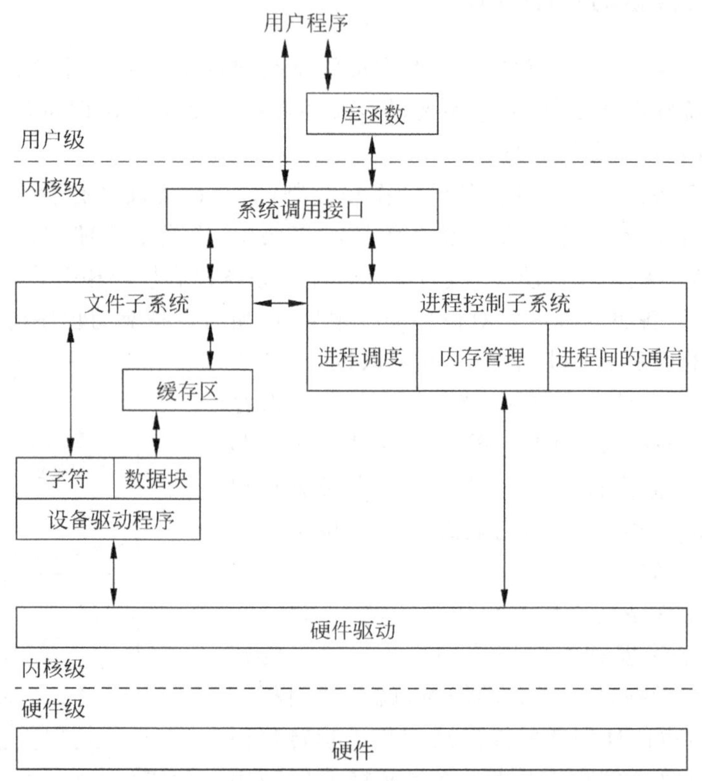

图10.9 UNIX通过文件系统对设备进行管理

2. 设备驱动程序设计结构

设备驱动程序可以是比较标准的组成结构，一般包含3个主要部分：

(1) 自动配置和初始化子程序

这一部分负责检测所要驱动的硬件设备是否存在，并且是否能够正常工作。如果该设备正常，则对这个设备及其相关的程序段，进行设备驱动程序需要的各种状态初始化。这部分内容仅在初始化时被调用一次。

(2) 为完成I/O请求服务子程序

这一部分又称为驱动程序的上半部分。这部分的功能是由于用户程序中使用了系统调用而引发的，当这部分程序被执行时，系统认为这些操作与原执行进程属于同一个进程，只是进程状态由用户态变成了核心态。因此，这部分程序被赋予了与系统调用相同的运行环境，这时就可以在程序执行中调用sleep( )等与进程运行环境有关的函数。

(3) 执行中断服务子程序

中断服务子程序又称为驱动程序的下半部分。不同的系统可能采用不同的处理方式，比如在 Linux 系统中，并不是直接从中断向量表中调用设备驱动程序的中断服务子程序，而是由 Linux 系统来接收硬件中断，再由系统调用中断服务子程序。

由于中断可能产生在任何一个正在运行的进程中，因此在中断服务程序被调用时，应该不依赖于任何进程的状态，也就是说，不能调用任何与进程运行环境有关的函数。设备驱动程序一般可以支持同一类型的若干台设备，所以在系统调用中断服务子程序时，还需要带一个或多个参数，以标识请求服务的设备是哪一个具体的设备。

10.3.5 设备无关性设计

在设备管理软件设计中，要面对的一个很棘手的问题就是如何应对变幻莫测的外设更新。因为当设备改变时(也可能是新增一个外设种类)，设备的一些特性参数要传递给设备管理子系统，设备的一些控制模式要添加到软件中，这实际上就是要求操作系统中的 I/O 管理子系统要具备随时改变的能力。让一个软件子系统随着外设的变换而大范围地发生改变显然是不可取的，虽然 I/O 设备的改变必然会带来某些软件代码的变化，但应该考虑如何将这种变化限制在最小的范围内，或者当设备变化时 I/O 子系统的结构不发生变化，只是在少量的程序内容上有所改变即可支持。这就是提出 I/O 管理软件设计设备无关性设计的最重要的原因。

在不同的操作系统中，会采用不同的方法实现设备无关性设计。比如在 Windows 系统中采用 PnP(即插即用)技术，在 UNIX 中采用逻辑设备概念。PnP 技术牵扯的内容比较繁杂，这里主要阐述逻辑设备的概念和设计技术。

在 UNIX 中建立了一种逻辑设备的概念，逻辑设备可以看成是从用户 I/O 请求到物理设备发生动作之间的一个过渡描述，它并不特指哪个具体的设备，而是一种抽象的概念设备。在系统中规定：用户或应用程序发送给逻辑设备的数据，一定会经过设备管理与驱动程序传递给某个指定的物理设备；而用户从逻辑设备中读出的数据，也必定是由设备管理与驱动程序从物理设备中获得的，它们之间的访问关系如图 10.10 所示。从图中可以看出，应用程序发出访问物理设备请求后，需要经过逻辑设备映射、操作系统中的设备管理模块、设备驱动程序(这些都属于操作系统内部控制)等几个环节后，才能访问到设备控制器，从而再访问到所需的物理设备。

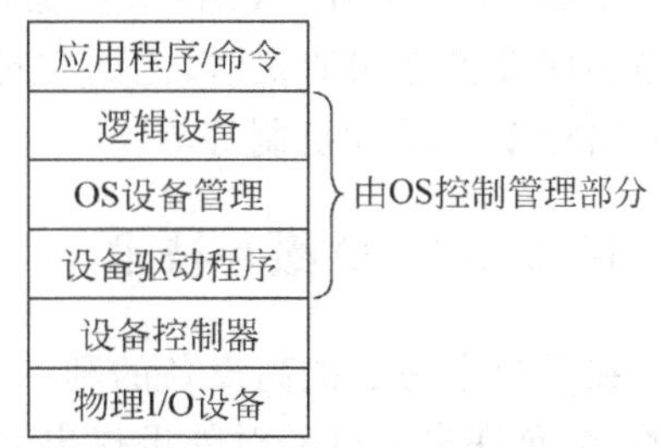

图 10.10 逻辑设备与物理设备之间的信息传递逻辑

在 UNIX 系统中建立了逻辑设备的概念后，紧接着又定义了逻辑设备与物理设备之间的对应方式，在对应方式中，具体说明逻辑设备与物理设备的映射关系，从而形成一个完善的描述体系。逻辑设备可以看成是与物理设备无关的，上层软件对设备的所有描述和设计都可以针对逻辑设备来进行，无需考虑具体设备的特性。对设备的具体对应，采用专门的模块来完成，这样就实现了 I/O 设备管理子系统具有较好的独立性。一般来讲设备无关性设计需要完成以下工作任务：

（1）为设备驱动程序建立统一的接口。这项工作有两方面的意义，一是建立逻辑设备操作模式，使用户的请求只针对逻辑设备而不针对具体的物理设备，这样在上层管理中可以做到接口一致；另一层含义是，当设备发生改变或需要添加一个新的设备时，只要符合设备驱动程序接口模式，系统的修改工作就会很容易完成。

（2）为设备管理建立缓存机制。建立缓存机制可以提高外设管理效率，有关这方面的问题将在 10.3.6 节加以讨论。

（3）建立与设备无关的错误处理框架结构。在 I/O 管理中要针对各种设备错误做出处理，虽然不同的设备错误处理是与设备相关的，但在用户指令或用户程序中发生的错误，可能与设备无关。比如，用户程序通过系统调用访问了一个外部设备，这时如果外部设备状态正常，则用户程序可以得到一个正确的反馈，并得到外设的服务，那么它可以继续下面的工作；如果设备不正常，这时用户程序应该得到一个 I/O 失效的反馈信息，可能会终止当前的进程工作。因此，系统中存在着两部分的错误处理工作，一部分是与设备有关的硬件状态探测处理，另一部分是接收到反馈信息后的错误管理软件，这部分是与设备无关的。所以在 I/O 错误处理框架中需要建立一种统一的错误处理方式和流程，将设备探测和错误处理程序分开设计，达到与设备无关的效果。

（4）对独占设备进行分配与释放管理。有些设备必须以独占方式使用，这就要求 I/O 管理子系统对它们的使用权进行控制，管理它们的分配与释放过程。可以采用直接请求方式，也可以采用排队方式，对独占设备要进行加锁、解锁控制，以保证设备的正确使用。

（5）供与设备无关的块大小控制。物理设备之间一次可读取的字节数可能不同（比如不同磁盘的扇区大小可能不同），这时应该由 I/O 管理子系统屏蔽掉不同设备的这一差异，向上层提供统一的块大小，供逻辑设备使用。

归纳起来，在 UNIX 系统中，I/O 管理与设备无关性设计主要做了两部分工作。一部分是实现了逻辑设备操作，在对逻辑设备操作时不涉及实际的设备控制，例如在系统中提供 Open，Close，Read，Write 等抽象命令实现对设备的访问；另一部分工作是实现了逻辑设备与物理设备之间的映射，比如实现了用户命令到设备操作序列的转换，为提高 I/O 访问效率增加 I/O 缓冲机制等等。

10.3.6 I/O 缓存技术

在系统中为了提高设备的利用率，通常希望尽可能地使外设处于忙状态，为了达到这一目的，会允许多个进程对外设提出多项请求。系统要对进程提出的这些 I/O 请求进行控制和限制，一个最基本的限制原则就是同一时间所有进程的 I/O 请求不能超过外设的总处理能力，超出 I/O 总处理能力进程的请求将无法得到满足。为了保证 I/O 设备能够高效运转，并管理好多个进程对 I/O 设备的请求，在系统中需要建立 I/O 设备的缓存机制。

1. 引入 I/O 缓存的目标

在 I/O 管理中，引入缓存机制主要有两个目标：一是改善处理器或用户进程与外设之间处理速度不匹配的问题，通过缓存方式将需要外设处理的信息存储起来，使外设通过缓冲区与进程交互，缓解 I/O 操作与处理器执行的速度差异；二是可以减少对处理器的中断次数，通过缓冲区可以组织对外设的批量操作，这样，在一次 I/O 请求中可以完成多项工作，以此提高处理器和 I/O 设备之间以及各个 I/O 设备之间的并行处理能力。

2. I/O 缓存的设置方式

建立 I/O 缓存的方式可以是多样的,因为 I/O 缓冲区可以建立在内存中、I/O 设备控制器上或是外设中。对于不同位置的缓存区需要采用不同的管理方法,因此也就形成了不同的 I/O 缓存管理方式。

用户与 I/O 设备间的信息交互,可以采用无缓存方式和有缓存方式来进行。在有缓存交互的方式中,还可以有单缓存或多缓存方式,如图 10.11 所示,可以用多种交互方式实现输入外设与进程进行交互,下面分别说明它们的差异:

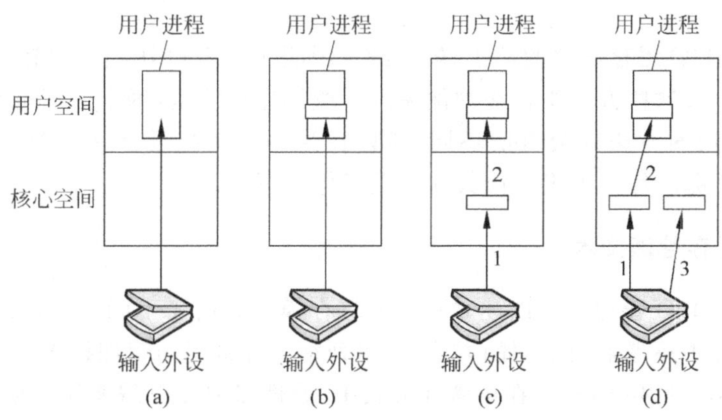

图 10.11 建立 I/O 缓存的多种方式

(1) 图 10.11(a)给出的是进程与输入设备间的无缓存交互方式。在这种方式中,每次输入设备的访问都要与用户进程连接,比如,有一个 UNIX 用户进程需要从某外设中读入数据,在这种方式下,用户进程可以执行 read 系统调用等待字符的到来,在等待字符读入的这段时间中,用户进程是被阻塞的,它要等待与设备进行连接,不能做其他事情。这样连接的缺点是,每个字符的接收都必须启动用户进程,如果需要接收多个字符,用户进程会在短时间内被多次启动又被多次阻塞。显然,这种执行效率是比较低下的。

(2) 图 10.11(b)说明了一种在用户空间建立缓存的交互方式。这种连接方式与前一种相比有了一些优势,还是以上面的用户进程读取外设数据为例来加以说明。因为这时在用户空间中建立了一个缓存区,假设其中包含 n 个字符空间。当用户进程需要读取数据时,可以使用读入 n 个字符的读操作来请求外设输入,每次读入的 n 个字符可以保存在缓存中。这样从每读入一个字符就要请求一次 I/O,改为请求一次可获得 n 个字符,显然,建立缓存区使设备与进程间的交互效率提高了 n 倍。另外,在处理时还可以通过中断服务程序将用户缓存区填满,然后再唤醒用户进程执行,这种执行效率比前一种方式还要高。

但是有一种情况应该引起注意,即当系统用分页方式管理存储空间时,缓冲区被设置在用户空间,那么这些页面有可能会被置换出内存,这将会产生错误。应将那些用来作 I/O 缓冲区的页面锁定在内存中,不允许被换出内存。

(3) 图 10.11(c)给出了一种改进方案。该方案克服了如图 10.11(b)所示方式中存在的缺点,采用在核心和用户空间同时建立缓冲区的方式。在核心空间建立的缓冲区用来存放中断处理程序接收的字符，当该缓冲区填满时，再将包含用户缓冲区的页面调入内存，并将核心缓存中的内容复制到用户缓存中，这种外设与用户进程交互的方式其执行效率和实用性都比较好。但是这种设置方法仍然存在不足之处，比如核心缓冲区不能设置得过大，在输入过程中，如果核心缓冲区已满，而又没有来得及将内容传递给用户区缓存时又有新的字符传来该怎么办？于是进一步提出了图 10.11(d)所给出的双缓冲区设置方案。

(4) 图 10.11(d)是对图 10.11(c)的进一步改进方案。此方案给出了一种在核心空间包含双缓冲区的处理方式，在核心空间中建立两个缓冲区，当第 1 个缓冲区填满后可以使用第 2 个缓冲区接收输入数据，这期间可以找到恰当的时间将第 1 个缓冲区复制给用户空间缓冲区，并将其清空；传输中可以交替使用这两个缓冲区，保证在进行数据输入时不产生错误。

以上给出的 I/O 缓存设置的例子，较详细地说明了在 I/O 访问中对输入信息设立缓冲区的各种方式，以及这些方式中存在的优缺点。值得注意的是，每个处理机系统在处理 I/O 输入信息时所采用的方法都会有所不同，所以在为一个系统设计一个新的 I/O 管理模块时，究竟应该采用哪种缓冲方案还应具体情况具体分析。

3. 常用的缓存管理技术

如上所述，在 I/O 管理中可以建立不同的缓存模式。由于不同方式的缓存区其应用特点有所不同，管理中还需采用不同的方法，这里列举几种常用的管理技术：

① 单缓存(single buffer)。在单缓冲方式中，处理器和外设需要轮流使用缓冲区，这就需要在外设和处理器之间建立一种相互等待的机制，即一方处理完之后要等待对方处理，单缓存的连接方式如图 10.12 所示。这种方式可适当匹配处理器与外设的处理速度，但由于缓存区是临界资源，因此设备之间的处理无法做到真正意义上的并行。

② 双缓存(double buffer)。处理器和外设之间建立双缓存的方式是指在它们之间建立两套缓存通道。处理器在进行一个缓存区的清零过程中，另一个缓存区还可以接收 I/O 数据的传送。这种缓存方式可以较好地满足 I/O 设备与 CPU 之间的信息交互需要，尤其是对于外设处理速度与 CPU 处理速度比较相近的设备更为合适。双缓存连接示意如图 10.13 所示。

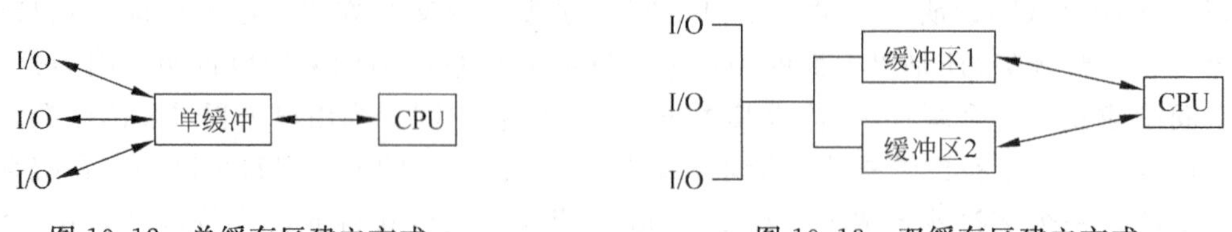

图 10.12 单缓存区建立方式　　图 10.13 双缓存区建立方式

③ 环形缓存(circular buffer)。在环形缓存结构中包含多个缓存区，对这些缓存区采用循环方式使用。对环形缓存的管理类似于对环形队列的管理，根据环形缓冲区的指针控制缓冲区的使用。在 CPU 和外设的处理速度相差较大时使用这种缓存方式比较合适。

④ 缓存池(buffer pool)。将系统中的所有缓存区连起来统一管理，每个缓存区既可用作输入又可用作输出。UNIX 系统采用的缓存池结构如图 10.14 所示，图中虚线连接表示不同的设备散列队列，实线连接表示空闲链队列。在每个散列队列中，其缓冲区均具有相同

的散列值，UNIX 系统中散列值是设备号和盘块号的函数。在散列队列头部标志的是该散列队列独特的头标，如 $b0$，$b1$，$b2$，$b3$ 表示各种设备的独特逻辑号。为了使缓冲池使用公平，系统给每个缓冲区都分配了一个设备散列队列，如果一个缓存区已分给某个磁盘块，但当前并未被使用，则该缓存区可能既存在于某个散列链中，又存在于空闲队列链中。

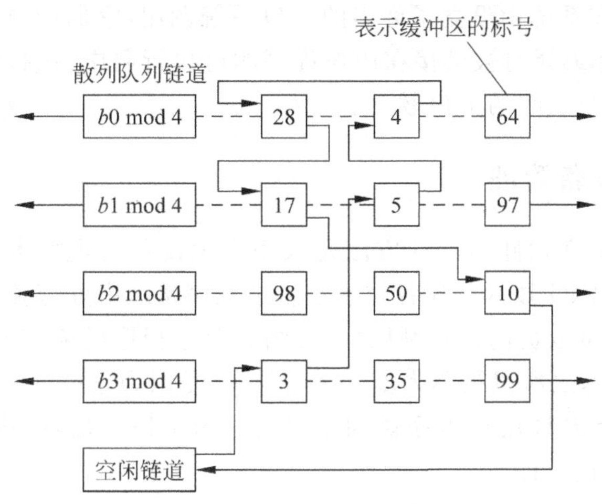

图 10.14 缓存池管理结构

在 I/O 管理中使用缓存技术可以使 I/O 请求的峰值平滑，但使用缓存区也必须考虑选择得是否得当。在有些情况下，比如设备与处理器的处理能力比较接近时，不采用缓存或采用简单的一次缓存可能就可以有效地解决问题；在有些情况下，比如在设备与处理器的处理能力比较悬殊时，可能需要建立多个缓存过程才能达到匹配效果。所以，根据需要，适当地使用缓存技术是很重要的，因为在数据传递过程中不必要的过度缓存也会增加系统的处理开销，从而影响到系统的整体性能。

10.4 用户层 I/O 软件设计

I/O 管理软件虽然属于系统核心范畴的内容，但是为了使用户能够使用 I/O 设备，还需要提供 I/O 管理软件与用户程序衔接的方式，使其在用户空间可以访问到 I/O 管理软件，这就是用户空间的 I/O 软件存在的意义。那么这一功能将如何实现呢？本节主要讨论这方面的问题。

10.4.1 建立 I/O 访问库

为了建立用户程序与 I/O 管理软件之间的联系，在操作系统中一般都会提供一系列的 I/O 访问库，以系统调用方式向用户提供使用。比如用户在 C 程序中使用下列语句实现字符串的输出：

```
printf("the sgjsgw %3d is %6d\n",i, i*i);
```

这里，printf 是 C 编译提供的输出函数，在这个函数中，可以通过一些输入参数完成格式化输出。在上例语句中就完成了一个语句的格式化输出,并用 i 和 i * i 替换了输出语句中的两处内容。但是,用户使用该语句完成字符串输出时并不了解 printf 函数的具体执行过程,严格地讲,该函数并不能直接访问输出设备,它仅仅是将需要输出的内容和格式作了说明。这个函数执行时需要调用一个 I/O 访问系统调用 write(fd, buffer, nbytes),用它来完成具体的 I/O 访问动作。在系统中设立了许多的 I/O 系统调用,它们构成了 I/O 访问库。这些库程序在对用户程序作编译时被链接在用户程序的可执行码中,执行时也是按照用户程序对待的,它们构成了用户空间的 I/O 软件。

10.4.2 虚拟设备管理

另外一种用户层 I/O 软件的设计方法是采用虚拟设备管埋技术。虚拟设备技术也被称为假脱机或 SPOOLING 技术。这种技术是多道程序系统中处理独享 I/O 设备的一种有效方法,使用这种技术可以提高设备利用率,并缩短单个程序的响应时间,提高系统的整体效率。SPOOLING 技术之所以被称为虚拟设备技术,是因为它可以使进程在所需的设备不存在或被占用的情况下允许用户程序访问该设备。为了便于理解,这里对 SPOOLING 的实现策略作较为详细的说明。

1. SPOOLING 工作原理

SPOOLING 实际上是一个运行机制,其全称是 Simultaneous Peripheral Operations On-Line,翻译成中文是"同时的外部设备联机操作"。由于它主要用来解决独享设备的管理,所以有时也称为假脱机技术。SPOOLING 系统中主要包括 4 部分内容:预输入程序模块、缓输出程序模块、作业调度程序模块以及在磁盘上开辟的"井"区域。这些模块的工作原理是:

(1) 预输入程序模块在作业开始执行前就启动慢速设备,将作业及其参数预先输入到磁盘输入井中,这个操作过程称作"预输入"。

(2) 当作业进入内存运行并需要使用数据时,将直接从输入井中取数据。

(3) 另一方面,当作业执行中需要向外设输出信息时,不直接启动外部设备输出数据,而是将这些数据写入到磁盘的输出井中。

(4) 待作业全部运行完毕,再使用缓输出程序调度外部独享设备输出数据信息,这个操作过程称为"缓输出"。

采用这种方式,可以实现对独享设备访问作业的输入、组织调度、输出管理的统一控制。在系统中增加 SPOOLING 程序的工作方式如图 10.15 所示。

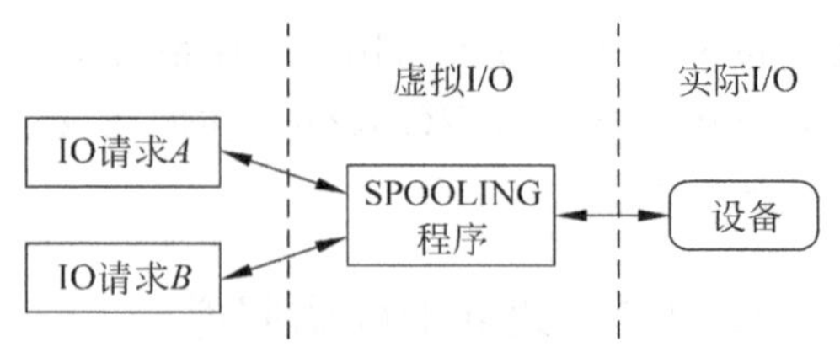

图 10.15 采用 SPOOLING 的 I/O 工作方式

2. SPOOLING 技术应用

为了说明 SPOOLING 技术的应用,这里以典型的独占设备——打印机的管理来加以说明。套用 UNIX 管理 I/O 设备的方法,打印机可以看成是一个特殊文件。让任意一个用户进程打开打印机的特殊文件很容易做到，只需按照规定格式使用 open 系统调用即可；但是假若一个进程在打开打印机这一特殊文件后，在后面的几个小时内没有释放会出现什么情况呢？此时，这台打印机被该进程长期占用，而其他进程此时要想进行打印输出是无法进行的。

为了解决这类独占设备的使用问题，可以在系统中创建一个称为监控进程的特殊进程，同时再创建一个叫做 SPOOLING 目录的特别目录。在监控进程和 SPOOLING 目录的安排下，如果有一个进程需要打印一个文件，首先生成要打印的整个文件，然后将这个待打印的文件放入 SPOOLING 目录中。在系统中规定监控进程是唯一获准使用打印机特殊文件的进程，当监控进程启动时就可以打印 SPOOLING 目录里的文件。这样，通过禁止用户进程对打印机特殊文件的直接使用，避免了某个进程长时间打开后却不作释放的情况的发生，从而提高了对打印机的使用效率。

3. SPOOLING 技术的应用特色

实验证明，使用 SPOOLING 技术可以提高 I/O 的执行速度。这主要是因为在管理中实现了将独占设备的低速 I/O 访问操作转换成对磁盘中的输入井或输出井的操作，因为输入井和输出井实际上就是一片磁盘缓冲区，当然对磁盘的操作会比一般的 I/O 设备操作快许多；当使用缓输出程序向独占 I/O 设备输出数据时，处理器的可以同时工作，这里，磁盘的输出井起到了缓存作用，因此缓和了处理器与低速 I/O 设备之间严重的速度不匹配之间的矛盾。

在 SPOOLING 管理中，开始独占设备并没有分配给任何进程，这样也就减少了设备被占用的时间。利用对输入井或输出井的管理，每次分配给进程的是一个存储区和建立一张 I/O 请求表，无论设备是否被占用进程均可以继续它的工作，这种方法较好地实现了对设备的合理控制。

另外，使用 SPOOLING 技术在实际中实现了虚拟设备的各项功能。因为 SPOOLING 技术可以允许多个进程同时使用一个独占设备，而对每一个进程而言，它们都认为自己正独占着这个设备，实际上，这个被用户进程占用的设备是一个虚拟的设备，而非一个实际的物理设备。

10.5 磁盘管理

计算机系统中的处理器和内存访问速度通常比磁盘访问速度要快许多倍，而磁盘作为计算机系统中的重要存储介质，会关系到文件访问、内存调度等问题。因此，对磁盘的调度性能如何，将会对整个系统产生重要影响。作为一项 I/O 管理的重要技术，在磁盘管理中主要研究如何提高磁盘访问的性能，以及提高访问性能的算法实现问题。因为磁盘管理与文件管理系统有着不可分割的联系，所以这里介绍的知识有些是文件管理系统中知识的延续。

10.5.1 磁盘性能的参数

磁盘可以作为随机读写设备进行访问，在磁盘访问中有几项重要的参数需要控制，这些参数是磁盘访问性能的核心指标。在描述磁盘管理技术之前，首先要了解影响磁盘调度的基本参数，影响磁盘访问控制的基本性能参数包括以下3项：

(1) 柱面定位时间。这是指磁头移动到指定柱面的机械运动时间。

(2) 旋转延迟时间。这是指磁盘旋转到指定扇区的机械运动时间，这个时间与物理磁盘的转速相关，比如软盘转速可以是600r/m(指每分钟转速)，而硬盘转速可以是10000r/m以上。

(3) 数据传送时间。这是指从指定扇区读写数据需要花费的时间，显然，这个时间与磁盘转速有关，通常数据传送时间的公式为

$$T = b/rN$$

这里，T 表示传送时间，b 表示要传送的字节数，N 表示一个磁道中的字节数，r 表示磁盘旋转速度，使用该公式计算出的结果值其单位是“转/秒”。

在磁盘调度中，说磁盘设备处于忙状态是指磁盘正在被一个进程访问着，设备忙包含多项内容，如图10.16所示，从I/O通道分配到数据传送完成这个区间都属于磁盘忙状态。

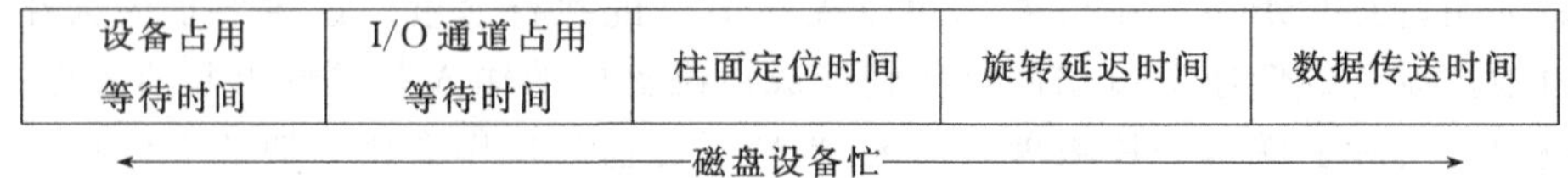

图10.16 磁盘设备忙状态的含义

通过实验和分析发现，在磁盘被占用的时间中，柱面定位时间是访问中消耗时间的主项。如果能够在磁盘访问中缩短这一项，将会对磁盘访问性能产生较大影响。因此，在磁盘控制中，通常将柱面定位时间的减少作为主要的研究内容。

根据磁盘的组成特性发现，合理组织磁盘数据的存储位置也可以一定程度地提高磁盘的访问性能。我们用一个实例来说明这一问题，假设某进程需要读一个128KB大小的文件，那么文件的存储形式可能会有两种情况，一种是被连续存放在磁盘中；另一种是被散布在磁盘中。针对这两种不同的存放方式，对文件的访问效率将会如何？这里来分别加以考察：假定该磁盘的柱面定位时间为20ms，磁盘旋转延迟时间为8.3ms，每个扇区的数据传送时间为0.55ms，则：

(1) 假设文件由8个连续磁道(每个磁道32个扇区)上的256个扇区构成，这时对文件的访问时间为

$$20\text{ms}+(8.3\text{ms}+16.7\text{ms})\times 8=220\text{ms}$$

其中，32扇区的数据传送时间约为16.7ms。

(2) 如果文件是由256个随机分布的扇区构成的，那么该文件的访问时间将是

$$(20\text{ms}+8.3\text{ms}+0.55\text{ms})\times 256=7385\text{ms}$$

从计算结果看，对同一磁盘中随机分布文件的访问时间约为连续分布文件访问时间的33.5倍。这一结果表明，在磁盘中若无特殊要求，则文件按连续方式存放会更有利于对磁盘文件的访问效率。

10.5.2 磁盘调度的策略

从以上给出的磁盘文件访问例子可以看出，产生文件访问效率差异的主要问题是柱面

定位时间的长短。如果能够通过调度算法减少这个时间，就有可能提升磁盘访问性能。所以在磁盘调度时，通常主要考虑柱面定位的磁盘调度问题。

在一个多任务系统中，来自不同进程的磁盘I/O请求会构成一个对磁盘信息的随机分布请求队列，系统在对这些磁盘访问请求提供服务的过程中，要对磁盘柱面定位次序加以调度，在这个调度过程中，如果能够增加一些算法，可以减少请求队列中每一项的平均柱面定位时间，就达到了对磁盘调度的目标。下面给出几种常用的磁盘调度中柱面定位策略：

(1) 先进先出(FIFO)策略。系统在为请求磁盘访问队列服务时，按进入队列的先后次序安排磁盘柱面定位，这种先进入队列的访盘请求总是先被服务的方式称为先进先出策略。这种策略体现了一种最基本的公平性。

(2) 优先级(PRI)策略。系统在安排磁盘柱面定位时考虑到请求进程的优先级，为那些高优先级的进程先进行磁盘分配，这种策略被称为是优先级策略。采用这种策略可以满足进程本身的特性需求。

(3) 后进先出(LIFO)策略。这种策略与FIFO策略正好相反，系统对后进入队列的磁盘分配请求先进行分配。这种分配策略比较符合局部性原理，因此这种策略可以使磁盘资源利用率得到提高。

(4) 短查找时间优先(SSTF)策略。在这种分配策略中，将针对请求队列的内容进行比较分析，从第1个请求开始按照磁头臂移动距离最小的方式分配磁盘。这种分配方法考虑到了对磁盘的整体请求情况，加快了分配操作，使磁盘使用率高，分配速度快。

(5) 扫描(SCAN)策略。所谓扫描策略是一种仿照扫描仪工作的方式，磁头从第1个请求开始沿一个方向移动，在移动过程中查看所经历的柱面中是否有请求需要，若有，就为请求进程分配磁盘；当磁头移动到请求队列中最顶端的位置时，再向反方向移动并继续为所请求的进程分配磁盘。这种柱面定位策略有时也被称为电梯法，该方法可以保证请求队列中不会出现某个请求永远不会被分配到的情况，从而也就保证了请求进程不会被饿死。

(6) 循环扫描(C-SCAN)策略。该方法是扫描策略的另一种形式，具体做法是磁头沿一个方向移动，并为请求的进程分配磁盘，当磁头移动到磁盘的边缘或该方向上的最后一个请求磁道时，就将磁头返回到磁盘的起始柱面上重新按这个方向移动，并完成磁盘分配，这样不断地通过循环完成磁盘的分配。

(7) N步扫描(N-step-SCAN)策略。针对大批量磁盘访问队列的实现问题，将扫描法进行改造，使其更适合对具体问题的解决。具体做法是，将对磁盘的I/O请求队列分成一系列的长度为N的段，每次磁盘调度中使用扫描算法处理这N个段的磁盘请求，下次再调度时接着处理下一个N段请求。这种方法可以保证每次磁盘的调度不会花费太多的时间，而且对请求队列中的所有请求也能公平照顾。当然，这里的N值是需要精心选择的，当$N=1$时，该算法将退化为FIFO算法。

(8) 双队列扫描(FSCAN)策略。为了使磁盘调度更加符合实际使用情况，还需要考虑磁盘访问的动态特性。比如，在完成磁盘调度时，有可能又有一些新的请求到达，这时用单个队列管理就比较困难。因此将请求队列分成两个，一个用作分派处理，另一个用作存放新到的请求；在分派中还是采用扫描法实现具体分派。

以上这些磁盘柱面定位策略各具特色，在进行柱面定位时可选择使用。有时还需要对这些策略进行一些调整，使其更符合实际情况的需要；还可能需要进行若干算法的综合应用，使磁盘调度能够达到更加理想的效果。

10.5.3 关于磁盘格式化

对磁盘进行格式化是对磁盘实施管理的基础工作，不同的操作系统会有不同的磁盘管理策略，这些磁盘管理策略中就包含着对磁盘格式化的具体要求，包括进行磁盘格式化的操作命令或操作界面的设计。

1. 基本磁盘格式化

磁盘格式化可分为高级格式化和低级格式化。通常通过操作系统命令或操作界面进行的磁盘格式化，均属于高级格式化。在对磁盘进行高级格式化时，首先对磁盘中存储单元做清除操作，也就是常说的写零操作；然后生成引导信息，再进行 FAT 表的初始化以及标注逻辑坏磁道等项工作。而对磁盘进行低级格式化操作时，需要完成磁盘柱面和磁道的划分，再将每个磁道划分为若干个扇区，对每个扇区又划分出各种标识区，如扇区 ID、间隔区、GAP 和 DATA 区等等。在对磁盘作高级格式化之前，必须要先完成磁盘的低级格式化，目前从市场上拿到的硬盘，大多数都在出厂前完成了低级格式化，用户在安装系统之前只需作高级格式化即可。理论上讲，磁盘低级格式化是一种损耗性操作，这种操作会对硬盘寿命造成一定的负面影响，因此日常使用中应慎作磁盘低级格式化。

当磁盘完成了低级格式化之后，磁盘中的每一个盘面就形成了如图 10.17 所示的效果，盘面中包含一些磁道，每个磁道又划分出了相同数量的扇区（有些格式化中划分出了不同数量的扇区，这与形成磁盘的几何方式有关）。仔细观察磁盘中的扇区标注也是有一定讲究的，在图 10.17 中就使用了柱面斜进技术，即每个磁道中的扇区号标注并不是完全对齐的，而是有两个扇区的错位。这样做是为了适应磁头移动轨迹，提高磁盘的访问效率。

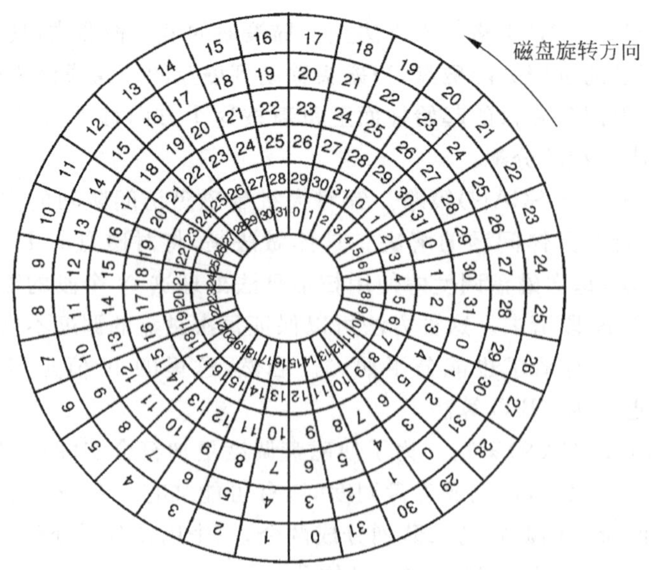

图 10.17 磁盘格式化后的扇区布局图

另外，因为制作一个磁盘时其中的扇区不可能做到百分之百完全正确(对于磁盘扇区合格率的检查，磁盘生产厂家有一定的测定标准)，而磁盘中存在个别坏磁道或坏扇区并不会影响整个磁盘的使用。因此，在格式化后的磁盘中还会保留一些备用扇区，这些扇区是用来顶替磁盘中的坏扇区的。由此发现，磁盘格式化后的磁盘总量统计通常不是一个与磁盘容量完全吻合的整数，而是一个与磁盘容量相近的数字。

2. 新型磁盘格式化

由于技术是在不断进步的，与过去相比，今天的磁盘物理结构已经发生了一些变化，这些变化会直接影响到对磁盘的操作，也一定会影响到访问磁盘命令的实现。其中最重要的改变就是磁盘寻道方式的改变，导致了磁盘格式化指令的变化。实际上，当今用户能访问到的是经过转化后的逻辑磁盘扇区，而不是实际的与物理磁头对应的物理扇区。因此，用户已经无法对物理层面上的硬盘进行操作。那么，目前在新型盘上进行的所谓低级格式化操作，只不过是进行重新置零和将坏扇区重定向的操作，并没有进行所谓的硬盘再生处理，因此也就没有真正意义上的硬盘修复功能了。

当在新型磁盘上进行高级格式化操作时，所完成的工作内容也有了一些改变，所进行的“快速格式化”仅仅是完成了重置硬盘分区表；即使是进行“完全格式化”操作，也不过是在重置硬盘分区表后，将所有扇区重新进行了归零处理。因此，在用户层执行的格式化指令与一般的磁盘读、写操作并无两样，而在磁盘设计中，这种读写的次数几乎是可以无限制进行的，对硬盘的整体寿命影响可以忽略不计。所以根据现有磁盘制造技术，在应用中因为读、写而导致磁盘损坏的情况已非常罕见，磁盘使用的可靠性也大为提高。目前在使用中出现的磁盘故障，大多数都可能是由于外部物理碰撞、数据读写过程中突然停电或者由于电路损坏而造成的。因此，今天的磁盘使用性能和使用寿命都有很大程度的提高，只是用户在进行磁盘格式化的过程中，需要注意避免以上提到的可能损坏磁盘的情况发生。

10.5.4 RAID 技术

RAID(redundant array of independent disks)是一种被称为“独立磁盘冗余阵列”的磁盘并行操作技术。研究这项技术的起因，是由于近年来磁盘访问技术的发展远不及处理器和内存访问技术发展得快，因此，系统设计者们考虑延用多部件并行的思想，采用多盘并行操作的方式来提升对磁盘的访问速度和可靠性。这项技术包含两层含义，一层是多个进程所需要的数据被存储在不同的磁盘上，当需要时，这些进程对磁盘的 I/O 请求可以并行执行；另一层含义是，若一个进程所需要的数据块被分布在多个磁盘上，那么对数据的访问，可以用并行磁盘 I/O 请求方式获得。

对于多个磁盘数据访问来讲，磁盘中的数据组织格式可以有多种，并且还可以用数据存储冗余方式提高数据访问的可靠性。但是，由于磁盘制造商的不同，很难做到多种平台的统一格式，如果任由各自数据格式独立构建，就会给操作系统设计和使用带来无法估量的困难。后来为了统一，设计者们借助了多磁盘数据库设计的标准方案，形成了独立磁盘冗余阵列(RAID)方案，这种方案很好地解决了多磁盘访问中的数据组织问题。

通常意义的 RAID 中包含了 6 层内容，分别表示为 0～5 层。这些不同的层不仅表示一种相关性，还表示着它们所采用的不同设计结构。但是，不同的 RAID 层技术保存着一些基本的共同点，比如：

(1) 所有 RAID 都用来表示一组物理磁盘驱动器，而经过操作系统的管理后，使用时将它们看成是一个磁盘驱动器，并按照一个磁盘请求的方式进行访问。

(2) 为了实现多磁盘的并行 I/O 访问，被访问的数据是按照指定格式分布在物理驱动器阵列中的。

(3) 为了保证访问数据的可靠性，一般采用冗余磁盘空间保存奇偶检验信息，使读写数据可恢复。

图 10.18 给出了 RAID 结构组织策略格式，下面分别说明 RAID 的 6 层结构特点和数据组织格式。

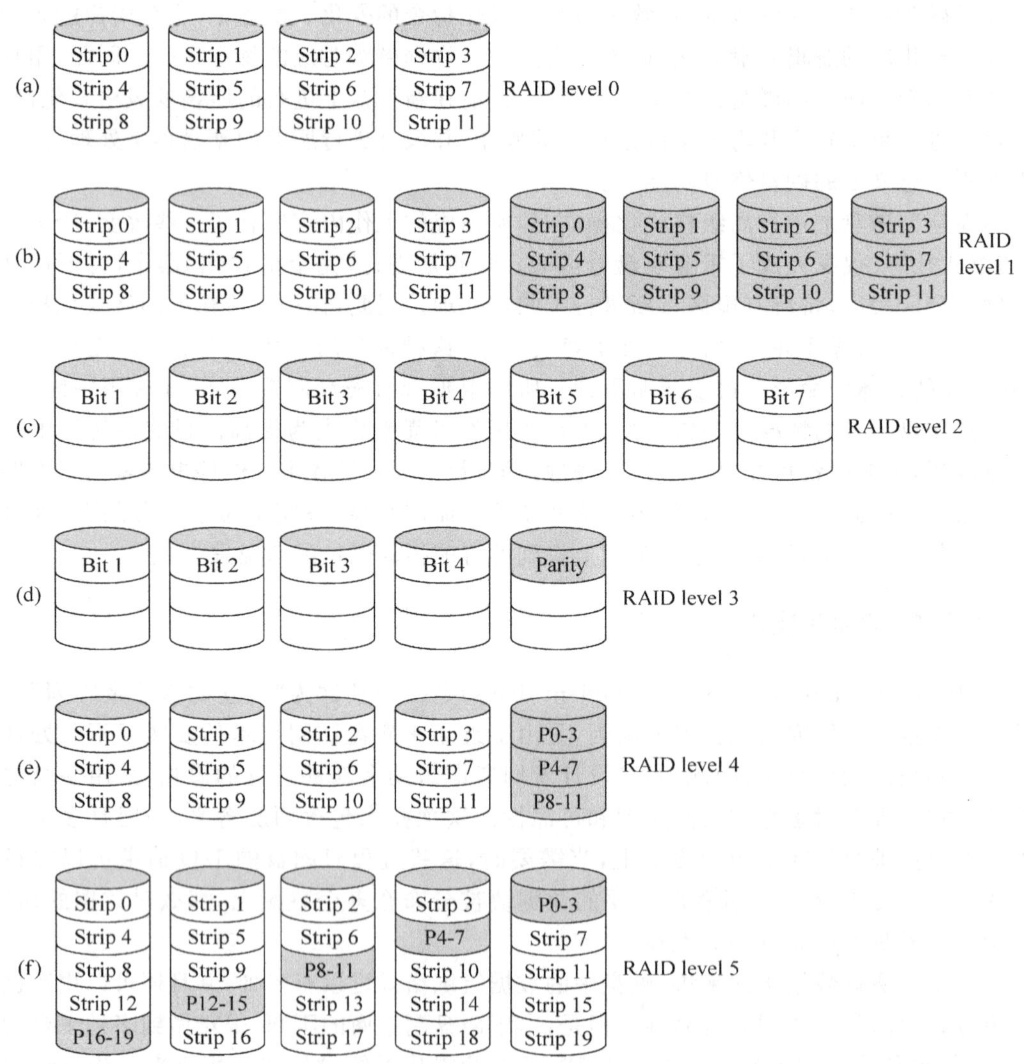

图 10.18 RAID 分层结构示意图

1. RAID 第 0 层

在 RAID 第 0 层策略中没有采用冗余数据来提高数据的可靠性，而是将数据分解成条带(1 个条带包含若干个扇区),让这些数据条带分布存储在磁盘阵列中,提供数据并行访问的基础。在 RAID 0 中,所有使用数据(包括用户的和系统的)被分布在磁盘阵列的所有磁盘上,当请求两个不同数据条带的 I/O 请求到达时,如果两个数据条带不在同一个物理磁盘上,这两个请求就可以并行发出,使得 I/O 请求排队等待时间缩短,显然,这比使用一个单独的磁盘效率要高。RAID 第 0 层结构如图 10.18(a)所示。

RAID 0 策略适合于解决面向事务的处理和大型计算机中的应用程序运行,因为在这种计算环境中,响应时间是重要的考核指标,每秒钟会有上百条 I/O 请求到来,RAID 0 技术可以在多个磁盘中均衡 I/O 负载实现高速 I/O 请求效率,解决多个用户的不同 I/O 请求。

2. RAID 第 1 层

从 RAID 1 层开始,在策略中采用了冗余数据来保证数据的可靠性。但是 RAID 1,RAID 2,…,RAID 5 所采用的冗余方式不同,在 RAID 1 中采用临时复制所有数据的方式实现冗余,而在 RAID 2～RAID 5 中是采用不同形式的奇偶计算来实现冗余的。RAID 1 的数据组织方式如图 10.18(b)所示,其中每个逻辑条带被映射到两个物理磁盘上,使阵列中的每个磁盘都有一个镜像磁盘存在。

RAID 1 策略的最大缺点就是成本较高,从数据条带分布情况可知,它需要两倍于逻辑盘的空间才能完成管理。但是这种策略的访问性能与 RAID 0 相比还是有明显优势的,同样以事务处理应用为例,如果在磁盘请求中包含大量的读操作,RAID 1 的 I/O 性能大约是 RAID 0 的两倍;当然,如果请求中包含较多的写盘操作,则这种性能优势并不明显。总体看来,RAID 1 适合于数据传送要求较高、读盘操作较多的应用设计环境。

3. RAID 第 2 层

在 RAID 2 中采用了一种特殊的并行访问技术,访问中磁盘阵列中的所有磁盘成员都参与每个 I/O 请求的工作,并且所有磁盘的轴心动作是同步的,因此在任一时刻,每个磁盘的磁头都处于同一位置上,当发出 I/O 请求时可以保证磁盘的同步动作。

在 RAID 2 中也可以认为数据被条带化了,只是这里的条带非常小,是一个字节或一个字。同时,为了保证数据读取的正确性,对每个数据磁盘中的对应位都计算一个校验码,这些校验码被保存在多个校验磁盘中的对应位上,形成了多个冗余磁盘,如图 10.18(c)所示。这里,错误校正采用汉明码,这种校正方式可以实现一位错误校正和双位错误的检测。

RAID 2 策略适用于那些磁盘访问中会经常发生错误的环境中,而对于高可靠的磁盘系统,使用这种策略会出现资源和时间上的巨大浪费。

4. RAID 第 3 层

RAID 3 的解决方案类似于 RAID 2,所不同的是,在 RAID 3 中只建立了一个冗余磁盘,用来存储简单的奇偶校验位而不是错误校正码,如图 10.18(d)所示。在这种策略中,也采用并行访问技术,数据是被分布在以字或字节为单位的小型条带中,校验磁盘中是针对所有数据磁盘中的同一位置的位集合计算的一个奇偶校验位,冗余磁盘减少了许多。

5. RAID 第 4 层

在 RAID 4 中使用了独立访问技术。这种技术是指在磁盘阵列中，每个磁盘成员都可以独立地运转，这样就可以使不同的 I/O 请求同时得到响应。

在 RAID 4 中，也使用了数据条带存储方式，只是这里的数据条带相对大一些。同时，对每个数据磁盘中的相应条带计算一个按位奇偶校验码，该奇偶校验码保存在奇偶校验磁盘中相应的条带中，如图 10.18(e)所示。在这种策略中，如果执行一个非常小的写 I/O 请求，则会引发写性能损失，也就是写操作不能以数据条带为单位进行，要对它进行调整。当出现这种写操作时，阵列管理软件必须要更新用户数据，同时还要更新相应的奇偶校验位。

这种策略比较适合对 I/O 请求速度要求较高的应用环境，但不太适合对数据传送速率要求较高的应用环境。

6. RAID 第 5 层

在 RAID 5 中采用了与 RAID 4 类似的数据存储和管理策略，只是这里不将数据条带的奇偶校验条带统一放在一个校验盘上，而是将它们分布在阵列中的所有磁盘中。具体分布方式是：假设针对一个阵列数为 n 的磁盘阵列，第 1 组 n 个条带的奇偶校验条带被安排在与它们不同的一个磁盘上，第 2 组 n 个条带的奇偶校验条带再选择一个与它们不同的磁盘存放，以此类推，如图 10.18(f)所示。采用这种组织策略具有与 RAID 4 相似的处理功效，只是若将奇偶校验条带分布在所有的磁盘中，则可以避免 RAID 4 中存在的潜在磁盘 I/O 瓶颈，即因为每次的数据访问都需要校验磁盘的配合，所以奇偶校验盘实际上是一个潜在瓶颈。

10.6 时钟管理

无论是进行系统软件设计还是应用软件设计，都可能使用到时钟。在计算机系统中，时钟是一种特殊的设备，由于这种设备的独特性，在对它进行管理和控制时需要采用特殊的技术。

10.6.1 时钟硬件组成

首先介绍关于时钟硬件的组成。计算机中使用的时钟，与人们日常生活中使用的时钟有一些差异。过去人们日常生活中使用的时钟一般采用机械方式完成计时，后来的电子时钟，其计时主要是靠电子脉冲完成。计算机中使用的时钟，主要是基于电子方式实现的。以 PC 为例，计算机中使用的时钟包含了两种时钟源，即计时用时钟和日计时用时钟。

PC 上的日计时时钟是主板上一块依靠电池供电的芯片(俗称晶振)完成的，由于它不使用主机电源，所以即使系统断电也可以提供准确的时间值。这种时钟也称为硬件时钟、CMOS 时钟等。而计时时钟与日计时时钟不同，它是由硬件(定时/计数器)和软件(时钟中断处理程序)相结合形成的一种时钟。它的实现机理是定时/计数器从日计时时钟中接收输入脉冲，然后开始递减计数，当计数值减到零值时，产生一个输出脉冲，引发实时中断处理程序运行。然后定时/计数器被复位，又从头开始计数。在计算机开机时，操作系统通过获取日计时时钟的时间数据来初始化系统时钟，然后通过定时/计数芯片的向下计数引发时钟中断，形成系统时钟。

理论上讲，计算机中的时钟是基于一个频率精确并非常稳定的脉冲信号发生器来完成的。在数学中用 f 表示频率，频率的计算单位有：Hz(赫)、kHz(千赫)、MHz(兆赫)、GHz(吉赫)。其中，1GHz＝1000MHz，1MHz＝1000kHz，1kHz＝1000Hz。脉冲信号周期与时间单位之间可以建立起精准的换算关系，计算脉冲信号周期的时间单位是：s(秒)、ms(毫秒)、μs(微秒)、ns(纳秒)；相应的换算关系是：1s＝1000ms，1ms＝1000μs，1μs＝1000ns。计算机的时钟硬件可以由晶体振荡器、计数器、存储器 3 部分组成，其逻辑组成关系如图 10.19 所示。

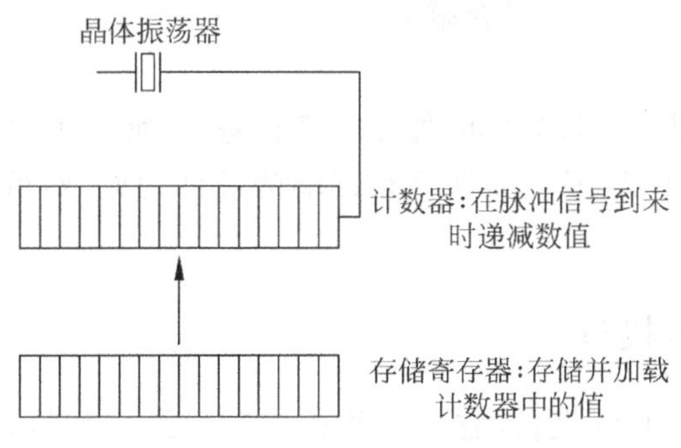

图 10.19 时钟电路逻辑

这里，晶体振荡器(crystal oscillator)是用来产生周期脉冲信号的；存储寄存器中保存着一个值，这个值用来加载时钟计数器；计数器在每个脉冲信号到来时做递减操作。可编程时钟在一次完成模式下进行的操作是：时钟启动后，立刻将存储寄存器中的值赋给计数器，然后每当晶体振荡器产生一个脉冲时，计数器的值减 1；当计数器变为 0 时，就是一个时间计数到达，这时会产生一个时钟中断，并停止时钟的工作，直到时钟再次被启动又重复以上的工作。当然，可编程时钟也可以按连续方式工作，连续工作方式被称为方波模式。

系统时钟主要用来解决计算机系统中的同步问题，比如各硬件间的协同动作、不同电路工作时的同步信号等。因此，一般计算机系统中会需要多个这样的时钟，以保证为不同的定时工作提供必要的服务。

10.6.2 时钟软件的功能

时钟软件是结合时钟硬件结构实现的程序设计，通过时钟软件可以实现时钟驱动，为上层提供方便、可用的时间管理模式。通过编程实现的时钟软件可完成如下任务：

(1) 维护系统日期时间。这项任务的主要工作内容是，利用时钟硬件功能进行必要的记录和运算，实现日期和时间的记录。

(2) 防止进程超时。利用系统时钟记录进程的执行时间，为时间片提供控制依据，产生时间片中断，保证处理器资源的并行使用。

(3) 对处理器使用情况记账。根据进程管理和并行调度机制，实现对处理器使用情况的详细记录，为进一步实现资源调度管理提供依据。

(4) 处理用户进程的 alarm(报警)系统调用。通过时钟软件可以完成用户进程设定的

alarm 系统调用，完成各种用户级的报警处理。

(5) 提供系统内部监控定时器。操作系统内部的各种功能执行也需要有同步或异步的控制，时钟软件可以为这种控制提供计时功能。

(6) 完成监控和统计信息收集。通过定时机制可以实现真正意义上的各部件执行情况监控和管理，保证同一时间点上的信息统计和收集。

10.7 字符设备管理

字符设备主要完成以字符为单位进行数据发送和接收的任务。通常，最简单的一台计算机系统，其配置也应该包含一个键盘输入和一个字符显示设备，否则，人机之间将无法进行正常交互。

对字符设备的管理属于比较简单的外设管理任务，下面我们主要以字符终端的管理为例，说明这种设备的管理方法，首先说明字符终端的硬件构成，然后讨论字符设备管理软件的设计问题。

10.7.1 字符设备接口

字符设备属于典型的 I/O 设备，它与计算机之间通过标准接口相连接，这个标准接口就是 RS-232。RS-232 是早期计算机中广泛使用的一种标准外设接口，习惯上，还称其为 RS-232 口、串口、异步口、COM(通信)口等。严格地讲，RS-232 接口是 DTE(数据终端设备)和 DCE(数据通信设备)之间的一种接口，是由调制解调器厂家及计算机终端生产厂家共同制定的、用于串行通信的标准连接方式，其全名是“数据终端设备(DTE)和数据通信设备(DCE)之间串行二进制数据交换接口技术标准”。在该标准中，规定了 25 个引脚的 DB-25 连接器，对连接器的每个引脚的信号进行了明确规定，同时还对各种信号的电平进行了规定。之后，在 IBM 的 PC 中将 RS-232 简化成 DB-9 连接器，从而形成了事实上的连接标准，但是，在一般信号传递中使用的 RS-232 接口大多数情况下只使用了 RXD，TXD，GND 这 3 条连接线。计算机与字符设备之间的连接方式如图 10.20 所示。

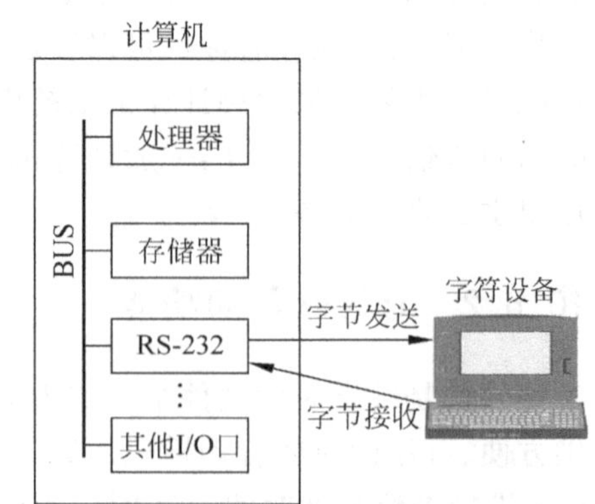

图 10.20 字符设备与计算机间的连接方式

图 10.20 所描述的含义包括：RS-232 设备通过通信线一次一个字节地与计算机进行通信，它们之间用于完成数据传递的介质是串行线，串行线中包括发送和接收两条线路。图 10.20 给出的是典型的连接方式，其键盘作为字符输入设备通过接收线将输入信息传递给计算机中的 RS-232 接口，显示器作为输出设备通过输出线将 RS-232 接口中收到的信息传递给显示设备。这种外接端口在操作系统中会有一个特殊的名称，比如在 Windows 系统中称为 com1，com2。用这种方式连接的设备可以实现与计算机的相对独立，即计算机和字符设备分别是两个完全独立的个体，对它们的设计可以

完全独立地进行，除了端口格式约束外，可以做到互不干扰。

有了字符设备和连接端口后，还需要建立专门的软件，完成外设与计算机之间的数据传递。这类软件完成从输入端接收输入设备的信息并传递给计算机，或是将在处理器中处理后的数据传递给输出端口并由此传递给输出设备的任务。因此，这里包含输入软件和输出软件两部分内容。

10.7.2 字符设备输入软件

完成字符设备输入的软件有一些特定的功能，其中最主要的任务是要保证输入设备传递过来的信息能够被处理器正确地接收，而且在接收过程中能够与设备的传递速度相吻合，不会产生信息丢失的情况，也不要将无用的或错误的信息传递给端口。

为了保证输入信息被有效、正确地传递，需要设计字符设备驱动程序。这类驱动程序的设计有两种方法，一种是面向字符的处理方式，在这种处理方式中，驱动程序直接接收输入字符，并原封不动地传递给上层系统；上层系统接收到的是输入设备接收到的原始码序列，对这个原始码的筛选和解释由上层软件完成。另一种方法是面向输入行的处理方式，这种处理方式被称为规范模式。在规范模式中，从输入设备接收到的信息首先要被存储起来，直到接收到一个行结束符时才进行传递，在未传递之前，允许用户对输入的字符进行修改。这样传递给上层系统的就不是原始码序列，而是一个经过处理并过滤了一些无用信息的代码序列。

采用后一种驱动程序设计方式，需要对设备的输入序列进行存储，直到一个完整的行结束为止。因此需要设定字符缓冲区，而对于缓冲区的管理也有两种方式，一种是在系统中设立一个输入缓冲池，所有的输入设备都与之建立联系，当需要时从缓冲池中分配缓冲区给设备，设备用完后将缓冲区归还给缓冲池。如果采用缓冲池方式，显然，这里还需要设计一个缓冲池管理软件，以保证设备输入的正常进行。另一种方式是为每个字符终端建立独立的缓冲区，这种缓冲区就只是专门为特定字符终端服务的。这种专用缓冲区方式比较适合个人计算机系统的终端输入设备的使用。

另外，在规范模式的输入中，对于一些特定的输入字符，输入软件要进行规范化的处理，否则就不能正确接收输入的内容。表10.1列出POSIX给出的特定输入字符的解释含义和处理要求。

表 10.1 特定输入字符定义表

字　　符	POSIX 命名	操作解释
Ctrl+H	ERASE	回退一个字符
Ctrl+U	KILL	删除当前输入行
Ctrl+V	LINEXT	按字面字符转义
Ctrl+S	STOP	停止输出
Ctrl+Q	START	开始输出
Delete	INTR	中断进程
Ctrl+\	QUIT	强行终止
Ctrl+D	EOF	文件结束
Ctrl+M	CR	回车(不可修改的)
Ctrl+J	NL	换行(不可修改的)

对于输入中的这些特定字符,在不同的操作系统中输入软件都要给出特殊的解释处理,其解释依据就是表 10.1 中"操作解释"栏中的动作描述,只有这样,才能保证输入设备传递来的信息被计算机正确接收。

10.7.3 字符设备输出软件

与字符输入相对应,在实现字符输出时,软件需要管理的工作是将计算机中需要输出的字符发送到输出设备上,并控制完成显示输出。在实际使用时,用户通常使用系统调用将字符串或需要输出的批量信息写到终端上,而具体的传递中系统调用需要先将内容写到输出缓冲区中,然后通过 RS-232 端口逐个地传递到显示终端上。

因为输出设备需要将输出信息进行显示,因此输出软件要对接收到的字符序列进行分析,然后做出相应的处理。在输出管理中有一个规范的转义序列,即 ANSI 标准转义序列,其中包含了具体屏幕操作动作,见表 10.2。在字符输出软件中要实现这些发送字符的转义处理,以保证输出信息被正确地显示。在表 10.2 中,ESC 表示 ASCII 转义字符(0x1B),m、n 均表示可选的整数参数。

表 10.2 ANSI 标准转义序列表

转义序列	动作含义
ESC[nA	向上移动 n 行
ESC[nB	向下移动 n 行
ESC[nC	向右移动 n 个间隔
ESC[nD	向左移动 n 个间隔
ESC[m;nH	将光标移动到(m,n)处
ESC[sj	从光标处清除屏幕(0 清到结尾,1 从开始清,2 从开始清到结尾)
ESC[sk	从光标处清除行(0 清到结尾,1 从开始清,2 从开始清到结尾)
ESC[nl	在光标处插入 n 行
ESC[nM	在光标处删除 n 行
ESC[nP	在光标处删除 n 个字符
ESC[n@	在光标处插入 n 个字符
ESC[nm	允许重显 n(0=常规,4=粗体,5=闪烁,7=反白)
ESC M	若光标处在顶行,则向后滚动屏幕

10.8 实例介绍——Windows 2000/XP I/O 子系统

Windows 2000/XP 是当今 PC 上最为流行的操作系统,其 I/O 子系统的实现方法也是大家比较关心的内容,这里分几个方面分别加以介绍。

10.8.1 Windows 2000/XP I/O 子系统组成结构

在 Windows 2000/XP 的 I/O 子系统中包含一些执行组件和设备驱动程序,正是它们构成了对 I/O 设备的管理机制。图 10.21 给出了 Windows 2000/XP 的基本结构,其中,在核心态中的虚线内包含了 I/O 子系统的有关内容。由图 10.21 发现，其中包含用户态和核心态两部分组件，它们分别解决 I/O 的内部处理过程和用户空间 I/O 程序接口功能。在核心态中，与 I/O 管理有关的内容分成了 3 个层面，一个是 I/O 系统层(该层构成了 I/O 子系统的核心部件)、一个是驱动程序层(这是实现统一管理驱动程序模块)、一个是硬件抽象层(用来隔离驱动程序与多样化硬件间的关系)。

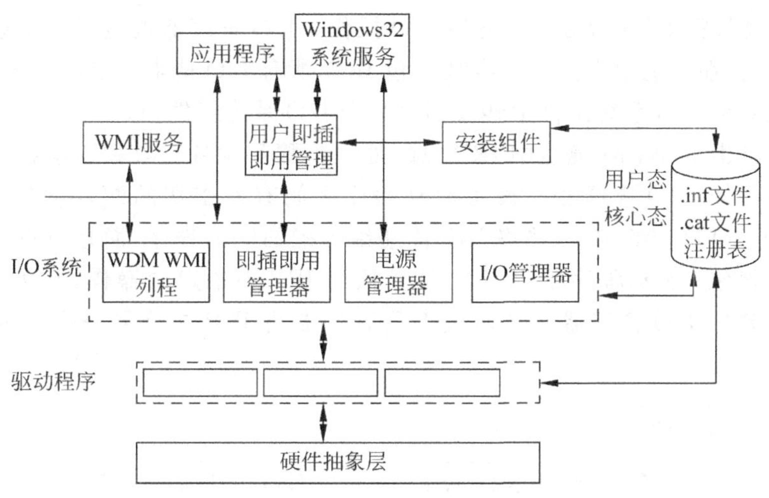

图 10.21 Windows 2000/XP 系统设计结构图

I/O 系统层包含 I/O 子系统的核心功能部件，它们完成了 I/O 管理中的主要内部处理工作，包含以下功能模块：

(1) I/O 管理器。该模块是 I/O 系统中的核心模块，其主要功能是构建一个支持设备驱动程序的基本框架，并将应用程序和系统组件连接到各种虚拟的、逻辑的物理设备上。

(2) 即插即用管理器(plug and play，PnP)。它是体现现代 I/O 管理的一个模块，主要任务是通过与 I/O 管理器及总线驱动程序的协同操作，检测硬件资源的分配状态、硬件设备的添加及删除情况，为 I/O 设备的自动配置和自动卸载提供保证。

(3) 电源管理器。该模块通过与 I/O 管理器配合工作，检测整个系统或某个单独设备的状况，实现不同电源状态的转换。

(4) WDM WMI 支持例程。其中的 WDM(windows driver model)表示 Windows 驱动程序模型，WMI(windows management Instrumentation)是 Windows 管理仪器。WDM 是基础，作为基础功能被 WMI 例程使用。而驱动程序通过这些例程可以建立与用户态运行的 WMI 服务进程间的通信。

系统的驱动程序层(在 I/O 系统下面的虚线部分)中包含系统中所有的驱动程序，以及对驱动程序进行必要管理的软件，通过这些管理软件可以实现每一个驱动程序为一类设备提供一种 I/O 接口的服务方式。在 Windows 中，I/O 驱动程序采用的管理模式是驱动程序从 I/O 管理器中接受处理命令，并完成具体的操作，当操作完成后通知 I/O 管理器，等待接收下一条命令。其中，设备驱动程序间若需要协同工作，也是通过 I/O 管理器来加以控制的。

10.8.2 I/O管理器功能

在I/O子系统组成结构中，I/O管理器是I/O运转的核心模块。那么该模块主要完成什么功能呢？

首先，I/O管理器构造了一个I/O访问的有序工作模型，在该模型中，用户的I/O请求被逐级提交给设备驱动程序，形成最终的I/O操作。I/O管理器设定了一个以“包”为主体的I/O驱动机制，在系统中定义了I/O请求包IRP，所有I/O请求都是以IRP来表示的，并且IRP可以从一个I/O系统组件中转移到另一个I/O系统组件中。

图10.22给出了WDM模型中IRP包的处理步骤及设备对象和驱动程序间的对应结构。从该图中可知，I/O管理器与设备驱动程序之间有着密切的配合动作。I/O管理器创建代表每个I/O操作的IRP，并将IRP传递给正确的驱动程序，而且负责在I/O操作完成后处理该数据包；驱动程序接收IRP，然后执行IRP中指定的操作，并负责在完成I/O操作后将IRP送回I/O管理器或是通过I/O管理器将IRP送给另一个驱动程序继续做处理。

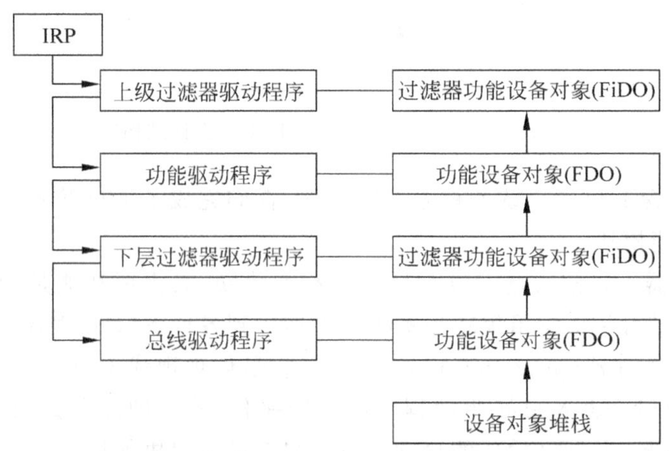

图10.22 WDM中IRP包处理步骤及设备对象与驱动程序对应结构

除了以上指出的这些工作外，I/O管理器中还包含了驱动程序中需要的公共代码，驱动程序可以调用这些代码完成它们各自的操作任务；采用这种处理方式，实际上是为了最大限度地精简单个驱动程序中的内容。例如，每个驱动程序都需要一个其他驱动程序的调用接口，在本方案中将其作为一个共享代码实现可以减少总的代码量。另外，I/O管理器还控制着I/O缓冲区的使用、设备使用超时记录、文件系统加载等控制。

为了实现I/O管理器的各项功能，系统要求驱动程序要具有统一的、模块化的接口，这样才能保证I/O管理器在不了解驱动程序内部结构的情况下对它进行调用，同时也有利于实现驱动程序间的相互调用，使I/O管理更加灵活。

10.8.3 PnP管理器功能

PnP是随着I/O设备管理自动化需要提出来的一种即插即用技术，它的主体思想就是解决设备安装过程中的烦琐操作和易出错问题，经过PnP管理器的控制，可以实现硬件设备插入即可使用，而无需再进行任何形式的配置操作。

在传统的I/O设备管理中，系统既要面对多种设备的多项性能的管理问题，又要考虑为设备经常变更留出可调整的参量。但在实际应用中，即便在系统设计之前进行了多项考虑，面对实际设备应用还是会碰到多种问题。比如，设备在装入系统时会需要配置一些系统资源，如何有效、合理地将有限资源分配给各个请求设备，就是一个需要认真设计的问题。另外，可能多个设备的请求和运行会因为占用系统资源等原因而产生一些冲突，致使某些设备的配置过程非常困难。这些问题需要具备比较专业的I/O硬件和设备管理知识才能完成，实际上这是对用户使用计算机外设提出了不切实际的要求。在过去，当进行计算机系统I/O设备配置时，会经常出现这样、那样的错误。但PnP技术的出现，非常有效地解决了这方面的问题，从根本上克服了一般用户使用外设的困难。

PnP实现技术中包含复杂的实现结构，其中关联到硬件设备状态、设备与系统之间的信息交互、用户使用I/O设备的友好性需求等问题，因此，解决I/O设备即插即用问题仅从软件中考虑是远远不够的。实际上，实现PnP技术需要多方面的支持，概括起来包含以下几个方面的内容：

(1) 需要具有PnP处理能力的操作系统。

(2) 实现完成各种硬件设备配置的管理软件。

(3) 具有可完成软件安装的安装程序。

(4) 编写实现设备控制的驱动程序。

(5) 需要具备PnP处理能力的主机板。

(6) 需要支持PnP操作的BIOS。

(7) 需要支持PnP规范的总线和I/O控制卡等。

由此可见，只有具备了一整套完整的系统结构，才能构成完整的支持环境。只有在系统处理器和基础硬件层就开始考虑增设PnP处理功能，才可能构建出支持I/O设备及部件自动配置、简单、方便地实现设备扩充、减少设备制造商的各种限制、取消人工跳线方式、兼容各种操作系统平台、增强系统扩展性和可移植性等功能的系统平台。

Windows 2000/XP中的PnP管理器为系统提供了识别和适应硬件变化的能力，使系统具备了以下功能：

(1) 可自动识别已安装的硬件设备。这是因为，在系统启动时，激活了一个进程，该进程完成对系统中硬件设备的添加和删除情况进行检测的工作。

(2) PnP管理器通过一个资源仲裁进程收集硬件资源需求，包括I/O中断、I/O端口地址等内容，并完成系统硬件资源的合理分配。另外，PnP管理器还可以对系统运行过程中硬件配置发生的变化进行跟踪，实现对硬件资源的重新分配。

(3) PnP管理器可以根据硬件标识选择设备驱动程序，对选中的设备驱动程序完成加载；若没有找到对应的驱动程序就启动用户态进程，请求用户指定相应的设备驱动程序。

(4) 在PnP管理器中提供了可检测硬件配置变化的应用程序和驱动程序接口，这样，在硬件配置发生变化时，相关的应用程序和驱动程序就会得到通知，进而调整有关参数，从而最大限度地适应新的硬件环境。

10.9 实例介绍——Linux I/O 子系统

现在来介绍 Linux 的 I/O 子系统。与 UNIX 系统一样，Linux 系统采用设备文件管理 I/O 设备的方法。链入系统的每一个设备都与一个“特殊文件”相关联，用户通过对特殊文件的访问达到对设备的访问，从而将 I/O 设备的特性及管理细节对用户隐藏起来，实现了用户程序设计与设备的无关性。

Linux 系统将所有的 I/O 设备分为两类，它们是块设备和字符设备。图 10.23 给出了系统 I/O 管理子系统的基本结构。为了便于理解 Linux 系统采用的设备管理方法，这里将分若干个问题分别加以介绍。

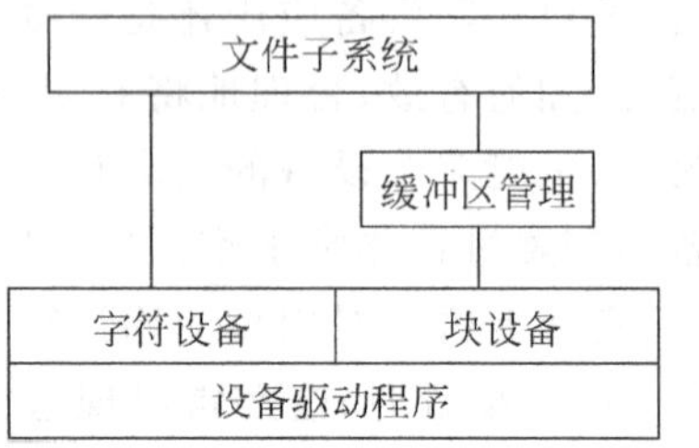

图 10.23 Linux 系统 I/O 管理基本结构

10.9.1 特殊文件及其作用

与 UNIX 系统一样，Linux 系统的用户通过文件系统与设备建立连接。为了有效地管理设备，链入系统的所有设备都被看成是一个特殊文件，这样就使得设备管理与一般文件管理尽量统一。特殊文件与一般文件相比，也包含一些特殊性，比如：

(1) 为了与文件管理方式统一，让每个设备都对应文件系统中的一个索引节点，并给它们分别分配一个文件名。但是设备的文件名有些特殊，一般由两部分构成，第 1 部分是主设备号，第 2 部分是次设备号。这里，主设备号代表设备的类型，可以唯一地确定设备的驱动程序和界面，如 hd 表示 IDE 硬盘，sd 表示 SCSI 硬盘，tty 表示终端设备等；次设备号代表同类设备中的序号，如 hda 表示 IDE 主硬盘，hdb 表示 IDE 从硬盘等。

(2) 应用程序可以通过系统调用 open( )来打开设备文件，并建立起与目标设备的关联。

(3) 对设备的访问可以用类似于对文件的访问方式来完成。比如打开设备文件以后，就可以通过 read( )，write( )，ioctl( )等类似对文件操作的指令实现对设备的操作。

(4) 设备驱动程序是系统内核的一部分，它们必须为系统内核或其子系统提供一个标准的接口。例如，一个终端驱动程序必须为 Linux 内核提供一个文件 I/O 接口；一个 SCSI 设备驱动程序应该为 SCSI 子系统提供一个 SCSI 设备接口，同时，SCSI 子系统也应为内核提供文件 I/O 和缓冲区。

(5) 设备驱动程序可以使用系统中的一些标准内核服务来完成，比如可以使用内存分配等功能实现驱动程序设计。同时，大多数 Linux 设备驱动程序都是可卸载的，即在需要时装入内核，不需要时可以从系统内核中卸载下来。

特殊文件是 UNIX 系统处理 I/O 设备管理的一项基本策略，Linux 延续了这种策略。这样就使得处于应用层的进程可以通过文件描述符 fd 与已打开文件的 file 结构相关联，在文件系统层，可以按照文件系统的操作规则，对这些特殊文件进行相应处理。

10.9.2 设备驱动程序与内核接口

Linux 系统内核与设备驱动程序之间采用标准的交互接口。也就是说，无论是字符设备、块设备,还是网络设备的驱动程序,当内核请求它们提供服务时,都使用同样的接口来完成。

在 Linux 系统中,对 I/O 的管理采用了一种"可安装模块"机制。所谓可安装模块是指在系统运行时可以动态地安装和拆卸的内核模块。利用这个机制,可以根据需要在不必对内核进行重新编译连接的情况下,将可安装模块动态插入运行中的系统内核,使其成为一个组成部分;或者从内核卸载下一个已安装的模块,而不会影响系统的正常运行。设备驱动程序或者与设备驱动紧密相关的部分(如文件系统),都是利用可安装模块来实现的。

在应用程序界面上,利用内核提供的系统调用来实现可安装模块的动态安装和拆卸。但在通常情况下,用户是利用系统提供的插入模块工具和移走模块工具来装卸可安装模块的。插入模块的主要工作包括:

(1) 打开要安装的模块,把它读到用户空间。这种"模块"就是经过编译但尚未连接的".o"文件。

(2) 必须把模块内涉及到对外访问的符号(函数名或变量名)连接到内核,即把这些符号在内核映像中的地址填入该模块需要访问这些符号的指令及数据结构中。

(3) 在内核创建一个 module 数据结构,并申请所需要的系统空间。

(4) 最后,把用户空间中完成连接的模块映像装入内核空间,并在内核中"登记"本模块的有关数据结构(如 file_operations 结构),其中包含指向执行相关操作函数的指针。

Linux 设备驱动程序与外界的接口可以划分为以下 3 个部分,它们之间的连接关系如图 10.24 所示。

(1) 驱动程序与操作系统内核的接口。这一部分通过数据结构 file_operations 来完成。

(2) 驱动程序与系统引导的接口。这一部分利用驱动程序可以实现对设备的初始化。

(3) 驱动程序与设备的接口。这一部分描述了驱动程序如何与设备进行交互,它将与具体设备密切相关。

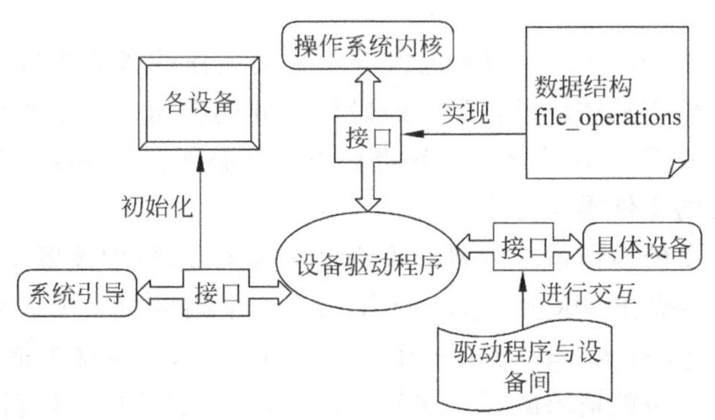

图 10.24 Linux 驱动程序与其他部分接口

由于 Linux 系统是一个包含许多动态特性的操作系统,用户根据工作需要,可以对系统中的设备重新配置,比如安装新的打印机、卸载老式终端等操作。为了了解用户的配置需求,每当 Linux 系统内核初启时,都要对硬件配置进行检测,很有可能会检测到不可识别的物理设备,这就需要使用特殊的驱动程序来完成设备驱动。在构建系统内核时,也可以使用配置脚本将设备驱动程序包含在系统内核中。

为了适应设备驱动程序动态连接的特性,设备驱动程序在其初始化时就在系统内核中进行登记。Linux 系统利用设备驱动程序的登记表作为内核与驱动程序接口的一部分,这些表中包括指向有关处理程序的指针及其他信息。

10.9.3 字符设备管理

在 Linux 系统中,打印机、终端等字符设备都作为字符的特殊文件提供给用户使用,用户对字符设备的使用就和存取普通文件一样。用户可以在应用程序中,使用标准的系统调用来打开、关闭、读写字符设备。当字符设备初始化时,其设备驱动程序被添加到由 device_struct 结构组成的 chrdevs 数据结构数组中。

device_struct 结构由两项构成,一个是指向已登记的设备驱动程序名的指针,另一个是指向 file_operations 结构的指针。而 file_operations 结构的成分几乎全部是函数指针,分别指向实现文件操作的入口函数。设备的主设备号用来对 chrdevs 数组进行索引。

通常,默认的文件操作只包含一个打开文件操作。当打开一个代表字符设备的特殊文件时,就得到相应的虚拟文件索引节点,这其中包含该设备的主设备号和次设备号。利用主设备号就可以检索 chrdevs 数组,进而可以找到有关此设备的各种文件操作。这样,应用程序中的文件操作就会映射到字符设备的文件操作调用中。

10.9.4 块设备管理

对块设备的存取与对文件的存取方式一样,其实现机制也与字符设备使用的机制相同。Linux 系统中有一个名为 blkdevs 的结构数组,它描述了一系列在系统中登记的块设备。

数组 blkdevs 也使用设备的主设备号作为索引,其元素类型是 device_struct 结构。该结构中包括指向已登记的设备驱动程序名的指针和指向 block_device_operations 结构的指针。

在 block_device_operations 结构中包含指向有关操作的函数指针。所以,该结构就是连接抽象的块设备操作与具体块设备类型的操作之间的枢纽。与字符设备不同,块设备有几种类型,例如 SCSI 设备和 IDE 设备。每类块设备都必须在 Linux 系统内核中进行登记,并且向内核提供自己的文件操作方式。

为了把各种块设备的操作请求队列有效地组织起来,内核中设置了一个结构数组 blk_dev,该数组中的元素类型是 blk_dev_struct 结构。这个结构由 3 个成分组成,其主体是执行操作的请求队列 request_queue,还有一个函数指针 queue。当这个指针不为 0 时,就调用这个函数来找到具体设备的请求队列。这是考虑到多个设备可能具有同一个主设备号,该指针在设备初始化时已被设置好。通常,当它不为 0 时,还要使用该结构中的另一个指针 data,用来提供辅助性信息,帮助该函数找到特定设备的请求队列。每一个请求数据结构都代表一个来自缓冲区的请求。

每当缓冲区要与一个登记过的块设备交换数据时,它都会在 blk_dev_struct 中添加一个请求数据结构。每个请求都有一个指针指向一个或多个 buffer_head 数据结构,而该结构都是一个读写数据块的请求。每个请求结构都在一个静态链表 all_requests 中,若将若干个请求添加到一个空的请求链表中,则需调用设备驱动程序的请求函数,开始处理该请求队列。否则,设备驱动程序就只是简单地处理请求队列中的每一个请求。

当设备驱动程序完成了一个请求后,就把 buffer_head 结构从 request 结构中移走,并标记 buffer_head 结构已更新,同时解锁,这样,就可以唤醒相应的等待进程。

10.10 本章小结

对 I/O 设备的管理在每种操作系统中都占有较大的份额,通常不是因为对 I/O 管理的技术难度大,而是由于其中包含的内容比较繁杂。因为计算机的应用面在扩展,而 I/O 部分正是计算机与应用关联最为密切的部分,因此,今后的操作系统依然要长期面对这种管理复杂的局面。

操作系统为了能够管理复杂的 I/O 设备,通常会采用分类的方法将问题简化,比如将控制相似的 I/O 设备归并在一类,尽量用统一的方式进行控制。这样做一方面可以使 I/O 管理比较规范,另一方面也可以简化 I/O 子系统本身的设计。操作系统对 I/O 设备的控制主要是指对设备控制器的控制,设备控制器一般符合标准工业接口,有些简单,有些复杂,对于复杂的控制器,需要用专门的模块进行控制,比如对 DMA 的控制就属于比较复杂的控制模块。在 I/O 管理中,大量用到了中断机制,I/O 控制器使用中断请求处理器的控制,而处理器根据产生的 I/O 中断事件来了解设备的 I/O 操作执行情况。

I/O 软件设计的目标一是为了提高 I/O 设备的利用效率,二是屏蔽设备操作中的差异,给用户提供良好的操作界面。I/O 软件的实现方式大致有 3 种,第 1 种是完全由程序来控制 I/O 操作,在这种方式中,处理器需要对 I/O 的每个动作都进行关注,当设备操作延迟时,处理器不能做任何事情,只能等待;第 2 种是由中断驱动的 I/O 控制方式,在这种方式下,处理器只关注需要 I/O 控制部分的内容,当 I/O 设备完成具体操作时,处理器可以转去做其他事情,当一个 I/O 操作完成时,用中断方式请求处理器的控制;第 3 种是直接存储器访问方式,在这种方式中,处理器与 DMA 控制器相配合,实现了对数据的按批快速访问,处理器只关注对 I/O 访问的开始与结束两端,其他时间里,它可以完成其他事情,数据的具体访问过程由 DMA 控制器进行控制,当一批数据传递结束时,DMA 控制器向处理器发出中断请求,可以获得进一步的控制。

I/O 管理子系统设计中通常包含 4 个层面的内容,即用户 I/O 软件层、设备无关 I/O 管理层、设备驱动程序层以及中断管理程序层。用户 I/O 软件层是为用户程序设计提供的 I/O 访问接口;设备无关 I/O 管理层实现与设备交互按标准接口方式进行的内部处理;设备驱动程序层实现设备驱动程序和访问控制软件的设计;中断管理程序层完成对具体设备的启动、停止控制,实现设备共享机制等。在 I/O 子系统的设计中,需要采用设备无关性技术和 I/O 缓冲技术,这样可以使系统设计得更加完善,更加可靠。

I/O 子系统通过给用户提供一系列的 I/O 访问库,来实现与用户层软件相关联,I/O 库程序在用户程序作编译时被链接在用户程序的可执行码中,执行时是按照用户程序控制的。对于独享 I/O 设备,系统采用虚拟设备管理技术加以控制,即采用 SPOOLING 技术实现。通过 SPOOLING 技术可以允许多个进程同时使用一个独享设备,而对每一个进程而言,它们都认为自己独占着这个设备,实际上,这个被用户进程占用的设备是一个虚拟设备。

磁盘是一种典型的 I/O 设备,在 10.5 节中对磁盘设备的调度策略和 RAID 技术进行了具体描述。本章还介绍了时钟设备和字符设备的管理方法，通过这些内容的分析和介绍可以对I/O管理中通常采用的技术和方法有所了解。

在本章的最后，通过Windows 2000和Linux系统的I/O子系统设计实例，介绍了在这两种流行操作系统中，I/O系统采用了怎样的设计方法。这些内容包含了一些基本理论在实际中的应用方法，有很多是基本策略的综合应用，通过这些系统实例，可以帮助读者更好地理解操作系统中I/O管理子系统完成的基本任务，以及这些基本任务完成的方法，进一步体会实际系统的设计思想和策略。

练 习 10

1. 在操作系统的管理下，用户程序是通过(　　)向系统提出使用外设请求的。

A. 作业请求　　B. 原语　　C. 系统调用　　D. I/O指令

2. 设备管理程序通常使用一些数据表管理或控制设备，下列数据表中，(　　)是不属于设备管理程序的。

A. JCB　　B. DCT　　C. COCT　　D. CHCT

3. 什么是设备控制器？它的主要作用是什么？

4. 为什么要引入I/O缓冲机制？I/O缓冲设置的种类有哪些？

5. 在UNIX设备管理中，逻辑I/O具有什么含义，它的主要功能是什么？

6. 在UNIX系统中，字符设备、块设备分别指的是什么特征的设备？

7. 在系统中建立设备驱动程序统一接口有什么优点？

8. 在设备管理中，可以采用哪些技术以解决CPU和外设处理速度不匹配的问题？

9. 中断处理程序是属于操作系统设计中的前台观测程序还是后台执行程序？在I/O管理中，中断处理程序主要起什么作用？

10. 在计算机系统中，外部设备与CPU或内存之间的数据传送控制常采用DMA和通道方式完成。请问DMA和通道控制的主要区别是什么？请画出通道控制方式中CPU和设备的数据传送处理流程图。

11. 采用RAID技术，可以使被访问的数据按照什么方式存放在物理驱动器中？RAID技术主要解决了磁盘访问中的什么问题？

12. 实现I/O管理的基本方式有3种，请简单说明它们的主体实现策略。

13. 假定在某磁盘访问管理中，当前磁头已从0号移动到了100号柱面，并继续向大柱面号移动。若磁盘访问请求序列如表10.3所示：

表10.3　磁盘访问请求序列

请求序列	1	2	3	4	5	6	7	8
访问柱面号	106	58	102	188	90	40	32	190

请分别用1)SCAN；2)SSTF；3)FIFO磁盘调度策略，给出实现上述请求的访问顺序，并画出磁盘调度算法图(要求：按照请求序列编号进行描述)。

14. 在磁盘管理中，磁头臂的移动时间是主要的控制指标，采用不同的调度策略会使磁头臂移动时间有所不同。假设某磁盘中含有 100 个磁道，而当前请求访问的磁道顺序为 65,30,20,45,10,70,80,95 时，如果当前磁头从 0 道开始向前移动正停留在 40 号磁道上，请用二维坐标图分别画出磁头臂按以下算法移动时，磁盘分配的轨迹图，并写出磁道分配的顺序。

• 短查找时间优先法

• 扫描法

坐标格式如图 10.25 所示。

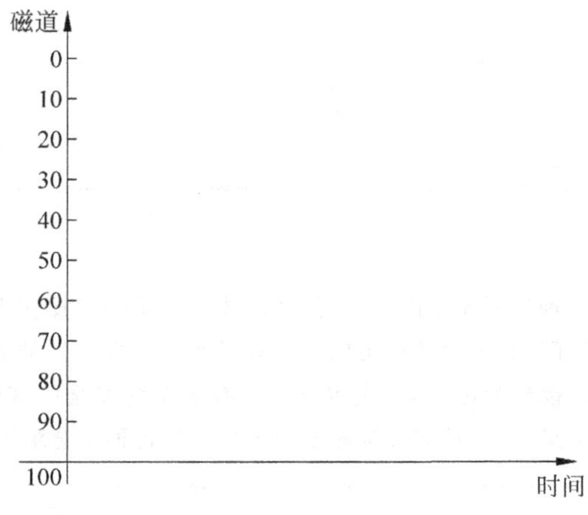

图 10.25 坐标格式

CHAPTER 11

第11章

操作系统安全性

本章要点

由于数字世界中存在着种种不安全因素，操作系统技术必须研究操作系统的安全性问题。本章主要讨论操作系统的安全性问题，了解各种实现技术对操作系统安全性的影响，面对威胁，操作系统应采取哪些防范措施等等。读者学习本章，应重点认识有关系统安全的基础知识，了解操作系统设计中应考虑的各种安全防御措施，以及掌握实际系统运行中的各种安全维护方法和技术。

随着计算机技术的发展，尤其是国际互联网技术的快速、广泛应用，一个全球性的信息社会正在逐步形成，各行业的电子化、自动化、网络化已成为大势所趋。这样一来，操作系统必将成为国民经济和社会信息化建设中关注的焦点，因为它是各种信息化建设的关键基础设施之一，它的安全与否将直接影响其他信息平台的安全性。

但是，有太多的实例和资料表明，现实中数字信息系统的安全威胁问题严峻，信息世界如同人们身处其中的自然世界一样危机四伏。对数字系统的攻击与对现实世界的攻击有着许多相同的表现，但其破坏性却更加惊人，造成的损失也是巨大的，甚至是无法挽回的。因为，对数字系统的攻击除了可以造成对某系统的严重破坏外，还会因数字系统自身的特性，形成攻击更加迅速、攻击实施更加自动化、攻击的方法和手段可以在网络中快速传播的局面。在现实世界中一个非常小的破坏手段，在数字世界中就有可能演变成巨大的杀伤武器，从而构成对国家利益的重大威胁或者造成巨大的经济损失。因此，对系统安全性技术的研究已迫在眉睫，尤其是对操作系统的安全性研究更是重中之重。

但是，解决实际中数字系统的安全问题是一个系统工程问题，除了人为破坏以外，系统还有可能会受到一些自然灾害的威胁。比如火灾、洪水、地震、战争等都会毁灭数字系统的硬件设施和软件信息；另外，硬件或软件的错误也会造成数据丢失，比如处理器故障、磁盘被损坏、网络通信中断、程序运行出错等等。还有一种情况也会影响到数字信息系统中的数据存储，这就是人为操作的错误，比如数据输入错误、磁盘或文件复制错误等等。因此，针对数字系统安全管理问题又可分为系统安全、系统容错、系统容灾等不同的技术领域，显然，这些问题中的每一个都是一个大课题，根本无法用一章甚至是一本书的内容讲清楚。本章将讨论的问题限定在一个较具体的范围内，即只讨论系统安全问题和系统防范技术，其他的计算机容错和容灾技术不在本章的讨论范围之内。

11.1 操作系统安全基本知识

操作系统是信息平台中距硬件设备最近的软件，它是其他软件的基础，因此，它的安全性也是其他软件安全的根基。可想而知，如果这个根基的安全性没有得到保障，那么构筑于其上的所有软件系统都将没有安全性可言，包括各种应用系统、安全管理系统(如 PKI－Pubic Key Infrastructure，一种用公钥技术提供安全服务的具有普适性的安全基础设施)、加密、解密机制等，都将形同虚设，无法起到应有的安全防范效果。

11.1.1 威胁系统安全的人

操作系统的地位在整个数字系统中非常特殊，这一点不仅我们知道，那些攻击者也非常清楚，因此，操作系统往往是数字系统攻击者的主要目标。那么都有哪些人会对数字系统造成威胁？稍作分析就会发现，这类人员的组成很复杂，其中包括一些有意的破坏者，也包含一些无意的使用者。虽然这些人的目的和实施破坏的手段不同，但对系统造成的危害都是不容忽视的。对系统可能造成危害的人包括：

(1) 个人猎奇者。这些人多半是初学者或对编程技术有浓厚兴趣的人，他们出于好奇或游戏，会不断地攻击系统，并以此为乐。虽然这些人没有什么恶意，但在无意间已对系统造成了危害。

(2) 计算机黑客。这是一些专业从事研究计算机破坏技术的人，他们可以对系统造成严重的危害。黑客在 IT 界具有一种特殊的身份，他们不仅标志着破坏者身份，同时还标志着这些人掌握了一定的 IT 内核技术，更为头痛的是，对这类人的清理和控制是一件非常困难的事情，因为他们可能是有组织的团体，也可能是无组织的个人。

(3) 内部工作人员。这些人是指那些有机会参与操作系统或数字系统设计的内部人员，他们可能是由于工作失误，在设计或编码中留下了漏洞；也可能是有意要造成设计缺陷给系统留下了安全隐患后门。

(4) 商业间谍。这些人是为了达到某些商业目的而从事计算机技术的人员，他们的工作目标就是寻找各种系统的漏洞，穿越系统安全防御关卡，窃取别人的有价信息。

(5) 犯罪集团成员。这是一些受过训练的犯罪集团成员，他们的背景通常比较复杂，同时他们会有很好的资金支持，可以形成对各种信息系统的重大威胁。

(6) 恐怖分子。这些人带有浓郁的政治色彩，也许是一些仇恨人类的破坏者，这些人搞起破坏来无所顾忌、不择手段，因此他们会利用信息系统对社会和人类造成不可估量的破坏。

(7) 国家情报及军事机构。这是一些由国家支持的 IT 间谍机构，他们通常也会有强大的支持后盾，并可以集中到最好的人力和物力资源，因此这些人对系统造成的破坏也是不容忽视的。

以上种种人员，他们可能怀有不同的目标，采用不同的手段，但有一点是相似的，那就是他们会对数字系统的安全性造成实际的威胁和破坏。因此，一个系统(尤其是一个备受关注的敏感系统)为了能够与这些破坏者抗衡，所面临的困难和挑战是巨大的。但是，换句话说，一个系统在如此严峻的环境中运行又怎么可以没有防范和保护措施呢?！所以，目前在系统设计中必须考虑采用各种手段对数字系统加以保护，这些保护手段包含技术层面上的，也包含管理层面上的。当然，只有这两个层面的努力相结合才会收到良好的效果，否则，再好的数字系统在没有安全保证的情况下，也将是没有使用价值的系统。

一个数字信息系统中包含多方面的安全监管问题，比如数据在网络中的传递过程需要监管，数据在系统中的存储需要监管，数据在使用过程中同样需要监管。多年来的实践表明，一个数字系统除了需要在应用层及传输通信层设立保护措施外，还应该重视对操作系统本身的安全防范。正如一位著名的数字系统安全学者所说：一个操作系统不安全的信息系统，其信息的安全就是一纸空谈，它们就像是沙地上的城堡，安全机制是建立在没有任何根基的基础之上的。

11.1.2 安全管理的目标

从系统安全的技术层面看，当一个数字系统遭到攻击后，会对系统内的数据机密性、数据的完整性和系统的可用性等方面造成影响。这些影响对系统的破坏性有大有小，小的会影响到系统的正常运行，大的则可能造成系统完全瘫痪。而系统安全管理的目标就是要针对这些可能产生的影响进行控制，增设防御手段。

1. 保护数据的机密性

在数字系统中有一些数据是具有机密特性的，尤其是在一些敏感系统中，所管理的数据可能属于行业或国家的机密，这时，保护系统中数据的机密性就显得非常重要。在未进行信息管理自动化之前，可以通过对接触到这些数据的人进行教育和制定一些制度，来约束他们的行为规范。因为那时的数据保存格式和传递途径都比较单一，这些安全控制机制将是非常有效的。但是随着信息技术的发展，尤其是在使用数字系统管理机密数据时，因为数据要通过网络进行传输，并需要在计算机中进行存储，这些过程使数据增加了被暴露的机会。无疑，数据管理的自动化和信息传递的自动化过程，会降低数据的保密性。一些别有用心的人有可能通过不法手段截取系统内部数据，达到破坏数据机密性的目的。或者有些人将一些敏感数据，在不恰当的时机和区域中暴露出来，造成社会上人心恐慌或经济秩序紊乱。因此，数字系统在建设中要采取各种安全防范技术，避免机密数据被泄露，保证系统的安全性和机密性，这是数字系统中安全管理的一项重要任务。

2. 保证数据的完整性

在数字系统中存储的数据，通常是为多项应用服务的(因为通常希望系统中的数据能够得到充分的利用)。但是为了安全起见，当多个进程访问数据时，必须要建立严格的数据使用规则。因为如果没有这些规则加以约束，就会允许有些访问进程随意篡改系统内部数据，破坏数据使用约定，使系统中的数据失去其完整性。而当系统内的数据失去完整性时，就有可能引起系统内部执行逻辑混乱，或者导致系统的输出结果失去其真实意义，使相关数据之间无法做到印证对比等。一旦出现这些情况，信息系统本身就失去了对数据管理的基本意义，因此，数据完整性是数字系统安全的基本目标，应该采取多种约束手段和管理机制，使得系统中的数据完整性得到有效保证。

3. 维护系统的可用性

当系统被破坏或被干扰后，系统中原有的一些功能就会无法实现或者整个系统完全不能工作，这样，系统的功能就会减少，系统对外提供的服务也可能无法完成。这时，系统的整体可用性就大幅度降低，因此，维护系统的可用性也是系统安全的重要目标之一。而要维护系统的可用性，就要防止数字系统被不法人员或恶意的系统干扰或破坏，这也是系统安全的终极目标。

在数字系统保护方面所面临的问题是复杂的，也是多方面的，无论哪种破坏都会或多或少地影响到系统的正常运行，但是没有哪一种技术可以做到对系统安全的绝对保护，这也是人们所面临的形势的严峻性所在。比如要保证系统中的数据万无一失，就是一项非常复杂和难以实现的工作，因为可能造成数据丢失的原因太多了，除了人为破坏外，还会遇到天灾的威胁。尽量做到防止系统被破坏，或者系统被破坏后能够被快速地恢复，使损失降到最小，这也就是目前研究数字系统安全性的现实意义所在。

11.1.3 操作系统安全性原则

下面来探讨操作系统本身的安全防范问题。上面列出了各种可能对数字系统造成威胁和攻击的人和后果，得到一个明确的结论：必须采取有力的安全防范措施才能对操作系统进行保护，防御和反击各种会对操作系统造成威胁的意图和行为。

操作系统的安全防范技术包含的内容很广泛，一个最基本的原则就是：在操作系统设计的技术层面上，应该考虑并构建访问权限监控和系统的审计管理机制。这样才有可能在响应用户命令或应用程序对系统硬件或软件资源的请求过程中，进行符合安全策略的调度和满足安全管理算法的服务，减少或杜绝非法访问，从而在根本上保证操作系统的安全性。

按照有关信息系统安全标准的定义，一个安全的操作系统至少应具备以下几个基本原则：

(1) 具有最小特权原则。最小特权原则是指在设计中对参与系统操作的每个特权用户，只能赋予其所能进行操作的最小权力，而不是将操作权粗框化管理，尤其是一些特殊权力更应该采用最小化特权管理方式。

(2) 应具有对 ACL(access control lists，存取控制列表)的自主访问控制能力。

(3) 应具备强制访问控制。即系统具有保密性访问控制和完整性访问控制的能力，对访问控制有绝对的控制权。

(4) 具有安全审计和审计管理的功能。

(5) 应具有设置系统安全域的隔离功能。

(6) 应具备可信通路的机制。

只有建立了这些系统层的安全防范机制，才有可能应对那些作为“应用软件”进入系统的病毒、木马程序、网络入侵和人为非法操作，才能真正抵制它们的破坏行为。因为大部分的入侵者的操作是违背操作系统的安全规则的，所以它们也就失去了被运行的基础。

11.1.4 系统级安全措施

尽管今天系统的安全环境很恶劣，对系统造成攻击和破坏的几率也很高，但是采用操作系统级的安全防范措施，通常还是能够取得显著成效的。下面举一个简单的例子来说明操作系统级的安全防范机理及其有效性。

在侵入系统的病毒中，蠕虫病毒是一种常见的并且破坏力比较大的病毒之一。典型的蠕虫病毒通常采用的手法是，利用系统的某个服务漏洞入侵系统，进入系统后它会修改系统命令，并且在一些特定的目录中(比如在 UNIX 的/tmp 目录下)留下蠕虫病毒的运行代码。这些代码具有篡改正常程序的能力，比如它可以篡改网页，然后通过网页再入侵到其他与之关联的服务器上进行同样的破坏勾当，它的行为像蠕虫似的一旦爬入系统，就会不断地实施破坏和侵蚀，蠕虫病毒的名称由此而来。

在分析蠕虫病毒的发病机理时我们发现，其进入系统的手段并不高明，要想留下病毒代码，就要对系统做请求写操作，这时，操作系统对写操作的管理机制就非常关键了。若系统在写操作管理中有漏洞，该病毒就极有可能进入系统，但是，如果系统对写操作有比较严格的安全控制，那么这种病毒的入侵就不那么容易了。在系统中可以限制一切未经授权的"陌生"代码完成写命令，或进行配置系统文件的操作，杜绝一些目录的自由写入权，比如像 UNIX 中的/tmp 目录可以不允许做自由写入操作(注：通常 UNIX 系统对/tmp 目录有比较宽松的访问权，因为每当系统引导时都会清空该目录)。另外一种方法就是可以利用安全域隔离手段，限制每个服务进程的"权限范围"，使其不能对自己访问范围以外的内容进行操作。如果在操作系统级建立了这样的严格保护措施，类似蠕虫这样的病毒就没有了生存的基础，自然也就无法对系统实施破坏了，也更不可能通过一个系统将病毒传播到其他系统上。

另外，人们时常会听说有一些网站遭到黑客或病毒的攻击，网站被攻击后其内容被严重篡改，网站面目全非。在互联网中，网站为人们提供着各种服务，在现代人的生活中，网络已成为不可缺少的内容。而当一个网站受到攻击后，不仅会直接影响网站所有者的形象，同时还会影响网站为用户提供各种服务，这些也可能会给网站组织者带来不可估量的经济损失。但分析网站被破坏的原因，很大程度上也是因为黑客利用了网站服务器的操作系统中存在的安全隐患而实施的破坏行为。比如操作系统中缺乏访问安全控制机制，存在"极权"用户(即系统中存在一种权力过于集中和庞大的用户)等问题。这种问题显然是无法通过使用病毒扫描软件、防火墙软件来解决的，即便是上层的安全机制再完善，在操作系统级若存在这些问题，黑客仍然会有可乘之机。解决这类问题的办法只能从操作系统的安全性上入手，一个安全操作系统的网站服务器，必须建立自主访问控制和强制访问控制相结合的完善机制，还应取消"极权"用户。这些机制可以轻而易举地达到对网页内容和网络应用软件的保护效果，使黑客很难或无法找到下手的机会。

对于建立一个安全的操作系统，这里也有一个利弊权衡的问题。因为操作系统不能一味地强调安全性，同时还要考虑到操作系统对应用软件和运行环境的兼容性问题。从技术层面看，一个完全封闭的系统也许在安全性上可以做到非常优秀，但由于它只能运行在特定的硬件环境上，只提供有限的几种服务，只能运行有限的应用程序，只能被少数几个人所控制。这种操作系统除了特殊需求外，是没有推广和实用价值的。所以，一个安全的操作系统除具备安全性外，还应具备支持广泛的硬件平台、支持广泛的应用软件、具备易操作性、能与其他安全产品配合工作等性能。系统的这些性能，通常是与系统的安全性相悖的，所以在设计时，只能从中找到一个平衡点，兼顾到功能和性能以及安全性等多方面的需要。

因为数字系统的安全问题是一个系统工程，操作系统安全只是其中的一个层面，一个数字系统的真正安全还需要各个环节的配合，只有这样才能做到真正的安全、可靠。安全的操作系统应该是可以与各种安全软、硬件解决方案相结合的系统，即操作系统应能与防火墙、杀毒软件、加密产品等进行有效的配合使用，从而使数字系统达到最佳的安全状态。

11.2 数字加密技术

在系统安全防范领域已有一些比较成熟的应用技术，这些技术可以对系统的安全起到一定的保护作用，其中，数字加密技术就是这类技术之一。本节介绍一些有关数字加密的概念和技术。

11.2.1 数字加密含义

一个信息系统中的数据和代码是整个系统的核心，这些信息的安全是头等大事。数字加密(data encryption)是一种常用的系统安全防范措施，它采用一种主动的信息安全防范技术，将系统中传递或存储的信息明文(plain text)通过某种方式变成无直接意义的密文(cipher text)；在数据保存和数据传递中一律使用密文，而当数据使用时再转换成明文。采用这种方式，可以有效地保证信息在传递或存储过程中不被泄露，防止非法用户理解原始数据的含义，进而确保数据的安全性。信息从原文变换成密文的过程称为加密，而信息传递到目的地后被接收方还原成明文的过程称为解密。

数字加密与解密操作是这种系统运行中的一部分工作，加密和解密过程需要使用到加密函数、解密函数、加密密钥或解密密钥等。当数字被加密后，解密操作是需要授权的，没有被授权的用户无法看到数字原文。具体实现中，数字加密是通过一系列的算法和函数来完成的，因此数字的明文和密码之间存在着一定的关系，这种关系如图 11.1 所示。

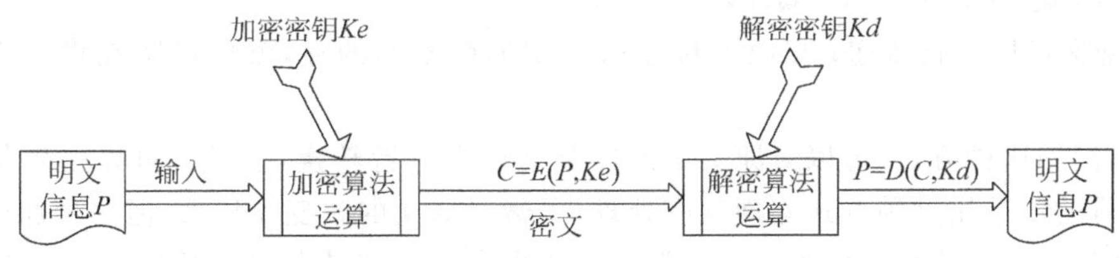

图 11.1 明文、密文间的关系

由图 11.1 可看出，一个信息明文 P 在输入系统后，经过加密密钥 Ke 及加密算法的综合处理后，形成了密文 C；该密文可以在不同的传输介质中传递，也可以在各种存储介质中存储；在信息到达目的地后，信息使用方将使用解密密钥 Kd 以及解密算法将密文 C 再转换成明文 P，然后就可以进行正常的使用。

在数字加密与解密过程中，包含许多数学和工程方面的问题。人们在实践中不断地探索、研究，加密技术和加密算法已经形成了专门的密码学研究领域。新的加密算法和加密、解密技术正在被提出并加以完善，在实际中也得到了有效的应用。

目前，已获得广泛应用的两种加密技术是对称式密钥加密和非对称式密钥加密。对称式和非对称式加密机制的主要区别是，在加密和解密的过程中使用的密钥是否相同，使用相同的密钥完成加密、解密操作的称为对称式加密机制，而使用不同的密钥完成加密、解密处理的被称为是非对称式加密机制。另外，在加密、解密中使用的密钥值，通常是从大量的随机数值中选取的，它们又可以按照不同的加密算法分为专用密钥和公开密钥两种。下面分别介绍这两种加密机制的基本原理。

1. 专用密钥加密方式

采用专用密钥进行加密处理的方法，称为对称式密钥加密或秘密密钥加密技术。当采用这种加密技术对信息加密时，信息的发送方和接收方使用同一个密钥去完成数据的加密和解密操作。这里，密钥更像是一个通关的令牌，谁拿到了这张令牌，谁就可以出入关卡完成加密或解密操作。

这种方法的最大优势就是加密和解密的速度比较快，比较适合对大批量数据加密的处理。但是由于加密、解密双方使用同一个密钥完成两种操作，对密钥管理就是一件非常重要的事情。事实上，在采用这种方式时，很难做到对密钥管理的万无一失，这也是该加密方式在应用中碰到的一大难题。但是，使用对称加密技术可以简化加密和解密的处理过程。因为每个参与方都不必彼此研究和交换专用设备的加密算法，而只需采用相同的加密算法，在完成两种不同的处理中只交换共享的专用密钥，如果进行通信的双方能够确保专用密钥在交换阶段不被泄露，那么数据的机密性和信息的安全性就可以得到保证。

实际中的通常做法是，通过使用对称加密方法对机密信息进行加密，然后随着报文一起发送报文摘要或报文散列值使对方了解加密密钥，利用该密钥再进行解密操作。下面给出了一种采用单字母替换方式实现这种加密处理的方法：

(1) 假设密钥的内容是，对明文中的所有字母 E 替换成 F，字母 C 替换成 Q，字母 O 替换成 N。

(2) 若原有明文信息是“WELCOME TO MY COMPUTER”，经该密钥加密后就变成了密文“WFLQNME TN MY QNMPUTFR”。

(3) 密文可以进行传递；接收方接收后采用加密密钥的逆，就可以实现将密文解密成明文。

显然，使用这种方式，可以对原文中的每个字母都进行转换，这样就可以达到使原文面目全非的目的。采用这种方式实现加密处理，虽然对原文的改变比较大，但这种加密规则并不复杂，因为其中规律性比较强，这样，解密操作也就比较容易实现。但是，这一点同样也成为该技术的一种缺憾，正是由于加密规则性强，因此破译密码的机会也就增加了。严格地讲，这种加密方式是完全可以破译的，无非是多做几次替换、比较而已。另外，这种方式的密钥暴露的机会也比较多，因为加密规则是要通过网络进行传输的，一旦这些内容被截获，数据就没有秘密可言，因此这种加密机制的可靠性相对不高。

2. 公钥/私钥加密方式

公钥/私钥加密也称作非对称密钥加密或公开密钥加密技术。在这种加密处理过程中，需要使用一对密钥来分别完成加密和解密操作，公钥是一个公开发布的公共密钥，密钥是一个由用户自己秘密保存的私用密钥。操作时信息发送者用公开密钥去完成信息的加密，而信息接收者在收到密文后，用私有密钥对信息解密。这种加密机制与对称式加密方法相比，密钥保存方式更加灵活，同时，数据加密性能也有所提高。但在这种方式中，由于加密算法较为复杂，使得加密和解密的速度会有所降低，相对于对称式密钥加密方式的处理，其速度要慢一些。

下面来看非对称式密钥加密机制的具体实现过程。在完成非对称式密钥加密处理时，密钥被分解成两部分，但是这两部分内容存在着一对一的关系。密钥中的任何一半都可以作为公开密钥即加密密钥来使用，将它以非保密方式向他人公开；而另一半则作为私用密钥即解密密钥来使用，被使用者保存起来。在使用时，私用密钥由生成密钥对的管理方掌握，公开密钥可以对外发布。这里假定有甲、乙双方需要通过网络传输贸易信息，这些贸易信息属于商业机密，理当对其加密。如果使用公钥/私钥加密机制对信息进行加密，那么这些信息在双方交换的过程中需要经过以下几个步骤：

(1) 贸易方甲生成一对密钥并将其中的一个作为公开密钥向乙方贸易公司公开。

(2) 得到该公开密钥的乙方贸易公司使用该密钥对需要传输的信息进行加密，然后发送给甲方贸易公司。

(3) 甲方在接收到信息后，用自己保存的另一把专用密钥对加密信息进行解密。这样就完成了一次密文的商贸信息交流。具体操作过程如图 11.2 所示。

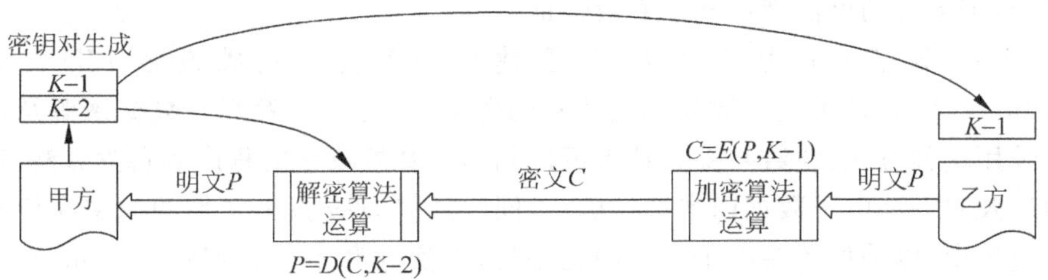

图 11.2 非对称式加密数据传递过程

利用公开密钥传递信息的加密机制，可以提供良好的保密特性，由于私钥保存在接收方，信息的安全性提高了许多。另外，这种加密机制还可以适用于多个信息交互方的数据传递，不同的发送信息者可以使用公钥进行加密，接收方使用一个密钥进行信息接收和解密。这样做的另一个好处就是，减少了在密钥管理中可能被暴露的机会。但是有一个需要注意的问题是，当接收方接收多方传递来的信息时，通常很难鉴别发送者的身份。因为任何一个得到公钥的人都可以生成和发送报文给接收方，从系统安全性角度考虑，这也给心怀不轨的人带来了可乘之机，比如各种垃圾信息也会混入其中，这会给接收方的系统安全带来一定的威胁。因此，在数字加密传递过程中，还需要利用其他技术对可能出现的垃圾信息加以防范。下面谈到的数字签名，就可以提供一种更好的数字安全及信息鉴别技术。

11.2.2 数字签名

“数字签名”这个词很容易使人们联想到日常生活中进行的手写签名行为，但事实上，这种签名与用户的姓名和手写签名形式无任何关联，它是用一种电子签名的方法达到或超越手写签名的作用。

所谓数字签名是通过某种密码运算生成一系列符号及代码，将这些代码作为电子密码进行签名，以此代替人们的书写签名或印章签名。美国电子签名标准(DSS，FIPS186-2)对数字签名的解释是：利用一套规则和一个参数，对数据进行计算而获得一种结果；用此结果能够确认签名者的身份和数据本身的完整性。

针对不同的文档信息或发送者，所采用的数字签名可以不同。签名后的信息在没有私有密钥的情况下，任何人都无法对其进行复制。从这个意义上说，数字签名是通过一个单向函数对要传送的信息进行处理而获得的保护字，它是一个用来认证信息来源并核实信息是否发生变化的一个字母和数字的串。

这里提到了单向函数加密算法，为了便于大家理解，有必要对单向函数作一些解释。所谓单向函数，就是给出一个计算函数 $f(x)$ 的公式，通过函数容易求得 $y=f(x)$ 的值；但是如果给出 y 值，却很难或无法计算出 x 的值。这类函数由于在变量 x，y 之间存在一种单向性而著称。单向函数的形成，主要是靠用复杂的计算方法打乱数字排序而获得的。该函数的具体形成过程是数学研究者的工作，而人们通常只是利用他们的研究成果对有关的信息进行加密处理。

数字签名技术与简单的数字加密技术不同，它克服了简单加密处理中存在的不足，将加密和鉴别同时作用在需要处理的信息中，完善了数据的加密处理过程。在数字签名中包含对签名进行验证的操作，这种验证的准确度是一般手工签名和图章验证所无法比拟的，通过这种验证，数据来源的可信度得到了有效保证。

在实现中，为了完成数字签名，需要建立一个公钥基础设施 PKI（public key infrastruction），在 PKI 中提供数据单元的密码变换，并使接收者判断数据来源及对数据进行验证。采用这种方式，使数字签名技术可以利用一套规范化的程序和科学方法，鉴定签名人的身份以及对一项电子数据内容进行确认，同时还可以查验出文件的原文在传输过程中是否发生过改变，以确保传输电子文件的完整性、真实性和不可抵赖性。因此，它是目前电子商务、电子政务中应用最多的一种加密技术，而且随着该技术的不断完善，这项技术会日渐成熟，其可操作性也会越来越强。要实现对一个电子文件进行数字签名并将其在公共网络上传输，需要完成的工作大致包含以下几个步骤：

(1) 网上身份认证。因为 PKI 是可以提供认证服务的机构，要能够进行数字签名，首先要在该机构中完成身份识别与鉴别，该机构确认实体即为自己所声明的实体。这一认证的前提是：需要进行数字签名的甲乙双方都应该具有第三方 CA（certificate authority，电子商务认证中心）所签发的证书。认证可以分为单向认证和双向认证两种方式。

(2) 进行数字签名。数字签名操作过程包括：生成被签名的电子文件（注：该文件在《电子签名法》中称为数据电文），然后对电子文件用哈希算法作数字摘要，再对数字摘要用签名私钥作非对称加密，即进行数字签名。之后是将以上的签名和电子文件原文以及签名证书的公钥加在一起进行封装，形成签名结果发送给接收方，等待接收方对这些文件进行验证。

(3) 对签名进行验证。接收方收到数字签名的结果后要进行的主要工作就是签名验证，接收方首先用发方公钥解密数字签名，导出数字摘要，并对电子文件原文作同样的哈希运算得到一个新的数字摘要；将两个摘要的哈希值进行结果比较，若得到的签名是一致的，则证明通过了验证，否则，此次传递的数据将是无效的。这样，就做到了《电子签名法》中对签名不能改动，对签署的内容和形式也不能进行改动的要求和规定。

通过以上描述发现，在数字签名过程中，PKI 是一个基础平台，离开它，数字签名过程将无法进行。但是PKI又是怎样的一个机构呢？它的可信度又如何呢？在数字签名过程中，PKI的核心执行机构是电子认证服务提供者，它一般会建在认证机构(CA)中，因为PKI签名的核心元素是由CA签发的数字证书，因此，将PKI交给CA管理是比较合理的。CA所提供的PKI服务就是认证、数据完整性、数据保密性和不可否认性。它所采用的主要技术就是利用证书公钥和与之对应的私钥进行加密、解密，并产生对数字电文的签名及进行签名验证。因此，这种签名方法可在较为广泛的可信PKI域人群中进行认证，或在多个可信的PKI域中进行交叉认证，这种技术非常适用于互联网和广域网上的安全认证和传输操作。

11.3 用户身份验证技术

在保证系统安全方面采用的另一种有效防范措施，就是对进入系统的用户身份进行验证。目前，用户身份验证技术已趋于成熟，一些身份验证系统和与之配合的验证设备已进入非常实用的阶段。对用户身份验证的基本原则，是利用各种手段和技术求证进入系统的用户身份是否合法，只有合法的用户才允许进入，非法用户拒绝进入。在入口处把住非法侵入者进入的渠道，以保证系统不被非正常操作所干扰。

用户验证的实现方法通常基于3方面内容来考虑，即用户应该知道的信息、用户持有的物件信息以及用户固有的身份信息。而正是由于身份验证中所面对的验证内容不同，实际中研究出的身份验证方法和验证系统也有着非常大的区别，下面讨论几种典型的身份验证方法和技术。

11.3.1 用户口令验证

在大多数系统中，对进入系统的用户都需要进行口令验证。通常口令是系统赋予用户的一种特殊信息，每个合法用户在注册后都会得到系统分派给他的这样一个信息。以后每当用户进入系统时，首先被要求输入口令；系统将用户输入的口令与系统中保存的口令信息进行核对，确认无误后才认为是合法用户，否则，就认为是非法用户。这种验证方式在现行系统中很常见，这是一种最常用的安全防范手段，这种验证规则显然是属于对用户已知信息的验证。比如在进入一个操作系统时，可能会看到如下的登录界面：

```
Login: zhang
Password: ******
Successful Login.
```

这时表示登录用户zhang正确地通过了用户名和用户口令的验证，可以进入系统了。若出现以下信息时：

```
Login: wang
Invalid Login Name
Login:
```

说明用户所输入的用户名，系统是无法识别的，因此给出非法用户的警示。还可能出现以下情况：

```
Login: sun
```

```
Password: ******
Invalid Login.
```

这时表示用户登录时输入的口令出现了问题，因此系统也将拒绝用户的登录请求。

在用户进入系统时设置用户名和用户口令的验证，虽然方法比较简单，但不失为一种基本的系统安全保护措施。因此在大多数操作系统或应用系统中，都会采用用户名和用户口令来验证，以达到对用户身份的认证。诚然，对用户名和用户口令的验证并不一定是一种有效的防范手段，一般还需要其他防范措施协同作用才会为系统带来更加可靠的安全保障。

用户名及用户口令认证的最大特点是实现过程比较简单，并可防范一般的非法用户的侵入。但是这种防范措施对系统的保护是非常有限的，因为用户名和用户口令在有些情况下非常容易被破解，而一旦这些信息被破解，系统就会失去所有的保护屏障(这是指单一口令认证系统)。这里给出一个系统用户名和用户口令被破解的例子，以此说明用户名和用户口令认证作为防范措施的脆弱性。通过查看下面用户登录时的记载信息，我们来看一个黑客是如何进入美国能源部实验室的控制系统的。

```
LBL > telnet elxsi
ELXSI AT LBL
LOGIN:root
PASSWORD:root
INCORRECT PASSWORD, TRY AGAIN
LOGIN:guest
PASSWORD:guest
INCORRECT PASSWORD, TRY AGAIN
LOGIN:uucp
PASSWORD:uucp
WELCOME TO THE ELXSI COMPUTER AT LBL
```

在以上用户登录信息记载中，可看到黑客仅用了 3 次有效的试探就顺利地通过了系统口令认证的防线。黑客采用的手段并不复杂，但却非常有效。这里说黑客所采用的是“有效试探方式”是因为，在试探中，黑客采用了技术人员最容易使用的用户名和口令，显然，黑客本身也可能是一名技术人员，或是对这类技术人员很了解的一个人，他们与技术人员或者有很多相似的教育背景和操作习惯，所以才能如此准确地进行猜测。这个例子告诫人们，在设置用户名或口令时，不要太过随意，不要仅凭脑子里固有的几个词汇来构成这些内容。因为这种随意使用的词汇在有些人群中会有极大的相似处，而黑客正是利用了这一点很轻松地攻克了系统的用户口令验证防线。

当然，以上给出的例子可能是一个非常特殊的个案，为了攻破系统中用户口令验证的屏障，黑客碰到的问题可能会比这个例子要复杂许多，可能需要编一些程序，再加上一些比较精妙的算法才有可能攻破这道屏障。因此，为了给黑客造成困难，在有些系统中使用了一种叫做“加盐”的方法来击败破译口令的算法也是非常有效的。所谓“加盐”法，就是在用户名和用户口令信息存储时加入一些特殊的数字或符号，以破坏被猜中的几率。这些特殊的数字或符号被称为“盐”，例如在表 11.1 中，给出了一个记录用户名和用户口令的文件，其中除了用户的名称、用户口令信息以外还加入了一些 4 位随机数。当黑客对这样的文件进行破译时就增加了难度，这样也就能够有效地保护用户名和用户口令不易被窃取。

表 11.1 加盐后的用户口令文件格式

Zhang,2334	e(dog2234)	Sun,3256	e(ijjh@%u8879)
Wang,4537	e(3%%gghh3657)	Zhou,3389	e(123t@yu7879)
Zhao,7684	e(tuuit@yu3588)		

11.3.2 对用户持有物件的验证

除了对用户名和用户口令进行验证外，还可以通过对用户持有物件进行验证的方法来达到对用户身份的识别。对用户持有物件的验证，包括对用户可以获得物件的判别，这些物件通常是一些可以证明用户身份的证件，如身份证、磁卡、IC 卡等等。一般在这些物件中记载着用户特有的信息，系统通过对这些实物的检验就可以确定用户是否是合法用户。

早期的磁卡验证系统通常需要一个读卡计算机将卡中的信息读入系统，再将读入信息传递到远端计算机上进行分析与识别，然后再返回给读卡计算机，告知验证结果如何，这才算完成了一个实物验证的整体过程。随着计算机技术和嵌入式系统技术的发展，集读卡、验证于一体的系统已经出现，并已经逐步走向了实用化。使用这种集成系统可以更加便捷地实现持卡验证过程，而且实际中对这类系统的管理也更加简单和方便。

目前，在人们身边会有许多需要进行身份验证的系统，如超市购物积分卡、进入办公室的门禁卡、食堂用餐时使用的饭卡、购物时使用的银行消费卡等等，支持这些卡使用的背后有着形形色色的数字管理系统，它们在改变着人们的生活方式，也为人们的生活带来了便捷。但是，各种各样的卡也会给人们带来不少的困惑。因为多种类型的卡在不同场合使用，给用户带来了不便，如卡的携带、卡密码的记忆、卡信息的安全等等，这些又成为物件验证管理中需要面对的新问题。于是就有了一卡通等技术的研究和探索。

11.3.3 人体生物识别技术

人体生物识别技术(biometric identification technology)是现代信息安全领域的一项新兴技术，它研究的主要内容是如何利用人体生物特征进行人的身份认证。人的身体上保存着多种每个人都不完全相同的生物信息，利用这些信息可以测量、识别并验证人的生理特性和行为方式。

对人的生物识别中包含两大类内容，一类是对人的生理特征的识别，另一类是对人的行为特征的识别。人的生理特征是指人体特有的一些表征，如人的指纹、人的虹膜都属于人的生理特征；人的行为特征是指人在日常行为中表现出来的特有习惯动作，由于每个人的生活环境、所接受的教育和生活经历不同，会形成一些独特的个人行为习惯，这些行为习惯可以作为判定一个人身份的参考，人的行为特征包括签字方式、声音、按键力度等等。

目前，通过自动化技术完成的人体生物识别系统，大多是基于对人的生理特征识别的系统，因为这类信息相对比较稳定，识别效率也比较高。而对人的行为特征的识别其难度比较大，因为人的行为习惯是可以被调整的，所以采集到的信息稳定性也就不会太好，这也直接影响到识别的效果，因此这种技术还没有真正走向实用化阶段。

要完成对人体的生物识别，首先要对人体生物特征进行取样，人体中可提取的信息有多种，如图 11.3 所示，包括手形、指纹、脸形、虹膜、视网膜、脉搏、耳廓等等。对提取出的唯一性特征信息，还要作数字化转化，然后才能让计算机进行分析处理。因此，在这类系统中，首先要经过取样来保存一些特征比对模板，当需要进行人的身份验证时，通过特殊设备采集到现场信息，通过现场或远程处理将这些特征与系统中保存的特征模板进行比对、匹配，进而完成人的身份验证。针对人体的不同特征，目前已形成了手形识别、指纹识别、面部识别、发音识别、虹膜识别、签名识别等多种识别装置，这些装置与有关软件相配合就可以完成人的身份验证，将它们应用在操作系统的引导或资源访问中就能够有效地解决系统的安全控制问题。

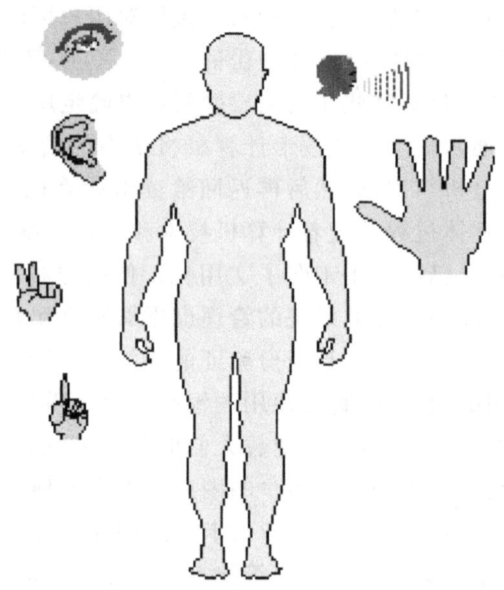

图 11.3　人体生物识别信息源

使用生物识别方式鉴别人的身份，目前已逐渐被人们所认同。这主要是因为人体生物识别是目前最为方便、最为安全的识别方式。使用它，人们不需要记住复杂的密码，不需要随身携带各种钥匙或智能卡。另外，由于生物识别认定的是人体本身的特征，这些特征几乎是无法改变、无法伪装的，因此这种识别方式的准确度也是比较高的。正是由于以上这些特点，将生物识别技术用做进入数字系统前的身份认证，会得到比较理想的效果。目前，在计算机系统中也有了一些商品化产品，像指纹开机、虹膜开机、声音登录等都有了一些实际应用。与其他方式相比，利用生物特征完成的身份识别有着更大的优势，因为它更实用、更安全、更可靠、更方便，所以这种技术的发展空间还是很大的。

另外，今天的生物识别技术是与计算机技术发展紧密相关的，在生物识别过程中，需要将人体特征用现代计算机技术提取出来，经过运算和变换构造成生物特征库；使用时还需要利用计算机的快速运算和数据检索能力，将现场采集到的生物特征信息与特征库进行比较和匹配，并获得匹配的返回结果；若需要，还要利用计算机网络技术进行多进程的协同操作，将信息的采集、匹配、识别、通告等项工作整合在一起。今天的计算机（包括微机系统）系统是有能力实现特征自动采样、模板自动匹配、信息自动报警一体化处理的。而这些在早期的计算机中，由于其处理能力和存储能力所限，通常都无法实现。

11.4 病毒攻击方式分析

当今的计算机系统中充斥着病毒的危害和各种恶性攻击，对病毒的防范已成为计算机安全的一项重大研究课题。无论是个人计算机还是服务器系统，都需要有相应的防病毒措施，本节讨论计算机病毒的危害、病毒的防范机制和可信系统建立等问题。

11.4.1 植入系统内部的危害

通过对造成系统危害的病毒和侵扰事件进行分析后，大致可将它们分为两种情况，一种是植入系统内部的危害，另一种是来自系统外部的危害。这两种危害虽然都需要防范，但在防范技术上却有一些不同。首先来分析植入系统内部的危害的特点。

1. 木马病毒植入

木马病毒臭名昭著，是一种典型的植入系统内部的危害极大的病毒。这种病毒设计者采用的基本策略是，想方设法地将一段破坏性程序植入到计算机系统内部，同时寻找系统正常运行中存在的漏洞，伺机让病毒程序开始运行。另外，木马病毒一旦侵入系统，就会对系统的核心模块进行攻击，形成内部威胁，它可以引起系统的不正常运行甚至使系统完全瘫痪。目前，就人们了解到的木马程序非法植入系统所采用的手段包括：

(1) 利用提供自由软件的方式让病毒进入系统。自由软件给计算机软件设计开辟了新的天地，为计算机软件事业的发展做出了卓越的贡献。但是病毒设计者也极力利用自由软件被人们喜爱的特点达到破坏系统的目的，通常他们的做法是将病毒植入到自由软件中，让那些没有戒心的用户在安装这些自由软件的同时顺带将木马程序植入到了自己的计算机中。

(2) 通过对系统中现有程序进行升级的机会植入病毒。在计算机中除了操作系统外，还包含很多其他实用程序，这些实用程序通常不是操作系统自身佩戴的，有许多是第三方开发的。病毒设计者有可能会借用更新这些实用程序版本的名义将木马程序带入系统中，这种做法就是欺骗用户将有问题的程序装入到系统中，并让其运行起来，达到破坏系统的目的。

(3) 利用人们操作中容易犯的错误来引发病毒。在计算机的使用过程中，有些操作错误是无法避免的，比如输入了错误的命令、按错了某个热键等等。在一般的程序设计中，对于正确的命令输入或热键，可能都安排了正确的执行代码，病毒不容易插入；但是对于错误输入，如果设计者考虑不周(事实上也很难做到完全周全，因为操作出错的情况太多了)，就有可能给病毒引发带来可乘之机。他们可以将错误输入当成了病毒引发的入口，一旦命令使用错误就修改正确文件，用病毒程序取代系统中的原有程序。图 11.4 是一些病毒可能进入系统的机会示意图。

2. 骗取登录信息

侵入系统内部的另一种威胁是对登录信息的骗取。骗取登录信息是指对用户的有价信息和个人资料进行窃取，作为以后侵害个人账户的数据。比如窃取个人的身份证号或个人

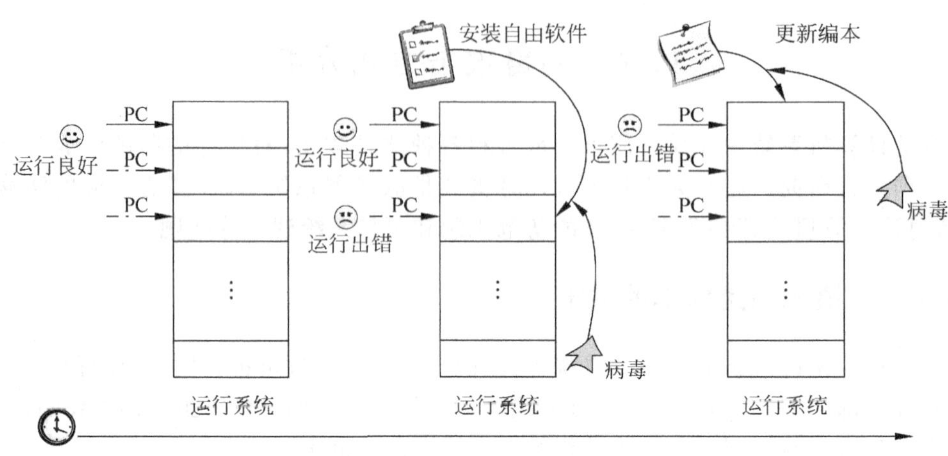

图 11.4 病毒进入系统的机会

银行账号,为以后的犯罪行为作准备。实施欺骗的方法很多,最常见的是在系统中仿造一个与某著名软件相似的登录界面,欺骗登录界面可以做得与原系统完全相似,而且让其出现在一个合情合理的地方。比如在程序运行中遇到一个特殊事件需要弹出一个界面时,不但弹出正确的系统界面,同时还弹出仿造登录界面,这时用户会认为是系统的正常提示,不容易引起怀疑。当用户按要求输入信息后,病毒程序并不去启动登录程序,而是启动了一个信息收集程序,该程序可以完成收集用户信息或启动运行一段病毒程序的操作,这时就将病毒代码植入到系统内部。有的病毒程序中还会有一些掩盖事实真相的代码,比如给出一些仿造系统的反馈信息、一个合理的回答或者一个合理的拒绝信息。当这种骗术得逞后,病毒制造者就可以堂而皇之地进入系统实施破坏了。

3. 埋伏逻辑炸弹

所谓逻辑炸弹,实际上是指一种安置在系统内部具有破坏性的程序。说它是一个逻辑炸弹,是因为这种程序在一般情况下并不运行,只有在特定的条件下才会被引发执行,而一旦它被执行就会起到破坏作用,会对系统造成不同程度的危害。由于这种破坏程序是事先按某种逻辑步骤安排好的,按照这个逻辑步骤运行则会引发,不按照该逻辑步骤运行,则永远不会引发,由此得名为埋伏逻辑炸弹。

应该说,可以完成这种逻辑炸弹设计的人,通常都是内部设计人员。因为不了解程序执行步骤和设计方法的人,很难做到在系统中埋伏逻辑炸弹。例如,某公司的一个程序员编写了一个逻辑炸弹,该炸弹程序的作用是潜伏在某项程序内部,在一般情况下不会引起运行,因此也不会对系统造成破坏。但是保证这种相安无事状况的条件,就是该程序员每天上班并输入进入系统的用户名和口令,只要该程序员每天输入口令并进入系统,则炸弹程序不会被引发。但是若该程序员被解雇,有一段时间不输入该用户名和口令时,该逻辑炸弹程序就获得了引发的条件,引发后会对有些重要的文件作删除,或是对核心程序进行修改,进而达到破坏系统的目的。显然,这种逻辑炸弹的破坏作用非常大,防范起来也有一定的困难。

4. 后门陷阱

后门陷阱是核心程序中需要重点防范的问题之一。在我国操作系统技术发展中,曾多次强调需要有自己的可以信赖的操作系统,主要就是针对这类问题而提出的。后门陷阱有点像是一个系统设计中出现的漏洞,但是这种漏洞有时是有人在设计中故意留下的,就像是一所宅院,前门及旁门的设计都严谨无瑕,貌似只要严格把守这些入口就能保证宅院的安全。但是在一个不显眼的围墙上却用了劣质材料,只需稍一用力就能捅开个口子,使非法人员得以轻易入内。因为后门陷阱在商用系统软件中非常难以防范,因此在国家的重要部门和敏感行业中必须采用具有自主知识产权的操作系统平台,否则,将无法保证敏感系统的安全性。下面说明一个典型的带有后门的程序。在下列程序中,给出一个正常代码程序和一个包含后门陷阱的程序代码。

下面这段程序是一个正确的对用户登录信息判断的程序(a):

```
…
while(TRUE)
{ printf("login:");                          /* 输出一个登录提示信息 */
  get_string(name);                          /* 等待用户输入用户名 */
  disable_echoing( );
  printf("password:");                       /* 给出输入口令信息 */
  get_string(password);                      /* 等待用户输入口令信息 */
  enable_echoing( );
  v = check_validity(name, password);        / *检测用户名和口令是否正确 */
  if (v) break;                              /* 如果返回值正确则用户合法 */
}
execute_shell(name);
```

这段程序的主要作用是判断用户输入的用户名和口令是否正确,程序执行时,若输入的是系统可识别的用户名和口令,则可以得到一个正确的返回值,调用该段程序的程序可以继续下面的操作。如果输入的用户名和口令有误,则返回一个标志错误的值,这时,调用该程序段的程序就不允许继续执行下去。下面将这段程序稍加修改,增加一个后门。修改后的程序代码如程序(b):

```
While(TRUE)
{ printf("login:");                            /* 输出一个登录提示信息 */
  get_string(name);                            /* 等待用户输入用户名 */
  disable_echoing( );
  printf("password:");                         /* 给出输入口令信息 */
  get_string(password);                        /* 等待用户输入口令信息 */
  enable_echoing( );
  v = check_validity(name, password);          /* 检测用户名和口令是否正确 */
  if (v|| strcmp(name,zhang) == 0) break;      /* 如果返回值为系统可识别或者用户名是 zhang
                                                  时都认为是合法的用户 */
}
execute_shell(name);
```

分析这两段程序(a)和(b)可以发现,它们都能够完成对用户输入的用户名和口令的判定,但程序(a)是一段正常的程序,而程序(b)是具有后门陷阱的程序。由于这两段程序中的重要语句是对用户输入用户名和口令的判别,在正常程序(a)中,对用户名和用户口令进行了判别,如果输入正确将会给出正确的返回信息,允许执行下面的操作;但在程序(b)中,对用户名和用户口令判别后作了一个调整,使得除了正确的用户名和口令外,当输入的用户名是 zhang 时也认为是正确的，无论输入的口令如何都将放行允许该输入继续执行。这就是一个典型的后门程序，因为无论系统在运行时对用户管理得如何严格，对于特殊用户“zhang”来说都是无济于事的，他可以畅通无阻地进入系统，这种特权对一个国家机密系统来说将是致命的缺陷。

5. 缓冲区溢出缺陷

在程序设计中，缓冲区溢出缺陷也可能造成对系统内部的危害。该问题的实质是，由于编译器的漏洞可能会给非法侵入者带来可乘之机。下面一段程序完成对数组 c 的边界检查：

```
int i;
     char c[1024];
     i = 12000;
     c[i] = 0;
```

在编程中若写了以上这段代码，在编译时应该能够给出错误提示。因为数组 c 是一个大小为 1024 的数组，但在后面却被 i 修改成大小为 12 000 的数组，显然，这项修改已超出了数组 c 所定义的边界，当出现这种情况时，就说出现了缓冲区溢出的情况。

但在系统内部，对于缓冲区的管理是一个复杂的过程，为了节省资源，通常并不是按照静态方式来分配缓冲区，而是按照动态方式进行分配。在动态分配中允许缓冲区大小发生变化，这就给缓冲区的正确性检测带来了困难。通常，缓冲区是在内存中开辟的一片区域，当程序试图将数据放到内存中的某一个位置时，若没有足够的空间就会发生缓冲区溢出。当发生缓冲区溢出时应作严格的检查，判定该溢出是否合理，若合理，就给它分配新的存储区，否则，就应该禁止该进程的执行。但若没有对缓冲区溢出作严格的分析判断，就会留下一些漏洞，给人为的缓冲区溢出操作提供进行破坏的机会。假如黑客编写一个超过缓冲区长度的字符串，然后植入到缓冲区中，接着再向该有限空间中植入超长的字符串，若这个操作被允许，则有可能出现以下两种结果：

(1) 过长的字符串覆盖了相邻的存储单元，引起正常程序运行失效，严重时会导致系统崩溃；

(2) 正常程序虽未被破坏，但利用这个漏洞可以执行任意放入的指令，甚至可以获取系统管理的特权，这也将会给系统带来极大的威胁。

通常，造成缓冲区溢出的原因是系统程序或编译程序，没有仔细检查用户输入的参数是否合法。为什么不能作严格的检查呢？下面再来分析这个问题的实质。缓冲区是为运行程序提供的一片内存区域，通常系统会随着程序的执行，动态地分配变量。大多数情况下，为了不出现无效占用内存的情况，在程序运行时才决定给它们分配多少内存空间，因此，事先并不知道该缓冲区应该有多大。在运行时有可能向该缓冲区放入超长的数据，一般情况下，系统中规定向程序的动态分配缓冲区放入超长的数据时，就产生溢出，而这种溢出往往是系统允许的。

正常的缓冲区溢出是不会对系统造成破坏的，但是如果监测到一个程序就是利用缓冲区溢出这一事件，将一段汇编代码放到计算机内存中时，则应加以严肃处理。因为如果这段汇编代码所写入的这个内存区，恰巧是核心态的特权程序执行区域，那么该程序的动作就会给系统带来巨大的麻烦。因为在核心状态下，是允许执行所有特权指令的，这时也就等同于将计算机拱手交给了这个用户，没有对其操作施加任何保护措施。显然，这种缺陷是非常危险的，因此，系统在实现缓冲区溢出管理时，需要建立严格的管理机制和周全的保护措施。

11.4.2 来自系统外部的危害

上面谈到的来自系统内部的危害，它们有些虽然对系统伤害至深，但是危害的源头还是比较清晰的，因此也就可以制定一些有效的措施加以防范。但是除此以外，还会有许多来自系统外部的威胁，这种威胁在当今的网络环境中到处遍布，防不胜防，对系统造成的危害也是不容忽视的。

1. 网络为病毒传播提供了方便

网络给人们的生活和工作带来了极大的便利，但同时也带来了一些烦恼，网络病毒侵扰就是这些烦恼之一。通过网络侵扰系统的惯用手法是通过网络传递正常信息的同时将病毒代码或侵扰代码传递到目标计算机上，在一定条件下让这些代码在目标计算机上运行，从而达到破坏的目的。另外，网络环境中，病毒的危害除了一般破坏力以外还具有以下几点特征：

(1) 病毒传播速度快。利用网络环境中的多种传递手段，可以将病毒快速传播开来。

(2) 病毒引发难以察觉。因为网络环境中的病毒可能并不寄生在本计算机上，但当网络服务运行时就会对本计算机造成危害。

(3) 病毒不容易被删除。与上一原因类似，这种病毒不容易被删除干净，在网络环境中，只要有一台计算机被感染就会威胁到整个网络中的所有计算机。

(4) 病毒往往就是程序自身，具有可再生性。网络中的病毒代码通常是附载在其他程序上的，当程序运行时，病毒就有可能被引发。即便删除已运行的病毒程序，但它仍会以添加方式生成，进而实施破坏作用。

2. 外部病毒攻击手段

外部病毒所具有的特性说明，外部病毒的威胁在系统中是不容忽视的。现代操作系统中对外部病毒也采取了多种防范措施，但实事求是地讲，对各种病毒的防范都是一件痛苦的事情，因为有许多病毒制造者在不断地翻新病毒花样，他们可能会以某种操作系统作为研究目标来更新病毒功能，而另一方面，操作系统内核的代码通常是不能随时改变的，这就给病毒防范增加了难度。另外，在任何一种操作系统设计中(应该说是任何软件设计中)都难免会留下一些缺憾或漏洞，而这些就成为病毒攻击的入口。当然，这些也同样是操作系统设计中需要继续完善的重点。网络病毒对系统的攻击手段有很多，比如：

(1) 实施讹诈。病毒通过给用户提示一些无中生有的信息，干扰用户的正常工作。

(2) 拒绝提供服务。当病毒引发后，程序运行时通常是首先运行病毒程序，致使正常的服务工作无法完成。

(3) 对硬件造成破坏。在微机系统中，如果病毒破坏了 BIOS 中的内容，就有可能致使芯片或主机板需要更换，这将导致硬件维修费用的额外发生。

(4) 疯狂地占用系统资源。有些病毒发作后会疯狂占用系统资源，致使正常进程无法进入系统。比如在短时间内生成大量的进程，使系统中进程数剧增到极限，这时再有新进程请求进入时就会被拒绝；或者病毒可以大量地生成一些垃圾信息占用硬盘空间，使正常的磁盘请求无法得到满足，导致系统运行速度放慢或者无法工作。

11.4.3 病毒藏匿与引发

计算机中的病毒种类很多，它们的引发机制也各不相同，当然给计算机带来的危害也不尽相同。许多病毒为了增加其隐蔽性，会把自己与一个正常的程序链接在一起，在当前的系统中要想做到这一点并不困难，下面来看一个典型的病毒隐藏方式的例子：

(1) 用一段汇编语言写一段病毒程序，名为“payload”；

(2) 将其插入到一段正常的程序中，插入过程可以使用一些现成的工具，比如使用一个叫“dropper”的工具来完成；

(3) 当该程序执行时病毒就被激活，并立刻感染其他程序，最终会执行病毒的主程序“payload”。

病毒有多种隐藏方式，也有多种引发机制，只有对病毒的隐藏方式和引发机制有所了解，才有可能对其实施防范。下面进行分类分析。

1. 共事者病毒

所谓共事者病毒，是指利用系统命令的执行机制，设立一些与正常命令相同的文件名程序，并让其有可被执行的机会。例如，在 MS-DOS 中有. com 和. exe 两种可执行文件类型，系统中规定：对同名文件(主文件相同，扩展名不同)优先运行. com 文件。利用系统对这两种文件的执行机制，就有可能制造病毒程序被执行的机会，比如设立两个同名的程序，让病毒程序的执行几率高于正常程序；再比如，利用 Windows 下的对图表双击操作机制也可以制造病毒工作的机会，使双击后的操作被链接到一个病毒执行程序中，而正常的运行程序会被替换下来。

2. 可执行程序病毒

可执行程序病毒是利用可执行程序的特点，造成病毒程序执行机会。比如通过命令行参数在打开文件时插入病毒，在 UNIX 中可以首先将一个特殊目录调整为根目录，在病毒查找程序运行时，将原来的根目录作为该程序的打开参数；然后在新的根目录中做手脚，这样，即便执行了查病毒程序，也不会查出病毒的存在。但这时并不能说明系统中就没有病毒存在了，因为查病毒执行程序打开的目录并不是实际的目录。另外，可以利用系统中的查询程序 search 进行破坏，在对目录进行遍历操作时，替换所有的可执行程序，实现病毒对可执行程序的感染。

3. 内存驻留病毒

内存驻留病毒是指那些在内存中寻找到藏身之处的病毒程序，这些病毒最有可能利用的就是内存中的空闲区。内存空闲区是在所有系统管理时都可能存在的，在不同的系统中对空闲区的管理会有不同的机制，但对于有些较小的空闲区，有时会被系统遗忘，为一些不被系统关注的区域。病毒程序就有可能利用这一特点，将病毒程序植入到系统中。植入病毒后，根据内存管理方式可能还会修改对空闲区管理的位示图，让这些空闲区不会被覆盖；接着采用捕获中断向量的方式，通过系统调用来引发病毒。比如 UNIX 的 exec 系统调用，具有重新装载进程代码区和数据区的功能，而这项功能就有可能被病毒制造者利用。一般地，驻留在内存的病毒程序代码可能会很小，使病毒查询程序不易找到它们，因此这种病毒的隐藏性和危害性都比较大。

4. 引导扇区病毒

在引导扇区中通常保存着开机后装入 RAM 的第一批运行程序和数据，它们是操作系统的引导程序，只有靠这些引导程序的正确执行才能保证操作系统的正确被装入和正确的运行。所谓引导扇区病毒，是指那些可以使引导扇区中的代码发生变化并引起系统紊乱的病毒程序。这种病毒的设计者采用极其恶劣的手段，想方设法地用病毒程序覆盖主引导记录信息或引导扇区的代码，为了使病毒具有一定的隐蔽性，他们首先要将正确的引导扇区程序转移到其他位置上，以备病毒程序植入后仍然可以运行引导程序，将操作系统正常地启动起来。引导扇区病毒在系统引导时就被引发了，因此很难对其实施删除。病毒设计者还会通过调整磁盘分配记录表，达到隐藏病毒程序的目的。下面来看一个带有这种病毒的系统，在运行时会发生怎样的情况。

一个带有引导扇区病毒的系统在计算机启动时，引导扇区的内容被装入到 RAM 中，这时病毒也就随之进入到系统中，因为病毒被隐藏在一个暂时不用的内存区域，所以不易被发现。在安装系统时，计算机通常处于核心态运行方式，而且由于这时操作系统还未被安装完毕，系统中不会有防范病毒的软件在运行，那么从理论上讲，这时已在内存的病毒程序就可以完成任何一种操作。假设病毒软件可以在安装操作系统的过程中捕获到中断向量表，并了解它的配置过程，那么该病毒就可以掌控中断处理过程，进而利用系统的中断处理机制引发病毒程序。当发生这种情况时，会产生不堪设想的后果。如图 11.5(a)所示就是病毒捕获了所有中断向量的情形，这时，无论运行哪种中断处理，都有可能插入病毒程序。

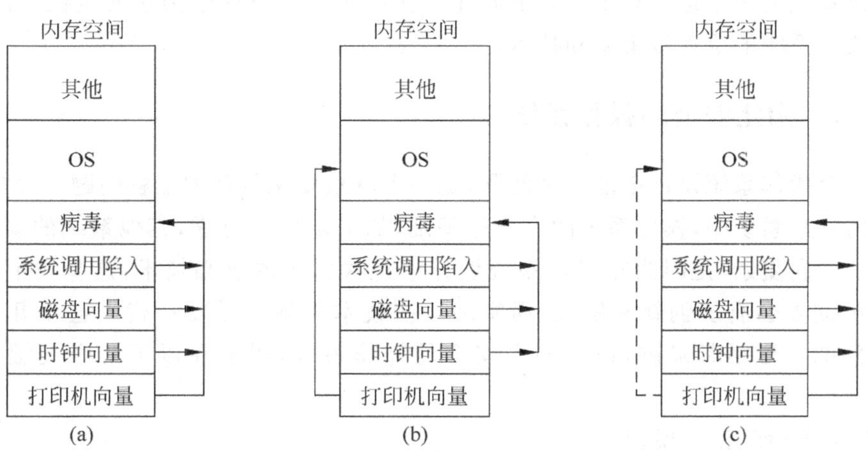

图 11.5 病毒程序捕获中断向量的示意图

当然，在操作系统运行过程中，可能需要装载新的驱动程序，当新程序装载后就会对向量表进行覆盖，假设系统采用的是部分覆盖方式，如图 11.5(b)所示，某一时刻可以将打印机的向量作覆盖使其逃脱病毒的控制。但是病毒程序会发现这一变化，于是就有可能再次覆盖该向量，达到再次夺回打印机向量控制权的目的，如图 11.5(c)所示。

11.4.4 病毒传播

病毒程序有其进入系统的手段，同时也有其传播的方式。一段有害程序藏匿于系统中如果没有引发和传播机会，也就不会给系统带来太大的危害。所以，病毒设计者会利用系统的各种内部处理机制，制造病毒传播的机会。比如：

(1) 利用共享软件的特殊性传播病毒。这种方法是指将病毒存放在共享软件之中，当用户程序访问这些共享软件时，就会引发病毒程序开始运行。

(2) 利用复制时机传播病毒。病毒在发生磁盘复制操作时去感染硬盘或软盘上的程序，这些程序再被散布到所到之处。还可以通过局域网环境，在完成相互之间的信息传递时将病毒传播开来。

(3) 附加在看似正常的邮件中进行传播。将病毒程序与正常传递的邮件绑定在一起，当对方接收到邮件并打开时，就引发了病毒程序，开始执行破坏操作。另外，利用邮件机制还可以将病毒传播得更远、更广，比如在本地机中病毒引发后，当用户发送邮件时，用户的邮件表会被复制，然后再按照邮件表中的地址，将病毒发送给所有接收邮件的用户。

11.5 操作系统安全与反入侵技术

前面介绍了很多病毒干扰和计算机被攻击的情况，这些会使人们感觉到如今的计算机系统是如此的不安全，甚至怀疑计算机是否还能够被使用，能够为人们提供各种有益的服务。当然，这种担心是可以理解的，但是病毒的攻击也不是绝对不可防范的，在系统设计和运行过程中，如果能够按照一定的安全规则和措施行事，就有可能防止病毒的侵扰和攻击，保证计算机系统的正常运行和工作。下面介绍在操作系统设计中构建安全机制的问题，然后再说明关于系统的反入侵策略和技术。

11.5.1 构建安全的操作系统

关于一个操作系统设计中的安全问题，是一个既重要又复杂的工程问题。说它重要，是因为在任何一个系统中，操作系统的安全是基础，如果基础不可靠，其他系统的安全都将是一纸空谈。说它复杂，是因为在操作系统设计中包含太多的核心技术，这些技术需要多年的积累和沉淀才会有所创新和发展，而实现这些技术积累是需要一代人甚至几代人的努力才能做到的。概括起来讲，设计一个安全的操作系统，需要在以下几个关键技术上加以突破：

(1) 建立安全理论与模型

在整个安全操作系统的设计中，建立适合安全操作系统发展的安全理论和模型是工作的基础和依据。当前安全操作系统设计所依据的模型是传统的 BLP(Bell La Padula)模型，这种模型是一种早期的安全模型，是一种状态机模型，用状态变量表示系统的安全状态，用状态转换规则来描述系统的变化过程。该模型给出了用于军事安全策略的一种数学描述，并用计算机可实现的方式进行了定义，多年来被许多操作系统所使用。但是，该模型偏重于信息的保密性，在实施中存在着诸如暗通道这样的安全隐患，应该说该模型已难以适应当前安全操作系统的发展需要。因此，需要加强安全模型的理论研究及相应策略的制定，加强安全操作系统评估准则与评估方法的研究，将保密性和完整性有机地结合，建立起新的安全操作系统模型。

(2) 构造安全的体系结构

系统的高安全等级并不是一些安全功能的简单叠加，需要建立严密、科学的体系结构才能保证。因此，要加强安全操作系统体系结构的研究，提出符合安全标准的安全核心体系结构。这里，重点是要在形式化描述与验证上下功夫，为解决操作系统安全提供一套整体的理论指导和基础构件的支撑，并为工程实现奠定坚实的基础。比如，可信计算基(TCB)是操作系统安全的基础，其内部要结构化，模块间要相互独立，要具备用硬件资源隔离关键的和非关键部件的功能。

(3) 进行安全分级设计

在系统安全上要根据需要进行安全分级设计，比如，专用安全操作系统和普通安全操作系统应有不同的安全级别。可针对安全性要求不同的应用环境，配置特定的安全策略，提供灵活、有效的安全机制，设计符合安全目标的专用安全系统，以满足各种安全级别保护的需要。

(4) 重构系统内核

要想具有完全的安全操作系统自主知识产权，必须重构系统内核。要以密码技术为核心，充分利用所提供的可信功能构建具有自我免疫能力的高安全等级的内核。密码技术在内核中可以实现以下几个主要功能：

① 确保用户唯一身份、权限、工作空间的完整性和可用性；

② 确保存储、处理、传输的机密性及完整性；

③ 确保硬件环境配置、操作系统内核、服务及应用程序的完整性；

④ 确保密钥操作和存储的安全性；

⑤ 确保系统具有免疫能力，从根本上阻止病毒和黑客等软件的攻击。

11.5.2　系统运行中的反入侵策略

操作系统的安全性是基础，但是系统运行中的反入侵策略也非常关键，经过多年的技术积累，目前已有了一些比较实用的反入侵策略，包括：

(1) 对可能进入系统的人员进行分类，某些人只允许在限定时间内进入系统，以减少系统被不法分子侵入的机会。比如一个银行系统，在非工作时间，不允许前台操作账户登录，这就是一种有效的防范入侵措施。

(2) 对非法入侵行为作主动预防处理，比如，当出现非法入侵者时，自动地用预先配置的电话号码回叫用户。这样做可以加强入侵报警功能，一旦有非法入侵者，则可以在第一时间被发现。

(3) 限定登录尝试次数。这样做可以有效防范不法人员探测用户名或用户密码，防止密码泄露的情况发生。

(4) 建立一个登录数据库记录所有的登录信息。这样做有利于事后追究,可以为事后处理提供凭据。

(5) 用简单的登录名和口令作为陷阱。这是一种反入侵的手段,一旦入侵者猜中这种登录用户名和口令,就启动内部防范机制,比如,当有攻击者进入系统时,就通知安全专家或启动追踪程序进行跟踪和捕获。

11.5.3 常用病毒防范技术

确切地讲,今天的计算机病毒防范技术与计算机病毒滋生技术之间,更像是一场漫长的博弈,在这场博弈中有时很难分出胜负。在计算机的使用过程中看到,防病毒软件不断在升级,而新的病毒也在不断翻新。这种现象说明了病毒防范的必要性,如果没有病毒防范措施,今天的计算机几乎是一个无法正常工作的装置,尤其是在网络环境下对计算机病毒的防范更加重要。这里介绍几种病毒防范措施,当然,病毒防范措施都具有一定的滞后性,关于新的病毒防范方法只能靠读者在工作中积累和总结。

(1) 经常性地进行病毒扫描,并将上次扫描时间作为判断基础。这种病毒扫描算法的思想是:一个文件在上次扫描时证实没有被病毒感染,但并不能保证以后不被感染;如果上次扫描后该文件被病毒感染,那么文件的内容一定被修改过;为了提高病毒扫描的效率,可以只对上次扫描后内容被修改过的文件进行判断。这种算法将上次的扫描时间作为一个参考值,减少判别的数量,加快了扫描的效率。但是这种算法对于那些能够将被感染文件的时间调整回原始时间的病毒显然是无能为力的。

(2) 根据文件的精确长度进行病毒判断。因为病毒毕竟是一段程序,它要感染文件,就一定会在文件中藏匿,因此被感染的文件长度应该比未感染之前要长,利用这一特性,可以查阅出文件是否被感染过。如图 11.6 所示,其中图 11.6(a)是一个未被感染的文件,而图 11.6(b)是一个被病毒感染了的文件,其文件长度发生了变化,由此可以判定其已被病毒感染。但是,病毒程序的编写者往往也是程序设计的高手,他们会调整病毒藏匿的手段,这就是所谓的病毒变异。图 11.6(c)也是一个被病毒感染的文件,但是该文件的长度没有发生变化,因为病毒程序将原来的程序内容进行了压缩,为病毒藏匿提供了足够的空间。显然,采用原来的查病毒方法已经无效,要想查出这种病毒,就必须进行程序行为的判定,追踪到发生了变异的病毒。

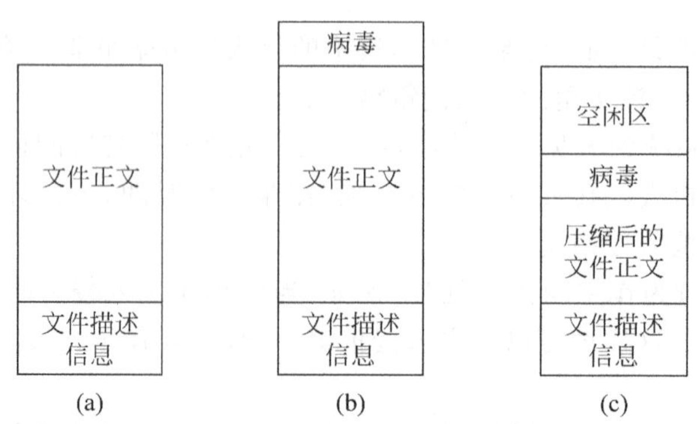

图 11.6 文件被病毒感染的情况

(3) 进行程序行为检查。一旦反病毒软件掌握了病毒的各种感染方法，就有可能采用有力的防范措施加以防范。一般地，病毒程序都有这样一个特点，即它的目的是感染程序，但还必须让感染后的程序能够执行。比如在对正常程序压缩后，当程序执行时一定要对程序进行解压缩操作。这样，防病毒程序就可以对程序中的可疑行为进行有针对性的检查，比如发现程序中出现成对的压缩、解压缩操作，或是出现不正常的加密、解密操作时就可以认为是一种病毒行为。显然，行为检查程序只能对所有已知的病毒行为进行检测，因此它的病毒防范功能也只能针对于已知的病毒程序行为进行控制。

(4) 程序的完整性检查。另一种对病毒的检测手段是对程序作完整性检测，当确认一个磁盘程序或一个磁盘目录中的内容正确时，就对它们作校验和计算，并将这些校验和存放在一个特定的文件中；待下次打开该文件或目录时，首先计算文件或目录的校验和，并与已存放的校验和进行比较，若一致，就认为文件未被感染，若不一致，就怀疑该文件被病毒感染了。

以上这些病毒防范措施只包含了一些基本的内容，但从中也可以看出一些端倪，即病毒防范是一件非常困难的事情，而且任何一个防病毒程序都不可能有持久使用的意义，随着病毒的变异，防病毒软件必须要不断地升级改造才可能与病毒形成对弈。另外一种防止病毒出现的措施就是下一节将要讨论的病毒避免措施。

11.5.4　避免病毒感染措施

对病毒防范无法做到完全彻底，因此就要考虑如何避免病毒的出现。病毒虽然无孔不入，危害极大，但如果能在以下几方面加以控制就可以有效地降低病毒出现的几率：

(1) 选择使用具有内部安全机制的操作系统。虽然目前对于操作系统的安全度衡量还没有一个权威的标准，但是公众的评测和实践的检验都会是一个很好的参照标准，具有内部安全防范机制的操作系统会为系统安全提供基本的保证。

(2) 注意，只安装从可靠处获得的正版软件。做到只安装正版和有安全保证的软件，对病毒的防范非常关键，因为这样，即便出现了问题，也可以做到有处可查。

(3) 一定要在系统中安装可靠的防病毒软件，并做到定期更新病毒库信息。

(4) 尽量不点击不明出处接收到的邮件或附件内容，这样可以降低病毒通过邮件感染的几率。

(5) 定期转储系统中的重要文件，这样做可以降低病毒感染带来的损失。

这些要求可能对使用者比较苛刻，有时也会显得有些烦琐，但这却是防止病毒发生的有力措施，在日常工作中，应该将这些要求作为一般的工作守则，要求使用者尽量遵守做到。

另外一个重要的问题就是，当系统被病毒击中后，应如何从病毒攻击中复原的问题。这个问题的解决方案也要根据实际情况来判定，如果系统被破坏得不太严重，常用的方法就是关闭计算机，然后从一个安全的磁盘上重新引导系统，再运行杀毒软件，使系统恢复正常运行即可。如果系统被破坏得比较严重，那么也只有重新格式化磁盘，重新安装操作系统，并立刻安装杀毒软件，使系统恢复正常运行。一般来说，遭到病毒侵害没有什么太好的方法使系统恢复，所以，为了保证系统的安全运行，日常工作中的系统维护、数据备份和采取各项安全防范措施就显得非常重要了。只有多项措施并用，才可能有效避免病毒的侵入。

11.6 本章小结

数字信息系统建立的基础是操作系统，操作系统的安全是整个数字系统安全的基础。本章以操作系统和数字系统的安全为主题，讨论了操作系统面临的威胁、数字系统中信息安全防范的重要性和各种防范技术的特点与实现方法。

操作系统目前面临的安全威胁是多方面的，有来自系统内部的威胁，也有来自系统外部的威胁，这些威胁会通过各种手段深入系统内核，窃取或篡改系统中的重要信息，植入病毒程序，设置病毒引发机制，达到干扰、破坏系统的目的。

为了保证系统中数字信息的安全性，需要采用主动的信息安全防范措施。对数字信息进行加密就是一种措施，在数字加密中可以采用对称式密钥加密和非对称式密钥加密技术，也可以采用数字签名技术。对称式密钥加密，采用简单的加密规则来实现对原文作较大改变的效果，这种加密操作比较容易实现；非对称密钥加密使用一对密钥来分别完成加密和解密操作，发送者用公开密钥完成信息的加密，信息接收者在收到密文后，用私有密钥对信息进行解密，以达到有效保存私有密钥的目的，信息加密效果会更好；数字签名技术克服了加密处理中存在的多项不足，将加密和鉴别同时作用在数据中，完善了数据的加密处理过程。在数字签名中包含对签名进行验证的操作，这种验证的准确度是一般手工签名和图章验证所无法比拟的，通过这种验证，数据来源的可信度得到了有效的保证。

为了防止非法用户入侵，需要采用一些技术对用户身份进行认证。常见的简单身份认证是对用户名和用户口令的识别，用户口令认证中存在一些不安全因素，在实施中可以增加一些反破译的手段和技术，比如加盐法或限定登录次数等，以此达到比较理想的效果；还可以采用磁卡或智能卡进行身份识别，更有效的方法是采用生物识别技术完成身份鉴别。生物识别技术以其独具的特性，可以对人的身份做出准确的判断，几乎达到了无法伪装的境界，因此，这种技术有着很好的发展前景。

操作系统对于计算机病毒的防范任务非常艰巨，对于已知病毒的侵入手段我们已有一些了解，比如本章中提到的木马、登录欺骗、逻辑炸弹、缓冲区溢出、后门陷阱等采用的手法无外乎是引诱用户输入不该泄露的信息，侵入系统内核窃取内部结构或信息，还有就是通过非法的内存请求或系统调用来安插病毒代码并伺机启动它们。对这些病毒的防范，除了靠操作系统本身要有一定的防御能力外，还需要用户遵守规范的系统维护和使用规则，比如选择使用具有高度安全性的操作系统，使用正版软件，安装防病毒软件，并定时进行病毒扫描，采取有效措施防范邮件中传递的病毒，定期备份系统，转储重要文件等等，这些都是防止病毒侵扰的有力措施。

另外，建立安全操作系统平台的根本任务还是要建立操作系统自身的安全机制，构建出安全、可靠的操作系统。构建安全的操作系统的任务既艰巨又复杂，包括要建立安全的操作系统模型，构建安全的体系结构，提出各种符合实际应用的安全操作系统级别，以新的安全技术为核心重构操作系统内核，改造已有操作系统平台的安全机制等等。这些是操作系统设计者任重道远的任务，也是操作系统技术发展的新目标。

练　习　11

1. 一个安全的操作系统应该具备哪些基本原则?

2. 解释对称式密钥加密和非对称式密钥加密的基本加密策略,它们之间有哪些不同?

3. 对微机中木马病毒的侵入手段作具体分析,并结合微机使用实际情况给出你对这种病毒防范的基本措施。以一篇小型论文方式提交。

4. 以你的编程经验和实践,指出C编译器中存在的安全漏洞问题,并试着说明你对改进这些漏洞的策略和方法。

参 考 文 献

[1] Andrew S. Tanenbaum. Modern Operating Systems (Third Edition). 北京：机械工业出版社，2009.

[2] Carl Hamacher Zvobko Vranesi. 张红光等译. Computer Organization. 北京：机械工业出版社，2004.

[3] W. Richard Stevens. 尤晋元等译. Advanced Programming in the UNIX. 北京：机械工业出版社，2000.

[4] 张红光等. UNIX 操作系统教程(第 2 版). 北京：机械工业出版社，2006.

[5] 张尧学，史美林. 计算机操作系统教程(第 3 版). 北京：清华大学出版社，2006.

[6] Andrew S. Tanenbaum，Albert S. Woodhull. 王鹏等译. Operating System Design and Implementation (Second Edition). 北京：电子工业出版社，1998.